低品位油藏有效开发新模式

吴忠宝　等著

石油工业出版社

内 容 提 要

本书总结了国内外低品位油藏地质特征，并对低品位油藏进行分类评价，研究低品位油藏注水开发界限及主体开发技术，提出低品位油藏渗吸采油和注气吞吐等补充能量开发新方式。在深入研究体积压裂油藏渗吸采油机理、注气吞吐和顶部注气重力驱机理基础上，创新性提出低品位油藏注水和注气开发新模式。

可供油田科研、技术人员和石油院校相关专业师生阅读参考。

图书在版编目（CIP）数据

低品位油藏有效开发新模式 / 吴忠宝等著 .—北京：石油工业出版社，2023. 1

ISBN 978-7-5183-5336-1

Ⅰ. 低… Ⅱ. ①吴… Ⅲ. ①油田开发-研究 Ⅳ. ①TE34

中国版本图书馆 CIP 数据核字（2022）第 064663 号

出版发行：石油工业出版社
（北京安定门外安华里 2 区 1 号　100011）
网　址：www. petropub. com
编辑部：（010）64523541
图书营销中心：（010）64523633
经　销：全国新华书店
印　刷：北京中石油彩色印刷有限责任公司

2023 年 1 月第 1 版　2023 年 1 月第 1 次印刷
787×1092 毫米　开本：1/16　印张：17. 25
字数：430 千字

定价：130. 00 元
（如发现印装质量问题，我社图书营销中心负责调换）

前言

中国石油经过数十年的勘探开发，已经进入非常规低品位油藏开发时代，已开发的常规中高渗透油田整体进入“双高”阶段，而以超低渗透、致密油和页岩油等为主体的非常规低品位油藏已经逐渐成为中国石油开发的战略资源。2008 年以来，新增石油探明储量低渗透—致密储量占比由“十五”期间的 68%增长到“十二五”期间的 79%，2019 年占比达 92%，产量逐步达到 1/3 以上。

低品位油藏由于储层物性极差，常规技术开发无工业产能。近年来，水平井体积改造技术和直井缝网压裂技术已经广泛应用于低品位油藏开发，起到了提高初期单井产能的效果，但产量递减快，采收率低，开发成本居高不下，亟待改变开发模式，大幅度降低开发成本，从而使得低品位资源得以规模有效开发。

本书从低品位油藏基本地质特征、储层物性和流体性质出发，对低品位油藏进行了分类评价，明确了不同类型低品位油藏的主体开发技术。深入研究了体积改造低品位油藏渗吸采油机理和主控因素，提出了低品位油藏体积压裂后注水吞吐、异步注采和油水井互换等渗吸采油开发方式，在此基础上，创新性提出了低品位油藏“体积改造+有效驱替+渗吸采油”注水开发新模式。进一步研究了注气吞吐和顶部注气稳定重力驱开发机理，提出了低品位油藏“体积压裂+顶部注气+注气吞吐”注气开发新模式。

本书共分九章，汇集了作者多年在低渗透油藏、致密油和页岩油开发方面的理论研究及实践成果。在低品位油藏渗吸采油开发机理和开发方式方面，作者做了较为深入的探讨，对低品位油藏有效开发模式方面做了新的探索，对低渗透油藏、致密油/页岩油的有效开发具有重要指导意义。

本书自始至终受到了李莉教授的悉心指导，同时也吸收了赵丽莎博士及冯科文硕士论文研究成果，另外，刘学伟专家在低品位油藏微观孔隙特征分类及渗吸采油机理研究方面提供了重要帮助，中国石油大学侯键教授也在水平井体积压裂油藏注气吞吐产能方程方面提供了技术支持，在此一并表示衷心的感谢！

由于本人水平有限，文中难免会有遗漏和错误，敬请谅解！

目 录

1 低品位油藏开发概况

1.1 低品位油藏的概念

低品位是一个相对的概念，一是相对于储量规模大、丰度高、油品好、产量高的“高品位”油藏储量而言；二是相对于技术经济条件而言，品位是技术经济条件的函数，随着技术经济条件进步，油价上升，低品位资源可以成为高品位的，而在油价下降时，“高品位”资源也可能成为低品位的，同时经济价值高低也与企业的经营管理方式和水平密切相关。

低品位储量有丰富的内涵，既涵盖了那些油层开采的自然条件、技术条件、经济条件均处于边际界限的“边际储量”和那些储量品位低、丰度低、产能低 、地质条件复杂 、储层发育差、开发难度大的“不经济储量”，或是已探明的因位于边远地带、开发投入大而长期“未动用储量”，以及在现有的技术与经济条件下难以投入开发的探明石油储量，即所谓“难动用储量”。国内一般将12%的投资收益率作为划分储量经济性的标准，将投资收益率达不到12%的储量或是位于主要探区偏远地带的储量定义为“难动用储量”。低品位储量还包括“石油尾矿”，即已经过一段时期开采 ，在石油公司现有技术经济条件和管理模式下，不再具备商业开采价值的已开发石油矿藏。

低品位油藏主要包括两大类，一类是天然形成的低品位油藏，包括上述未开发的边际油藏，复杂小断块油藏、薄层、超稠油油藏，低丰度、深层、低渗透油藏、致密油和页岩油等；另一类是人为造成的，油气田长期开采后的剩余资源，油藏含水高，单井产量低，成本高，开采难度大，没有经济效益，类似于固体矿产资源中的尾矿。这两类低品位储量在中国油气储产量中占有重要地位。本文主要研究对象为第一类天然低品位油藏，主要包括低渗透油藏、致密油和页岩油。

1.1.1 低渗透油藏概念

低渗透油气藏是指常规开采方式难以有效规模开发的油气藏，包括低渗透砂岩、碳酸盐岩、火山岩等油气藏，其表述的关键点是“常规方式难以开采”“必须通过特殊技术改造才能实现有效规模开发”。

然而低渗透本身是一个相对的概念，世界各国对低渗透油气藏的划分标准和界限，因国家政策、资源状况和经济技术条件的不同而各异。而在同一国家、同一地区，随着认识程度的提高和技术的进步，低渗透油气藏的标准和概念也在不断地发展和完善。

据2016年第四次油气资源评价结果，中国石油远景资源量中低渗透占24%；天然气远景资源量中低渗透占47.5%。截至2016年底，全国累计探明石油地质储量中低渗透占12%，全国累计探明天然气地质储量中低渗透占39%。低渗透储量主要分布在大庆、吉林、辽河、大港、新疆、长庆、吐哈、胜利、中原等9个油区。

从分布层位看，中国低渗透石油资源的80%以上分布在中、新生代陆相沉积中，天然气资源的60%以上分布在古生界及三叠系的海相地层中。中国低渗透油气资源具有分布区域广、储层类型多样、含油气层系多的特点。

特低/超低渗透油藏是低渗透油藏的重要类型。低渗透油藏是依据储层物性划分出的一种油藏类型。世界油田对低渗透储层的认识并不完全一致，无统一分类标准，低渗透标准和界限在不同国家不同时期甚至不同油田差异很大，我国对低渗透的划分标准涵盖了特低渗、超低渗和非储层三种类型。

苏联学者将渗透率在100~500mD的油田称为低渗透油田，美国联邦能源管理委员会把渗透率小于100mD的油田称为低渗透油田，把渗透率小于0.1mD的储层称为致密储层。我国根据不同的研究对象，提出过多种分类方案。罗谭泽、王允诚（1986）提出将渗透率小于100mD的油田称为低渗透油田；严衡文等（1992）将渗透率大于100mD的储层称为好储层，将渗透率10~100mD的储层称为低渗透储层，将渗透率在0.1~10mD的储层作为特低渗透储层；李道品（1997）认为低渗透储层的渗透率上限为50mD，并提出了超低渗透的概念，按照油层的平均渗透率将低渗透油田分为三类：一般低渗透储层，储层平均渗透率为10~50mD；特低渗透储层，储层平均渗透率为1~10mD；超低渗透储层，储层平均渗透率为0.1~1mD。李道品低渗透油田分类方法得到了多数认可，但仍不能较准确地描述像鄂尔多斯盆地这些典型的低渗透油气田。

有人根据鄂尔多斯盆地油田生产特征，将低渗透油层界限标准按照油层平均渗透率把低渗透油田分为下列三类：（1）一般低渗透，平均渗透率为1.0~10mD，接近正常油层，油井能够达到工业油流标准，但产量太低，需采取压裂措施提供生产能力，才能取得较好的开发效果和经济效益；（2）特低渗透，平均渗透率为0.5~1.0mD，这类油层与正常油层差别较明显，一般束缚水饱和度较高，测井电阻率低，无工业油流，必须借助于大型压裂改造等措施，才能有效开发，如安塞油田；（3）超低渗透，平均渗透率<0.5mD，油层非常致密，束缚水饱和度高，基木没有自然产能，单井产量较低（2t左右），但若油层较厚、埋藏较浅、原油性质较好，适宜超前注水开发，如华庆超低渗透油田。

随着长庆超低渗透油藏不断开发的经验积累，分类方法又根据启动压力梯度、有用孔喉体积分数、主流喉道半径和可动流体饱和度等参数进一步细化，渗透率0.5~1.0mD的储层为超低渗透Ⅰ类、0.3~0.5mD的储层为超低渗透Ⅱ类、0.1~0.3mD的储层为超低渗透Ⅲ类，而低于0.1mD的为无效油层。超低渗透Ⅱ类油层又被简称为0.3mD油层，这类油层基本上通过水平井、压裂和超前注水等实现了有效开发。渗透率小于0.1mD的油层又被细分为：致密储层，平均渗透率为0.01~0.1mD；非常致密储层，平均渗透率为0.001~0.01mD；超致密储层，平均渗透率为0.0001~0.001mD。

1.1.2 致密油/页岩油概念

国外对致密油与页岩油没有明确区分，将页岩油和致密油作为同样的概念使用，指岩层系中的石油，也可称为非常规原油。

目前国内对于致密油的认识，一般是指以吸附或游离状态赋存于与生油岩、紧邻的致密砂岩、致密碳酸盐岩等储层，未经过大规模长距离运移的石油聚集。强调了源储直接接触或紧邻，且将储集岩限定为砂岩和碳酸盐岩等，不包含页岩油储层（图 1.1.1）。

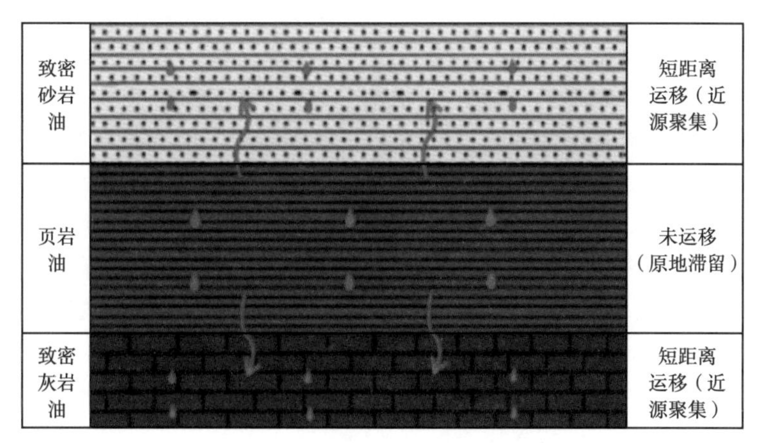

图 1.1.1　致密油源储配置关系图

2017 年 11 月 1 日，国家颁布了致密油矿种和定义（GB/T 34906—2017，2018 年 5 月 1 日实施），界定储集在覆压基质渗透率小于或等于 0.1mD 的致密砂岩、致密碳酸盐岩或混积岩等致密储集层中的石油资源。2020 年 3 月 31 日，国家颁布了页岩油定义（GB/T 38718—2020，2020 年 10 月 1 日实施），页岩油是指产自于富有机质页岩层中的石油资源，包括地下已经形成的石油烃、沥青和尚未转化的有机质。页岩油与致密油存在两方面区别：（1）储层与烃源岩的相对位置不同。页岩油储层位于烃源岩内部，即可以是砂岩、碳酸盐岩，也可以是纯页岩，而致密油集层位于烃源岩上下，紧邻烃源岩，以砂岩、碳酸盐岩等为主。（2）烃类物质不同，页岩油包含已转化形成的石油烃、沥青物和未转化的固体有机质，是源内自生自储，而致密油全部是从邻近页岩地层中生成并排出的石油，是近源聚集，烃类物质为已转化形成的石油烃。

国内对致密油和页岩油的划分仍存在一定的争议，没有形成一个业内公认的概念，因此本书借鉴国外做法，后面章节中不特别强调致密油和页岩油的区分，并将其统称为低品位油藏。

1.2　低品位油藏开发简况

1.2.1　低渗透油藏开发简况

注水开发是目前世界上油田使用最多的二次采油方法，注入水既可补充地层能量又能驱油，确保油田长期稳产。英国、加拿大注水开发的石油占总数的 90%。

特低/超低渗透砂岩油藏现场注水中的一个突出问题是，局部裂缝发育区注水时，注入水沿裂缝突进，引起水窜和水淹，而裂缝不发育区基块物性差，导致注入压力高、水井欠注，水驱波及体积小，储量动用程度低。特低渗透砂岩油藏注水采收率平均约 20.5%，而超低渗透砂岩油藏注水采收率更低、可能不到 10%，如扶余油层注水开发效果既受控于油藏本身的特殊性，如储层非均质性、渗透性、油层厚度等；也受注水开发过程的影响如开发制度、储层损害、流—固耦合效应等问题，由此形成了超前注水、裂缝扩展注水、缩小井距等技术，在渗流机理、注水时机、注水水质等高效注水技术和布井方式上形成了一定的理论指导。同时发展了多种降压增注方法和手段，如水平井技术、分段压裂及酸化技术、表面活性剂降压增注技术、同步注水、超前注水技术等，研发了新型降压增注材料。

超低渗透储层孔隙结构复杂，黏主矿物发育降低了储层的渗透性，压实作用和胶结作用使储层致密化，后期溶蚀作用和交代作用又改善了储层性能。流体在超低渗透储层中的流动较之在一般低渗透储层中受到更强烈的界面效应影响，界面现象显著。这种界面现象对渗流能力的贡献为负的削弱作用，且参与渗流的孔喉半径越小，这种削弱作用越强，故超低渗透油藏启动压力高、吸水能力差。边界效应既与流动空间尺寸有关，也受表面固—液分子间相互作用影响，会直接导致较高的流动压力梯度。由于孔喉微细，孔喉比表面积和原油边界层厚度大、表面分子力作用强烈，使得固—液界面上表面作用、毛细管作用及电化学作用显著，低压力梯度下渗流不遵循达西定律，启动压力梯度和流量的关系不是经圆点的线性关系。孔喉尺寸、边界层厚度及流体类型等对非达西渗流影响较为显著，造成高压欠注甚至注不进、采不出等现象。超低渗透砂岩油藏往往还具有高束缚水饱和度、高残余油饱和度、窄两相共渗区等特征。

1.2.2 致密油/页岩油开发简况

美国、加拿大等西方石油大国从国家能源安全的角度考虑，对低品位油藏的勘探开发十分重视，实行了特殊的经营管理模式和优惠的税费制度，取得了丰厚的社会和经济效益。以目前颇受关注的致密油/页岩油开发为例，北美是目前全球致密油/页岩油勘探开发最成功的地区。2000 年，美国在威利斯顿盆地中开发致密油层并取得日产 7000t 的突破。2008 年，美国巴肯致密油实现规模开发。2010 年，美国境内致密油生产井有 2362 口，单井日产油 12t，已累计产油 3192×10^4t。在 2007 年至 2011 年期间，美国所产原油中有很大一部分都来自致密油的贡献，使得美国 24 年持续产油下降的趋势得以缓解（National Petroleum Council，2011）。由此可见，非常规致密油在增产、稳产中的重要作用。除威利斯顿盆地的巴肯组致密油开发外，美国在得克萨斯州南部的伊格尔福特、鹰滩等区带的致密油开发也取得重大突破。2005 年，加拿大开始在萨斯喀彻温省东南部以及马尼托巴省西南部的 Bakken 地层勘探开发致密油，2010 年致密油的勘探开发已经延伸至盆地其他储层，水平井数量增加至 140 口。2011 年 3 月，Bakken 页岩油日产量超过了 7.8×10^4bbl（Gorgen S，2014）。

目前，我国在致密油/页岩油勘探方面已有良好开端，在鄂尔多斯、四川和松辽等 6 个盆地中发现了致密油/页岩油，展示了良好的勘探潜力。其中，率先在鄂尔多斯盆地延长组建成了国内第一个工业化生产的成熟致密油/页岩油区。此外，渤海湾盆地沙河街组和孔店组、准噶尔盆地准东平地泉组、柴达木盆地古近—新近系、松辽盆地青山口组、酒西盆地白垩系、三塘湖盆地二叠系以及吐哈盆地侏罗系，均具备形成致密油/页岩油的潜力，为我国致密油的后续发展提供了有力支撑。我国致密油已在四川、鄂尔多斯、准噶尔、松辽、渤海湾等盆地实现工业化生产，为致密油勘探开发提供了技术先导试验，起到技术引领作用，其中，鄂尔多斯盆地经过多年的勘探开发，积累了丰富经验和技术，首先实现了致密油的工业化生产。横向上，在盆地姬源、华庆、富县等地区已发现低品位油藏的规模富集区，纵向上，盆地延长组长4+5，长6、长7、长8和长9油层组是超低渗、致密油和页岩油的主力发育层位。盆地长6—长7段砂岩厚度一般为6~25m，以细砂、极细砂为主，孔喉细小，主要储集空间为残余粒间孔、溶蚀孔和晶间孔，孔隙度一般为4%~10%，渗透率一般小于0.3mD，大面积展布的储集体，紧邻广覆式优质烃源岩发育，纵向上叠置连片，无明显圈闭和直接盖层，烃源岩生成的油气以弥散状聚集，形成我国最有代表性的致密油/页岩油资源。

我国石油需求量将持续增加，预计到2050年仍有5×10^8t以上的需求不可替代，2×10^8t稳产是保证国家能源安全的警戒线。而中国石油经过数十年的勘探开发，已经进入非常规低品位油藏开发时代，已开发常规中高渗透油田整体进入“双高”阶段，2018年底平均含水率为89.5%，可采储量采出程度为76.2%，平均采收率为29.9%，而以超低渗透、致密油和页岩油等为主体的非常规低品位油藏已经逐渐成为中国石油开发的战略资源，2008年以来，新增石油探明储量低渗透—致密储量占比由“十五”期间的68%增长到“十二五”的79%，2019年占比达92%，产量逐步达到1/3以上。目前我国陆上探明未开发石油储量近70×10^8t，其中50%为致密油。

低品位油藏由于物性差，常规技术开发无工业产能，近年来，水平井体积改造技术和直井缝网压裂技术已经广泛应用于致密油/页岩油开发，起到了提高初期单井产能的效果，但产量递减快，采收率低，开发成本居高不下，亟待改变开发模式和管理模式，大幅降低开发成本，从而使得低品位资源得以规模有效开发。

2 国内外低品位油藏地质特征

2.1 低品位油藏基本地质特征

以致密油/页岩油为主的低品位油藏的形成不同于常规油气，需要三个基本条件：（1）大面积分布的致密储层；（2）广覆式分布的腐泥型、较高成熟度的优质生油岩；（3）连续分布的致密储层与生油岩紧密接触的共生层系。它是生油岩生成的油气除部分排出并运移至常规砂岩或碳酸盐岩等渗透性岩石中形成常规油气藏外，大量（高达总生烃量的50%以上）在“原地”滞留或经过短距离运移、一次运移等，以游离烃和吸附烃的形式赋存于致密岩层的纳米级孔隙或微裂缝中，形成可供商业开采原油。生油条件一般要达到有机碳含量TOC大于1%，镜质组反射率为0.6%~1.3%。纳米级孔喉连通系统是致密油/页岩油聚集的根本，超微观储集空间体系中强大的毛细管压力限制了浮力在油气聚集中的作用，使油气在源储压差的作用下就近发生层状、短距离运移，最终实现油气的聚集。

致密油一般分布于凹陷或斜坡部位，构造相对简单的地方，油藏埋藏深度大致在1000~4500m。其储层孔隙度小于10%，覆压渗透率一般不大于0.1mD。致密油/页岩油一般具备以下基质地质特征。

（1）相对稳定的沉积构造背景，保存条件好。

目前国内外报道的具有一定规模的致密油，主要发育在海相克拉通盆地（如Williston盆地Bakken组致密油）和陆相大型坳陷湖盆（如鄂尔多斯盆地延长组致密油）环境之中，它们均具有相对稳定的构造背景，即沉积环境和后期构造活动均比较稳定。这些盆地中心区或斜坡带具备稳定持续沉降的沉积环境，能够形成大面积且配套的烃源岩、储层和盖层，是致密油得以聚集的前提条件。例如鄂尔多斯盆地三叠系延长组原型盆地发育在古生界克拉通基底之上，构造活动微弱，地层平缓，坡度小于1°。广泛沉积了富有机质的泥（页）岩烃源岩和砂岩储集层，分布面积可达$10\times10^4km^2$以上，而后期构造改造活动相对较弱，断裂相对不发育，保证了烃源岩生成的烃类能够持续有效地充注到储层之中，形成一定丰度的油气资源。

（2）大面积分布的优质有效烃源岩，生烃强度大。

大面积分布的优质有效烃源岩是形成致密油的物质基础。目前发现与致密油相关的烃源岩一般具有大面积连续分布（可达$10\times10^4km^2$以上）、有机质丰度高（TOC质量分数不低于2.0%）且类型好（Ⅰ-Ⅱ型）、成熟度适中（R_o为0.6%~1.3%）及生烃强度大（可达 500×10^4 t/km^2 以上）等特征。例如，Williston 盆地 Bakken 组发育上、下 2 套海相页岩，分布面积达 17×$10^4$$km^2$，其有机质含量高，上、下页岩段平均 TOC 质量分数分别为 8%和 10%，有机质类型均为Ⅰ－Ⅱ型，R_o 值一般为 0.6%～1.0%，故均为优质有效烃源岩。鄂尔多斯盆地长 7 致密油烃源岩以湖相泥（页）岩为主，分布面积达 10×$10^4$$km^2$，TOC 质量分数一般为 6%～22%，平均为 13.8%，有机质类型为Ⅰ－Ⅱ型，R_o 值为 0.85%～1.15%。据计算，鄂尔多斯盆地长 7 烃源岩有效分布面积约 5×$10^4$$km^2$，生烃强度平均值可达 495×$10^4$t/$km^2$ 以上，总生烃量可达 2473×10^8t。准噶尔盆地吉木萨尔凹陷芦草沟组 TOC 质量分数平均为 4.8%，有机质类型为Ⅰ－Ⅱ型，R_o 值为 0.5%～1.1%，整体上也是一套优质有效烃源岩。该凹陷内芦草沟组的有效分布面积约 1000km^2，生烃强度大，可达 1000×10^4t/km^2 以上，总生烃量约 60×10^8t，如图 2.1.1 所示。

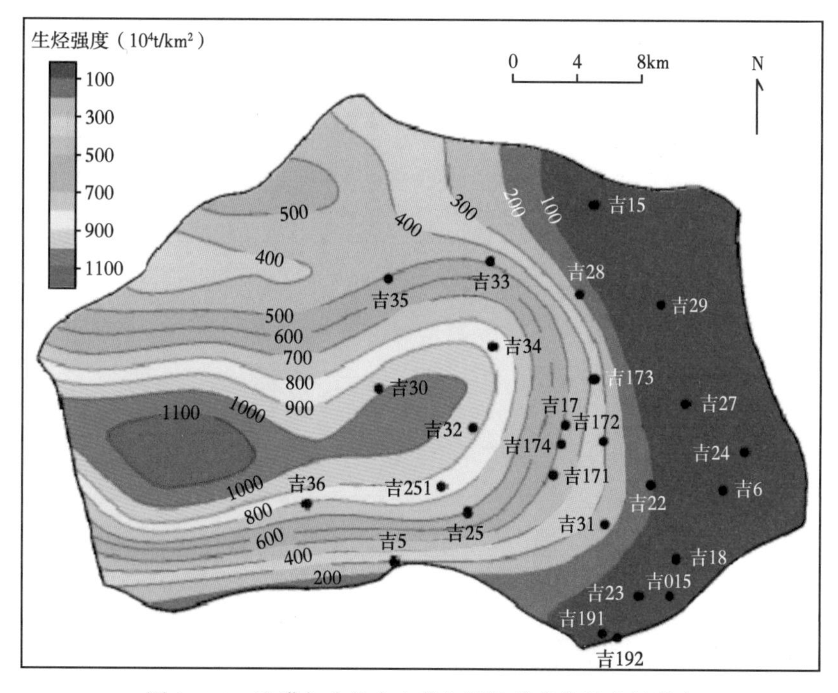

图 2.1.1　准噶尔盆地吉木萨尔凹陷芦草沟组生烃强度

（3）大面积连续分布的有效致密储层，储集能力强。

大面积连续分布的细粒沉积砂体或碳酸盐岩等致密储层为致密油的形成提供了大量聚集空间，而这些储层内大量存在的微米级、纳米级孔隙则是致密油的有效储集空间，因此，其储集能力强，致密油资源量大。Williston 盆地 Bakken 组致密油分布面积约 7×$10^4$$km^2$，孔隙度为 5%～13%；Western Gulf 盆地 Eagle Ford 组致密油有利面积约 4×$10^4$$km^2$，孔隙度为 2%～12%，平均为 9%。鄂尔多斯盆地长 7 油层组致密油有利面积为（3～5）×$10^4$$km^2$，孔隙度为 4.8%～12.6%，平均为 7.2%；准噶尔盆地吉木萨尔凹陷芦草沟组含油致密储层有利面积约 1000km^2，孔隙度为 4%～16%。然而目前已有的研究表明，国内外致密储层的含油下限所对应的孔隙度一般低于 5%或 4%，甚至低于 2%，孔喉直径一般小于 50nm。杨华等对鄂尔多斯盆地延长组致密油储层纳米级孔喉分布的统计结果表

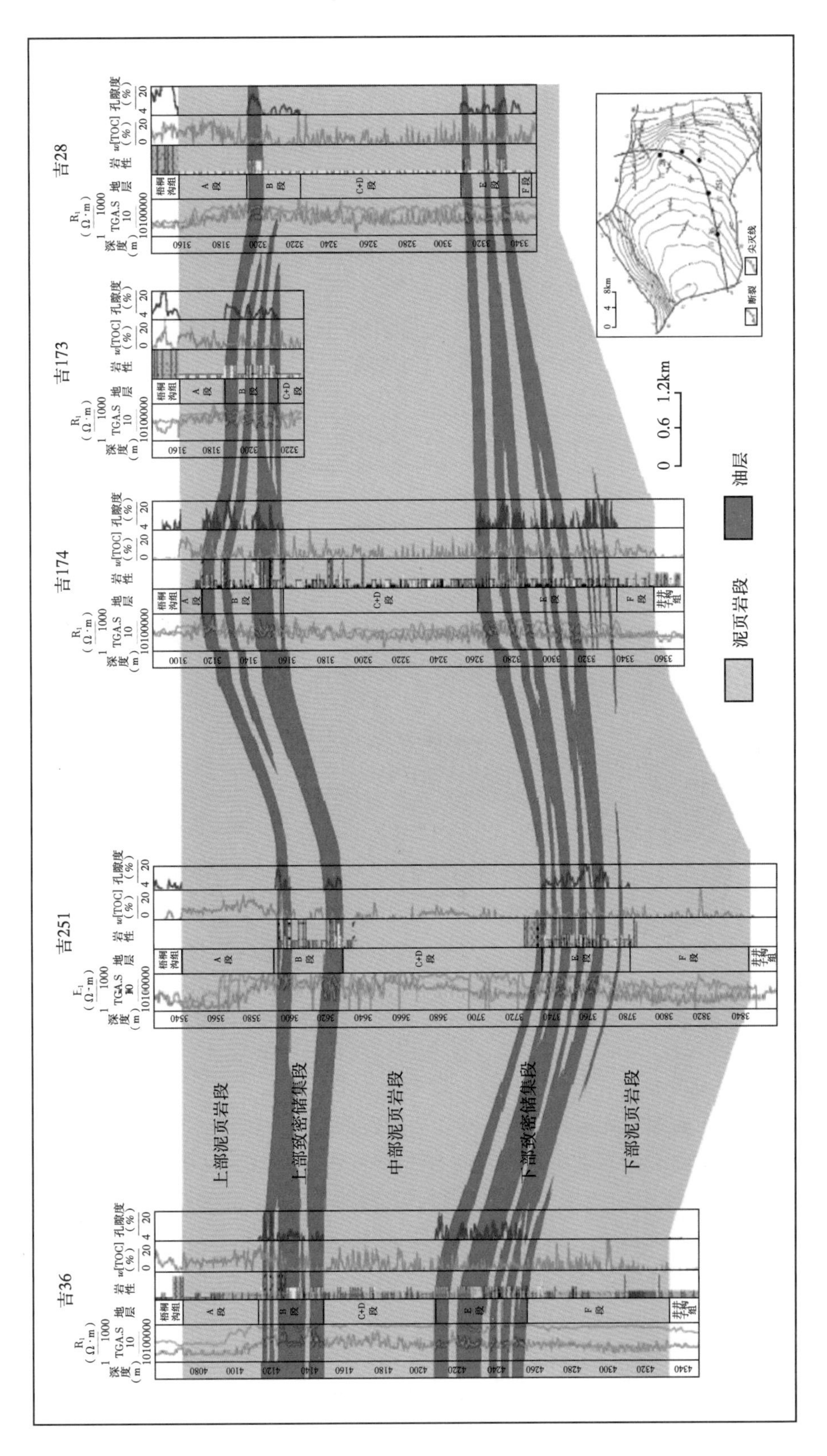

图 2.1.2　准噶尔盆地吉木萨尔凹陷芦草沟组致密油源储组合分布

明，致密油储层的中值孔喉直径为20~300nm，主要为50~200nm；孔喉直径为30~2000nm，主要为500~1000nm。吉木萨尔凹陷芦草沟组储集岩的压汞资料表明，纳米级孔喉约占孔喉总体的97%，是致密油储集空间的主体，其孔喉半径主要为50~500nm，约占78%。因此，大面积分布的致密储层，其孔隙度总体上高于4%，孔喉直径大于50nm，整体上应为有效储层，储集能力强。

（4）有效的源储接触关系，聚集效率高。

相对稳定的构造背景能够形成大面积的烃源岩和致密储层，物源供应和气候等条件的变化控制烃源岩与致密储层沉积相互叠置发育，形成源储大面积紧密接触。如Williston盆地Bakken组、鄂尔多斯盆地延长组、准噶尔盆地二叠系芦草沟组及松辽盆地青山口组等致密油，它们的共同特征是源储共生，储集层与烃源岩紧密接触，形成了典型的“三明治”结构，这是致密油大面积成藏的前提条件。致密油“三明治”的紧密接触关系，大大增加了源储接触面积，缩短了运移距离，使得烃源岩能够高效排烃，致密油得以高效聚集。以准噶尔盆地吉木萨尔凹陷芦草沟组致密油为例，芦草沟组源储组合总体上为“源储共生”赋存特征，即典型的“三明治”结构：纵向上相互叠置，横向上大面积连续接触。研究表明，纵向上，芦草沟组致密油源储组合整体上表现为夹层型（“3+2”模式），而在上、下部致密储层段内部，其源储组合均表现为互层型（“1+1”模式）。这种有效的源储组合特征，保证了芦草沟组烃源岩生烃后能够高效排出并高效地聚集到致密储层之中，其聚集效率高达33.3%。

2.2 国内低品位油藏地质特征

与常规油气藏一样，低品位油资源的形成也受到烃源岩分布的控制，如图2.2.1所示。烃源岩的品质与分布决定了致密油的形成与分布状况，鄂尔多斯、四川、松辽、准噶尔、柴达木、三塘湖等主要含油气盆地均具有规模连续分布、高有机质含量、适中成熟度、有利母质类型的烃源岩发育，是低品位油形成的物质基础。柴达木、渤海湾、松辽、四川、鄂尔多斯、三塘湖、准噶尔等重点盆地，是目前研究认为储量品质最好的低品位油规模开发区块。这些重点盆地低品位油分布面积大、累计厚度大、资源潜力大，同时也是目前油气勘探开发的主体。

我国低品位油形成于陆相环境，构造相对复杂，经过多期构造运动，储层岩性多样化。致密砂岩储层主要发育在鄂尔多斯盆地延长组、松辽盆地扶余油层、柴达木盆地上干柴沟组等地层中。致密碳酸盐岩储层时空分布相对有限，岩性以石灰岩为主，白云岩发育比例较低，如四川盆地大安寨组，以致密介壳灰岩、泥灰岩为主，生物介壳含量较高，岩心和薄片中表现为亮晶方解石与泥晶方解石混合沉积特征。致密混积岩是一类特殊的储层，以准噶尔盆地芦草沟组为典型代表；与致密砂岩和致密碳酸盐岩相比，致密混积岩储层在时空上分布更为局限，储层厚度与横向展布变化快。准噶尔盆地芦草沟组混积岩具有岩性复杂和矿物成分多样的特征。岩性主要以过渡性岩类为主，包括云质粉—细砂岩、云屑砂岩、砂屑云岩及微晶—泥晶云岩，整体黏土矿物含量偏低。致密沉凝灰岩是最为特殊的一类储层类型，主要分布在吐哈—三塘湖盆地条湖组，整体为一套火山喷发后期火山灰“空降”水中形成的火山碎屑岩，厚度主要受湖盆古地形的控制，单层厚度一般为10~

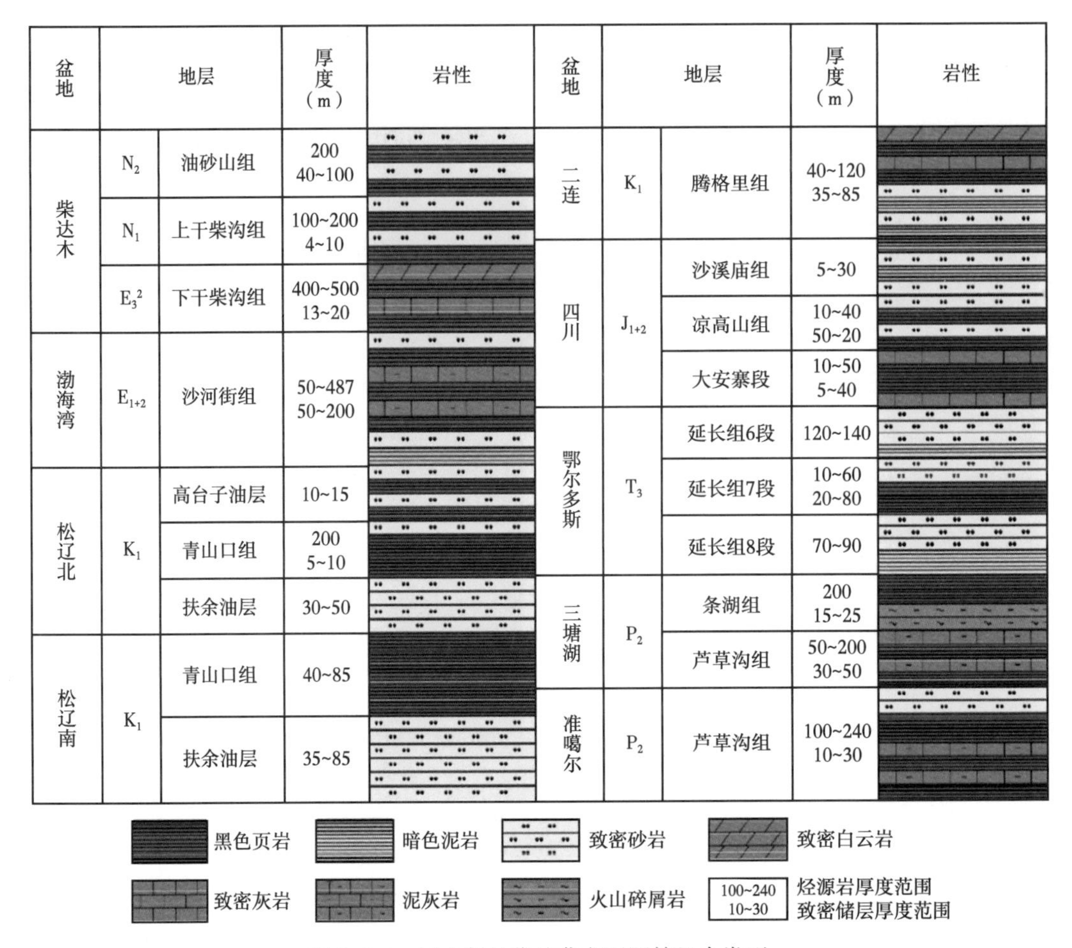

图 2.2.1　国内低品位油藏主要源储组合类型

100mm。三塘湖盆地条湖组沉凝灰岩以玻屑和晶屑火山灰沉凝灰岩为主，含有一定的有机质碎屑组分，黏土矿物含量低。

湖盆优质烃源岩常与凝灰岩共生，如鄂尔多斯盆地延长组七段、松辽盆地青山口组、渤海湾盆地沙河街组、准噶尔盆地芦草沟组及三塘湖盆地芦草沟组等，均广泛发育薄层—纹层状凝灰岩。其中鄂尔多斯盆地延长组七段，以厚层深灰、灰黑色泥岩、页岩沉积为主，厚度由几米到几十米。

2.2.1　构造背景

我国主要盆地低品位油资源均分布在盆地/凹陷中心及邻近斜坡上，表明平缓构造背景是低品位油形成的有利环境，原因就在于平缓的构造背景虽不利于油气水的分异与聚集，但因构造稳定、坡度小，处于油气运移的必经之地，有利于低品位油资源的形成与大面积分布，陡构造背景往往形成构造油气藏或复合型油气藏等常规油气藏。

松辽盆地白垩系、四川盆地侏罗系、准噶尔吉木萨尔凹陷二叠系、柴达木盆地扎哈泉地区[1]古近系低品位油资源所处的位置主体均为平缓斜坡区，地层倾角普遍不大于6°，是构造相对稳定的地区，说明宽缓稳定的构造背景对低品位油资源形成的重要性[2]。

以准噶尔盆地吉木萨尔凹陷二叠系芦草沟组致密油为例[3]，吉木萨尔凹陷位于盆地东南部，现今为北、西、南断、东超的箕状凹陷，面积为 $1300km^2$（图 2.2.2）。凹陷内发育二叠系、三叠系、侏罗系、白垩系、古近系及新近系，其中二叠系芦草沟组为咸化湖相细粒沉积，岩性复杂，砂屑云岩、云屑砂岩、云质粉砂岩、泥晶与微晶云岩、岩屑长石粉细砂岩、泥岩等岩性纵向上呈薄互层状，发育咸化湖相优质烃源岩，具有形成致密油的良好地质条件。

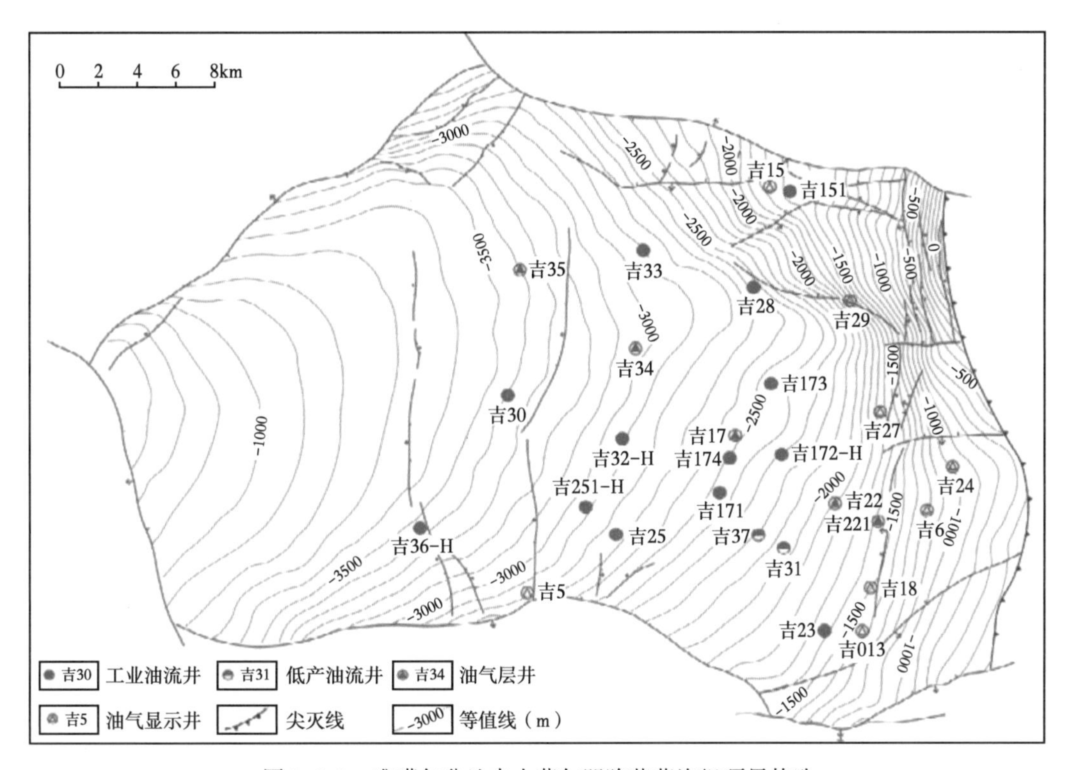

图 2.2.2 准噶尔盆地吉木萨尔凹陷芦草沟组顶界构造

吉木萨尔凹陷芦草沟组现今埋藏深度为 1000~4500m，呈南厚北薄、西厚东薄的趋势，几乎遍布整个凹陷，地层厚度平均为 200~300m，最大厚度可达 350m。现今构造平面上相对简单，为半环带状单斜，地层构造倾角为 3°~5°，上部地层断裂不发育，已钻井表明凹陷内致密油资源丰富，这说明平缓、稳定的构造背景有利于致密油资源的形成与保存。

2.2.2 烃源岩

中国主要含油气盆地低品位油烃源岩简况见表 2.2.1。

我国陆上沉积背景各异，相带类型多样，导致致密油烃源岩类型复杂多样，有机质丰度差异较大，热演化历史和母质类型也有一定差异，致使生烃门限和生烃总量方面也有较大差异。研究表明，陆相烃源岩分淡水—微咸水、微咸水以及半咸水—咸水 3 类，淡水—微咸水型最有利。

四川盆地侏罗系及鄂尔多斯盆地三叠系为淡水—微咸水环境。其中鄂尔多斯盆地长 7 段是晚三叠世的湖盆最大湖泛期，湖盆面积大，半深湖—深湖面积达 $6.52\times10^4km^2$，富有机质页岩发育，高丰度烃源岩分布广、生烃强度大、排烃能力强；四川盆地侏罗系虽然分布面积也很广泛，但母质类型和有机质含量相对较差。

表 2.2.1　中国主要含油气盆地低品位油烃源岩简况

盆地	地区	烃源岩层段	有效面积（km^2）	烃源岩厚度范围（m）
鄂尔多斯	湖盆中部	长 7 段	43000	20～110
松辽	北部	青一段、青二段	15000	85～350
	南部	青一段、青二段	5000	50～90
准噶尔	吉木萨尔凹陷	芦草沟组	1086	100～240
三塘湖	马朗、条湖凹陷	芦草沟组	1677	50～150
柴达木	柴西南	上干柴沟组	1700	100～600
		下干柴沟组下段	1350	300～900
四川	川中	侏罗系	47434	40～240

松辽盆地青山口组沉积时为半封闭内陆微咸水湖盆，曾受到大范围海侵，青一段为湖盆最大湖泛期，湖盆面积达 $8.72\times10^4 km^2$，自下而上由贫氧强还原环境演化为弱还原环境。

准噶尔盆地、三塘湖盆地二叠系及柴达木盆地古近系为咸化湖盆背景，炎热干旱古气候与咸水环境结合，有机质生产力较高，但湖盆面积较小，烃源岩品质变化较大。总体上准噶尔盆地、三塘湖盆地二叠系烃源岩有机质丰度和生排烃能力强于柴达木盆地古近系烃源岩。

2.2.3　储集条件

我国陆相低品位储层类型较多，总体表现为岩性复杂、物性较差、规模较小的特点，但分布范围广泛（表 2.2.2）。以沉积物来源可划分为陆源、内源、火山源和混源 4 种沉积成因的陆相低品位储层（表 2.2.3），均可形成规模低品位油资源。储层微观特征以次生溶孔为主，少量原生孔与微裂缝。大面积分布的非均质性致密储层是低品位油形成的关键。

表 2.2.2　中国主要盆地低品位储层简况

盆地	地区	储层层段	分布面积（km^2）	厚度（m）
鄂尔多斯	湖盆中部	长 7 段	50000	15～50
松辽	北部	扶余油层	15000	30
	南部	扶余油层	5000	20～85
准噶尔	吉木萨尔凹陷	芦草沟组	1086	10～58
三塘湖	马朗、条湖凹陷	条湖组	1600	2～8
柴达木	柴西南	上干柴沟组	1400	3～12
		下干柴沟组下段	562	10～20
四川	川中	侏罗系	46974	10～45

陆源沉积中的致密砂砾岩储层主要发育在鄂尔多斯盆地三叠系延长组、松辽盆地白垩系青山口组和泉头组、柴达木盆地新近系上干柴沟组、渤海湾盆地歧口凹陷古近系沙三段等地层中；内源碳酸盐岩储层发育在四川盆地侏罗系大安寨段、柴达木盆地古近系下干柴沟组下段和新近系上新统上油砂山组、渤海湾盆地歧口凹陷古近系沙一段和辽河西部凹陷

古近系沙四段等地层中；火山源凝灰岩致密储层主要见于三塘湖盆地二叠系条湖组中；混积岩致密储层主要发育在准噶尔盆地二叠系芦草沟组、三塘湖盆地二叠系芦草沟组、渤海湾盆地束鹿凹陷古近系沙三段、二连盆地白垩系腾格尔组一段等地层中。其中六大重点盆地的低品位储层分布面积大、累计厚度大，是形成低品位资源规模的有利场所。

表 2.2.3 中国主要盆地低品位油资源类型及其分布

类型	岩性	所在盆地及层段
源内	碎屑岩	鄂尔多斯盆地长 7 段
		松辽盆地高台子组
		柴达木盆地上干柴沟组
	碳酸盐岩	四川盆地大安寨段
	混积岩	准噶尔盆地芦草沟组
		三塘湖盆地芦草沟组
源外	碎屑岩	松辽盆地扶余油层
		四川盆地沙一段
	火山碎屑岩	三塘湖盆地条湖组

2.2.4 源储配置

致密油/页岩油以运移距离较短为特征，通常储层与烃源岩紧密接触，以源内夹层或源外直接接触方式为主，个别存在源储分离的情况。烃源岩和储层在纵向和平面上的匹配关系，控制了致密油藏的形成、分布与规模。

如鄂尔多斯盆地长 7 段致密油分布主要受控于长 7 烃源岩与三角洲砂体在垂向上相互叠置的分布，平面上主要分布在盐池—靖边以南、环县—镇原—灵台以东至杨密涧—延安地区，为三角洲前缘砂体与以深湖—半深湖沉积为主的暗色泥页岩叠置发育区，分布面积近 $3\times10^4km^2$，纵向上，致密油近源充注，分布在烃源岩内部致密粉、细砂岩夹层为主的长 7_1 亚段、长 7_2 亚段。

根据低品位油藏形成条件中的源储配置关系，可以将低品位油资源分为源内型和源外型。源内型是指低品位油层位于烃源岩层系内部，油层与烃源岩呈薄层或夹层分布于以烃源岩为主的地层中，源内型由于供烃条件好，是最有利的一类低品位油资源类型，目前国内也称之为页岩油藏。

而源外型则是低品位油层位于烃源岩层系外部，其他条件相同时供烃条件相比源内型为差。根据低品位油层与烃源岩距离的远近关系可分为近源和远源两类低品位油资源。近源类是指低品位油储层紧邻烃源岩层系或在之上（下）的很短距离内（一般不超过 20m），成藏条件相对较好（图 2.2.3），以致密油为主。远源类指低品位油储层与烃源岩层系不直接接触且距离相对较大（一般超过 20m）[4]，以低渗透油藏为主。

源内型和近源源外低品位油资源的分布和富集受烃源岩分布控制，有利储层尤其是裂缝与高孔渗区控制致密油富集。而远源源外型低品位油供烃条件相对较差，输导体系和有利储层的分布是控制致密油资源分布和富集的主要因素，同时输导体系的有效性也受到烃源岩分布的控制（图 2.2.4）。如三塘湖盆地条湖组致密油。条湖组沉凝灰岩致密油藏具

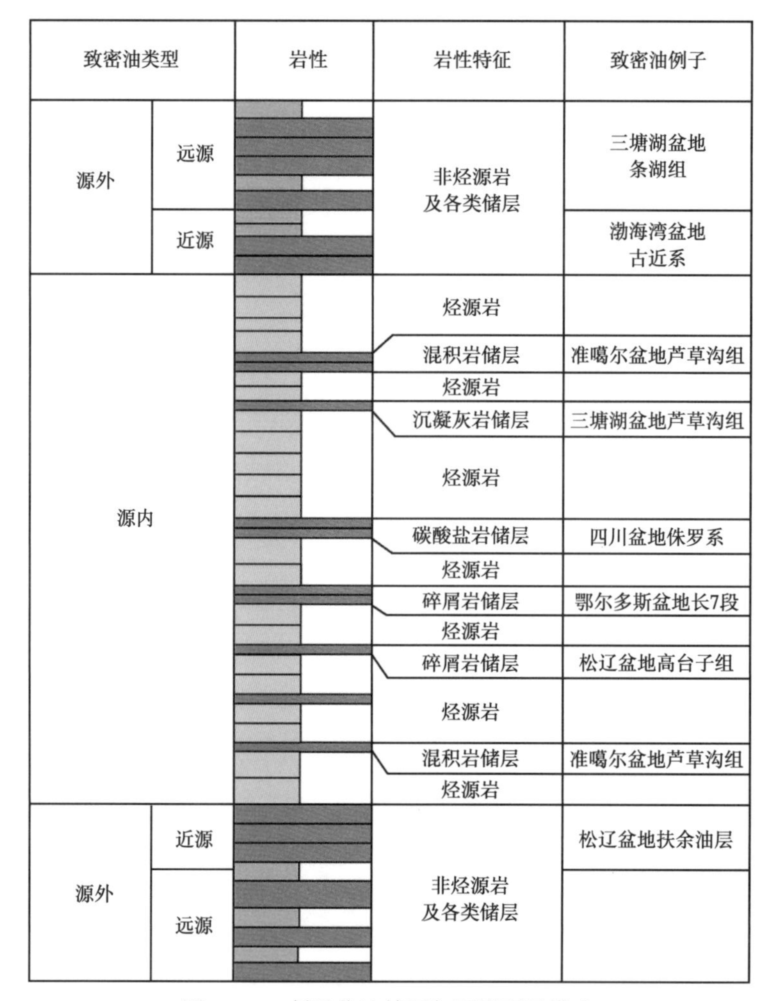

图 2.2.3　低品位油储层与源岩配置模式

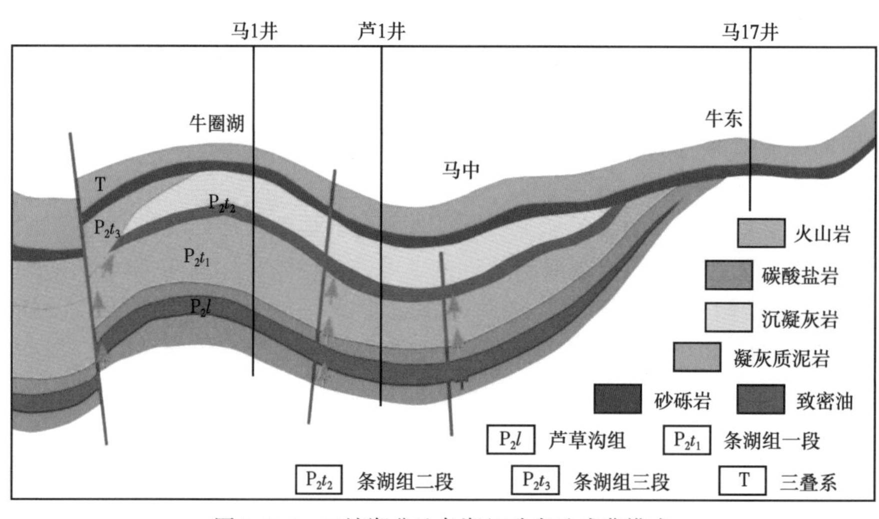

图 2.2.4　三塘湖盆地条湖组致密油成藏模式

"混源充注"特点，初步评价条湖组致密油自源比例不超过20%。条湖组二段的暗色泥岩和沉凝灰质是一套较好的烃源岩，成熟度较低，生烃有限；芦草沟组二段泥岩是主要烃源岩，分布范围广，有机质丰度高，有机质类型好，处于低熟—成熟阶段。条湖组烃源岩具一定生烃能力，生成的原油可在孔隙中形成油膜，对沉凝灰岩起润湿作用，改变了岩石原有的润湿性，亲水性减弱，亲油性增强，有效降低了油气进入储集层的毛细管阻力，在输导条件具备的情况下可形成致密油资源规模聚集。

2.3 国外低品位油藏地质特征

国外低品位油藏开发以北美页岩油最为突出。据美国能源信息署资料[5]，美国页岩油主要产自威利斯顿盆地巴肯（Bakken）区带、墨西哥湾盆地西部鹰滩（Eagle Ford）区带、二叠盆地伯恩斯普林（Bone Spring）和沃夫坎（Wolfcamp）等区带、阿纳达科（Anadarko）盆地伍德福（Woodford）区带、丹佛盆地奈厄布拉勒（Niobrara）区带、阿巴拉契亚盆地马塞勒斯（Marcellus）区带以及沃斯堡盆地巴奈特（Barnett）区带。其中二叠盆地、鹰滩和巴肯区带是美国目前三大主力产区。

加拿大目前已获得商业突破的页岩油区带主要分布在西加拿大盆地，其形成的构造和沉积背景与美国西部落基山脉以东的古生代克拉通盆地和中生代前陆盆地相似。主要页岩油区带包括上泥盆统 Duvernay 组页岩、侏罗系 Nordeg 组页岩等[6]。

北美页岩油勘探开发实践结果表明，稳定宽缓的构造背景、大面积分布的优质烃源岩、大面积分布的致密顶底板、合适的热演化程度、地质和工程"甜点"控制页岩油的规模富集[7]。

2.3.1 烃源岩发育特征

优质烃源岩的发育是形成规模页岩油的主要条件。美国海相沉积盆地发育多种类型烃源岩，主要形成于深水沉积环境，有利于形成富有机质的黑色页岩。

阿巴拉契亚盆地发育多套富有机质黑色页岩[8]（图2.3.1）。其中，中泥盆统马塞勒斯页岩分布面积为114000km^2，资源潜力最大。这些页岩发育于 Avalon 微大陆与北美大陆碰撞挤压形成的前陆盆地浅海沉积环境，由老到新地层向克拉通超覆并且逐渐减薄，马塞勒斯页岩的厚度从造山带前缘大于200m减薄到克拉通边缘10m以下，总有机碳含量（TOC）从低于1%增加到15%左右。这些黑色页岩的形成时间及其与不整合面的对应关系、同时异相的生物礁体高度、底栖藻类化石证据以及交错层理等沉积构造特征，均指示其主要沉积于水深小于50m浅水地区的季节性和间歇性缺氧或贫氧环境。

威利斯顿盆地面积为340000km^2，上泥盆统—下石炭统巴肯组纵向上划分为8个岩性段，发育上巴肯段和下巴肯段2套黑色页岩（图2.3.2），优质烃源岩全盆范围广泛分布[9]。上、下巴肯段页岩厚度均为5~12m，这些黑色纹层状泥页岩形成于海相深水缺氧环境，TOC值高达10%~14%，氢指数（HI）最高为900mg/gTOC，生烃潜力巨大。巴肯组中部以泥质粉砂岩、生物碎屑砂岩和钙质粉砂岩为主。致密油/页岩油产层面积大于70000km^2。

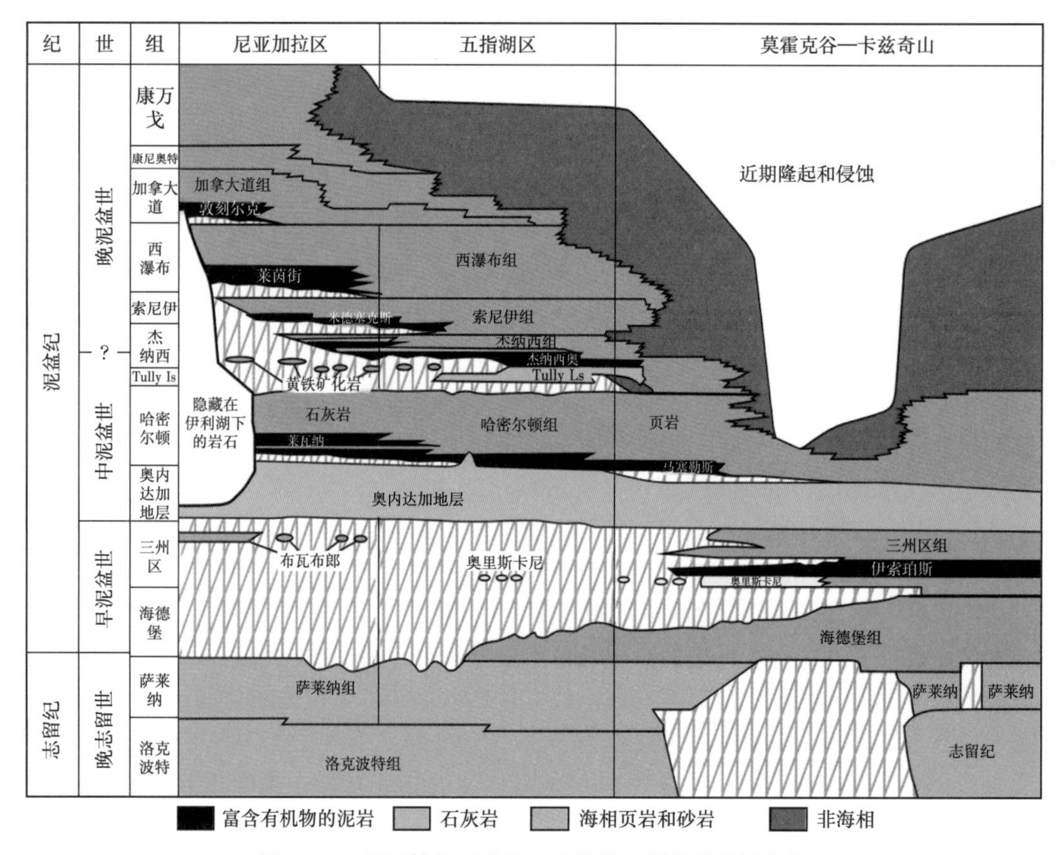

图 2.3.1 阿巴拉契亚盆地上志留统—泥盆系地层分布

位于墨西哥湾盆地西北部的鹰滩组在得克萨斯州西部陆上分布面积为 30000km^2。受沉积时古地貌的控制，鹰滩组总厚度变化范围从几米到一百多米不等，在页岩油开发区主要厚度为 90~120m[11]。鹰滩组分为 5 个岩层单元，从底部向上依次为动荡水体条件下的风暴岩（A）、下鹰滩页岩段（B，C）和上鹰滩页岩段（D，E），下鹰滩页岩段是目前页岩油气的主要目的层，顶底板分别为 Austin 灰岩和 Buda 灰岩（图 2.3.3）。其中，下鹰滩页岩段形成于海侵环境，又分为 B 和 C 亚段。B 亚段发育富有机质黑色页岩，TOC 值为 2%~8%，平均值为 5%；而 C 亚段为高自然伽马、发育斑脱岩夹层的黑色页岩。上鹰滩页岩段形成于海退环境，生物扰动较为活跃，TOC 值为 2%左右，由富含碳酸盐岩夹层页岩亚段（D）和富含黏土矿物页岩亚段（E）构成。

位于得克萨斯州西部和新墨西哥州东南部的二叠盆地面积约为 174000km^2，从寒武系到白垩系都有烃源岩和油气发现，发育多套页岩油层系，每套层系的厚度都在 300m 以上，是典型的超级盆地，目前发现的油气资源大部分来自古生界。二叠盆地为叠合盆地，盆地演化过程中主要经历了前寒武纪裂谷、寒武纪—密西西比纪被动陆缘和宾夕法尼亚纪前陆等 3 个原型盆地演化阶段，盆地在中新生代进入后前陆期的克拉通沉降阶段，现今构造形态主要形成于二叠纪[12]。二叠系厚度最大，一般约为 2500m，是盆地最主要的产层，且发育多套烃源岩。其中，沃夫坎组是盆地最重要的烃源岩层。由于差异构造演化，沃夫坎组沉积早晚 2 期形成了上粗下细的沉积旋回。沃夫坎组沉积早期构造强度大，中央台地快

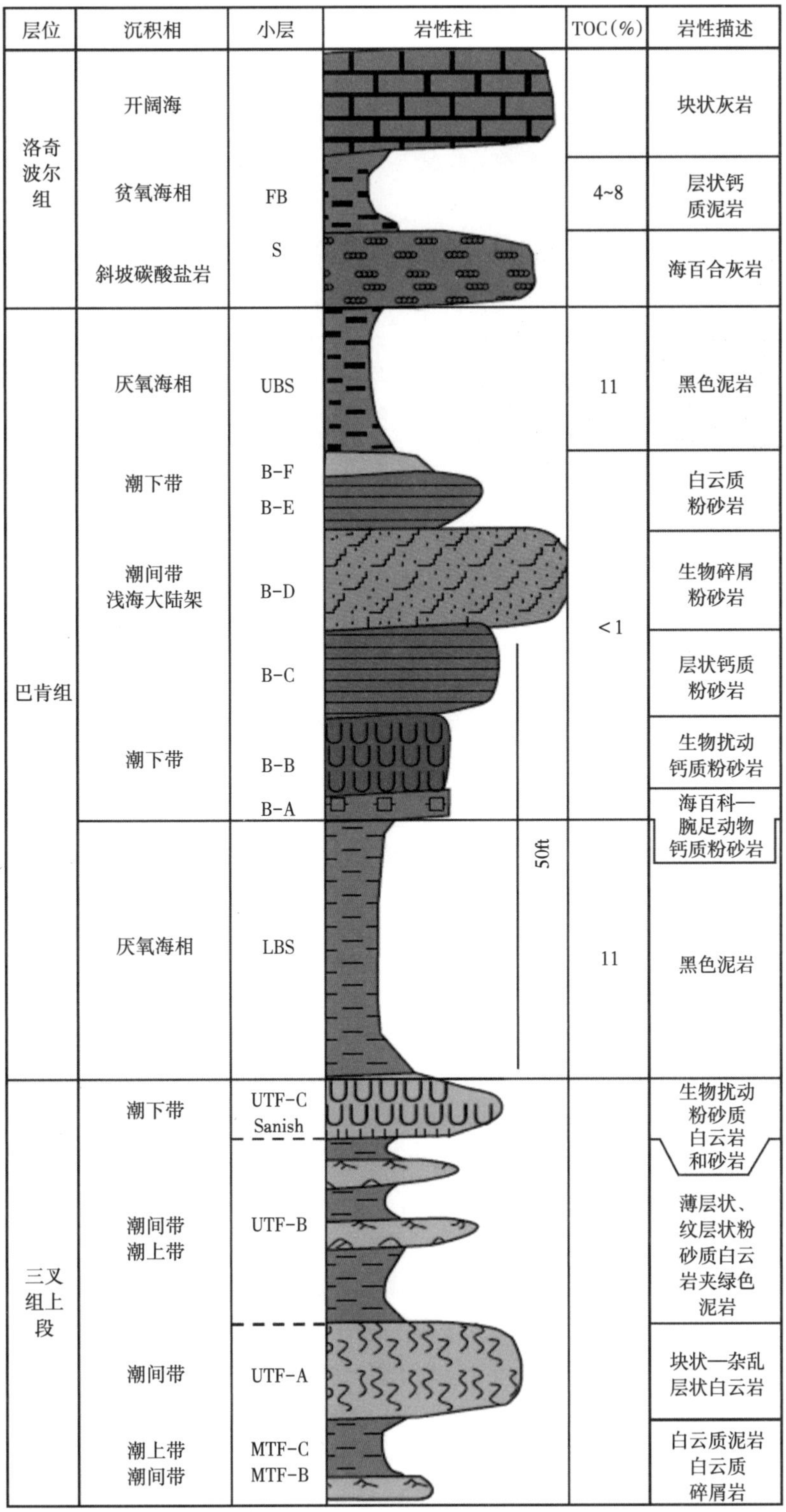

层位	沉积相	小层	岩性柱	TOC(%)	岩性描述
洛奇波尔组	开阔海				块状灰岩
	贫氧海相	FB		4~8	层状钙质泥岩
	斜坡碳酸盐岩	S			海百合灰岩
巴肯组	厌氧海相	UBS		11	黑色泥岩
	潮下带	B-F B-E		<1	白云质粉砂岩
	潮间带 浅海大陆架	B-D			生物碎屑粉砂岩
		B-C			层状钙质粉砂岩
	潮下带	B-B			生物扰动钙质粉砂岩
		B-A			海百科—腕足动物钙质粉砂岩
	厌氧海相	LBS	50ft	11	黑色泥岩
三叉组上段	潮下带	UTF-C Sanish			生物扰动粉砂质白云岩和砂岩
	潮间带 潮上带	UTF-B			薄层状、纹层状粉砂质白云岩夹绿色泥岩
	潮间带	UTF-A			块状—杂乱层状白云岩
	潮上带 潮间带	MTF-C MTF-B			白云质泥岩 白云质碎屑岩

图 2.3.2 威利斯顿盆地上泥盆统—下石炭统巴肯组页岩及其致密顶底板地层柱状图[10]

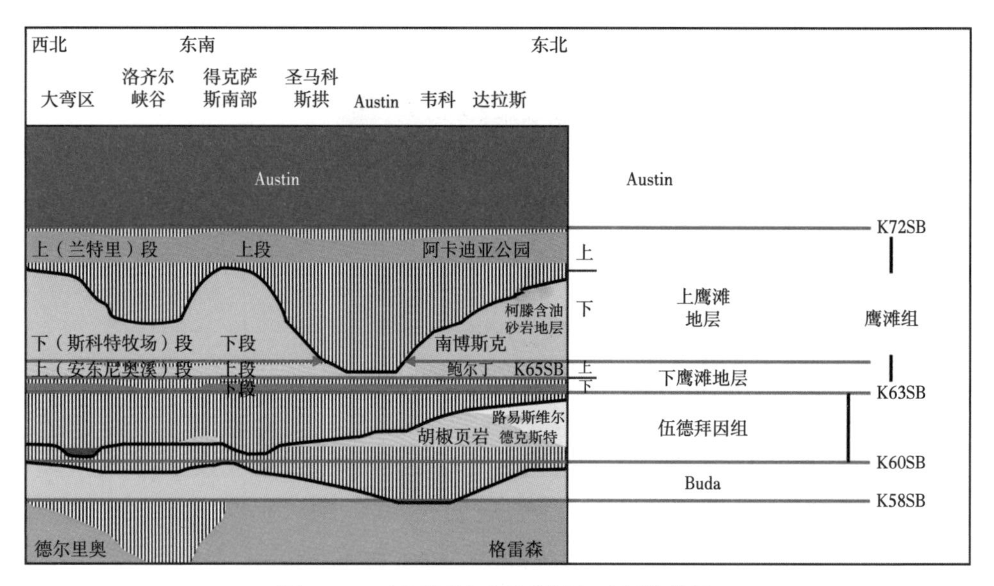

图 2.3.3　墨西哥湾盆地鹰滩组地层柱状图

速隆升，两侧次盆发生差异沉降；Delaware 次盆地沉降速率较高，可容纳空间增大，在深盆区沉积了厚层泥页岩；而 Midland 次盆地沉降速率较低，沉积了较薄的泥页岩；在盆地周缘陆架区和中央台地区发育碳酸盐岩台地相沉积。沃夫坎组沉积晚期沉降速率仍然较高，但构造运动开始减弱，盆地可容纳空间减小，盆地中心泥页岩沉积范围和厚度不断减小，而周缘和中央台地区碳酸盐岩台地相沉积作用以加积为主，碳酸盐岩台地斜坡快速抬升，形成陡坡，有利于各种重力流沉积直接覆盖于泥页岩沉积之上，形成泥页岩和碳酸盐岩互层沉积。同时，在 Midland 次盆东北部陆架地区由于陆源碎屑的输入，在局部地区形成泥岩和碎屑岩互层沉积。沃夫坎组烃源岩有机质丰度较高，TOC 值平均为 3.25%，TOC 值大于 2%的烃源岩占总量的 80%以上，具备优越的生烃潜力。

丹佛盆地是一个位于落基山东侧的中生代前陆盆地，大致形成于白垩纪（距今 110～71Ma），后来又经历了拉拉米运动（距今 71～50Ma）的构造抬升[13]。丹佛盆地是一个不对称的前陆盆地，造山带位于西侧，而东翼向西倾，地层倾角很缓。白垩纪形成了多套富有机质页岩，上白垩统底部的奈厄布拉勒组生烃潜力最高，厚度约为 275m（图 2.3.4）。这些烃源岩形成于南北走向的海槽之中，富含倾向生油的Ⅱ型干酪根。TOC 值为 1%～6%的地层厚度为 150m，而 TOC 值为 4%～6%的地层自然伽马值很高。

西加拿大盆地从中泥盆统至上白垩统发育多套优质烃源岩层系，其中具有较大页岩油资源潜力且已经投入大规模开发的优质烃源岩层系为上泥盆统 Duvernay 组黑色页岩。Duvernay 组页岩的分布面积近 700000km²，被长达 500km 的生物礁链分割为东部页岩次盆和西部页岩次盆，其中连续厚度大于 20m 且 TOC 值大于 2%的面积为 120000km²。在 2 个页岩次盆边缘，Duvernay 组页岩可以通过短距离运移为同时异相沉积的 Leduc 组生物礁相灰岩提供油源，也可以通过下伏 Cooking Lake 组或中泥盆统碳酸盐岩台地相灰岩进行长距离运移，为成熟烃源岩区外的上泥盆统生物礁灰岩和中泥盆统储层提供油源（图 2.3.5）。在次盆内部，由于缺少与台地相灰岩和生物礁灰岩直接接触，Duvernay 组页岩生成的烃类

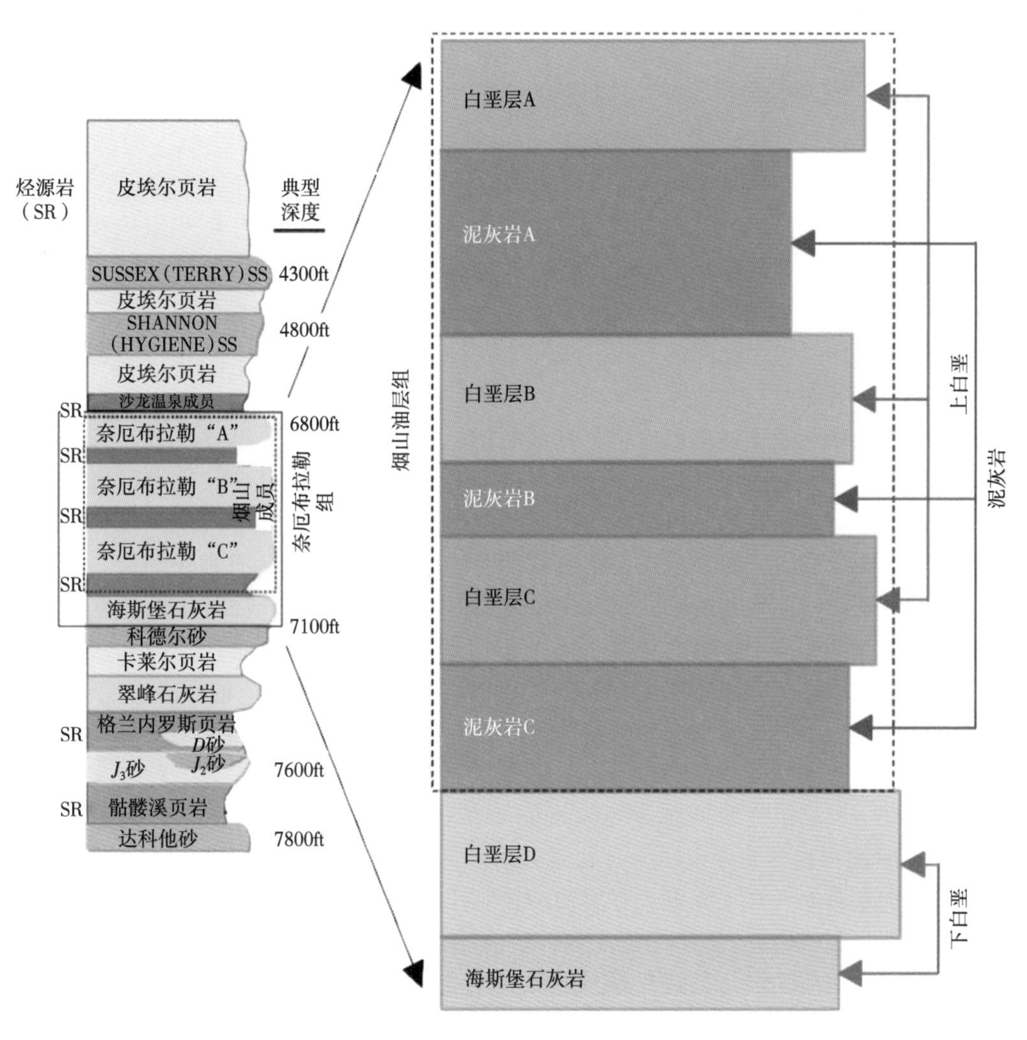

图 2.3.4 丹佛盆地奈厄布拉勒组地层柱状图

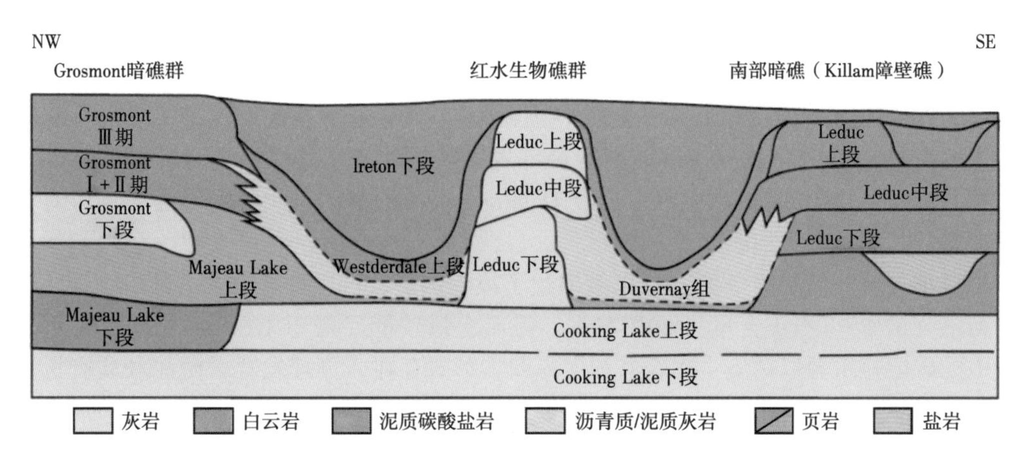

图 2.3.5 西加拿大盆地上泥盆统 Duvernay 组黑色页岩与同时异相 Leduc 组礁灰岩/礁白云岩、下伏 Cooking Lake 组台地相致密灰岩底板以及上覆 Ireton 组页岩顶板接触关系示意图

大量滞留，为页岩油富集奠定了基础[10]。

2.3.2 甜点储层特征

烃源岩储层虽然总体致密，但受沉积相、成岩作用与裂缝作用控制，局部发育“甜点”。地质“甜点”区为页岩油的大面积分布与局部富集奠定了储集条件。

烃源岩储层主要由细粒沉积岩构成，岩石化学成分、沉积结构、沉积组构和有机质含量是烃源岩储层岩相划分的基础，陆源碎屑矿物成分成熟度和结构成熟度奠定了储层原生孔隙发育的基础，内生矿物结晶程度和重结晶程度、烃类演化、有机酸形成和有机—无机相互作用等控制储层次生孔隙的形成，纵向上各种岩相组合和平面上岩相带分布控制了烃源岩储层的宏观分布及其品质。

中巴肯段是威利斯顿盆地巴肯组页岩储层的“甜点”。上、下巴肯段页岩将中巴肯段夹持其中，形成良好的源储组合。中巴肯段由多个岩性段组成，其中，陆源碎屑物源来自东北部的加拿大地盾，自东向西沉积环境由陆缘海逐渐过渡为浅滩、海湾潟湖至陆相河流冲积平原相沉积。在这些岩性段中，既有致密储层，又在局部地区有常规储层。致密储层的孔隙类型主要为粒间孔和溶蚀孔，孔隙度为10%~13%，渗透率为0.1~1mD，主力储层段为形成于近海陆架—下临滨面环境下的致密白云质粉砂岩和粉砂质白云岩，厚度为5~10m。进入生烃门限后，生烃增压导致烃源岩异常高压的形成，生成的烃类由烃源岩排出，进入邻近的储层。上巴肯段页岩在全盆地分布，与广泛分布的致密储层匹配良好，巴肯组致密储层有利分布面积达70000km^2。

二叠盆地沃夫坎组优质烃源岩与致密储层在垂向上交替分布，在2类储层中都存在“甜点”，页岩油和致密油分布明显受到储层甜点区分布的影响。“下源上储、源储互层”的源储配置关系对油气充注成藏具有重要的控制作用，为致密油和页岩油共生提供了优越的先天条件。富有机质页岩早期压实排水和成岩作用通常会导致紧邻的储层致密化，由于储层物性差、非均质性强，且缺乏断层、不整合等运移通道，只能短距离近源或源内成藏。油气运移的驱动力主要有浮力、构造应力和异常流体压力。烃源岩层系排烃效率决定了烃源岩和致密储层中油气分配的比例，而对烃源岩中烃类富集和致密油成藏起主要作用的是烃源岩生烃过程中产生的异常高压。与烃源岩互层的致密储层主要是重力流沉积，沉积物源主要来自盆地中央台地和周围陆架。因此，靠近中央台地和陆架地区的致密储层是该层系的首要甜点区，致密储层厚度大、物性和脆性均较好，初始产量高。受陆源碎屑物质注入的影响，Midland次盆东部陆架区局部发育陆源碎屑岩储层，具有较好的物性和岩石脆性条件。由于Midland次盆烃源岩比Delaware次盆的差，因此致密储层甜点区对整个地区产量的控制作用更加明显。

鹰滩组页岩油储层的“甜点”以鹰滩组下段上部富有机质页岩为主，其矿物组成以碳酸盐为主（67%），石英含量为20%左右，泥质含量较低（低于10%）。这些黑色页岩密集段中的碳酸盐组分以钙质生物碎屑和泥晶灰岩形式存在，页理发育，由泥灰质有机质富集层和富含生物碎屑的纹层构成，孔隙度为3%~10%，平均为6%，渗透率为0.004~1.3mD。高—过成熟阶段鹰滩组富有机质页岩以发育有机质孔隙为主，占岩石总孔隙的80%~90%，方解石和石英粒间孔次之。溶孔、晶间孔发育，岩石骨架颗粒小，有机质孔隙呈不规则蜂窝状，孔径为几到几百纳米，而矿物粒间孔直径为1μm左右。地层压力系数为 1~1.8MPa/hm，原油密度为 0.8~0.84g/cm^3，多为与页岩气伴生的轻质油和凝析油。成岩作用是控制烃源岩层系储集性能的关键。

富有机质页岩在经历压实作用之后，岩石基质孔隙能否得以保存，后期成岩作用能否形成次生孔隙，决定了烃源岩储层能否形成“甜点”。烃源岩层系早期压实排水作用会导致非烃源岩夹层致密化。富有机质页岩热演化生烃过程伴随着大量有机酸的形成，为烃源岩层系中次生孔隙的形成创造了有利条件。同时，烃类的存在会有效抑制烃源岩内部矿物基质的成岩作用，从而有利于孔隙的保存。因此，烃源岩层系中有机质富集的纹层发育段比块状贫有机质夹层具有更好的储集物性。例如，沃斯堡盆地巴奈特组中的致密浊积碳酸盐岩夹层页岩气产能远远低于富有机质页岩层。实际上，在鹰滩组页岩、马塞勒斯组页岩和西加拿大盆地上泥盆统 Duvernay 组页岩中均见到致密灰岩夹层页岩气产量远低于富有机质页岩的情形。

裂缝是控制储层渗透率的重要因素。在盆地边缘和内部基底断层附近、构造斜坡带和局部构造发育带，应力作用会造成不同尺度的垂直或高角度构造裂缝。取决于断裂活动的强度和伴生裂缝体系的尺度，构造裂缝对烃源岩层系中页岩油/气的保存具有两面性。例如，阿巴拉契亚盆地罗马地嵌周边的基底断裂既控制了马塞勒斯组富有机质页岩和上覆 Tully 组灰岩顶板的沉积范围，又对马塞勒斯组页岩的埋藏和生烃具有重要的制约作用。与基底断层多期活动伴生的天然裂缝体系（如 Tyrone-Mt. Union 断裂带）是油气垂向运移的主要通道，对马塞勒斯组页岩及下伏地层油气富集都有负面影响。

与此相反，在威利斯顿盆地，与宽缓的低幅度构造所伴生的裂缝体系对巴肯组页岩油气的局部富集起建设性作用，只有在盆地北部沿 Nesson 断裂带有部分顶板遭受断裂破坏，导致巴肯组页岩生成的少量油气在上覆地层中聚集。在构造宽缓的生烃凹陷区，当沉积埋藏将地层主应力从垂直应力转化为水平应力之后，地层中原有沉积层理和纹理因岩石力学性质固有差异会促进水平裂缝的发育。生烃高峰之前形成的构造裂缝有可能被后期成岩作用所胶结，也可能被运移烃充注而得以保存。

在生烃高峰和更高成熟阶段的烃类生成、重质烃向轻烃转化以及天然气形成，会导致烃源岩孔隙中烃类体积膨胀，从而形成生烃增压微裂缝。生烃增压和异常高压带形成的微裂缝体系往往由于烃类的存在而得到很好的保存。裂缝对总孔隙度的提高贡献不大（一般小于 1%），但对渗透率的提高作用明显，一般可提高渗透率至少一个数量级，不仅改善了烃源岩储层的渗流能力，而且为页岩油大面积连续分布提供了运移通道。西加拿大盆地 Duvernay 组富有机质页岩和上白垩统 Cardium 组致密砂岩的孔隙度大致相当，但页岩基质渗透率远远低于多数致密砂岩；常规条件下不可采的致密砂岩储层由于微裂隙的存在渗透率提高，在人工干预下可以获得经济产能。因此，天然裂缝的存在或者通过人工压裂是从页岩中开采页岩油的技术关键。

3 低品位砂岩油藏分类评价

3.1 低品位油藏分类标准研究

低品位油藏分类标准是制定低品位储量有效开发技术对策的基础，目前油田现场各自形成了自己的低品位油藏分类方法，多以流体流度、储量丰度为分类标准，如大庆外围扶扬油层以流体流度为分类标准，葡萄花油层以储量丰度为分类标准，各自的标准没有统一，横向对比存在障碍，不能用于低品位油藏的整体统一分类评价。本章以松辽盆地和鄂尔多斯盆地低渗透砂岩油藏为研究对象，制定中国石油低品位砂岩油藏的统一分类标准。

3.1.1 整体研究思路

低品位油藏分类标准整体研究思路是：采用宏观和微观两方面进行分级，相互验证相互补充；静态和动态两方面进行分级，两者做到有机统一；单因素和多因素分级相结合，认识更加系统化。

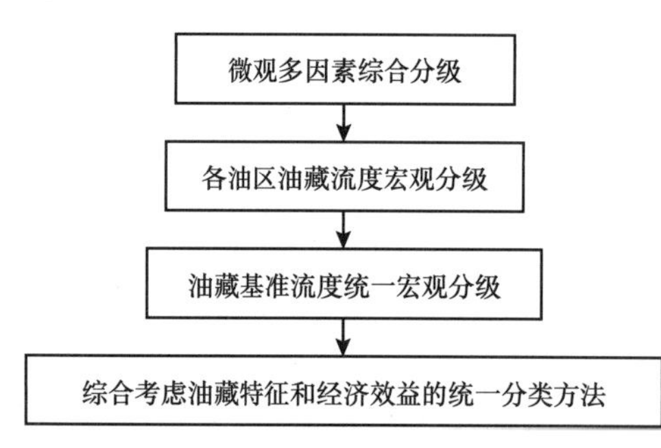

图 3.1.1 低品位油藏分类标准研究思路图

首先从区域地质沉积环境上认识分类标准统一的可行性和差异性，再从储层微观特征出发，通过室内岩心试验储层微观特征的分类评价找出宏观流度分类标准，再通过储层空气渗透率与有效渗透率的理论关系方程建立流度与基准流度的相关性，以统一的基准流度为中介建立不同油区的流度标准，整体研究思路如图 3.1.1 所示。

统一流度分类标准后，进一步考虑影响油藏开发的经济因素，如油藏深度、储量丰度等，建立经济效益评价因子，将低品位低渗透砂岩油藏统一到开发经济效益综合分类标准中。

3.1.2 低品位砂岩油藏流度分类标准

3.1.2.1 低品位油藏分类的地质基础

从区域地质沉积背景看，无论是松辽盆地葡萄花和扶扬油层还是鄂尔多斯的延长组藏均以陆相河流三角洲平原—前缘相沉积为主，岩性以低渗透砂岩为主，因此它们有统一分类评价的地质基础，但局部沉积环境及水动力条件同样存在一定程度的差异，也决定了不同盆地不同层位分类标准的差别，这种既相似又存在差异的区域地质特点决定了三大油区

（大庆、长庆和吉林油田）既统一又差异的分类标准。

松辽盆地葡萄花油层以北部物源为主，葡萄花油藏主要位于大庆油区，长垣外围东部和西部葡萄花油藏均以三角洲前缘亚相为主（图 3.1.2），砂体薄、窄、小，纵向层位少，油层厚度薄，储层物性较好（图 3.1.3）。

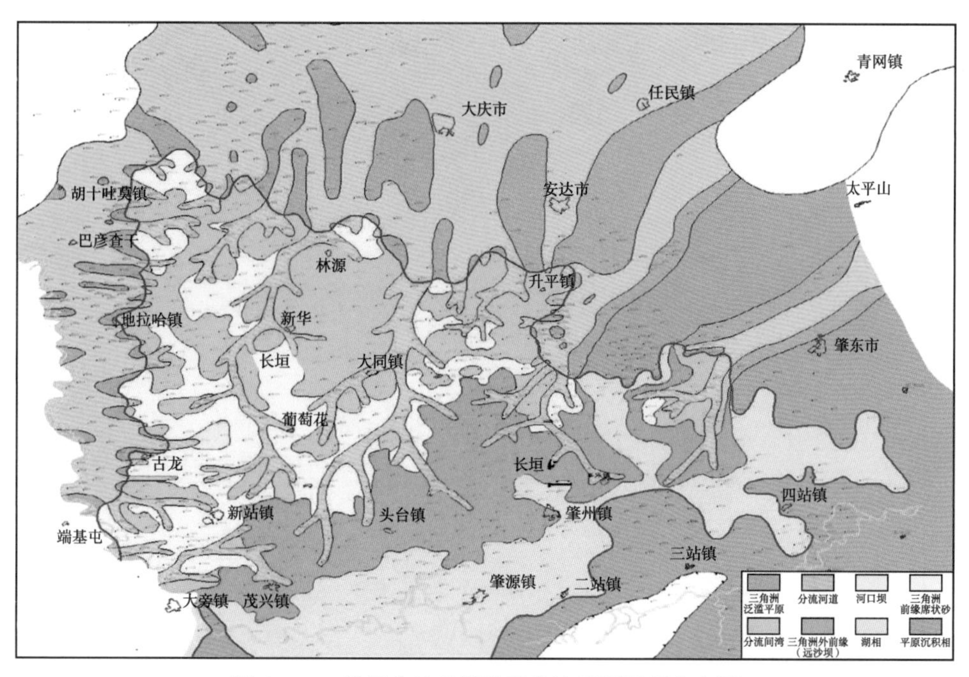

图 3.1.2 松辽盆地北部葡萄花油层沉积相分布图

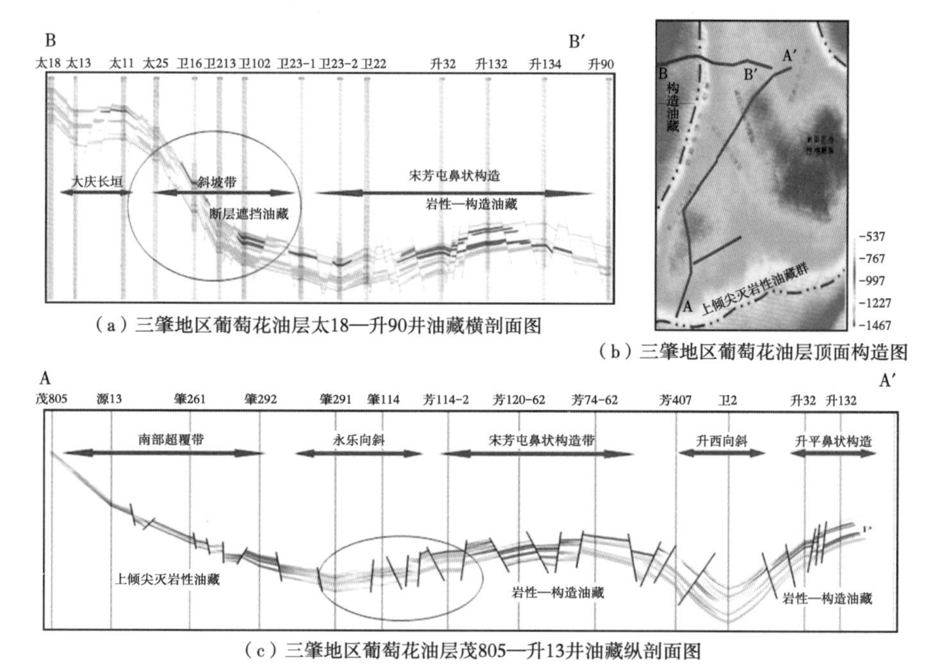

图 3.1.3 大庆外围三肇地区葡萄花油层剖面图

松辽盆地扶杨油层南北部物源均发育，但南部物源好于北部物源（图 3.1.4、图 3.1.5），吉林油区扶杨油层整体好于大庆油区，扶杨油层纵向跨度大、单层厚度薄、砂体规模小，储层物性差（图 3.1.6）（图 3.1.2 至图 3.1.6 均来自大庆油田和吉林油田）。

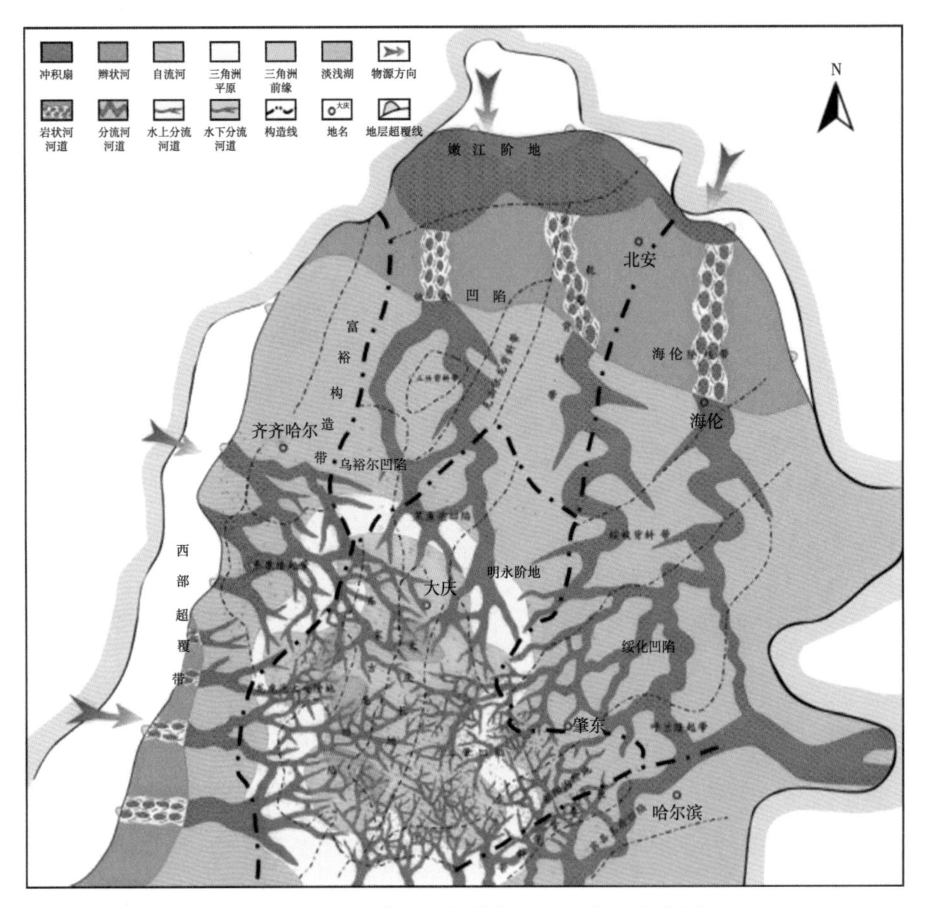

图 3.1.4　松辽盆地北部扶杨油层沉积相分布图

鄂尔多斯盆地延长组油藏为大规模三角洲平原—前缘相沉积，沉积时水动力强，砂体沉积规模大、分布稳定、油层纵向较集中，如图 3.1.7 至图 3.1.10 所示（来源于长庆油田）。

3.1.2.2　低品位油藏微观分类评价

储层微观特征参数揭示了影响油藏开发特征的本质因素，根据室内实验分析成果，选择低品位储层岩心相互独立且不相关的三个主控参数：孔隙结构特征参数——主流喉道半径、流体可动用性——可动流体饱和度和渗流特征——拟启动压力梯度作为微观分类参数。室内实验岩心分析结果表明，储层主流喉道半径和可动流体饱和度与空气渗透率呈正比关系，而拟启动压力梯度与空气渗透率呈反比关系，但不同油区也表现出不同的特征，即相同空气渗透率情况下对应的主流喉道半径、可动流体饱和度和拟启动压力梯度值的大小不同。整体来看，长庆油田储层微观特征参数最好，主流喉道半径最大、可动流体饱和度最高、拟启动压力梯度最小，大庆外围储层微观参数最差，即主流喉道半径最小、可动流体饱和度最低、拟启动压力梯度最大，吉林油田介于长庆与大庆之间，如图 3.1.11 至图 3.1.13 所示。

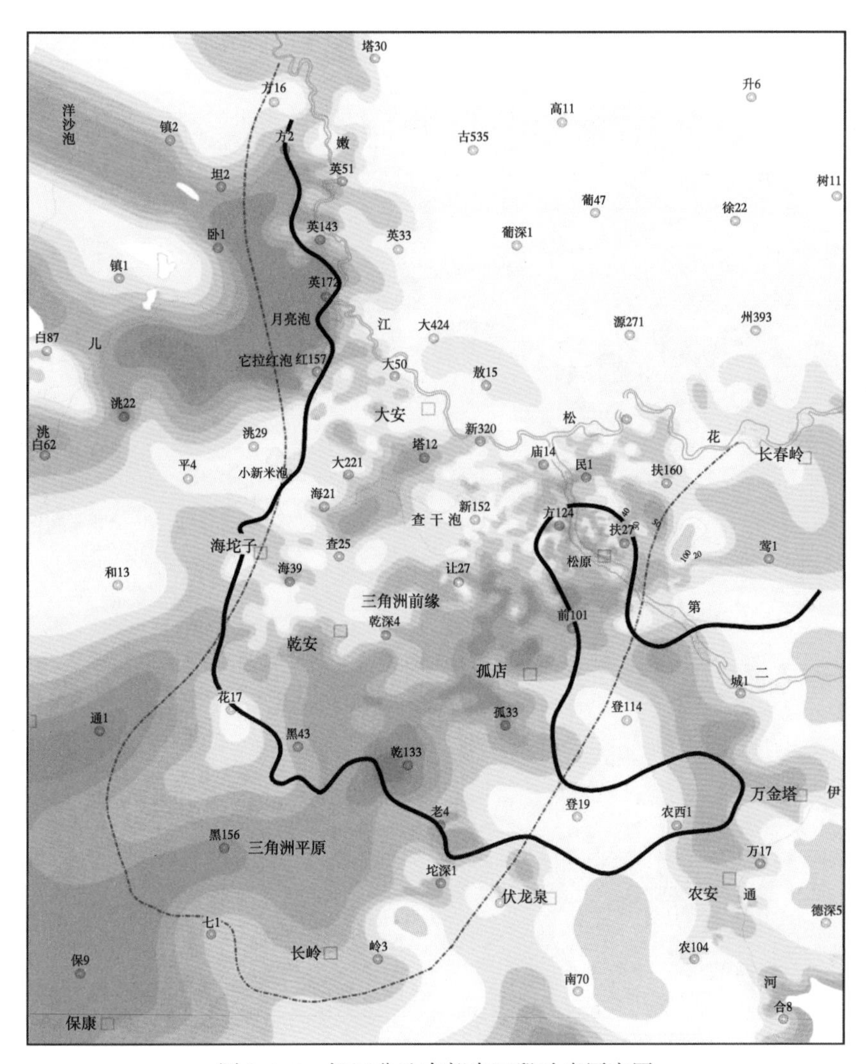

图 3.1.5　松辽盆地南部泉四段砂岩厚度图

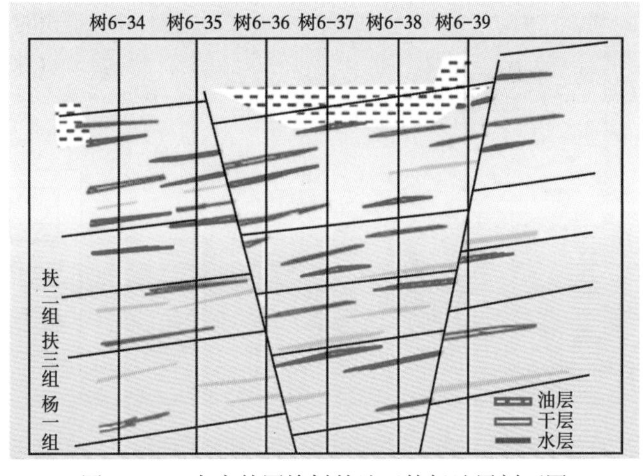

图 3.1.6　大庆外围榆树林油田扶杨油层剖面图

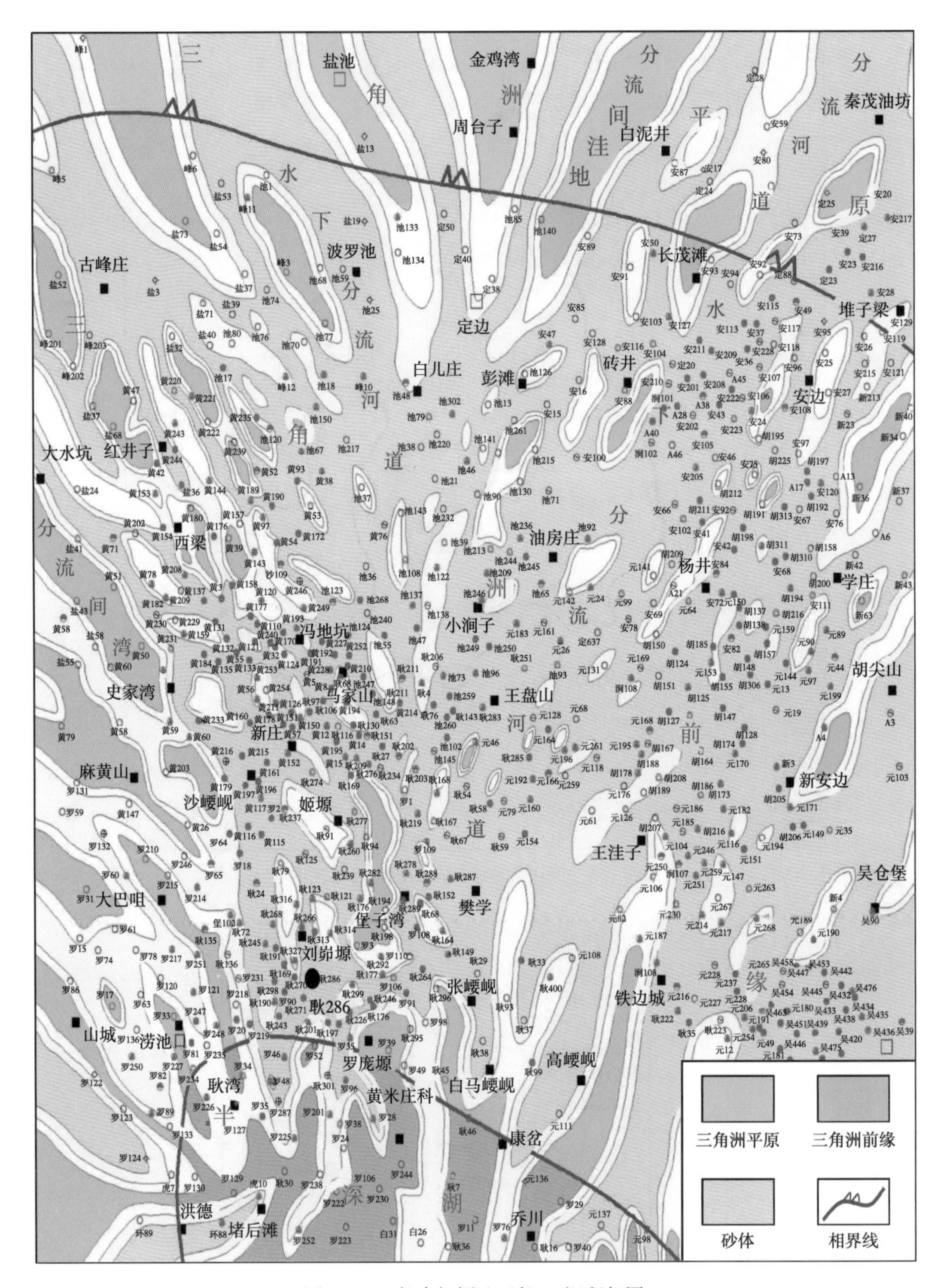

图 3.1.7　长庆姬塬地区长 6_1 沉积相图

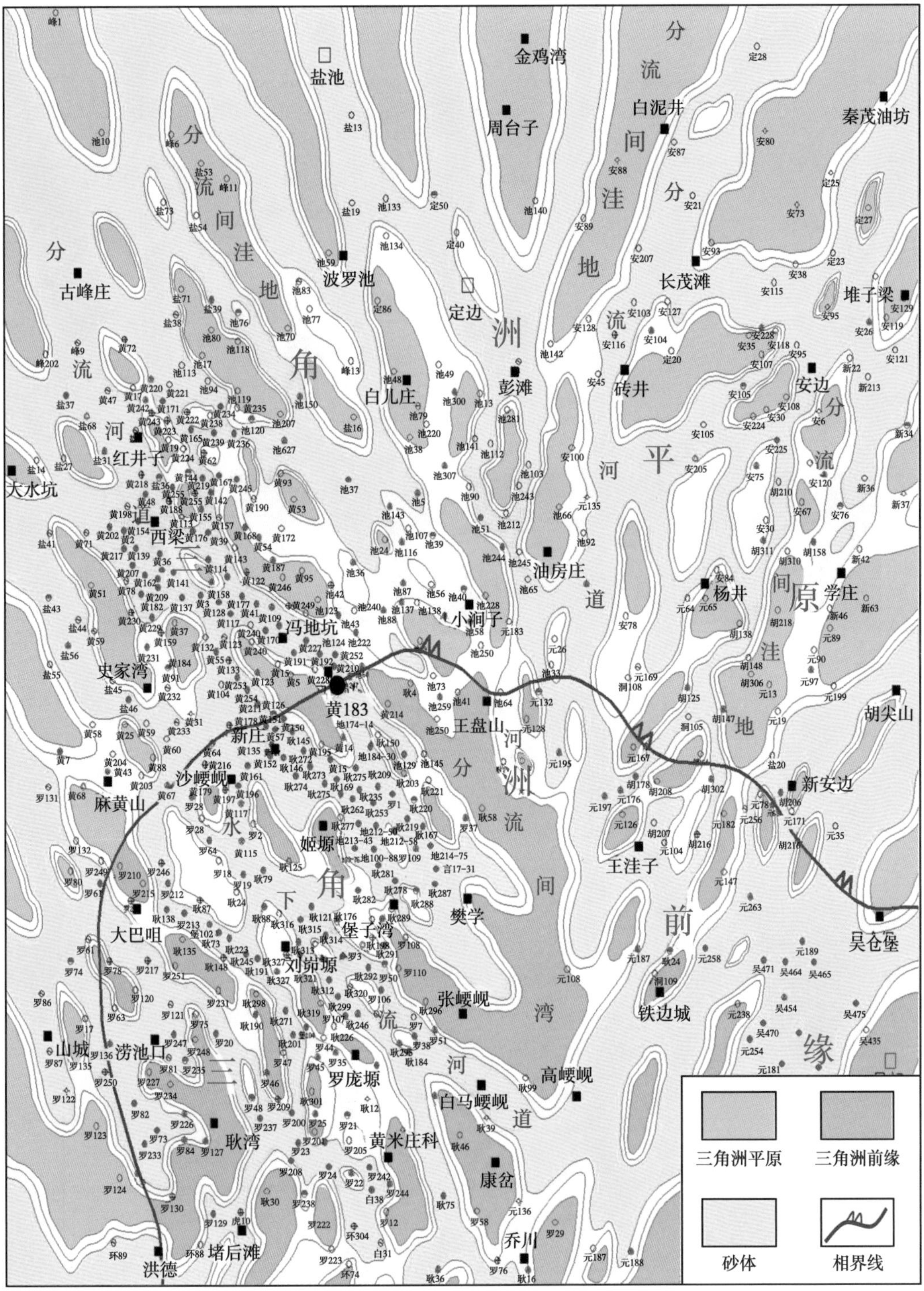

图 3.1.8 长庆姬塬地区长 8_1 沉积相图

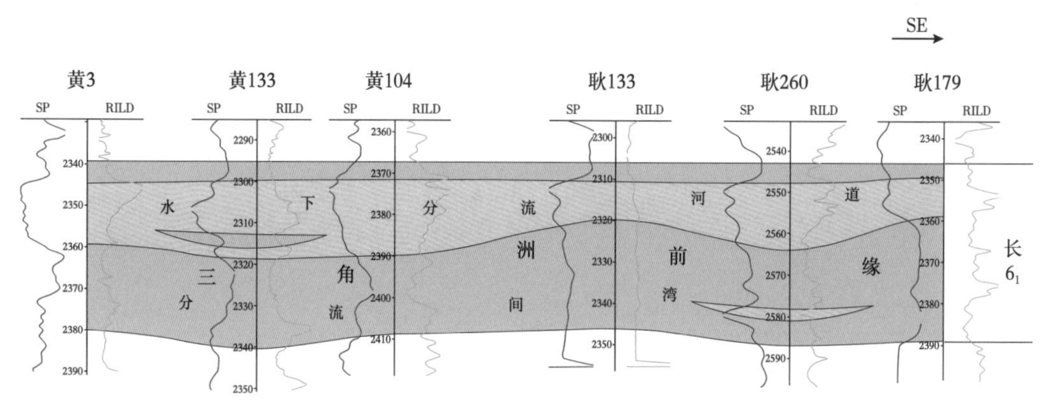

图 3.1.9　姬塬地区黄 3 井—耿 179 井长 6_1 沉积相剖面图

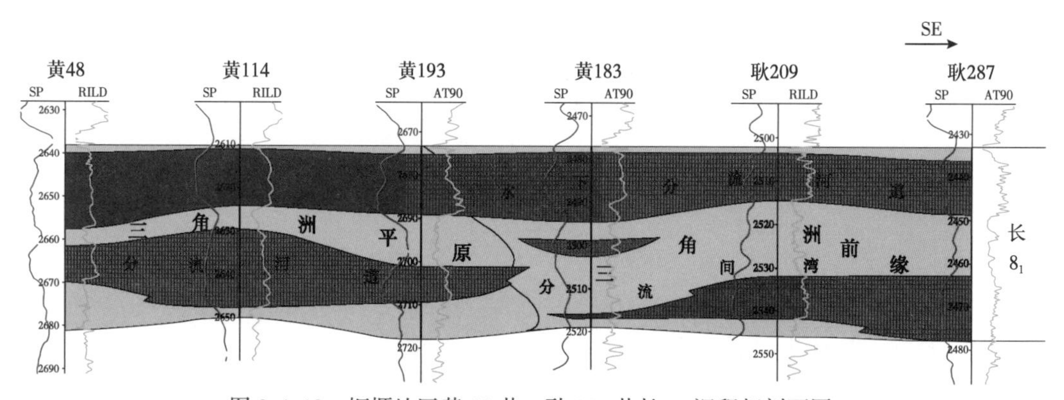

图 3.1.10　姬塬地区黄 48 井—耿 287 井长 8_1 沉积相剖面图

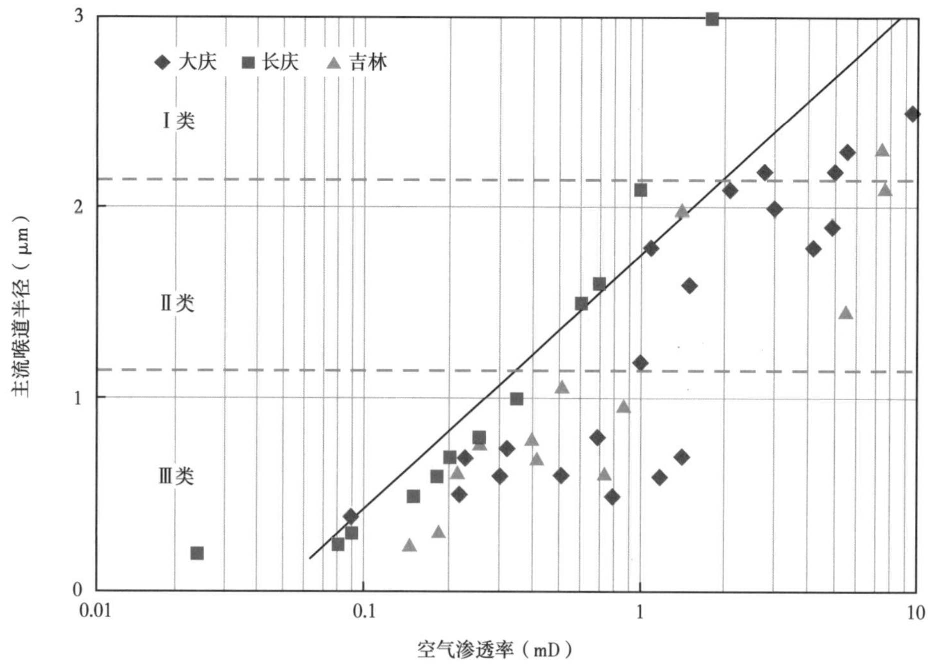

图 3.1.11　孔隙主流喉道半径分类图

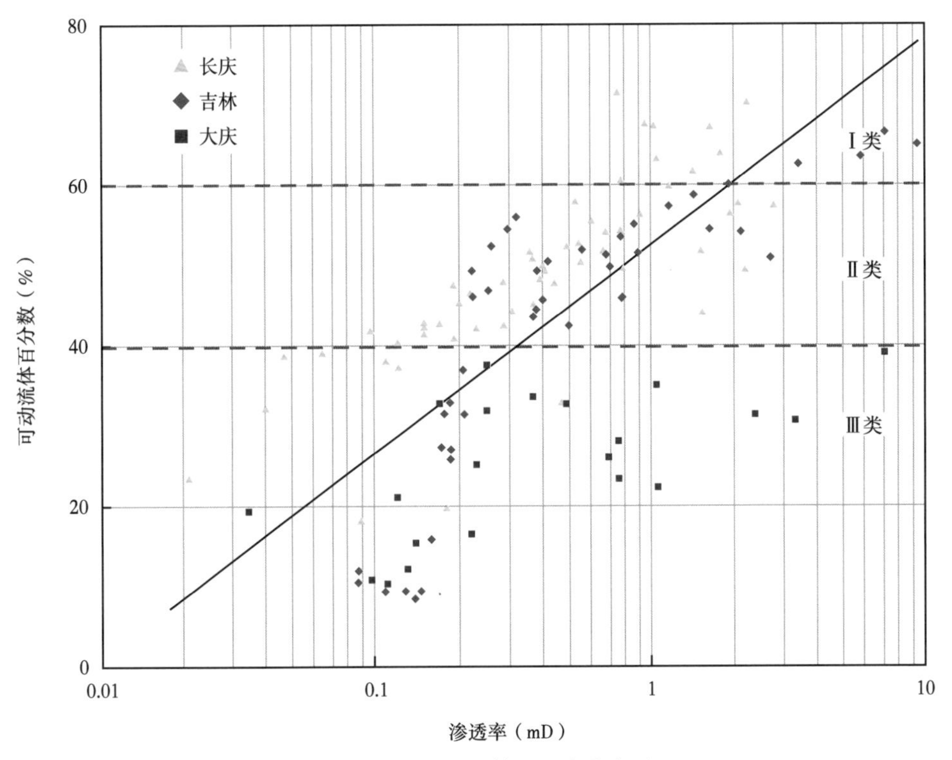

图 3.1.12 可动流体饱和度分类图

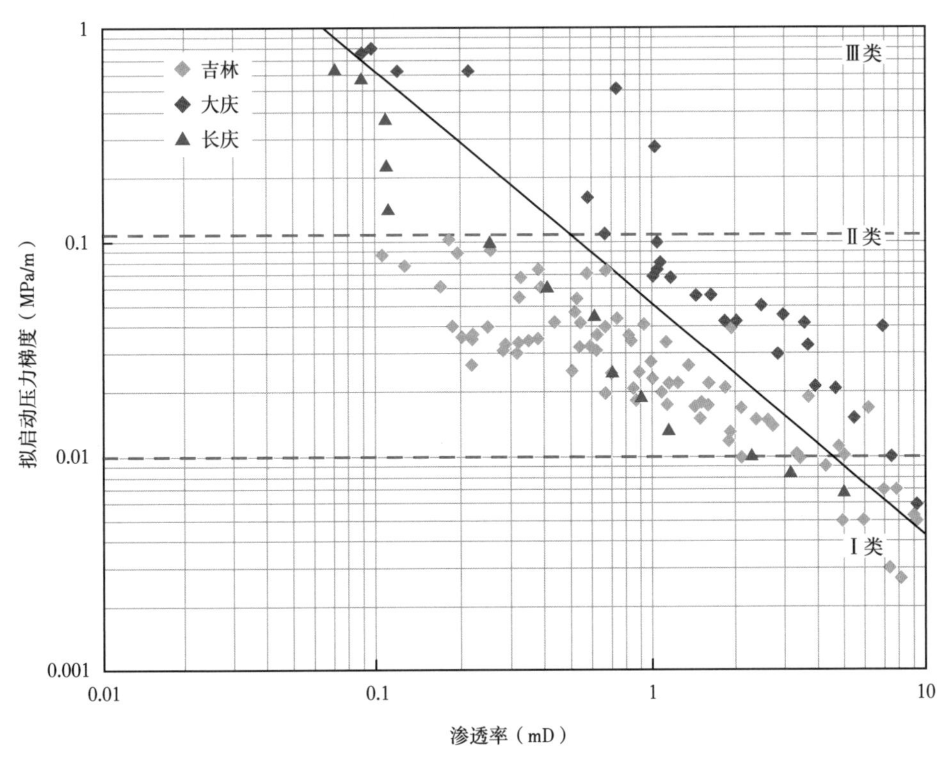

图 3.1.13 拟启动压力梯度分类图

选择以上三个微观特征参数结合黏土含量和原油黏度作为微观综合分类参数，首先根据实验成果将以上参数各分为三类，其中主流喉道的分类界限取为2μm、1μm，可动流体饱和度分类界限为60%、40%，拟启动压力梯度分类界限取为0.01MPa/m、0.1MPa/m，黏土含量分类界限取为10%、15%，原油黏度分类界限取为4mPa·s、8mPa·s，分类标准见表3.1.1。根据设立的分类标准，对实测岩心数据分类，可以看出同一储层岩心不同微观参数类别不一致的情况，因此根据单一的分级标准，采用层次分析的方法，对岩心数据进行微观的多因素综合分级，根据微观综合系数大小可将岩心分为三类，Ⅰ类>0.5，0.3<Ⅱ类 <0.5，Ⅲ<0.3，见表3.1.2。

表3.1.1 微观特征参数分类标准表

分级参数	界限		
	Ⅰ类	Ⅱ类	Ⅲ类
主流喉道半径（μm）	>2	1~2	<1
可动流体饱和度（%）	>60	40~60	<40
拟启动压力梯度（MPa/m）	<0.01	0.01~0.1	>0.1
黏土含量（%）	<10	10~15	>15
原油黏度（mPa·s）	<4	4~8	>8

表3.1.2 微观特征参数综合分类表

大庆油田	渗透率（mD）	主流喉道半径（μm）		可动流体饱和度（%）		拟启动压力梯度（MPa/m）		黏土含量（%）		地下原油黏度（mPa·s）		微观综合系数	微观综合分类
肇源264	1.38	0.8	Ⅲ类	18.93	Ⅲ类	0.6	Ⅲ类	18.8	Ⅲ类	8.66	Ⅱ类	0.204	Ⅲ类
朝103	22.18	5	Ⅰ类	50.42	Ⅱ类	0.06	Ⅰ类	15.92	Ⅲ类	8.66	Ⅱ类	0.68	Ⅰ类
肇州	3.2	2.4	Ⅰ类	28.5	Ⅲ类	0.24	Ⅲ类	18.3	Ⅲ类	6.057	Ⅱ类	0.436	Ⅱ类
葡西	3.43	1.47	Ⅱ类	33.85	Ⅲ类	0.17	Ⅲ类	15.13	Ⅲ类	1.98	Ⅰ类	0.478	Ⅱ类
敖南	18.29	4.375	Ⅰ类	40.86	Ⅱ类	0.01	Ⅰ类	15.14	Ⅲ类	5.82	Ⅱ类	0.684	Ⅰ类
龙虎泡	5.3	2.8	Ⅰ类	26.9	Ⅲ类	0.21	Ⅲ类	17.71	Ⅲ类	2.8	Ⅰ类	0.521	Ⅰ类
乌东南Ⅰ段	37	6	Ⅰ类	40.12	Ⅱ类	0.01	Ⅰ类	12.0	Ⅱ类	5.39	Ⅱ类	0.773	Ⅰ类

3.1.2.3 低品位油藏宏观分类评价

上述微观分类方法从本质上揭示了影响油藏开发效果的微观因素，是一种有效的储层评价方法，但现场应用却有较大的局限性，这是因为对每一油藏均采用微观分类，分类参数多，室内实验费用昂贵，不够经济方便，需要找到一种现场应用更加方便快捷且经济实用的分类方法。

研究结果表明，根据微观综合分类法的分类界限可以找到不同油区的流度分类标准（现场习惯用空气渗透率与原油黏度的比值），即宏观分类标准，但由于各油区相同空气渗透率储层对应的微观特征参数不一致，因此它们各自的流度分类标准是不一致的，如何将它们的标准统一起来呢？为了将三大油区的岩心放到同一对比标准下，避免不同原油特征对实验数据的影响，均采用室内岩心基准渗透率（即水相有效渗透率）实验资料进行对比分析，研究结果表明，各油区的水相有效渗透率与空气渗透率有较好的几何关系，如图 3.1.14 所示，可以看出，同样空气渗透率下长庆水相有效渗透率最高，大庆外围最低，吉林介于两者之间，而将微观特征参数如主流喉道半径与空气渗透率的关系转换为与水相有效渗透率的关系后，可以看到三大油区的主流喉道半径由之前的呈区带分布（长庆最高，大庆外围最低，吉林居中）变化为基本处于同一区域内，如图 3.1.15 所示，这就为流度分级标准的统一提供了理论依据。

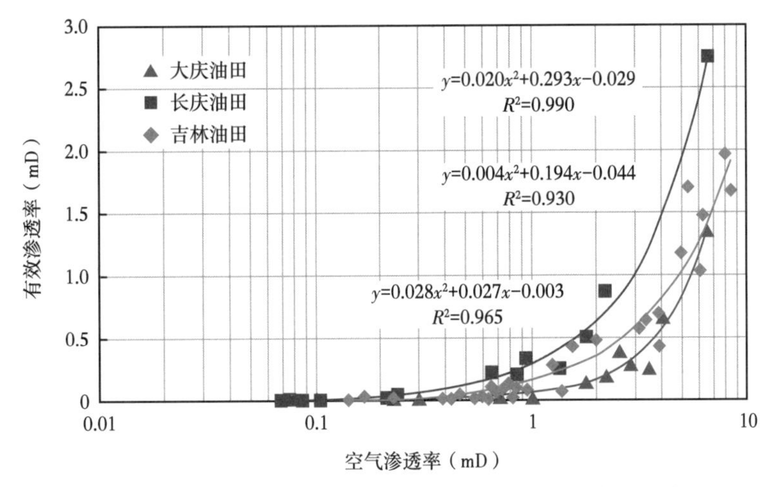

图 3.1.14　各油区有效渗透率（水相）与空气渗透率相关曲线

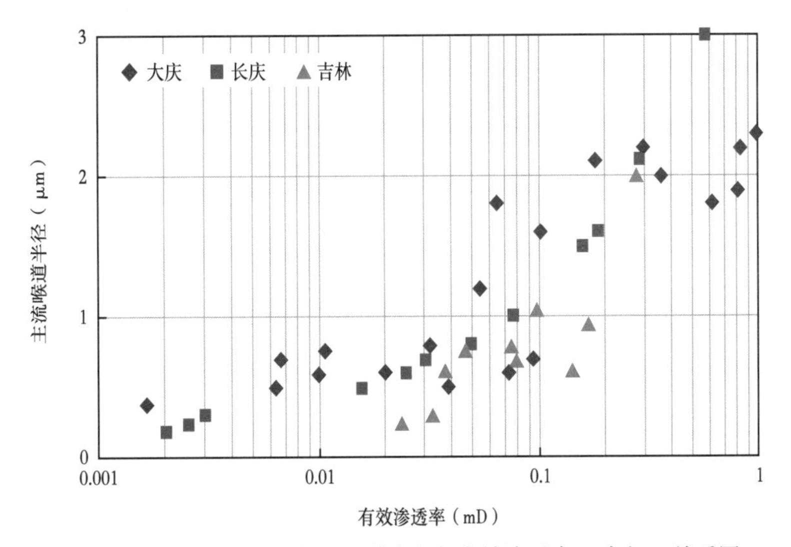

图 3.1.15　各油区岩心主流喉道半径与有效渗透率（水相）关系图

由此引入基准流度的概念，表达式为：

基准流度 = 水相有效渗透率/原油黏度

其中水相有效渗透率可根据水相有效渗透率与空气渗透率的关系方程（图 3.1.14）求得，由此，即可根据室内岩心分析资料从微观分类界限求出流度和基准流度分类界限。

大庆外围室内实验数据分析结果见表 3.1.3，根据上节的微观综合分类法可将储层分为三类，三类储层对应的流度分类为：Ⅰ类>1.0mD/(mPa·s)，1.0<Ⅱ类<0.3mD/(mPa·s)，Ⅲ类<0.3mD/(mPa·s)。

进一步可计算出基准流度分类分别为：

Ⅰ类>0.1mD/(mPa·s)，0.03<Ⅱ类<0.1mD/(mPa·s)，Ⅲ类<0.03 mD/(mPa·s)。

表 3.1.3 大庆外围岩心分析资料微观和宏观分类表

区块（大庆油田）	渗透率（mD）	地下原油黏度（mPa·s）	微观分级				宏观分级			
			主流喉道半径（μm）	可动流体饱和度（%）	启动压力梯度（MPa/m）	微观分级	流度[mD/(mPa·s)]	有效渗透率（mD）	基准流度[mD/(mPa·s)]	宏观分级
九厂英51、英141	9.61	2	3.738	29.52	0.05	Ⅰ类	4.81	2.85	1.423	Ⅰ类
龙虎泡	5.3	2.8	2.8	26.9	0.21	Ⅰ类	1.89	0.93	0.332	Ⅰ类
葡西	3.39	1.98	1.47	33.85	0.17	Ⅱ类	1.71	0.41	0.209	Ⅰ类
杏南—五厂	2.5	2.9	1.6	26.61	0.24	Ⅱ类	0.86	0.24	0.084	Ⅱ类
榆树林	2.752	4.18	2	36	0.28	Ⅱ类	0.66	0.29	0.069	Ⅱ类
肇州	3.2	6.057	2.4	28.5	0.24	Ⅱ类	0.53	0.37	0.062	Ⅱ类
巴彦塔拉铜钵庙	2.84	5.38	1.5	37.73	0.22	Ⅱ类	0.53	0.30	0.056	Ⅱ类
巴彦查干扶杨油层	2.65	5.38	2	32.18	0.23	Ⅱ类	0.49	0.27	0.050	Ⅱ类
海拉尔乌东大二段	2.47	5.38	1.3	32.91	0.24	Ⅱ类	0.46	0.24	0.044	Ⅱ类
杏树岗	2.27	6.5	1.6	28.5	0.26	Ⅱ类	0.35	0.21	0.032	Ⅱ类
肇源264	1.38	8.66	0.8	18.93	0.6	Ⅲ类	0.16	0.09	0.010	Ⅲ类

进一步根据长庆和吉林油田室内岩心实验数据，由微观综合分类界限求出流度和基准流度分类界限，见表3.1.4和表3.1.5，长庆油田对应的流度分类为：Ⅰ类>0.3mD/(mPa·s)，0.3<Ⅱ类<0.1mD/(mPa·s)之间，Ⅲ类<0.1mD/mPa。

表 3.1.4 长庆油田岩心分析资料微观和宏观分类表

区块（大庆油田）	渗透率（mD）	地下原油黏度（mPa·s）	微观分级				宏观分级			
			主流喉道半径（μm）	可动流体饱和度（%）	启动压力梯度（MPa/m）	微观分级	流度[mD/(mPa·s)]	有效渗透率（mD）	基准流度[mD/(mPa·s)]	宏观分级
白豹长3+4	6.54	0.821	6.28	59.17	0.011	Ⅰ类	7.97	2.77	3.376	Ⅰ类
西峰26井区	5.064	1.21	3.18	65	0.01	Ⅰ类	4.19	2.00	1.650	Ⅰ类
大路沟长3	2.21	1.47	1.366	59	0.016	Ⅰ类	1.50	0.75	0.507	Ⅰ类
杏河长6	2.195	2.24	3.207	60.94	0.038	Ⅰ类	0.98	0.74	0.330	Ⅰ类
西峰	0.6871	1.21	1.5	56.55	0.477	Ⅰ类	0.57	0.21	0.174	Ⅰ类
白马25\26	0.59	1.21	0.65	52.34	0.599	Ⅰ类	0.49	0.18	0.149	Ⅰ类
白豹长6	0.387	1.03	0.845	33.82	0.521	Ⅰ类	0.38	0.12	0.113	Ⅰ类
王窑长6（东3）	0.3733	1.895	0.937	46.11	0.373	Ⅱ类	0.20	0.11	0.059	Ⅱ类
沿河湾(安塞)长6	0.27	2.1	0.856	46.73	0.482	Ⅱ类	0.13	0.08	0.038	Ⅱ类

续表

区块（大庆油田）	渗透率（mD）	地下原油黏度（mPa·s）	微观分级				宏观分级			
			主流喉道半径（μm）	可动流体饱和度（%）	启动压力梯度（MPa/m）	微观分级	流度［mD/（mPa·s）］	有效渗透率（mD）	基准流度［mD/（mPa·s）］	宏观分级
董志	0.257	2.08	0.676	46.11	0.633	Ⅱ类	0.12	0.08	0.037	Ⅱ类
庄9长8	0.36	3.75	1.03	44	0.11	Ⅱ类	0.10	0.11	0.029	Ⅱ类
沿25	0.19	2.1	0.53	38.2	0.432	Ⅲ类	0.09	0.06	0.027	Ⅲ类
庄40	0.11	2.75	0.41	37.2	0.53	Ⅲ类	0.04	0.03	0.012	Ⅲ类
堡子湾油田耿40	0.08667	1.21	0.32	35.53	2.36	Ⅲ类	0.07	0.03	0.021	Ⅲ类

表3.1.5 吉林油田岩心分析资料微观和宏观分类表

区块（大庆油田）	渗透率（mD）	地下原油黏度（mPa·s）	微观分级				宏观分级			
			主流喉道半径（μm）	可动流体饱和度（%）	启动压力梯度（MPa/m）	微观分级	流度［mD/（mPa·s）］	有效渗透率（mD）	基准流度［mD/（mPa·s）］	宏观分级
黑79	7.2	2.8	2.07	62.2	0.0232	Ⅰ类	2.57	1.56	0.557	Ⅰ类
乾+22-8	3.5	5.3	1.75	54.16	0.0338	Ⅰ~Ⅱ类	0.66	0.68	0.129	Ⅰ类
红75	0.72	1.44	1.05	53.45	0.0464	Ⅱ类	0.50	0.10	0.068	Ⅱ类
大45	0.48	1.44	0.87	56.19	0.0634	Ⅱ类	0.33	0.05	0.035	Ⅱ类
新119	1.29	4	1.31	41.81	0.0401	Ⅰ~Ⅱ类	0.32	0.21	0.053	Ⅱ类
让11	0.51	5.6	0.89	43.54	0.1013	Ⅲ类	0.09	0.06	0.010	Ⅲ类
庙124-1	0.47	6.7	0.86	42.65	0.0737	Ⅲ类	0.07	0.05	0.007	Ⅲ类

长庆油田对应的基准流度分类为：

Ⅰ类>0.1mD/（mPa·s），0.03<Ⅱ类<0.1mD/（mPa·s），Ⅲ类<0.03 mD/（mPa·s）。

吉林油田对应的流度分类为：Ⅰ类>0.6mD/（mPa·s），0.2<Ⅱ类<0.6mD/（mPa·s），Ⅲ类<0.2mD/（mPa·s）。

吉林油田对应的基准流度分类为：

Ⅰ类>0.1mD/（mPa·s），0.03<Ⅱ类<0.1mD/（mPa·s），Ⅲ类<0.03 mD/（mPa·s）。

从上可以看出，由微观综合分类求出的各油区流度分类标准不一致，但它们对应的基准流度分类标准是一致的，这也就说明求出的各油区的流度分类标准是等效的，由此以基准流度为媒介，可以建立三大油区等效的流度分类标准，见表3.1.6。

表3.1.6 三大油区流度和基准流度分类表

	基准流度［mD/（mPa·s）］			流度［mD/（mPa·s）］		
	Ⅰ类	Ⅱ类	Ⅲ类	Ⅰ类	Ⅱ类	Ⅲ类
大庆油田				>1.0	0.3~1.0	<0.3
长庆油田	>0.1	0.03~0.1	<0.03	>0.3	0.1~0.3	<0.1
吉林油田				>0.6	0.2~0.6	<0.2

3.1.2.4 不同类型油藏水驱开发规律

以大庆外围生产动态为例，分析不同流度油藏的水驱开发规律，包括产量和含水率变化规律和无量纲采油采液特征。

(1) 产量变化规律。

不同流度油藏表现出不同的注水开发产量变化规律，Ⅰ类油藏［流度>1.0mD/(mPa·s)］注水开发整体表现为注水受效明显，产量恢复程度高的特征。产量和含水率变化过程可归纳为四个阶段，即产量递减阶段、注水受效阶段、稳产阶段和产量递减阶段，各阶段对应不同的驱动能量，产量递减阶段以弹性能量为主，注水受效阶段为弹性能量兼水动力能量，稳产阶段和产量递减阶段以水驱动力能量为主，如图 3.1.16 所示，产量经过初期递减后，有较明显的注水受效特征，流度越高产油量恢复程度越高，见水后产液量和产油量不断降低，后进入低水平稳产期，最后含水率进一步升高，产油量不断降低，再次进入产量递减阶段，典型区块如朝 45 断块生产曲线，如图 3.1.17 所示。

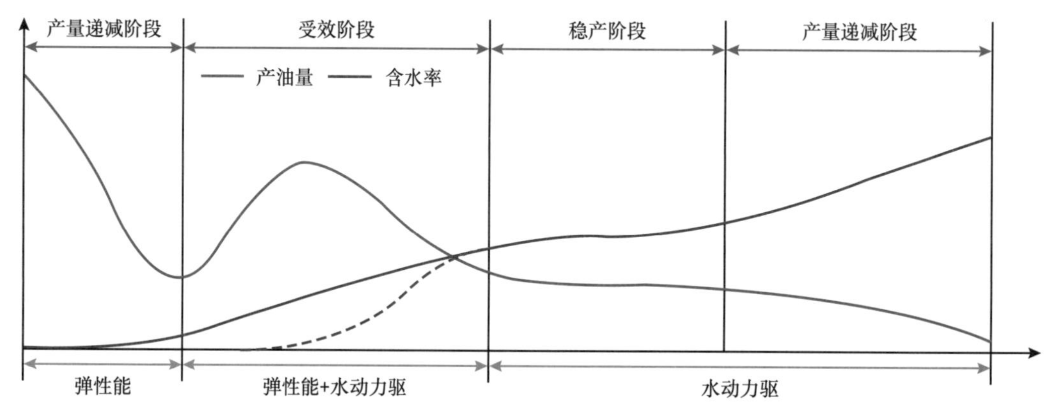

图 3.1.16 Ⅰ类油藏产量及含水变化规律曲线

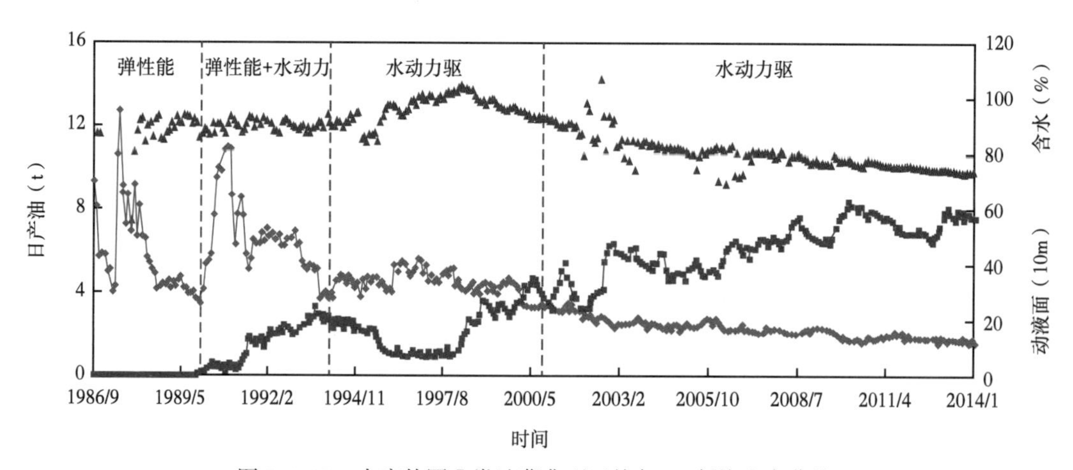

图 3.1.17 大庆外围Ⅰ类油藏典型区块朝 45 断块生产曲线

Ⅱ类油藏［1.0 mD/(mPa·s) >流度>0.3mD/(mPa·s)］注水开发整体表现为注水弱受效、产量相对稳定的产量变化特征。产量和含水率变化过程可归纳为三个阶段，即产量递减阶段、弱受效阶段和产量递减阶段，各阶段对应不同的驱动能量，产量递阶段以弹性能量为主，弱受效阶段为弹性能量兼弱水动力能量，产量递减阶段以溶解气驱兼弱水驱动力能量，如图 3. 1. 18 所示，产量经过初期递减后，有较弱的注水受效特征，产量保持较低水平稳产，含水率保持相对稳定，后期含水率进一步升高，产油量不断降低，进入产量递减阶段，典型区块如长 8 断块生产曲线如图 3. 1. 19 所示。

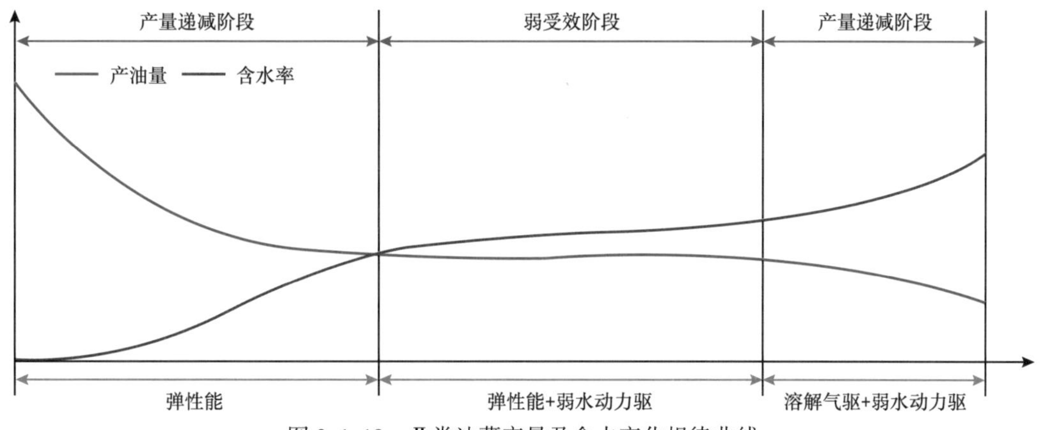

图 3. 1. 18 Ⅱ类油藏产量及含水变化规律曲线

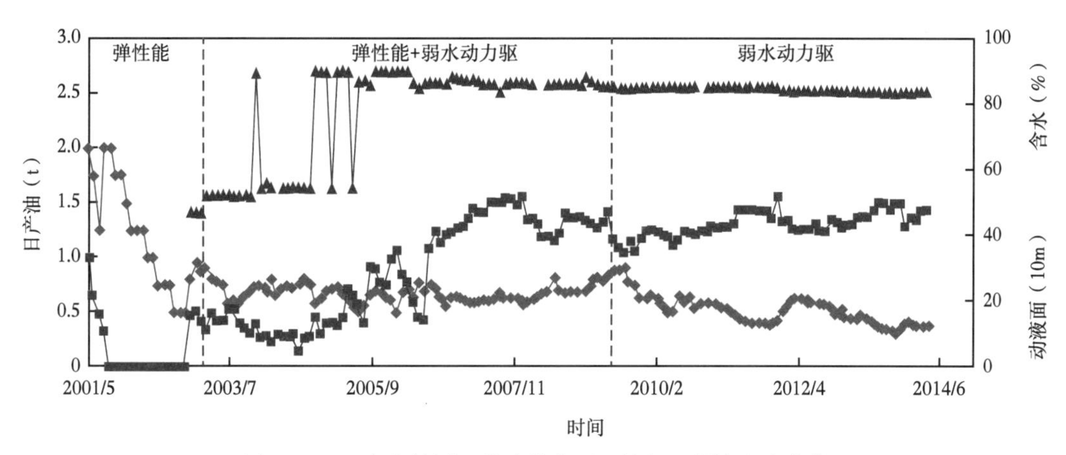

图 3. 1. 19 大庆外围Ⅱ类油藏典型区块长 8 断块生产曲线

Ⅲ类油藏［流度<0. 3mD/（mPa · s）］整体表现为注水不受效、产量持续递减的产量变化特征。产量和含水率变化过程可归纳为两个阶段，即产量快速递减阶段和产量持续递减阶段，两个阶段也对应不同的驱动能量，产量快速递阶段以弹性能量为主，产量持续递减阶段由以弹性能兼溶解气驱能量，如图 3. 1. 20 所示，由于储层物性极差，注水难以受效，能量传播速度慢，因此产量初期快速递减，后期地层能量衰减，原油脱气，进入溶解气驱，产量递减速度降低，但稳产难度大，产量持续递减，属低产低效井，典型区块如树 8 断块生产曲线如图 3. 1. 21 所示。

（2）无量纲采油采液指数特征。

以大庆外围低渗透油藏为例，说明不同流度油藏无量纲采油采液指数特征。根据不同类型油藏相渗曲线可以看出，油藏级别越低，束缚水饱和度和残余油饱和度越高，油相渗透率下降越快，水相渗透率上升越慢，如图 3. 1. 22、图 3. 1. 24 、图 3. 1. 26 所示。

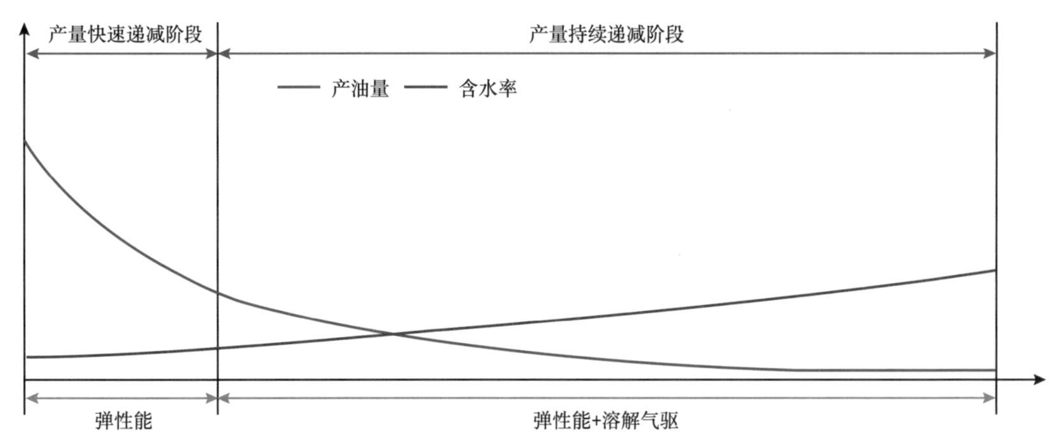

图 3.1.20　Ⅲ类油藏产量及含水变化规律曲线

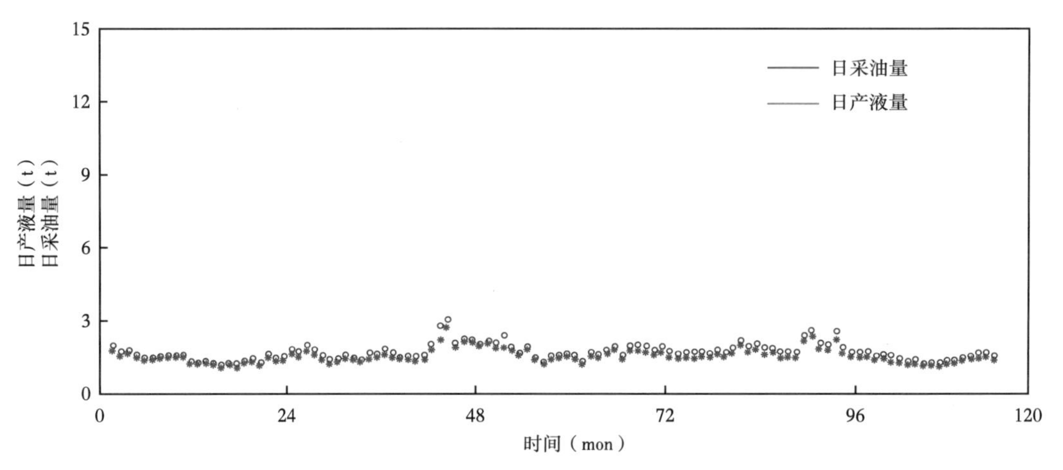

图 3.1.21　大庆外围Ⅲ类油藏典型区块树 8 断块生产曲线

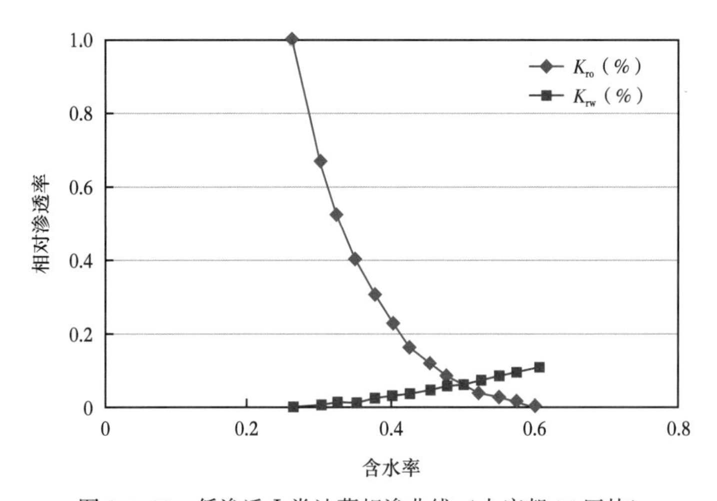

图 3.1.22　低渗透Ⅰ类油藏相渗曲线（大庆朝 85 区块）

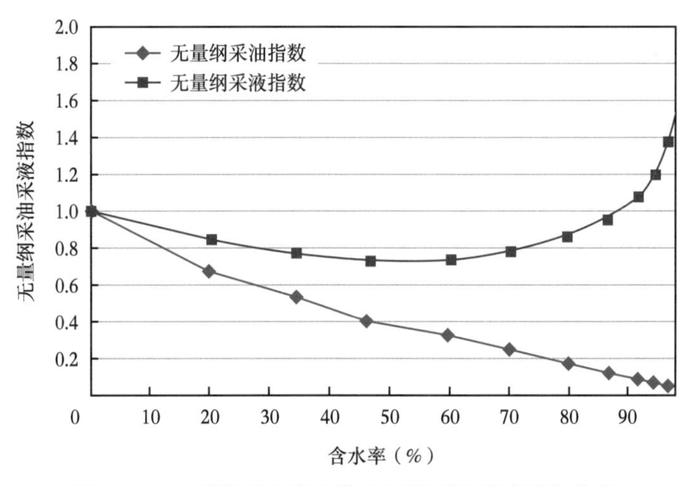

图 3.1.23 低渗透Ⅰ类油藏无量纲采油采液理论曲线

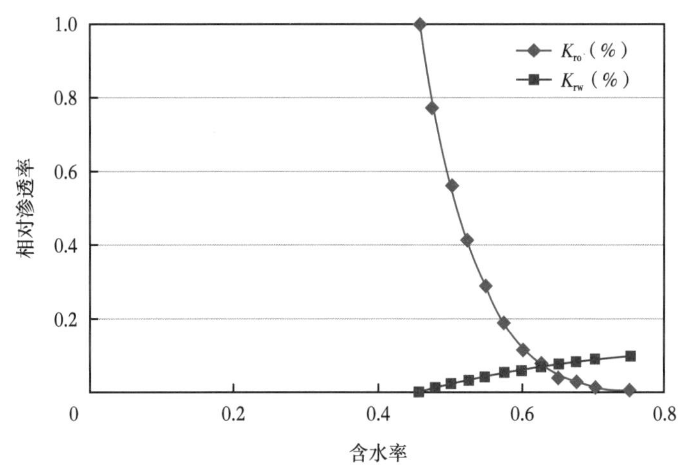

图 3.1.24 低渗透Ⅱ类油藏相渗曲线（大庆双 22-22 区块）

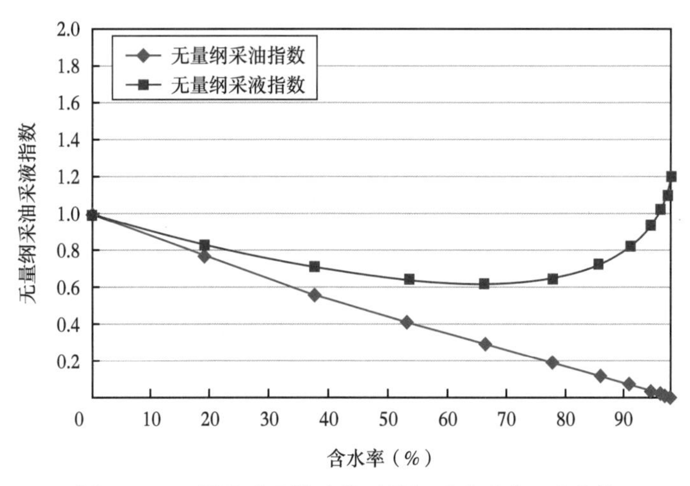

图 3.1.25 低渗透Ⅱ类油藏无量纲采油采液理论曲线

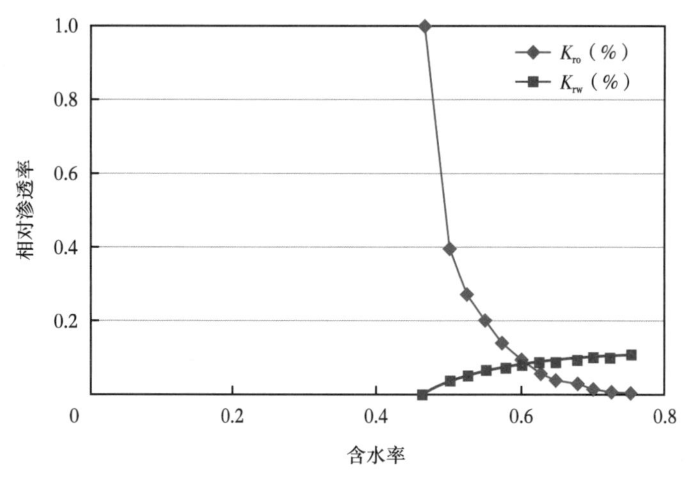

图 3.1.26　低渗透Ⅲ类油藏相渗曲线（大庆英 141-1-1 区块）

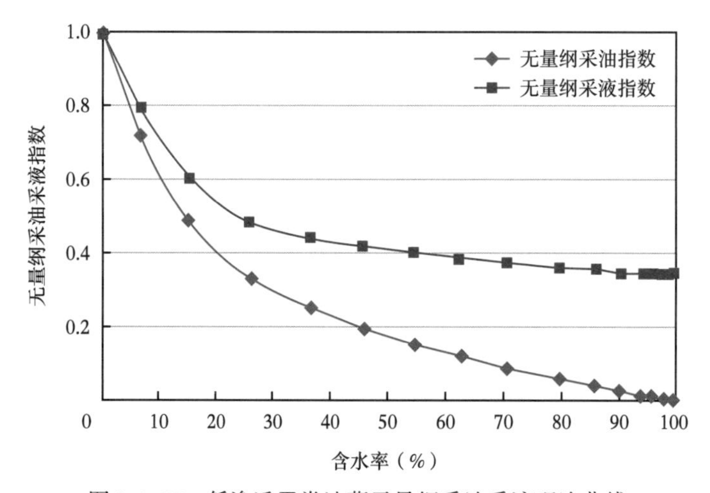

图 3.1.27　低渗透Ⅲ类油藏无量纲采油采液理论曲线

根据相渗曲线理论计算，Ⅰ类区块无量纲采液采油指数初期下降，当含水率达 50%以后时，无量纲采液指数开始上升，最高可达初期的 1.5 倍（图 3.1.23）。朝 44 断块油藏流度为 1.18mD/(mPa·s)，属Ⅰ类区块，于 1989 年 7 月投产，投产初期平均单井产油 4t/d，不含水，1997 年 3 月见水后产油产液量开始缓慢下降，后期产液量稳定于 2.3t/d 左右，降为初期的 60%（图 3.1.28、图 3.1.29）。

Ⅱ类区块理论计算含水率达 70%左右时，无量纲采液指数开始上升，最高可达初期的 1.2 倍（图 3.1.25）。朝 631-1-63 断块油藏流度为 0.62mD/(mPa·s)，属Ⅱ类区块，于 1989 年 7 月投产，投产初期平均单井产油 4.2t/d，不含水，1996 年见水后产油产液量迅速下降，后期产液量稳定于 1.8t/d 左右，降为初期的 40%（图 3.1.30、图 3.1.31）。

Ⅲ类区块理论计算，无量纲采油采液指数一直处于下降趋势，初期递减较快，后期相对较平缓（图 3.1.27）。朝阳沟长 46 区油藏流度为 0.3mD/(mPa·s)，属Ⅲ类区块，于 1997 年 11 月投产，投产初期平均单井产油 6t/d，不含水，后期产油产液量迅速下降，产液量稳定于 1.2t/d 左右，降为初期的 20%（图 3.1.32、图 3.1.33）。

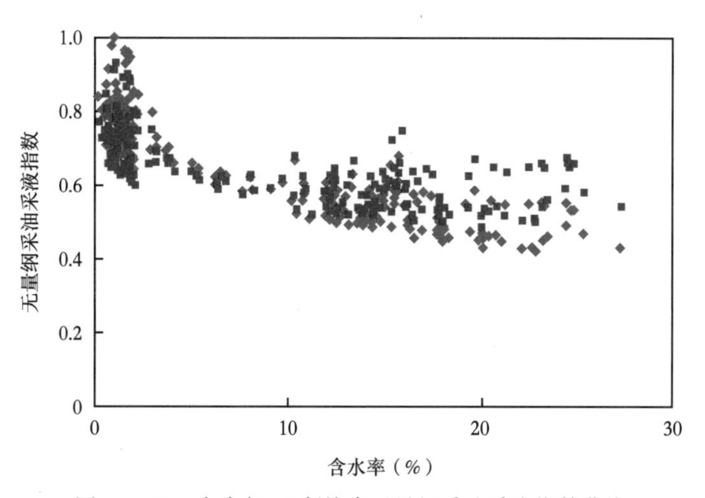

图 3.1.28 大庆朝 44 断块南无量纲采油采液指数曲线

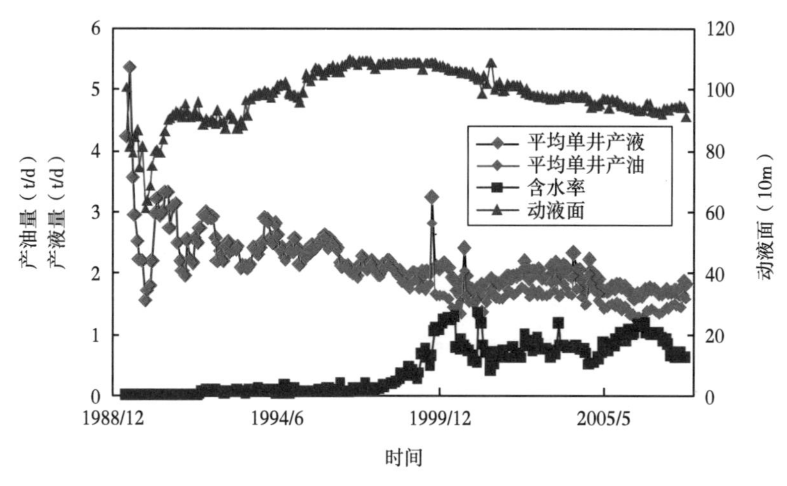

图 3.1.29 大庆朝 44 断块南生产动态曲线

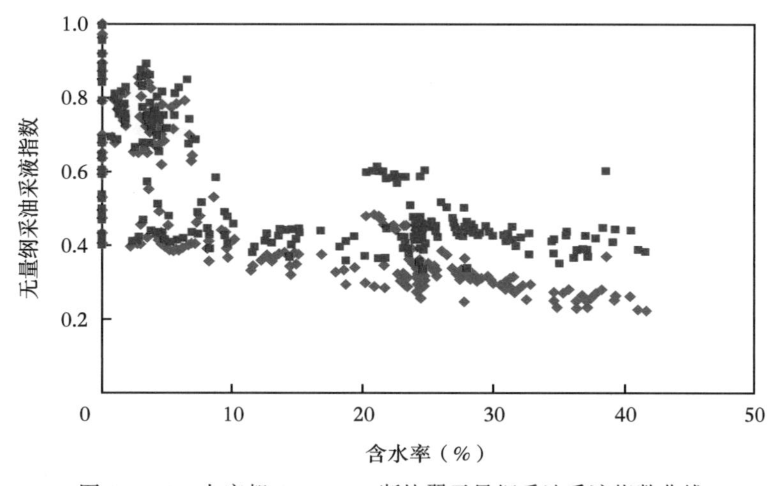

图 3.1.30 大庆朝 631-1-63 断块翼无量纲采油采液指数曲线

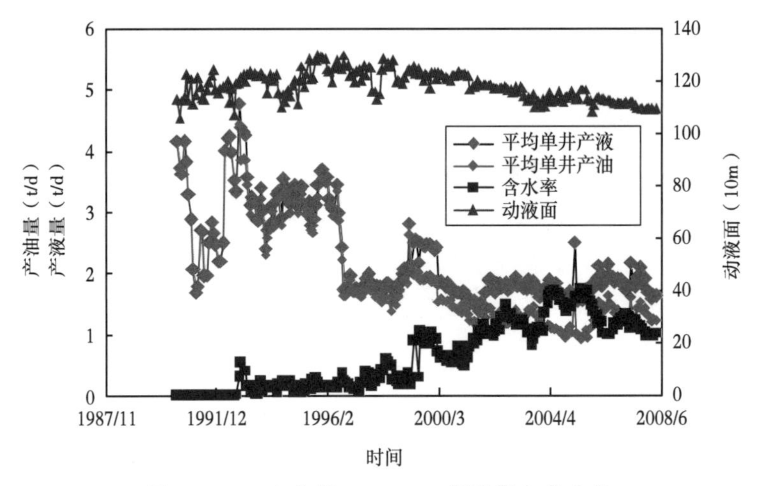

图 3. 1. 31　大庆朝 631-1-63 断块翼生产动态

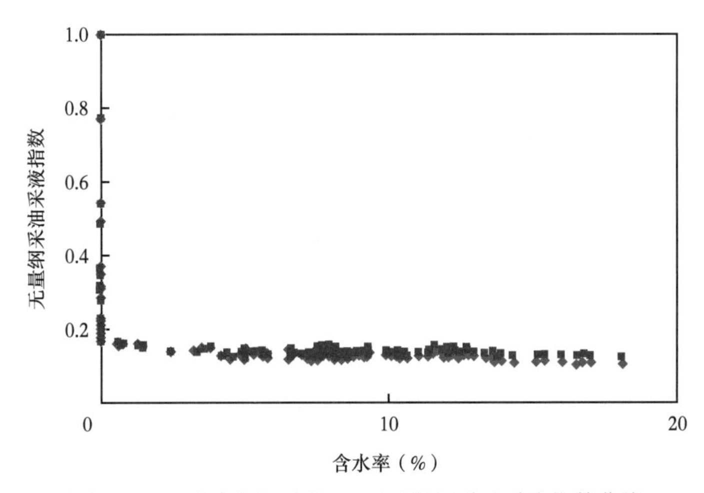

图 3. 1. 32　大庆朝阳沟长 46 区无量纲采油采液指数曲线

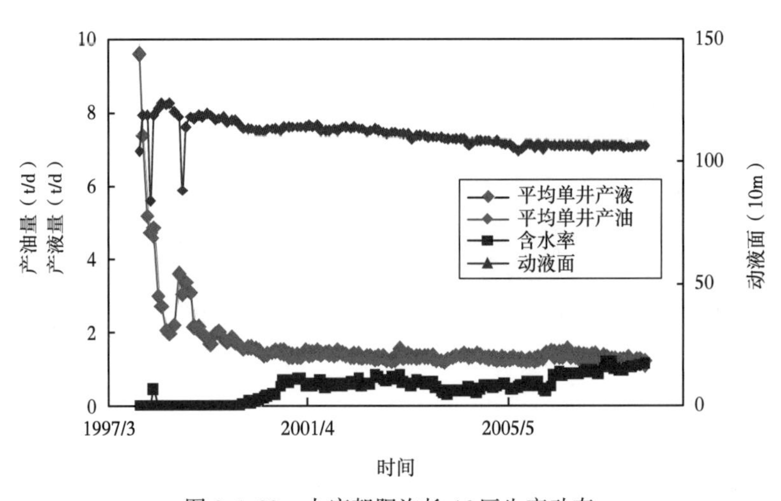

图 3. 1. 33　大庆朝阳沟长 46 区生产动态

3.1.3 低品位砂岩油藏效益分类标准

3.1.3.1 低品位油藏效益分类参数优选

低品位油藏开发经济效益是需要考虑的重点，因此，除了考虑低品位油藏开发的技术因素外，影响开发的经济效益因素同样是分类评价需要考虑的重点因素，首先制定开发效益评价参数的优选原则：（1）参数具有代表性，能够反映储层地质特点和开发特点；（2）选取的参数应相互独立，相互间不具备较强的线性相关；（3）选取的参数对经济效益或单井产量有明显影响；（4）选取的参数易于定量取值。

根据评价参数优选原则，除油藏流度外，另外选取储量丰度、油藏深度、油水关系和原油含油饱和度作为评价参数，见表 3.1.7。

表 3.1.7 评价参数优选表

分类参数		Ⅰ类	Ⅱ类	Ⅲ类
基准流度［mD/(mPa·s)］		>0.1	0.03~0.1	<0.03
流度［mD/(mPa·s)］	大庆	>1.0	0.3~1.0	<0.3
	长庆	>0.3	0.1~0.3	<0.1
	吉林	>0.6	0.2~0.6	<0.2
油藏埋深（m）		<1200m	1200~1700m	>1700m
储量丰度（10^4t/km^2）		>60	30~60	<30
油水关系		简单（1.0）	较复杂（1.5）	复杂（2.0）
含油饱和度（%）		>60	50~60	<50

3.1.3.2 无量纲综合系数效益分类标准

从油藏埋深与储量丰度等单因素与油藏开发内部收益率相关性可以看出（图 3.1.34 至图 3.1.37），单因素与开发经济效益的相关性较差，这说明影响油藏开发经济效益的因素是多方面的，因此需要建立一种考虑多因素的简单易行的低品位油藏综合评价方法。

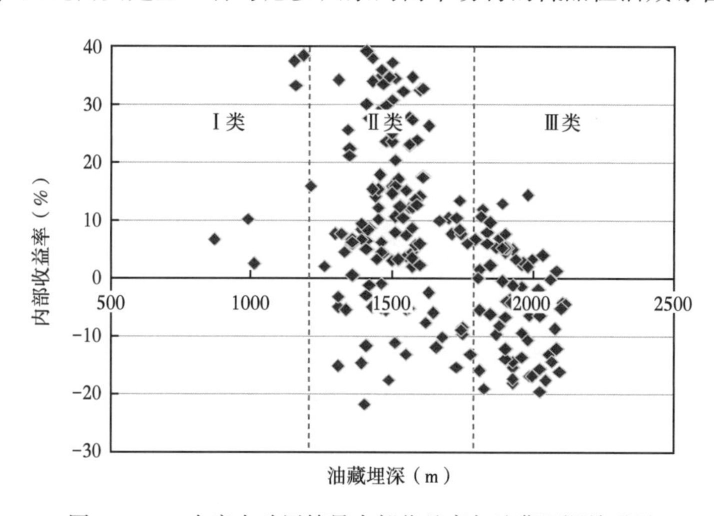

图 3.1.34 大庆未动用储量内部收益率与油藏埋深关系图

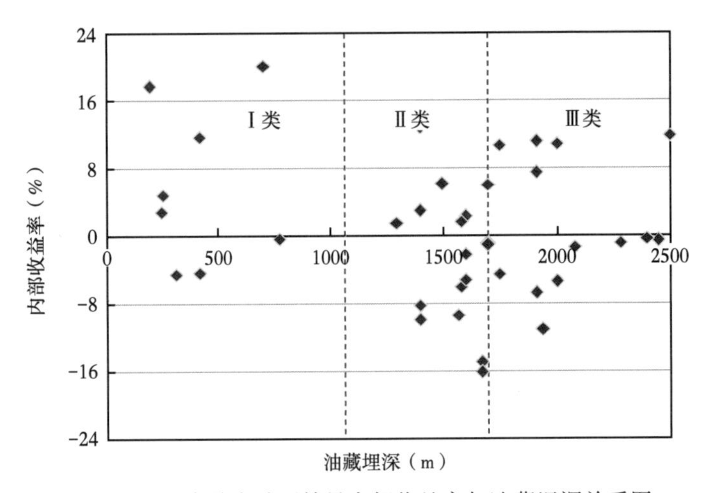

图 3.1.35　吉林未动用储量内部收益率与油藏埋深关系图

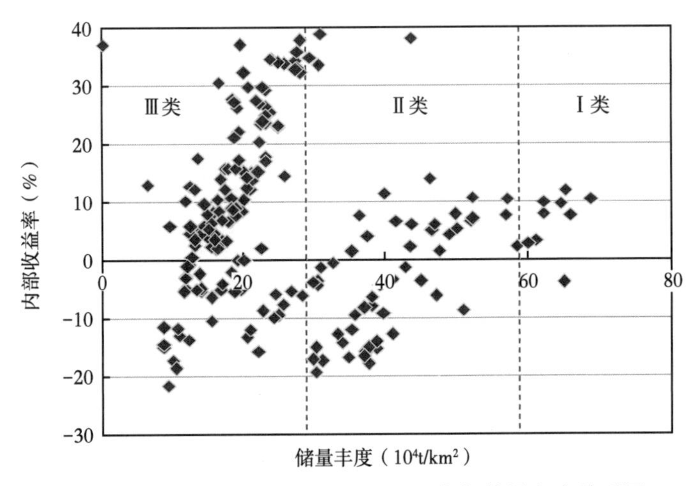

图 3.1.36　大庆未动用储量内部收益率与储量丰度关系图

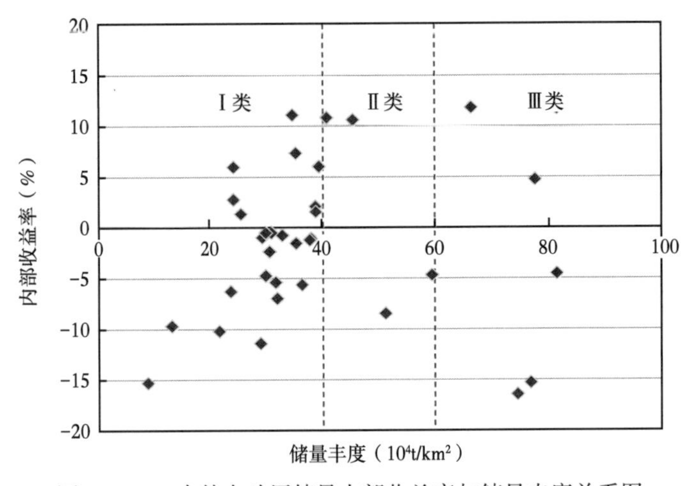

图 3.1.37　吉林未动用储量内部收益率与储量丰度关系图

经过深入研究，建立了无量纲综合评价系数，可表示为：

$$Fnhy=\lambda\left|\frac{\ln\ (Fd/Fd_{min})\cdot\ln(\alpha/Nd/Nd_{min})\cdot\ln(S_{oi}/S_{min})}{(Hw/Hw_{min})\cdot Ys}\right|$$

式中 Fd——储量丰度，$10^4t/km^2$；

Fd_{min}——最小储量丰度，$10^4t/km^2$，取为 $10\times10^4t/km^2$；

Nd——流度，mD/(mPa·s)；

Nd_{min}——最小流度，mD/(mPa·s)，取为 0.2mD/(mPa·s)；

Hw——油藏平均完钻井深，m；

Hw_{min}——最小完钻井深，m，取为 1000m；

S_{oi}——含油饱和度，%；

S_{min}——最小含油饱和度，%，取为 40%；

Ys——油水关系，简单 1.0，中等 1.0~2.0，复杂 2.0；

α——油区转换系数，大庆取 1，吉林取 1.67，长庆取 3.33；

λ——正负因子，公式分子中的三项均大于零为+1，否则为-1。

无量纲综合评价系数 $Fnhy$ 充分考虑了全部优选参数，分子部分为储量丰度、流度和含油饱和度，分母部分为油藏深度和油气关系，油区转换系数考虑了不同油区技术标准的统一。建立大庆针围低品位油藏无量纲综合系数与油藏开发内部收益率相关性曲线，如图 3.1.38 所示，可以看出无量纲综合系数与内部收益率有较好的相关性，说明综合系数反映了影响油田开发效益的主控因素，根据综合评价系数可以将低品位油藏分为三类：Ⅰ类：$Fnhy>2.0$；Ⅱ类：$2.0>Fnhy>1.0$；Ⅲ类：$Fnhy<1.0$ 。

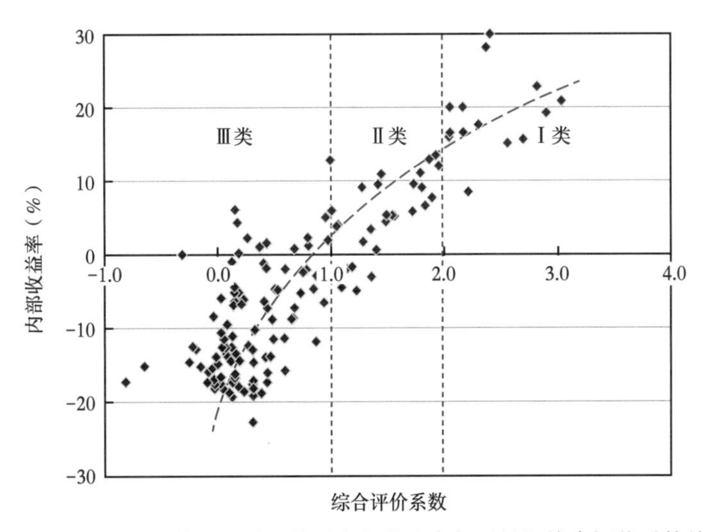

图 3.1.38 大庆外围落实未动用储量内部收益率与无量纲综合评价系数关系图

3.2 低品位砂岩油藏分类结果

根据无量纲综合系数分类标准，以 2013 年底未动用储量为基础对三大油区未动用低品位油藏进行分类评价，分类结果表明，大庆油田和吉林油田以Ⅲ类油藏为主，长庆油田以Ⅱ类油藏为主，如图3.2.1至图3.2.3所示，其中大庆外围未动用落实储量中Ⅰ类储量占16%，Ⅱ类储量占9% ，Ⅲ类占75%；长庆油田未动用落实储量中Ⅰ类储量占19.6%，Ⅱ类储量占66.2%，Ⅲ类储量占14.2%；吉林油田未动用落实储量中Ⅰ类储量占12.9% ，Ⅱ类储量占24.6% ，Ⅲ类储量占62.5%。

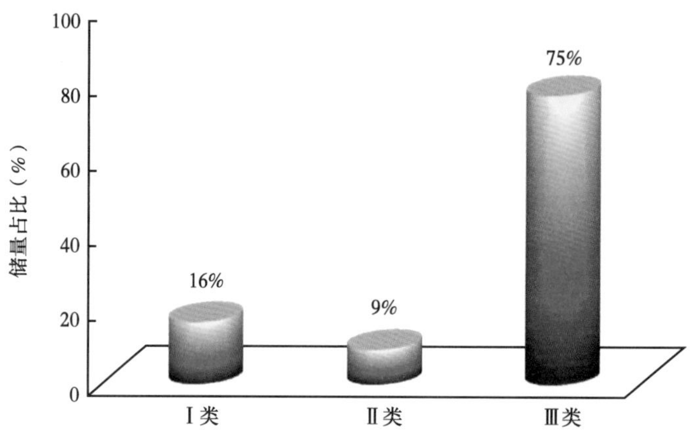

图3.2.1　大庆外围未动用落实储量综合分类图

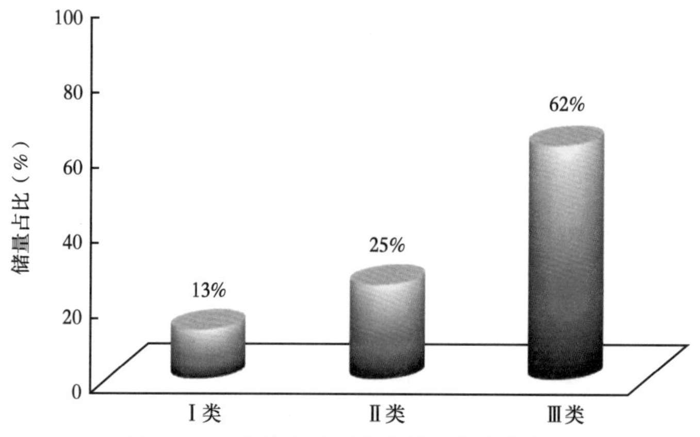

图3.2.2　吉林未动用落实储量综合分类图

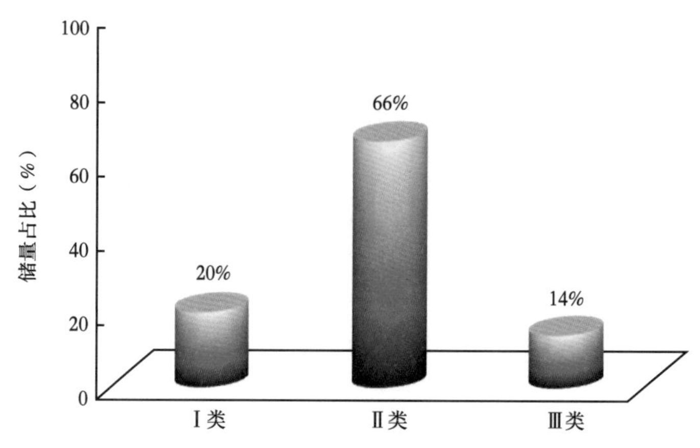

图3.2.3　长庆未动用落实储量综合分类图

由于无量纲综合系数分类法是经济效益分类法，而要确定不同类型油藏的主体开发技术，则需要进一步结合油藏地质特点，因此根据油藏流度、丰度组合特点和内部收益率将Ⅱ、Ⅲ类进一步细分为2、3个亚类，而Ⅲ类进一步细分为6个细类。综合三大油区不同油藏地质特点和流体流动性的开发技术，可以总结为四大主体开发技术：(1) 直井线性注水开发技术；(2) 水平井+直井联合注水（气）开发技术；(3) 直井缝网压裂+注水（气）吞吐开发技术；(4) 水平井体积压裂+注水（气）吞吐开发技术，针对不同类型的低品位油藏，可采用不同的主体开发技术，见表3.2.1。

表3.2.1　三大油田探明未动用储量细分表（以大庆流度为基准）

<table>
<tr><th colspan="3">综合分类
(流度取大庆油田标准)</th><th>评价系数</th><th>直井收益率</th><th>油藏特点</th><th colspan="2">动用策略及动用技术</th></tr>
<tr><td colspan="3">Ⅰ类</td><td>>2.0</td><td>>12</td><td>典型油藏为松辽葡萄花、鄂尔多斯延安组</td><td colspan="2">直井线状注水</td></tr>
<tr><td rowspan="2">Ⅱ类</td><td>Ⅱ$_{1}$</td><td>中低丰度低流度
(丰度>30，流度<1.5)</td><td rowspan="2">1.0~2.0</td><td rowspan="2">8%~12%</td><td>丰度较高，物性较好，典型油藏为扶杨油层</td><td colspan="2">直井线状注水</td></tr>
<tr><td>Ⅱ$_{2}$</td><td>特低丰度中高流度
(丰度<30，流度>2.0)</td><td>丰度较低，物性好，典型油藏为葡萄花、延长组油层</td><td colspan="2">水平井+直井联合 +注水开发</td></tr>
<tr><td rowspan="6">Ⅲ类</td><td rowspan="2">Ⅲ$_{1}$</td><td>Ⅲ$_{1-1}$
中低丰度特低流度
(丰度>30，流度<1.0)</td><td rowspan="2">0.5~1.0</td><td rowspan="2">4%~8%</td><td>有一定储量丰度，但储层物性差，典型油藏为大庆扶杨油层</td><td rowspan="6">优选先导试验区，开展现场先导试验，形成有效动用理论与技术</td><td>直井+缝网压裂+注水(气)吞吐</td></tr>
<tr><td>Ⅲ$_{1-2}$
特低丰度中低流度
(丰度<30，2.0>流度>1.0)</td><td>储层物性较好，但储量丰度低，典型油藏为大庆葡萄花油层，延长组油层</td><td>水平井+直井联合+注水(气)开发</td></tr>
<tr><td>Ⅲ$_{2}$</td><td>特低丰度特低流度；
(丰度<30，流度<1.0)</td><td>0.0~0.5</td><td>0~4%</td><td>储层物性差，储量丰度低，典型油藏为高台子、扶杨</td><td rowspan="2">水平井+体积压裂+注水(气)吞吐</td></tr>
<tr><td rowspan="3">Ⅲ$_{3}$</td><td>Ⅲ$_{3-1}$
致密油藏（流度<0.3，丰度>10)</td><td rowspan="3"><0</td><td rowspan="3"><0%</td><td>储层物性极差</td></tr>
<tr><td>Ⅲ$_{3-2}$
超低丰度油藏
(丰度<10，1.0>流度>0.3)</td><td>储量丰度极低</td><td rowspan="2">目前技术难以经济动用</td></tr>
<tr><td>Ⅲ$_{3-3}$
超低丰度特（超）低流度
(丰度<10，流度<0.3)</td><td>储层物性极差，储量丰度极低</td></tr>
</table>

(1) 松辽盆地和鄂尔多斯盆地Ⅰ类油藏以松辽葡萄花油层、鄂尔多斯延安组和延长组长1—长3油藏为主，对于储量丰度相对较高的储量，适宜直井线状注水开发，优先选择动用，对于丰度较低的油藏，宜采用水平井+直井联合注水开发技术。

（2）Ⅱ类油藏可根据地质特点划分为两类，一类是储量丰度较高（$>30\times10^4t/km^2$）、油藏纵向跨度大的油藏，以松辽扶杨和高台子油层为主，该类油藏宜采用直井小排距线状开发技术，另一类是储量丰度较低且纵向相对集中的油藏，典型油藏为松辽葡萄花油层及储量丰度较低的延安及延长组油藏，该类油藏宜采用水平井+直井联合注水开发技术。

（3）Ⅲ类油藏根据地质特点，可细分为3个亚类和6个细类，对于中低丰度特低流度油藏［0.3mD/(mPa·s)<流度<1.0mD/(mPa·s)，丰度$>30\times10^4t/km^2$］，以松辽扶杨油层为典型，宜采用直井+缝网压裂注水或吞吐的开发技术；对于特低丰度中低流度油藏［$10\times10^4t/km^2<$丰度$<30\times10^4t/km^2$，流度>1.0mD/(mPa·s)］，以松辽葡萄花油层为典型，宜采用水平井+直井联合注水（气）开发技术；对于特低丰度特低流度油藏［$10\times10^4t/km^2<$丰度$<30\times10^4t/km^2$，0.3mD/(mPa·s)<流度<1.0mD/(mPa·s)］及超低流度油藏［流度<0.3mD/(mPa·s)］，宜采用水平井体积压裂+注水（气）吞吐的开发技术；对于超低丰度油藏特低流度或超低丰度特超低流度油藏［丰度$<10\times10^4t/km^2$，流度<0.3mD/(mPa·s)］，目前技术尚难以经济有效动用。

针对三大类六个亚类低品位油藏的四种主体开发技术，本书后续章节将进一步详细描述。

4　低品位油藏主体开发技术

注水开发是目前油田开发中最成熟最经济的补充能量开发技术，本文首先根据室内实验和生产动态确定低品位油藏水驱物性下限，然后根据水驱物性下限进一步确定不同类型低品位油藏的主体开发技术。

4.1　低品位油藏水驱物性下限研究

4.1.1　由微观孔隙结构确定水驱物性下限

室内岩心驱替实验研究表明，当喉道半径小于 1μm 时，无论是单相流产生的启动压力梯度，还是克服贾敏效应需要的驱动压力梯度均急剧增加，如图 4.1.1 所示。因此，可以认为，微观喉道半径 1μm 为水驱动用喉道半径界限，测试岩心中大于 1μm 的喉道半径所占比例越高，则储层水驱可动用性越强，否则水驱可动用性越差。

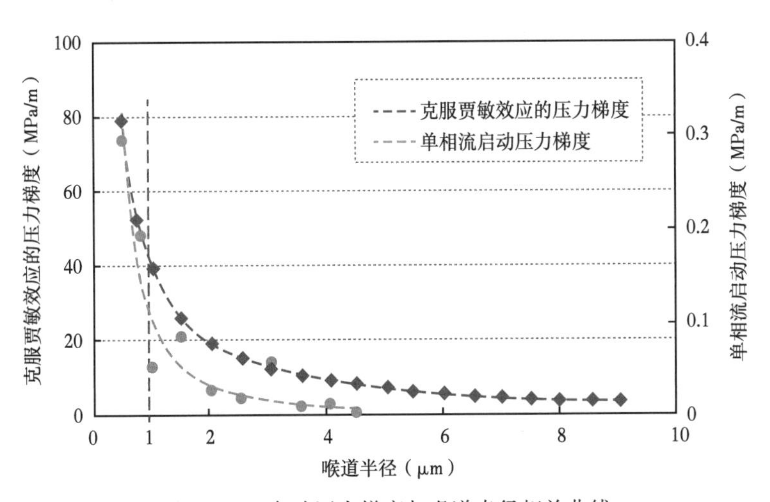

图 4.1.1　启动压力梯度与喉道半径相关曲线

取典型低渗透油田大庆、吉林和长庆油田不同渗透率级别岩心开展微观孔喉结构对比研究，从技术上确定不同油田水驱动用物性界限。实验取三个油田不同渗透率范围的三组岩心，第一组岩心渗透率大庆 0.22mD、吉林 0.22mD、长庆 0.18mD，第二组岩心渗透率大庆 0.66mD、吉林 0.74mD、长庆 0.8mD，第三组岩心渗透率大庆 1.45mD、吉林 1.42mD、长庆 1.65mD。第一组岩心测得各油区不同半径大小喉道比例如图 4.1.2 所示，可见长庆 0.18mD 岩心中，有一定比例的喉道半径达到了 1.0μm 以上，说明当长庆储层渗透率达到 0.2mD 以上时，技术上是可以实现注水开发的，而大庆和吉林岩心中的所有喉道半径均低于 1.0μm，不能实现水驱开发。第二组岩心测得各油区不同半径大小喉道比例如图 4.1.3 所示，可见吉林 0.74mD 岩心中，有一定比例的喉道半径达到了 1.0μm 以上，长庆岩心中大于 1.0μm 的喉道半径要远大于吉林岩心，而大庆岩心渗透率达到 0.7mD 时，岩心中仍然没有半径大于 1.0μm 的喉道，由此可见当储层渗透率达到 0.7mD 时，吉林油田技术上可实现水驱开发，大庆油田仍然不能实现水驱开发。第三组岩心测得各油区不同半径大小喉道比例如图 4.1.4 所示，可见当岩心渗透率达到 1.0mD 以上时，大庆岩心有一定比例的喉道半径达 1.0μm 以上，且长庆和吉林岩心中半径大于 1.0μm 的喉道比例远高于大庆油田，此时三个油田技术上均可实现水驱开发。

由上可知，根据室内实验测得的微观孔隙结构确定的长庆、吉林和大庆油区水驱渗透率下限分别约为 0.2mD、0.7mD 和 1.0mD。

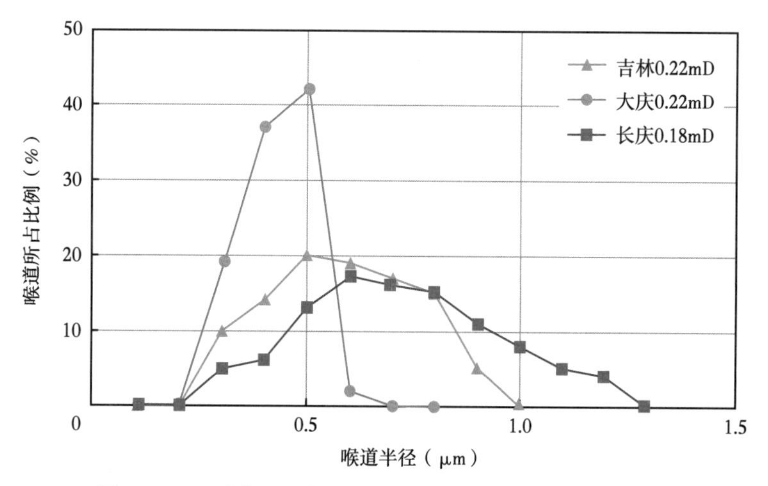

图 4.1.2　不同油区岩心喉道半径分布曲线（$K\approx0.2$mD）

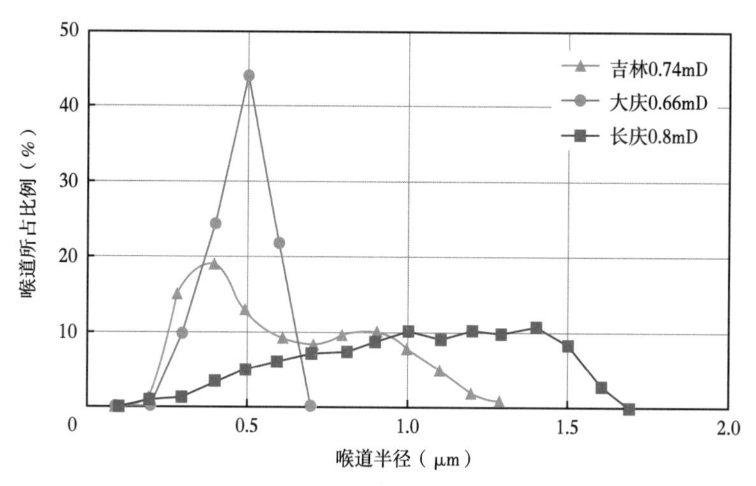

图 4.1.3　不同油区岩心喉道半径分布曲线（$K\approx0.7$mD）

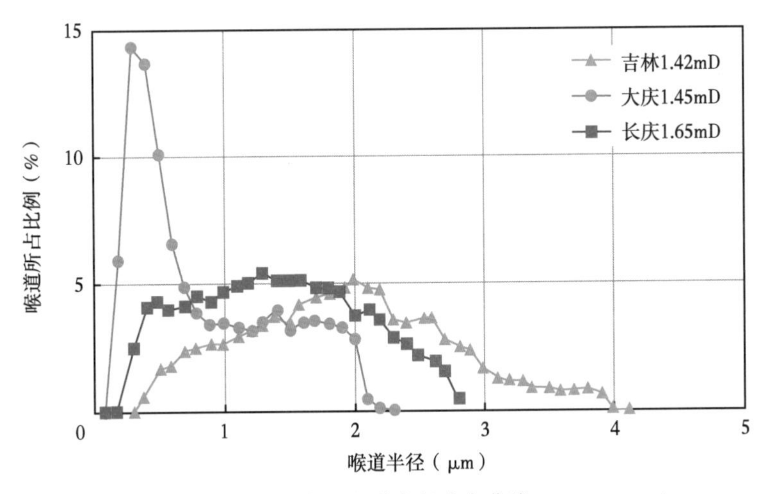

图 4.1.4　不同油区岩心喉道半径分布曲线（$K \approx 1.5$mD）

4.1.2　由可动流体饱和度确定水驱物性下限

取典型低渗透油田大庆、吉林和长庆油田不同渗透率级别岩心开展可动流体饱和度研究，进一步根据岩心可动流动饱和度确定不同油田水驱动用物性界限。实验取三个油田不同渗透率范围的三组岩心，第一组岩心渗透率大庆 0.12mD、吉林 0.12mD、长庆 0.15mD，第二组岩心渗透率大庆 0.68mD、吉林 0.56mD、长庆 0.68mD，第三组岩心渗透率大庆 1.55mD、吉林 1.53mD、长庆 1.52mD。第一组岩心测得各油区不同弛豫时间幅度曲线如图 4.1.5 所示，可见长庆岩心渗透率达 0.15mD 以上后，弛豫时间幅度曲线呈双峰形态，且右峰孔隙大于可动孔隙截止值，表明此时长庆岩心有一定的可动流体饱和度，即此时水驱可有一定的驱油效率，而大庆和吉林岩心的弛豫时间幅度曲线均呈左单峰形态，且岩心孔隙多小于可动孔隙截止值，表示此渗透率范围大庆和吉林储层无法实现水驱。第二组

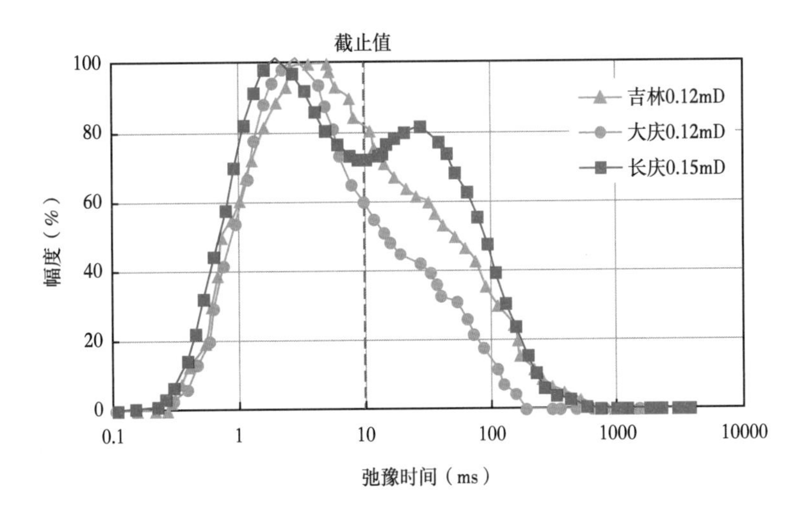

图 4.1.5　不同油区弛豫时间幅度曲线（$K \approx 0.2$mD）

岩心测得各油区不同弛豫时间幅度曲线如图 4.1.6 所示，可见吉林岩心渗透率达 0.56mD 岩心以上后，弛豫时间幅度曲线呈双峰形态，且右峰孔隙大于可动孔隙截止值，表明此时吉林岩心有一定的可动流体饱和度，水驱有较高的驱油效率，而大庆的弛豫时间幅度曲线仍呈左单峰形态，且孔隙多小于可动孔隙截止值，表示此渗透率范围大庆储层仍无法实现水驱。第三组岩心测得各油区不同弛豫时间幅度曲线如图 4.1.7 所示，可见当大庆岩心渗透率达到 1.55mD 以上时，弛豫时间幅度曲线呈双峰形态，且右峰孔隙大于可动孔隙截止值，表明此时大庆岩心有一定的可动流体饱和度，水驱有较高的驱油效率，此时三个油区的弛豫时间幅度曲线呈双峰或右单峰形态，表示此渗透率范围以上三个油区储层均可实现水驱（图 4.1.8）。

由上可知，根据室内实验可动流体饱和度确定的长庆、吉林和大庆油区水驱渗透率下限分别约为 0.2mD、0.6mD 和 1.5mD。

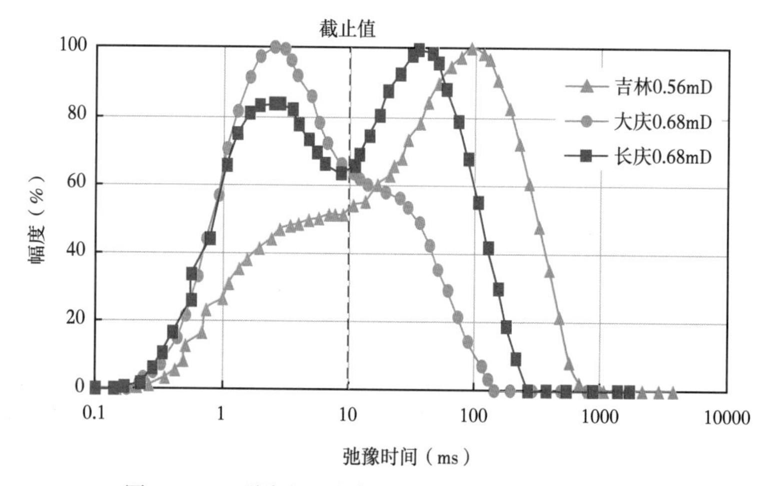

图 4.1.6　不同油区弛豫时间幅度曲线（$K \approx 0.6$mD）

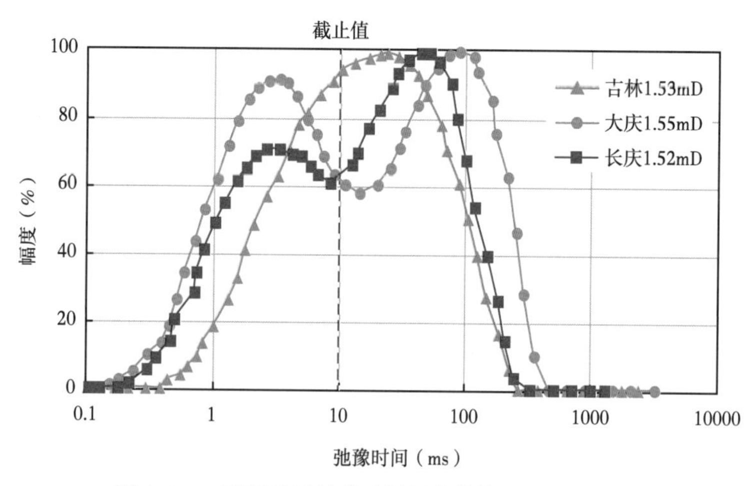

图 4.1.7　不同油区弛豫时间幅度曲线（$K \approx 1.5$mD）

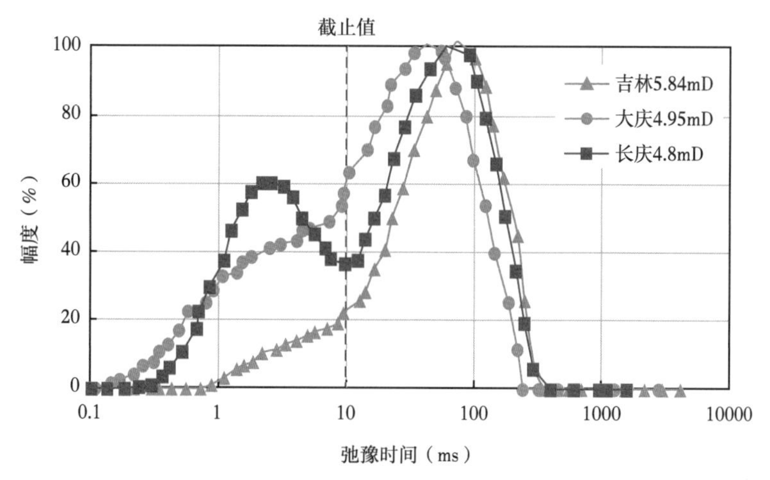

图 4.1.8　不同油区弛豫时间幅度曲线（$K\approx5$mD）

4.1.3　由开发生产动态确定水驱物性下限

不同储层物性下的水驱开发生产动态是水驱开发成功与否的直观依据，因此可在室内实验基础上进一步根据生产动态确定水驱物性下限。分别优选大庆头台油田、吉林油田大45 区块和长庆元 284 区块开展生产动态对比分析。大庆头台油田储层按照河道宽度、河道砂体厚度和平均渗透率可分为三类储层，其中Ⅰ类、Ⅱ类和Ⅲ类储层河道宽度分别为>1000m、300~1000m 和<300m，河道砂体厚度分别为>2m、>1.5m 和 1m，平均渗透率分别为 4~6mD、1~2mD 和 0~1mD，头台油田Ⅰ类、Ⅱ类和Ⅲ类储层典型区块分别为茂 11、茂503 和茂 9 区块，三个区块典型井组生产动态曲线分别如图 4.1.9、图 4.1.10 和图 4.1.11所示，可见三类区块的注水开发动态特征有着明显的差异，Ⅰ类区块茂 11 区块表现为初期产量高，注水后有明显的受效特征，稳产时间长，油井见水后产液量和产油量均快速下降，表现为典型的低渗透油藏开发特征；Ⅱ类区块茂 503 区块表现为初期产量较高，注水

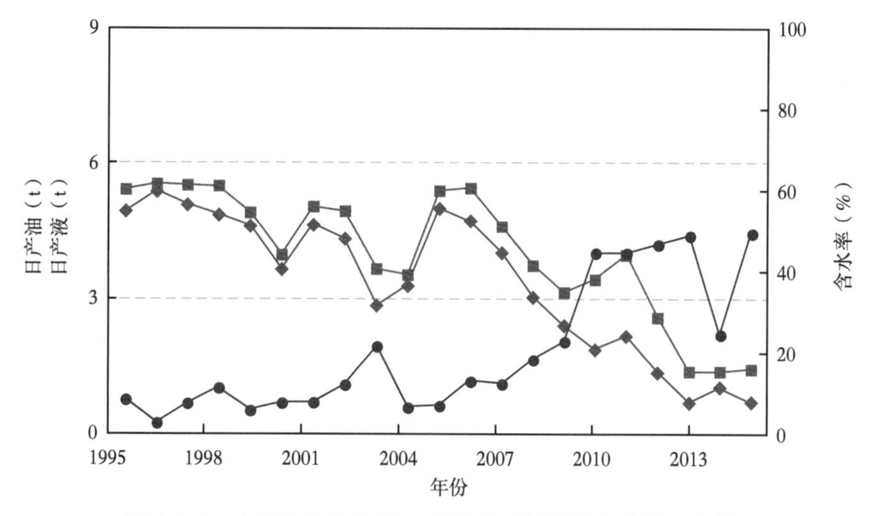

图 4.1.9　大庆头台油田茂 11 区块典型井组生产曲线（Ⅰ类）

后受效特征不明显，但可保持较高的稳产时间，含水率缓步上升；Ⅲ类区块表现为长期低产量生产，注水不受效，同时由于高压注水产生动态缝，注入水沿裂缝快速水窜，含水率快速上升，无效注水比例高，水驱开发无效果。由此可见，根据大庆头台油田生产动态特征，可确定其水驱渗透率下限约为 1mD。

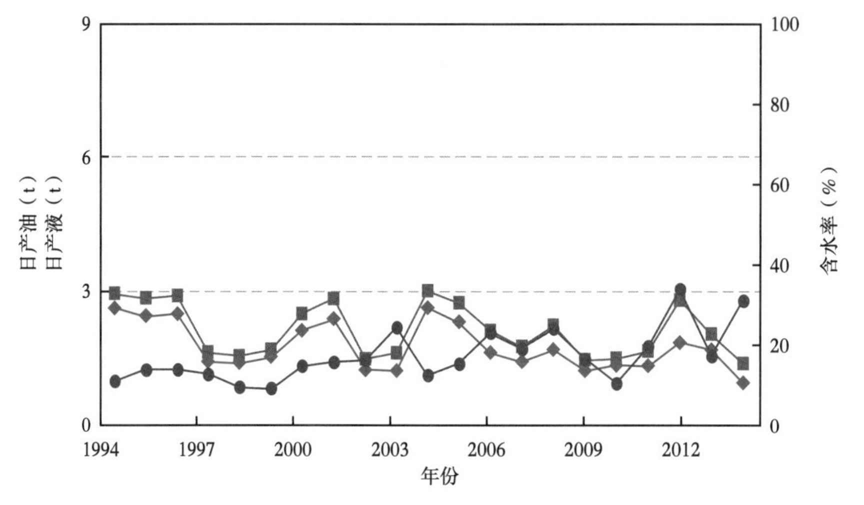

图 4. 1. 10　大庆头台油田茂 503 区块典型井组生产曲线（Ⅱ类）

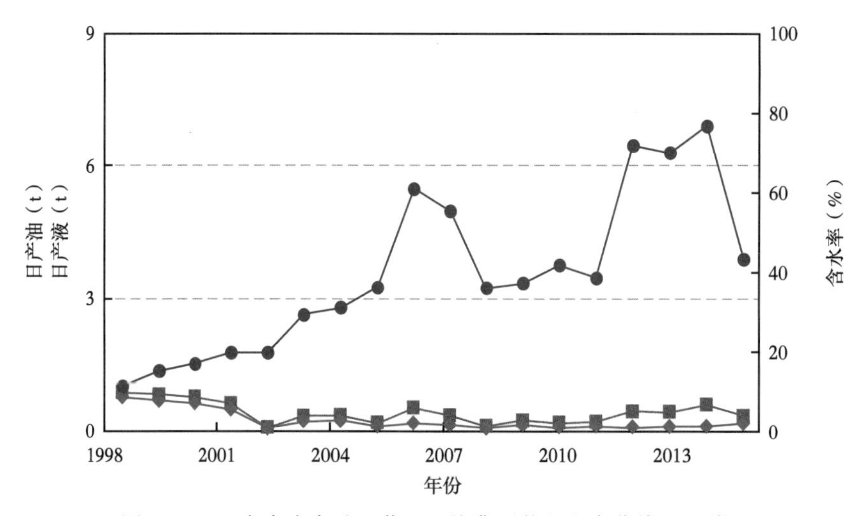

图 4. 1. 11　大庆头台油田茂 9 区块典型井组生产曲线（Ⅲ类）

吉林油田大 45 区块根据储层物性分为超前注水试验区和小排距试验区两个区域，如图 4. 1. 12 所示，其中超前注水试验区平均地层厚度为 10. 8m，平均渗透率为 0. 8mD，采用 500m×150m 的菱形反九点井网注水开发，而小排距试验区平均地层厚度为 7. 2m，平均渗透率为 0. 5mD，采用 500m×150m 的菱形反九点井网注水开发，两个区域的注水开发动态曲线分别如图 4. 1. 13 和图 4. 1. 14 所示，可以看出，超前注水试验区由于渗透率较高，砂体连通性较好，注水开发有明显的受效特征，油井产量先递减、后注水受效上升、再长期稳产，含水率缓慢上升，而小排距井区由于渗透率较低，砂体连通性较差，注水后区块产液量和产油量均不断下降，而含水率由于高压注水发生动态裂缝水窜而快速上升，注水

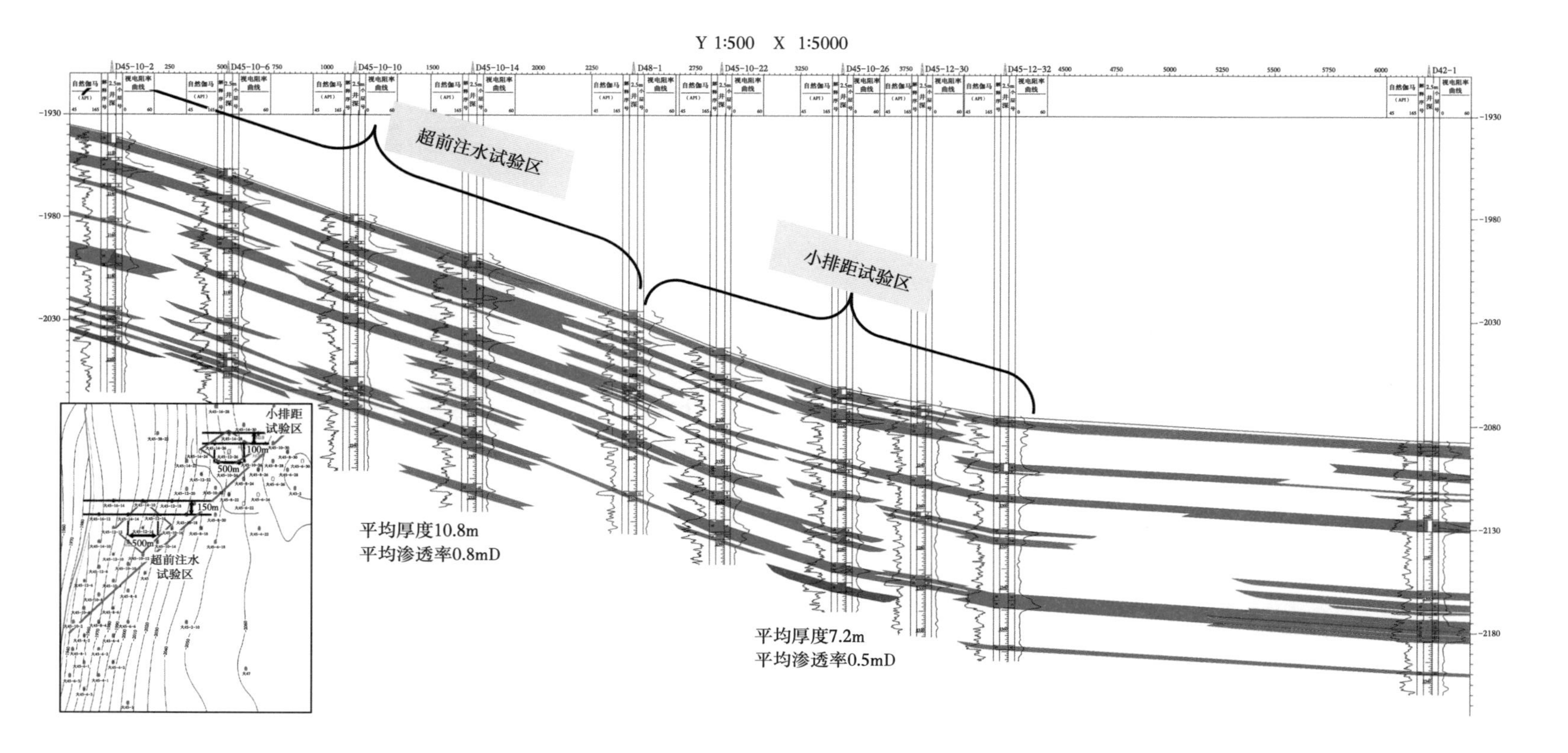

图 4.1.12 大 45 井区大 45-10-2—大 42-1 扶余油层剖面图

开发效果差。由此可见，根据吉林大45区块生产动态特征，可确定其水驱渗透率下限约为0.5mD。

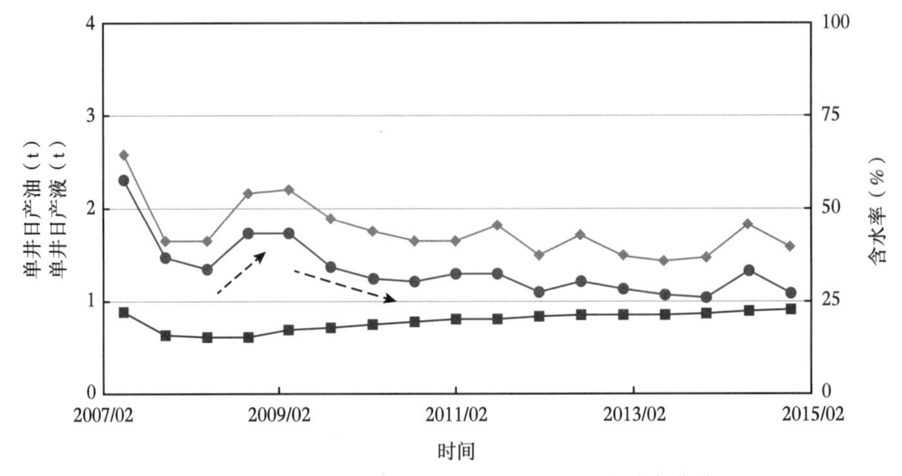

图4.1.13 大45超前注水试验区水驱开发动态曲线

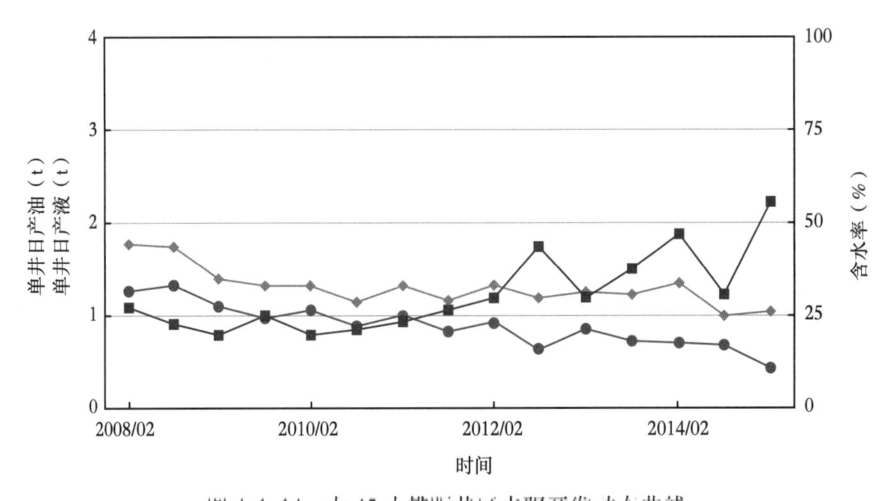

图4.1.14 大45小排距井区水驱开发动态曲线

长庆元284油田油层按照孔隙度、渗透率和含油饱和度分为三类，其中Ⅰ类、Ⅱ类和Ⅲ类油层平均孔隙度分别为11.9%、10.8%和4.8%，平均渗透率分别为0.73mD、0.46mD和0.21mD，平均含油饱和度分别为58.53%、46.76%和21.81%，三类油层典型剖面如图4.1.15所示，以三类油层为主的三口井典型生产动态曲线分别如图4.1.16、图4.1.17和图4.1.18所示，可见三类油层井的注水开发效果差异明显，Ⅰ类油层注水开发后油井有明显的受效特征，产油量和产液量不断上升，而在水驱前缘突破前，含水率变化较小；Ⅱ类油层井注水后有较好的受效特征，水驱前缘突破前，产油量和产液量均有小幅度上升，而水驱前缘突破后，产液量快速上升而产油量快速下降；Ⅲ类区块注水后无明显受效特征，产液量和产油量长期处于低水平，无明显的增产特征，而注入水突破后，含水率急剧上升，产油量突降。由长庆不同渗透率油层开发特征可以看出，长庆头台油田水驱渗透率下限约为0.3mD。

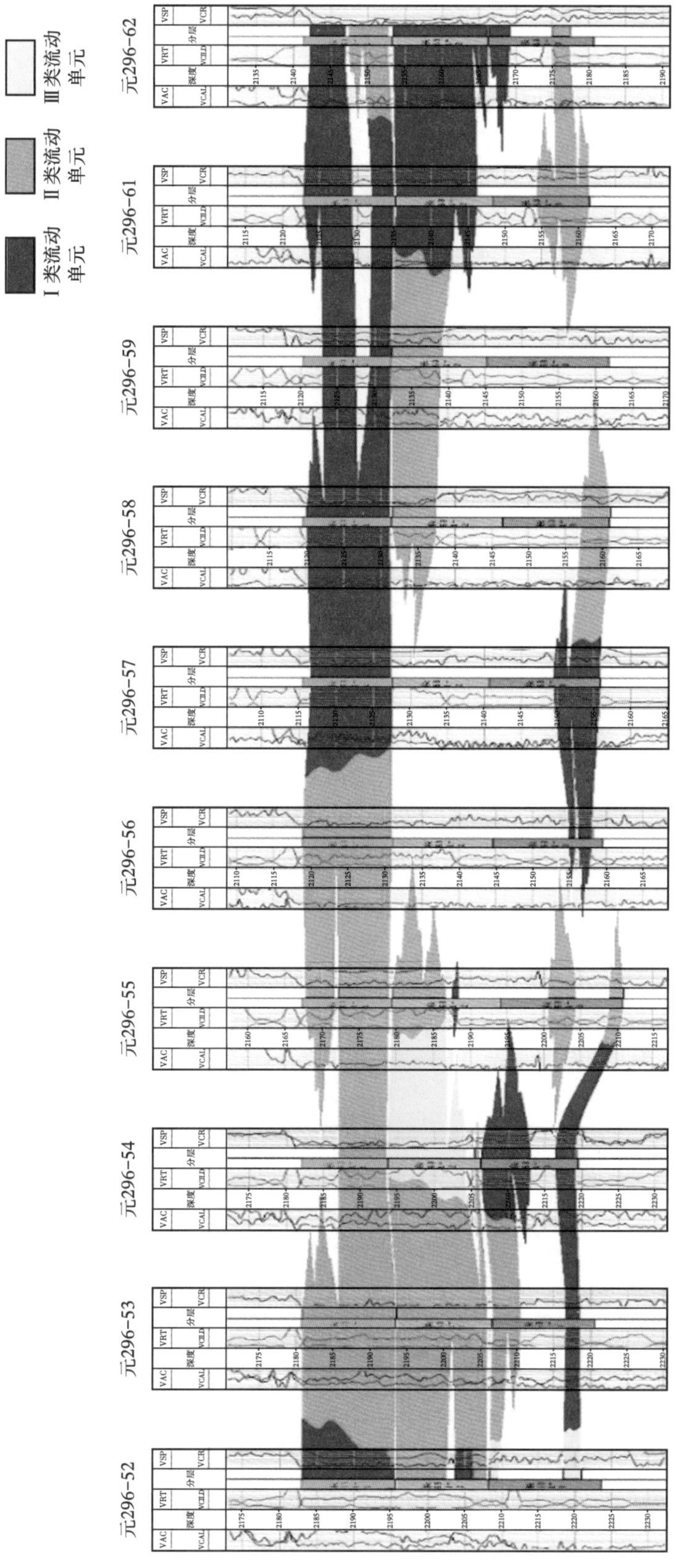

图 4.1.15 长庆元 284 不同类型油层典型剖面图

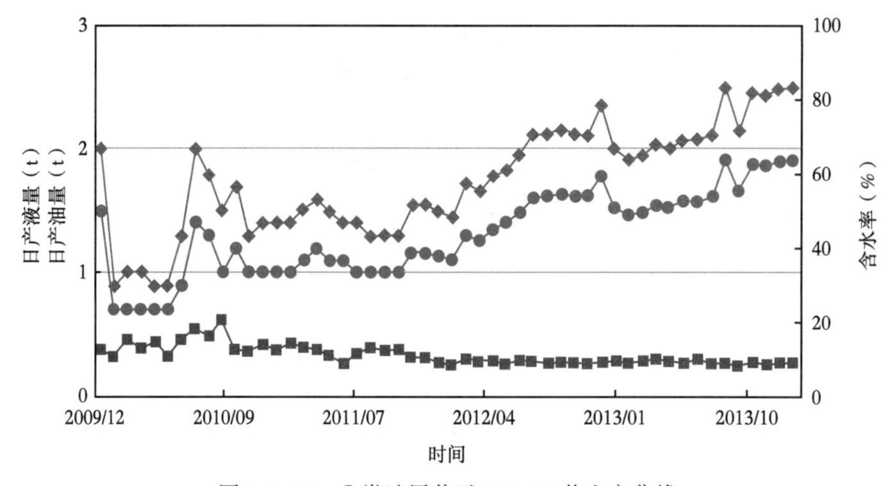

图 4.1.16　Ⅰ类油层井元 305-56 井生产曲线

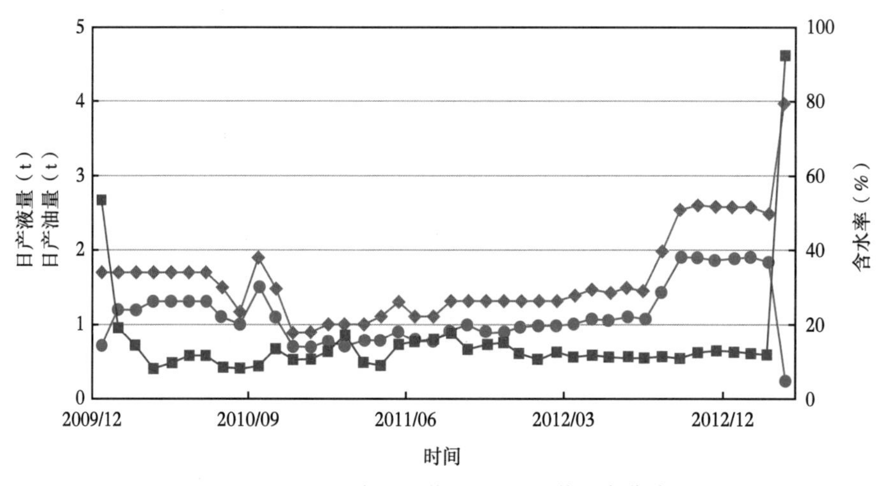

图 4.1.17　Ⅱ类油层井元 297-54 井生产曲线

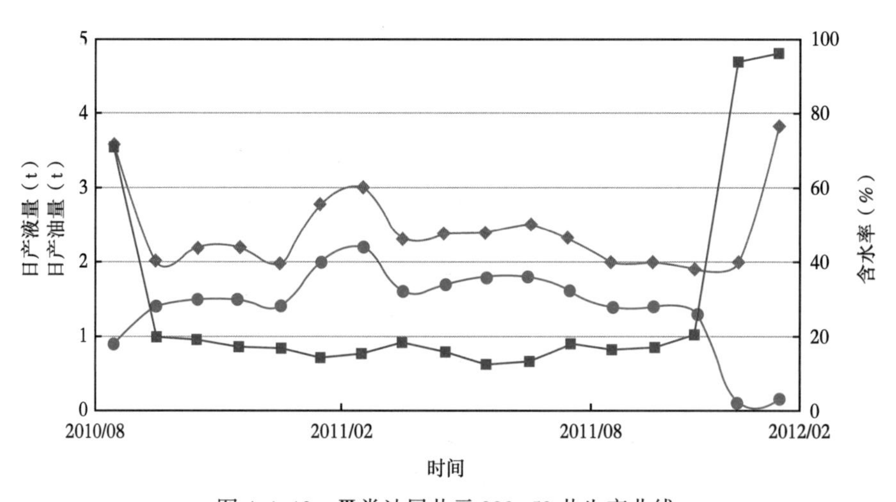

图 4.1.18　Ⅲ类油层井元 293-53 井生产曲线

根据典型油区低品位油藏的微观孔隙结构特征、可动流体饱和度和开发生产动态，可以看出不同油区水驱动用渗透率下限并不统一，这是由不同油区储层的孔隙结构决定的，长庆、吉林和大庆油区水驱渗透率下限分别约为0.3mD、0.6mD和1.0mD，对应的流度分别约为0.1mD/(mPa·s)、0.2mD/(mPa·s)和0.3mD/(mPa·s)，对应第三章低品位油藏流度分类中的第三类油藏。

4.2 直井线状注水开发技术

4.2.1 直井线状注水基本原理

直井线状注水的基本原理是利用高压注水产生沿主应力方向延伸的动态裂缝，将面积井网注采井间的径向驱动转换为裂缝间的平行驱动，通过缩小排距减小驱动压差，并保证较大井距确保一定的井控储量以保证较高的经济效益。现场开发过程中，将常规面积井网转换为线状注水的过程中常常伴随着井网的加密调整，如图4.2.1是常规的油井排加密水井排转注线状注水调整示意图，该调整方案井网排距不变、油井排井距缩小为一半、水井排井距不变，适用于物性较好的油藏，以Ⅰ类油藏为主；图4.2.2是井间加井、排间加排、水井排抽稀的小排距线状注水调整方案示意图，该调整方案井网排距缩短为原来的一半、油井排井距缩小为一半、水井排井距不变，适用于储层物性差的油藏，以Ⅱ类油藏为主。

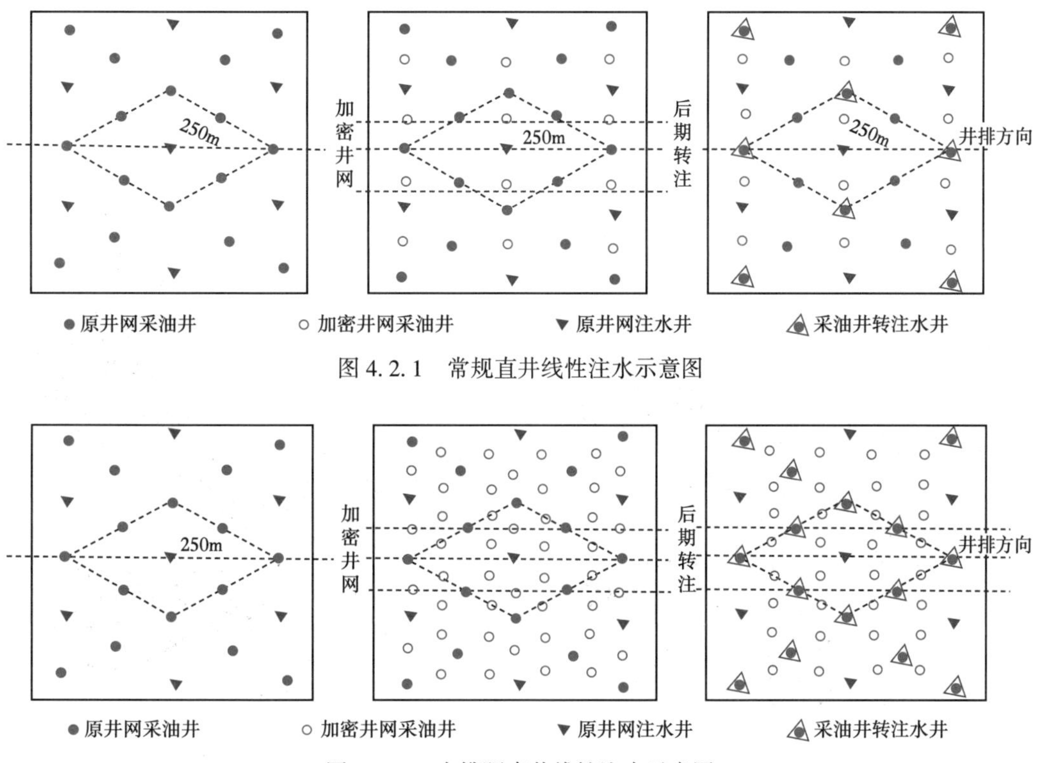

图4.2.1 常规直井线性注水示意图

图4.2.2 小排距直井线性注水示意图

4.2.2 直井线状注水适用条件

根据直井线状注水的基本原理及现场开发应用实践，直井线状注水的适用条件见表4.2.1。

表4.2.1 直井线性注水适用条件表

地质特点	(1) 储量丰度较高，直井开发有经济效益； (2) 纵向有多套油层，水平井开发丢层； (3) 储层物性相对较好，注水开发油井可受效； (4) 砂体分布有规模，可形成注采井网； (5) 储层主应力方向明显，裂缝方向性强
油藏类型	Ⅰ~Ⅱ类
物性界限	(1) 松辽：K>1.0mD； (2) 长庆：K>0.3mD
典型油层	(1) 松辽：扶杨油层； (2) 长庆：延安、延长组

直井线性注水适用的油藏首先需要有较高的储量丰度，以保证直井开发有较好的经济效益，同时纵向上有多套油层，主力层不明显，水平井开发易丢失储量而直井控制储量高，其次要求储层砂体有一定的规模且物性较好，以保证能够形成注采井网且注水开发油井可受效，最后要求储层主应力方向明显，主次应力差较高，以保证裂缝方向单一、可沿裂缝方向形成线状注水，典型油藏为松辽盆地扶杨油层和鄂尔多斯延长组油层等。

以大庆外围头台油田扶杨油田为例，头台Ⅰ、Ⅱ类扶杨油层，平面上河道砂体较宽，Ⅰ类河道宽度>1000m，Ⅱ类河道宽度>300m，如图4.2.3至图4.2.6所示；纵向上油层跨度大达150~200m，平均单井钻遇12个小层，小层平均有效厚度2.1m（图4.2.7）；储层

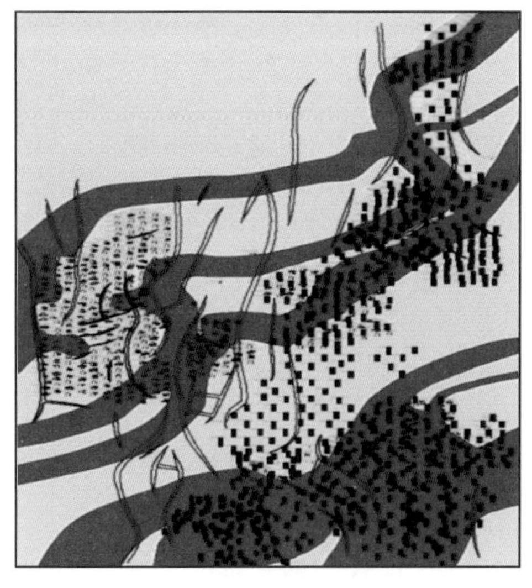

图4.2.3 头台油田Ⅰ类沉积单元FⅡ1_2河道砂体分布图

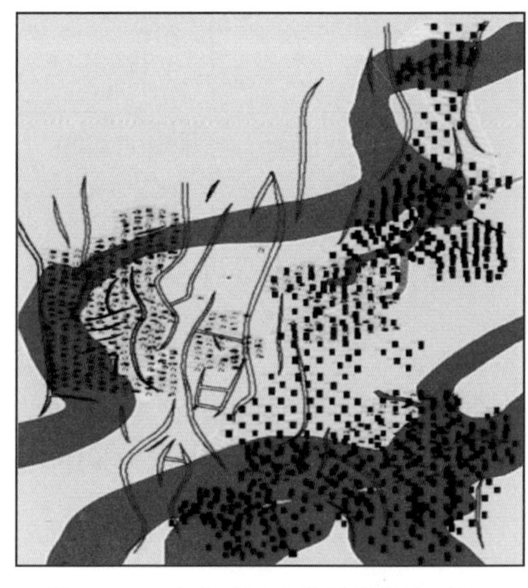

图4.2.4 头台油田Ⅰ类沉积单元FⅡ1_3河道砂体分布图

物性较好，Ⅰ类储层渗透率为4~6mD，Ⅱ类1~2mD，可保证注水开发可行（表4.2.2）；储层最大主应力方向基本统一，为北东80°~北东110°，近东西向，可最终形成东西向线状注水注采井网，如图4.2.8和图4.2.9所示。

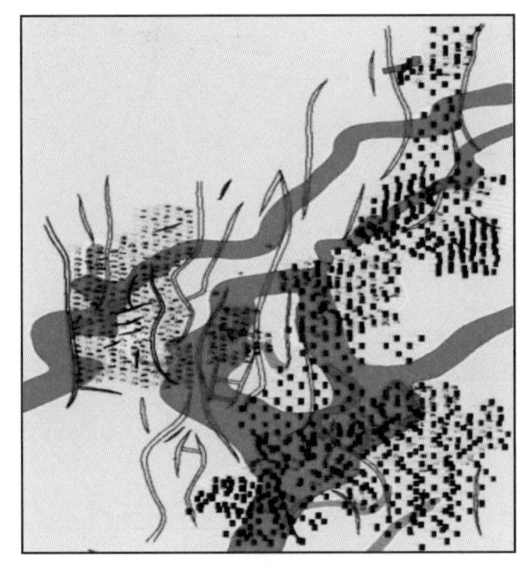

图4.2.5 头台油田Ⅱ类沉积单元FⅠ5_2河道砂体分布图

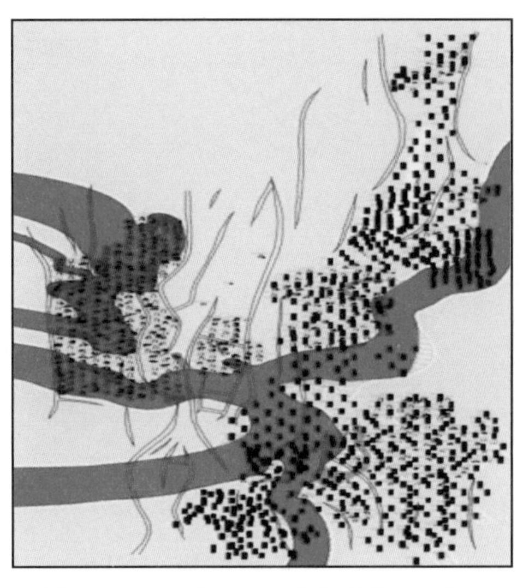

图4.2.6 头台油田Ⅱ类沉积单元FⅠ8_2河道砂体分布图

表4.2.2 头台油田不同沉积单元参数

分类	河道宽度（m）	河道砂体厚度（m）	河道砂体钻遇率（%）	平均渗透率（mD）
Ⅰ类	>1000	>2	>30	4~6
Ⅱ类	300~1000	>1.5	20~30	1~2

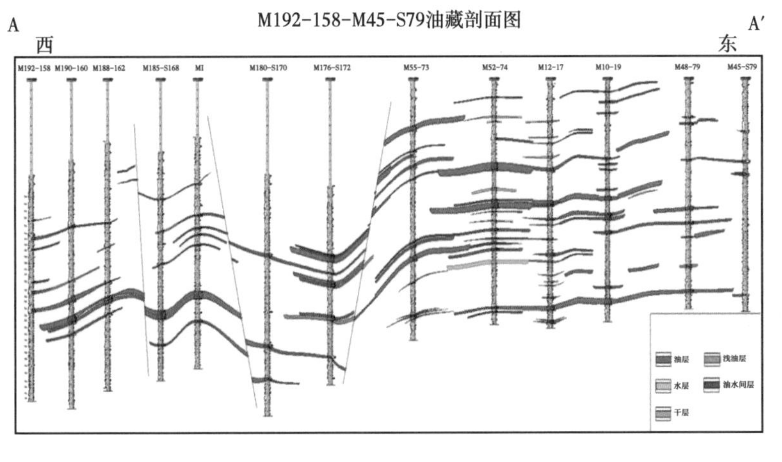

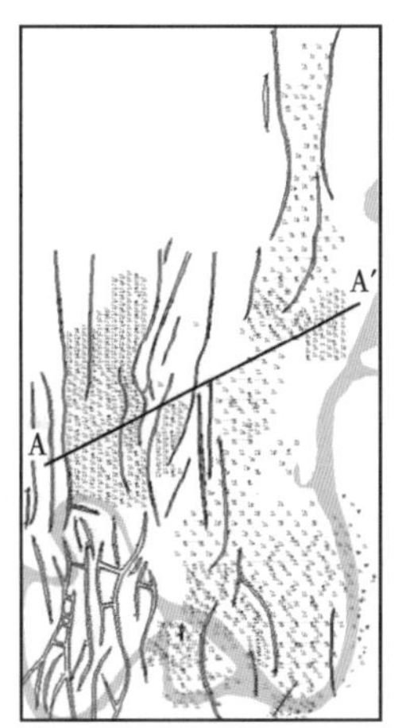

图4.2.7 头台油田扶杨油层油藏剖面图

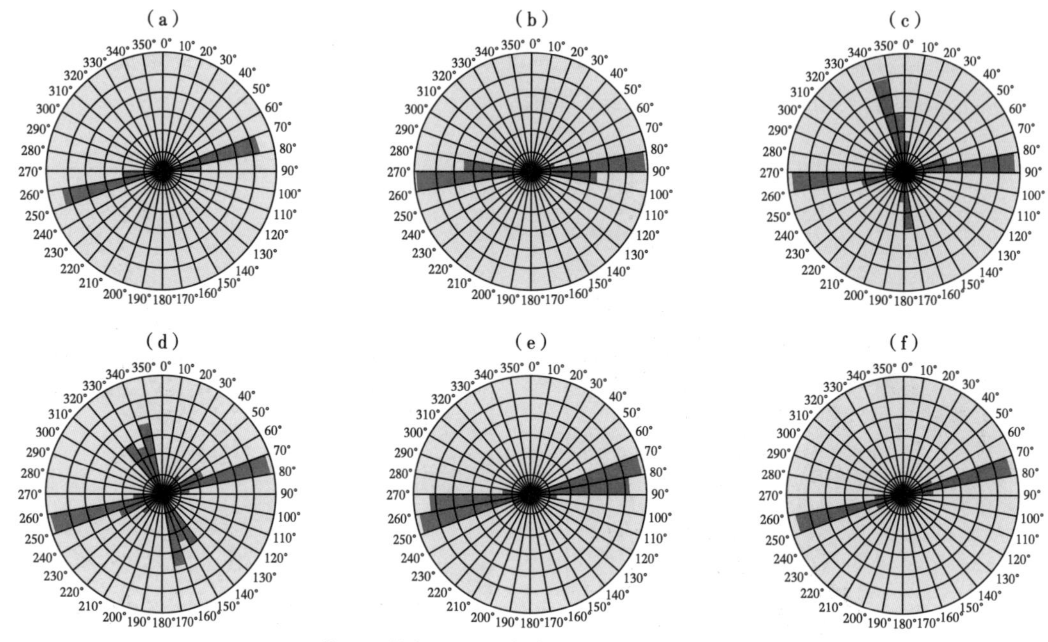

图 4.2.8　三肇地区扶杨油层最大水平主应力方位图（井壁崩落法）

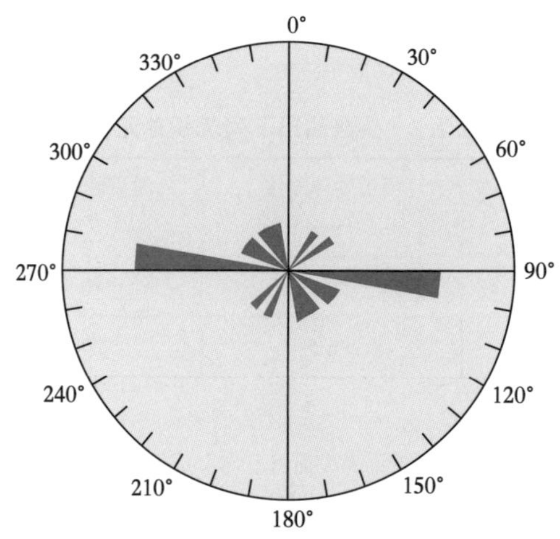

图 4.2.9　岩心测试最大水平主应力方向玫瑰花图（差应变法）

4.2.3　直井线状注水开发实例

4.2.3.1　头台油田Ⅰ类区块线状注水

（1）Ⅰ类区块茂 11 区块简况。

头台油田茂 11 区块位于头台鼻状构造轴部（图 4.2.10），含油面积 9.95km^2，地质储量 659.95×10^{4}t，油（水）井数共 165（68）口，井网密度为 23.4 口/km^2，累计产油 115.9011×10^{4}t，累计注水 598.2528×10^{4}m^3，月注采比为 3.58，累积注采比为 1.81，平均单井日产油 1.2t，采油速度 0.49%，采出程度 17.56%。

（2）Ⅰ类区块线状注水井网调整方案及效果。

头台油田Ⅰ类区块初期以注采井距为 300m 的正方形反九点井网注水开发，第一步首

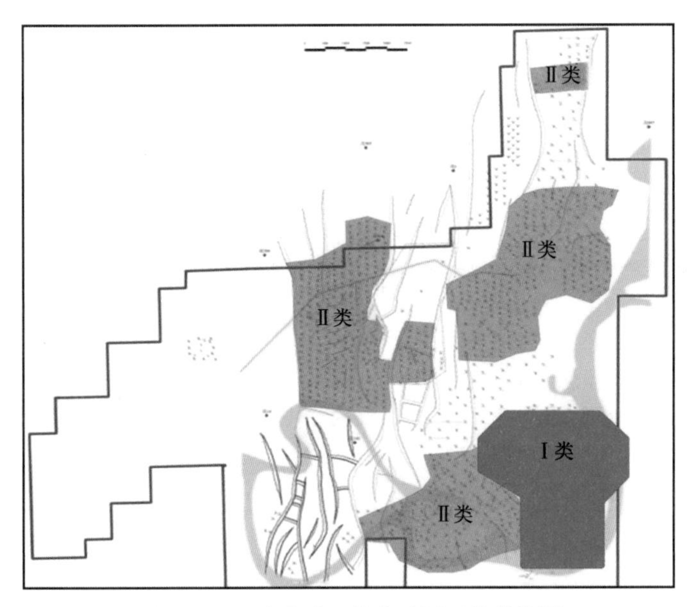

图 4.2.10 头台油田扶余油层区块分类图

先将水井排水淹油井关井，形成井排距为 424m×212m 的线状注水井网，第二步是进行井网一次加密，在油井排和水井排一排油井，加密油井初期排液后期转注形成水井排，原有水井排水井转抽，从而形成井排距为 424m×106m 的线状注水井网，第三步是油水井排二次加密，最终形成井排距为 212m×106m 的线状注水井网，如图 4.2.11 所示。

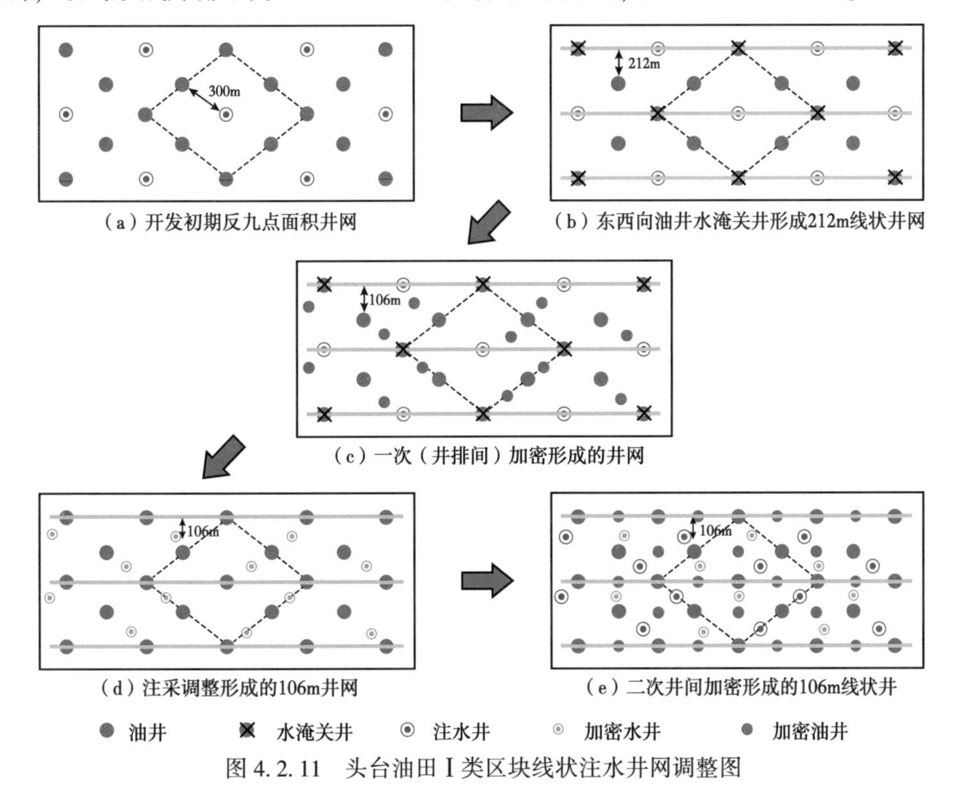

图 4.2.11 头台油田Ⅰ类区块线状注水井网调整图

通过一次加密，在排液井注水 4 个月后，老井有明显受效的表现，老井平均单井日产量由 2.5t 提升至 3.5t，增加了 40%的产量，如图 4.2.12 所示，同时通过限压注水等各类水驱调整技术使得区块含水呈下降趋势，基础老井含水整体缓慢上升，如图 4.2.13 所示。

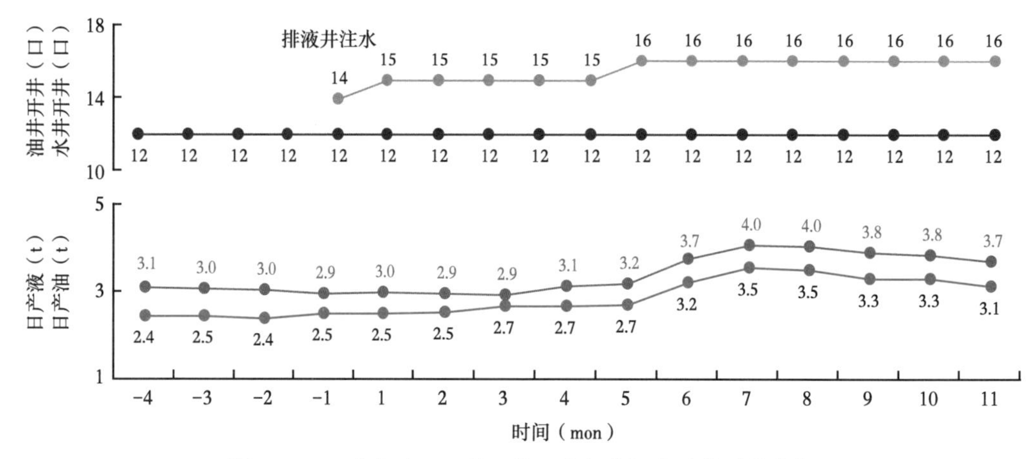

图 4.2.12　头台油田Ⅰ类区块一次加密调整油井受效曲线

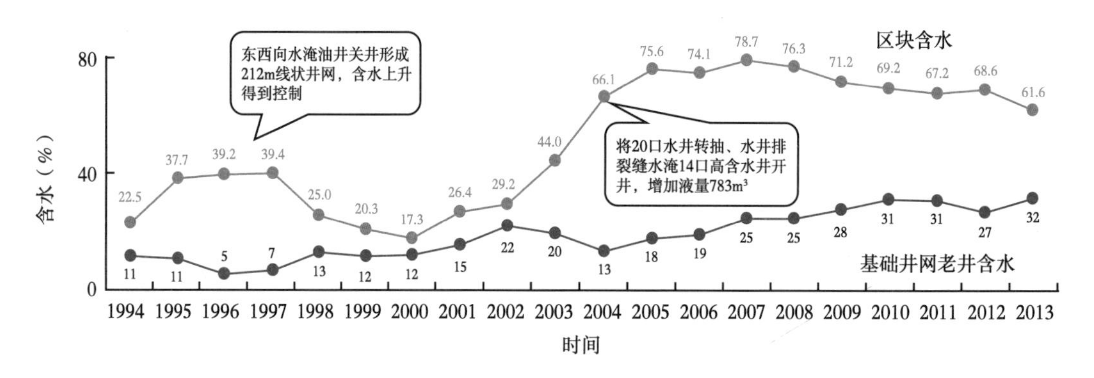

图 4.2.13　头台油田Ⅰ类区块一次加密调整含水变化曲线

4.2.3.2　头台油田Ⅱ类区块线状注水

（1）Ⅱ类区块简况。

头台油田Ⅱ类区块分布范围较广，地质储量共 1803.57×10^4t，含油面积 30.11km^2，油井总数 632 口，油井开数 442 口，水井总数 251 口，水井开井 137 口，累计产油 153.5851×10^4t，累计注水 $1275.5203\times10^4m^3$，累积注采比为 3.83，采油速度为 0.64%，采出程度为 7.64%。

（2）Ⅱ类区块线状注水井网调整方案及效果。

头台油田Ⅱ类区块初期以注采井距为 300m 的正方形反九点井网注水开发，首先将水井排水淹油井关井，形成井排距为 424m×212m 的线状注水井网，在油井注水不受效的情况下，在油水井排之间交错加密两排井，两排井初期均排液采油，后期其中一排加密油井转注，同时原注水井排井转抽，最终形成 424m×70m 的线状注水井网，如图 4.2.14 所示。

以Ⅱ类茂 503 为例，2001—2005 年在南块陆续进行加密，共投产油井 17 口，水井 12 口，加密井投产后初期平均 3.3t/d，后期基本稳定在 2.0t/d 以上，为老井的 2 倍以上；老井产量一直稳定，取得较好的效果，如图 4.2.15 所示。

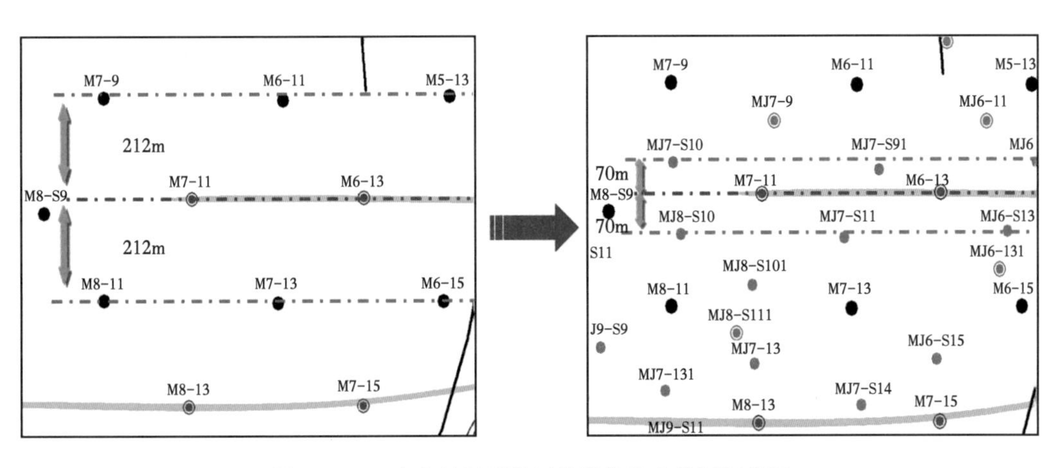

图 4.2.14 头台油田Ⅱ类区块线状注水井网调整图

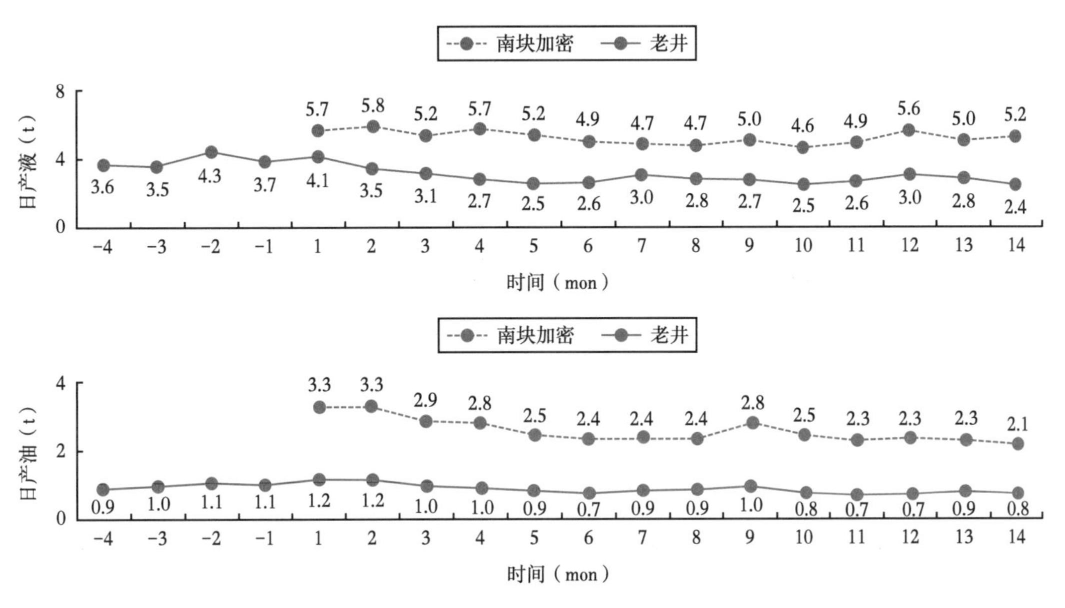

图 4.2.15 头台油田Ⅱ类区块线状注水油井动态曲线

4.3 水平井+直井联合注水开发技术

4.3.1 水平井+直井联合注水适用条件

根据现场开发应用实践，水平井+直井联合注水开发的适用条件见表 4.3.1。

水平井+直井联合注水是指采用直井注水和水平井采油的开发技术，主要针对储量丰度较低、纵向层位少且主力层明显、直井开发经济效益差的油藏，同时要求储层砂体分布稳定以保证水平井有较高的油层钻遇率，要求储层物性较好以保证注水开发水平井可受效。典型油藏为松辽盆地葡萄花油层和鄂尔多斯延长组油藏，储层物性松辽盆地要求渗透率 K>1.0mD，鄂尔多斯 K>0.3mD。

表 4.3.1 水平井+直井联合注水适用条件表

地质特点	（1）储量丰度较低，直井开发经济效益差； （2）纵向层位少且主力层明显； （3）储层物性较好，注水开发油井受效； （4）砂体分布稳定，水平井油层钻遇率高
油藏类型	Ⅰ～Ⅱ类
物性界限	（1）松辽：K>1.0mD （2）长庆：K>0.3mD
典型油层	（1）松辽：葡萄花油层 （2）长庆：延长组

4.3.2 水平井走向与压裂缝匹配关系

采用水平井与直井联合注水开发技术，水平井走向与压裂缝的匹配关系是注采井网设计中的重要一环，为此设计水平井走向与压裂缝的三种典型匹配关系，即水平井走向与裂缝延伸方向垂直、平行及斜交 45°，如图 4.3.1 至图 4.3.3 所示，采用数值模拟方法分析水平井走向与压裂缝的合理匹配关系，为水平井井位部署提供参考。

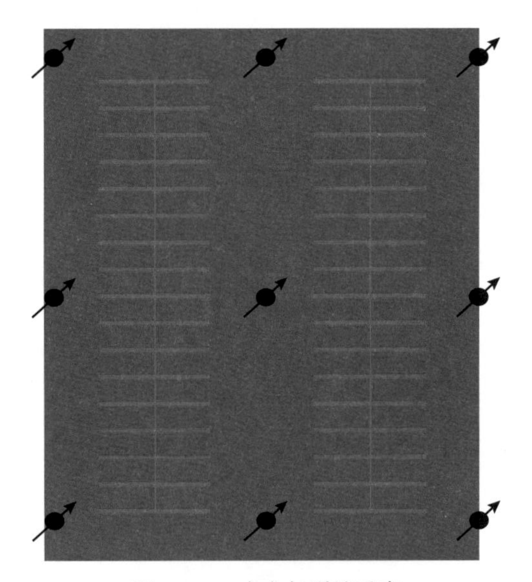

图 4.3.1 走向与裂缝垂直

图 4.3.2 走向与裂缝平行

油藏数值模拟研究表明，当水平井走向与裂缝延伸方向垂直时注水开发含水上升速度最快，而走向与裂缝平行时含水上升速度最慢，斜交介于两者之间，但随着储层渗透率升高，三者之间的差异逐步缩小，如图 4.3.4 至图 4.3.7 所示。

数值模拟结果表明，注水开发水平井产能与裂缝走向及储层物性相关，当储层渗透率小于 1mD 时，水平井走向与裂缝延延伸方向垂直的产能最高，但随储层渗透率的升高，水平井走向与裂缝延伸方向斜交或平行的产能逐步高于与裂缝垂交水平井产能，如

图 4.3.8 至图 4.3.11 所示。这是由于随着储层渗透率升高，裂缝在提高初期产能方面的作用逐渐降低，但水淹风险大幅度增加，因此控制含水的重要性进一步增强。

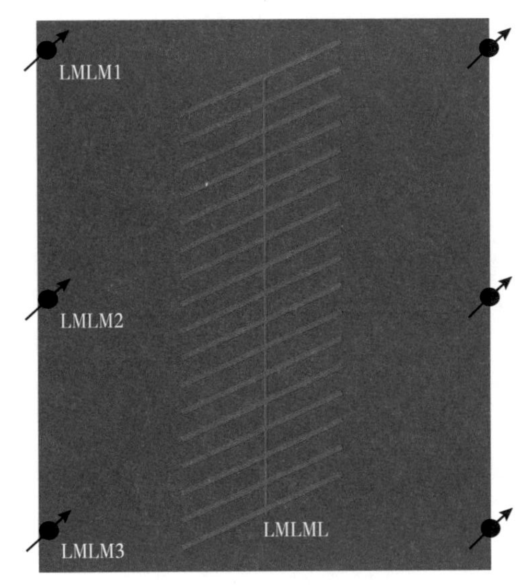

图 4.3.3　走向与裂缝斜交

综合考虑水平井走向与裂缝延伸方向匹配三种匹配关系的产能和含水率，可以看出，两者的合理关系是与储层的渗透率大小相关的。当 K<1mD 时，水平井走向与裂缝延伸方向垂直的开发效果最好，但随储层渗透率的升高，开发效果对比发生变化，当 1<K<10mD，水平井走向与裂缝延伸方向斜交的开发效果好，K>10mD，水平井走向与裂缝延伸方向平行的水平井开发效果好。由此可见，水平井与裂缝的合理匹配关系不是一成不变，它与储层物性密切相关。不同油藏由于空气

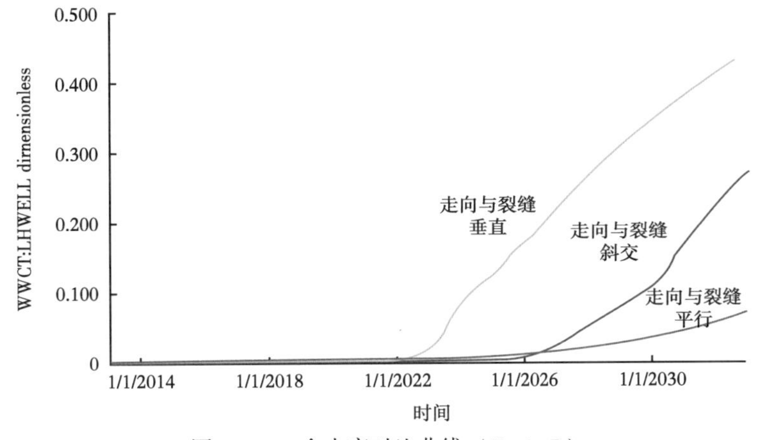

图 4.3.4　含水率对比曲线（K=1mD）

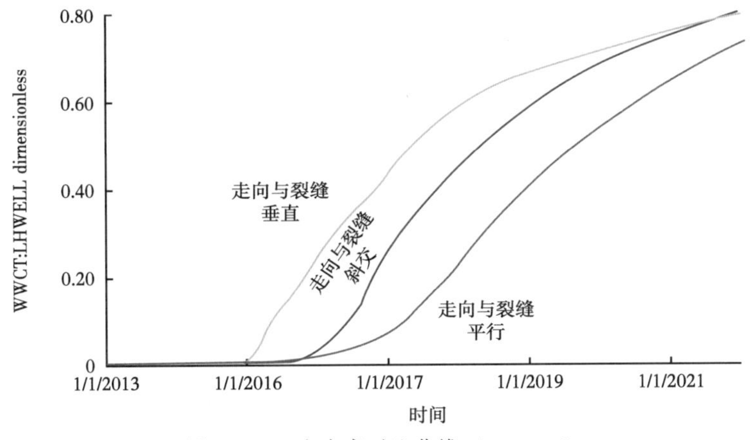

图 4.3.5　含水率对比曲线（K=5mD）

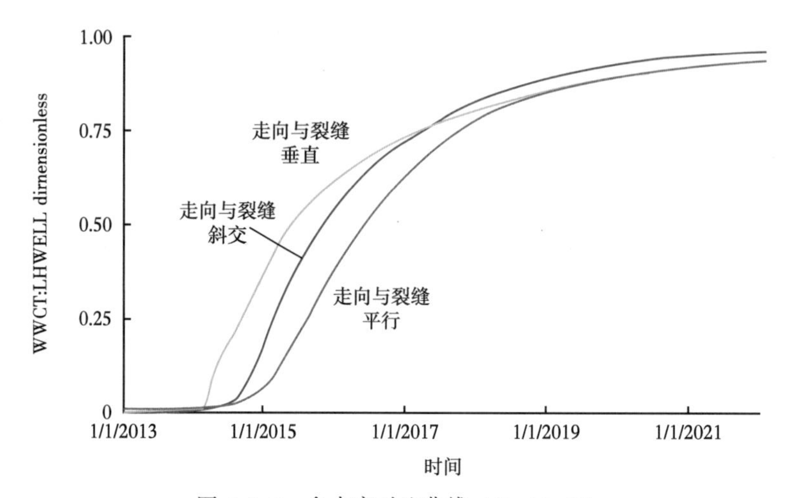

图 4.3.6　含水率对比曲线（$K=10$mD）

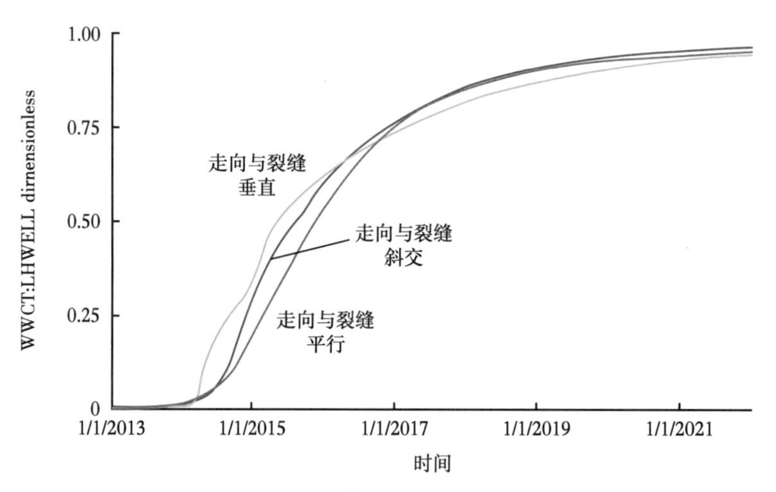

图 4.3.7　含水率对比曲线（$K=20$mD）

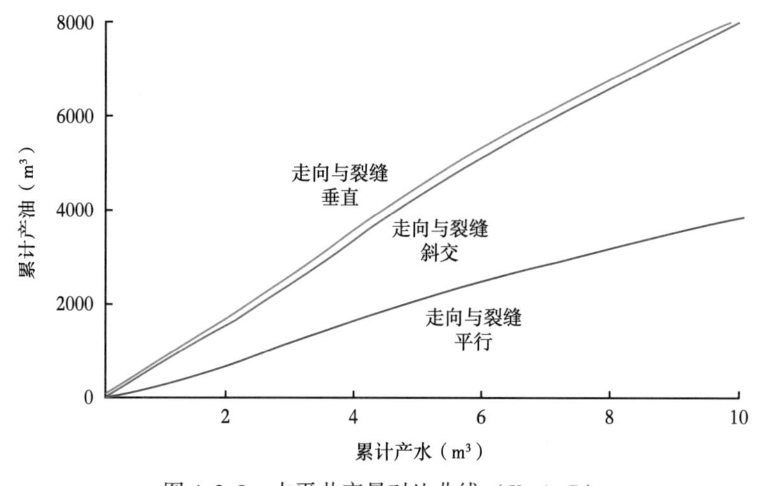

图 4.3.8　水平井产量对比曲线（$K=1$mD）

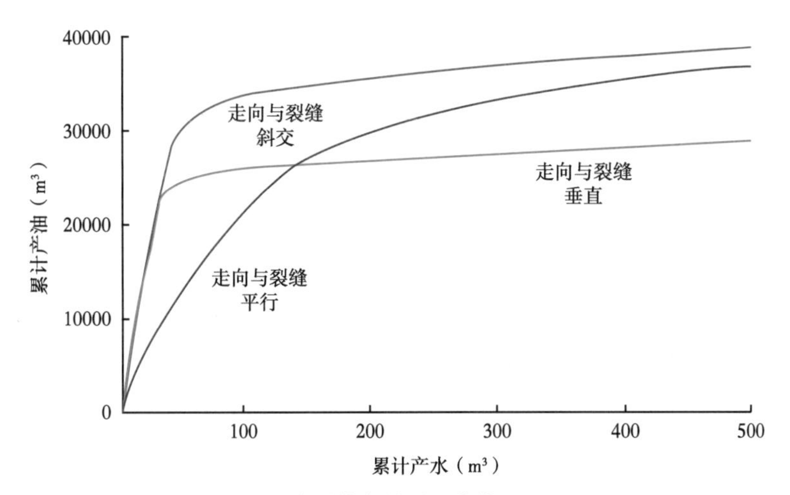

图 4.3.9　水平井产量对比曲线（$K=5$mD）

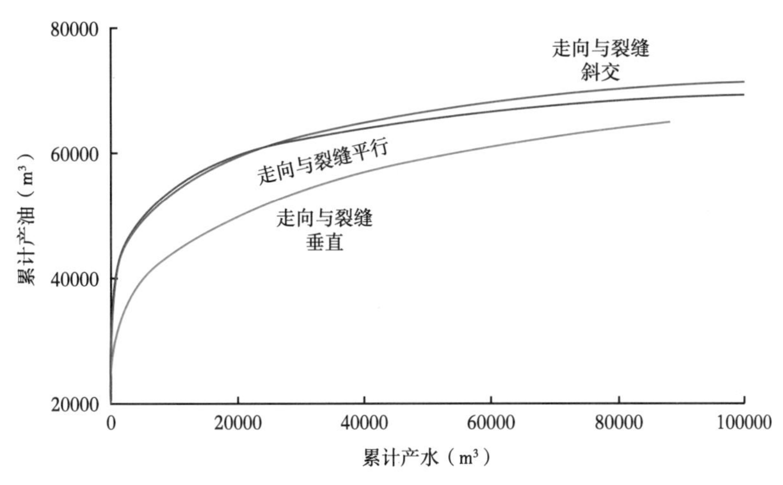

图 4.3.10　水平井产量对比曲线（$K=10$mD）

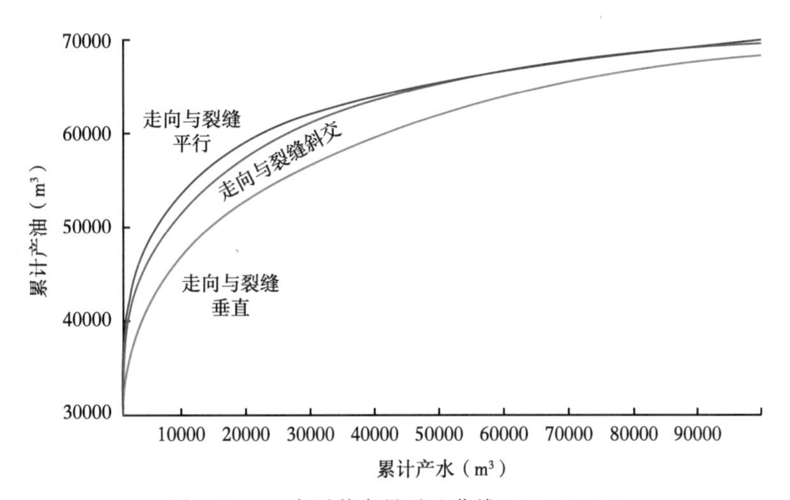

图 4.3.11　水平井产量对比曲线（$K=20$mD）

渗透率与油水相有效渗透率相关性不同，会导致不同匹配关系的渗透率界限不同，现场开发中需要结合理论研究成果与开发实践，确定不同物性范围下水平井走向与裂缝延延方向的合理匹配关系。

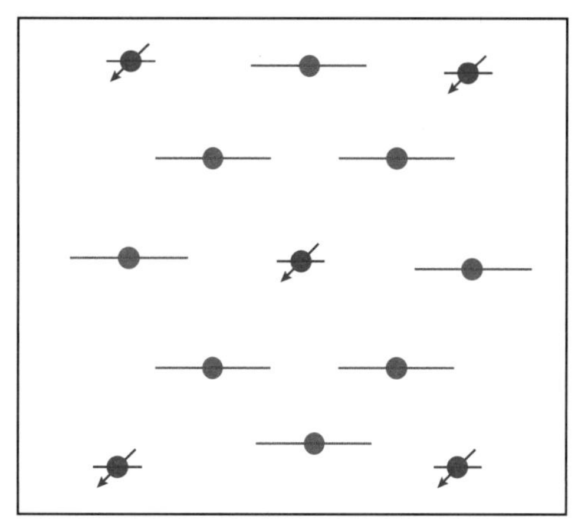

图 4.3.12　直井反九点井网

4.3.3　水平井开发经济技术界限

4.3.3.1　模型设计及经济评价参数

采用数值模拟研究和经济评价相结合来研究水平井开发的经济技术界限，为保证方案的可对比性，在相同含油面积上设计对比方案如下。

三种井网：菱形反九点直井注采井网，水平井+直井联合注水开发五点井网，全水平井开发五点注采井网（图 4.3.12 至图 4.3.14）；

压裂规模：油井（直井和水平井）大规模压裂，注水井小规模压裂；

流体流度：2mD/(mPa · s), 1mD/(mPa · s), 0.5mD/(mPa · s), 0.3mD/(mPa · s), 0.1mD/(mPa · s), 0.05mD/(mPa · s), 0.03mD/(mPa · s)；

有效厚度：2m，5m，8m，10m，15m，20m。

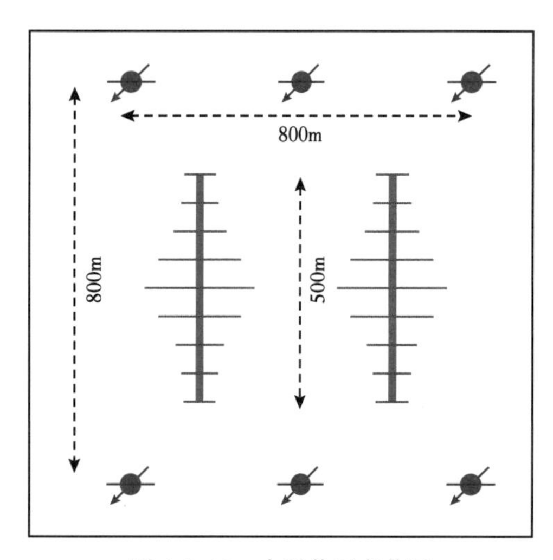

图 4.3.13　水平井五点井网

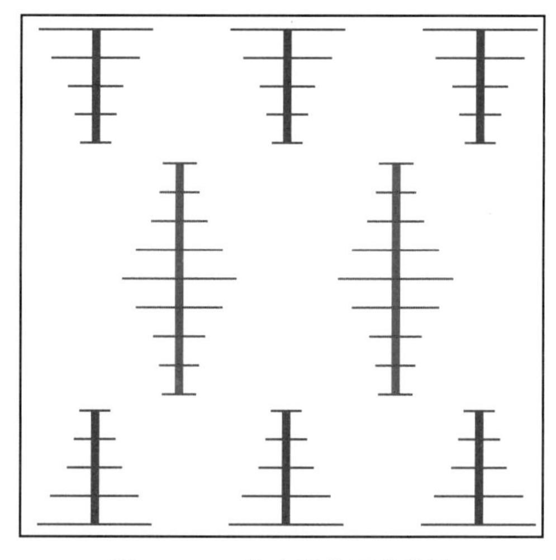

图 4.3.14　纯水平井五点井网

对模拟方案的经济评价参数参照大庆外围，具体取值如下。

（1）投资参数：

钻井成本：1334 元/m；

测井费用：21.07 万元/井；

压裂费用：53.43 万元/井；

射孔作业费用：40.3 万元/井；

基建成本：140 万元/井；

废弃液化处理费：2.2 万元/井。

（2）税费参数：

城建税：7%；

教育税：3%；

增值税：17%；

资源税：30 元/t。

（3）原油操作成本：850 元/t。

（4）流动资本成本：取原油总操作成本的 25%。

（5）评价期：10 年。

4.3.3.2 水平井开发经济技术界限

油藏开发理论及实践均表明，水平井开发适宜于储层丰度较低的油藏，直井和水平井开发的丰度界限是一个值得研究的问题。数值模拟研究和经济评价结果表明，水平井应用的储量丰度界限并不是一个固定值，而是与储层物性（流度）呈指数关系，如图 4.3.15 所示，根据研究成果可以得出以下认识。

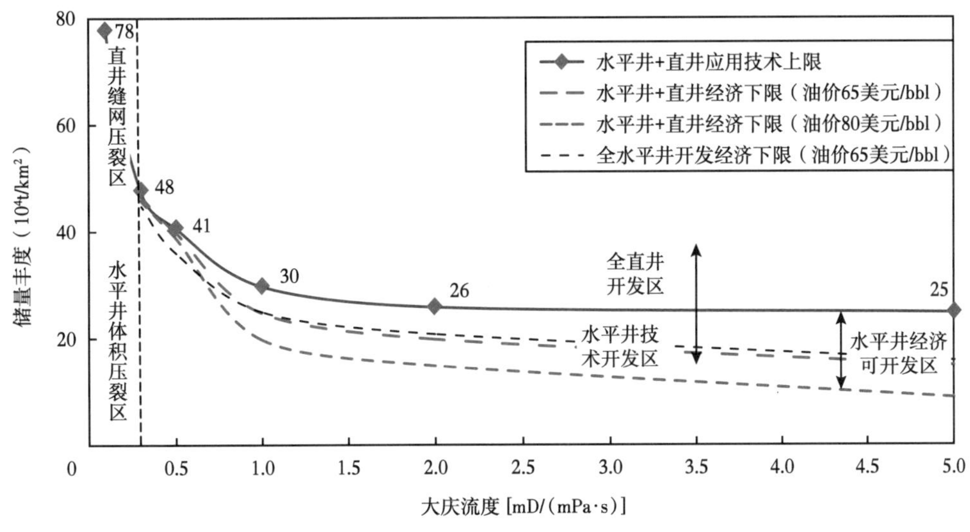

图 4.3.15 水平井开发经济技术界限研究成果图

（1）油藏物性越好，水平井应用丰度界限上限越低。物性较好且丰度较高时，尽量采用直井开发。当储量丰度<25×10^4t/km^2，任何储层物性下只适合水平井开发，说明薄层更适合水平井开发。

（2）油藏物性越差，水平井应用丰度上限越高。说明物性越差越适应水平井开发，特低渗油藏水平井开发上限约为 50×10^4 t/km^2。

（3）油藏物性越差，开发经济效益越差。当大庆流度<0.3mD/(mPa·s)[吉林 0.2mD/(mPa·s)，长庆 0.1 mD/(mPa·s)]，储层渗透率大庆<1.0mD（吉林 0.6mD，长庆<0.3mD）时，常规直井或水平井开发内部收益率接近于 0，必须采用直井缝网或水平井体积压裂。

（4）水平井开发的储量丰度下限随流体流动性的增加而不断降低，当流度>1.0mD/（mPa·s），油价 80 美元/bbl 时，水平井开发储量下限为（15~20）$\times10^4$t/km^2，油价 65 美元/bbl 时，水平井开发储量丰度下限为（20~25）$\times10^4$t/km^2；0.3<当流度<1.0mD/（mPa·s），油价 80 美元/bbl 时，水平井开发储量丰度下限为（20~50）$\times10^4$t/km^2，油价 65 美元/bbl 时，水平井开发储量丰度下限为（25~50）$\times10^4$t/km^2。

（5）全水平井开发技术指标优于全直井注水开发及水平井直井联合注水开发，但经济评价研究表明，其经济效益指标与水平井直井联合开发接近，且开发中钻井风险大，因此水平井注水在现场应用中需谨慎对待。

4.4 水平井体积压裂开发技术

4.4.1 水平井体积压裂适用条件

水平井体积压裂开发技术的基本原理是采用大流量多段多簇体积改造技术打碎地层，改造储层结构，从而缩小基质与裂缝的渗流距离，大幅度减小渗流压差，水平井体积压裂技术主要是针对常规压裂达不到产能要求的超低渗透油藏和致密油/页岩油，典型油层是松辽盆地的高台子油层和鄂尔多斯的长 7 油层，一般情况下，储层物性极差（松辽盆地 K<1.0mD，长庆 K<0.3mD），注水开发不可行；储量丰度较低，纵向层位少且主力层突出，同时砂体分布稳定，以满足长水平段水平井高钻遇率要求。理论结合现场开发应用实践，水平井体积压裂开发技术的适用条件见表 4.4.1。

表 4.4.1 水平井体积压裂适用条件表

地质特点	（1）储量丰度较低，一般不高于 60； （2）纵向层位少主力层明显； （3）储层物性极差，常规注水开发不可行； （4）砂体分布稳定，满足长水平井段
油藏类型	Ⅲ类
物性界限	（1）松辽：K<1.0mD （2）长庆：K<0.3mD
典型油层	（1）松辽：高台子油层 （2）长庆：长 7 油层

4.4.2 水平井体积压裂衰竭开采经济技术界限

现场低品位油藏开发实践表明，水平井体积压裂可大幅度提高单井产能，但投资成本高，衰竭开发采收率低，因此相对常规开发技术，其经济技术界限的研究显得尤为重要。本文采用数值模拟方法研究水平井体积压裂衰竭开采的经济技术界限，参照长庆西峰油田设计模拟模型，模型参数如下：

基质渗透率：0.2mD；

原油黏度：2mPa·s；

有效厚度：20m；
网格大小：10m×2m；
水平井段长：2000m；
油层钻遇率：75%；
压裂方式：体积压裂，压 13 段 26 簇；
模型性质：双重介质，主缝渗透率 200mD，支缝渗透率 20mD。

另外，考虑压裂缝的压敏效应，储层无水敏，清水压裂液注入量为 1.0×10^4t，模拟研究表明，注入的清水压裂液一方面起到了补充地层能量的作用，地层压力系数由初期的 1.0 上升到 1.2 以上，同时注入水在油藏中的渗吸采油作用也起到增加单井累计产油量的作用。

4.4.2.1 水平井体积压裂衰竭开采技术界限

为研究水平井体积压裂衰竭开采中溶解气油比及地层压力系数大小对油藏采出程度的影响程度，根据两者的组合设计 20 个对比模拟方案，见表 4.4.2。

表 4.4.2 体积压裂衰竭式开采溶解气油比与原始压力系数组合方案设计表

方案序号	溶解气油比（m^3/m^3）	原始地层压力系数
1	50	0.6
2		1.0
3		1.4
4		1.8
5		2.0
6	100	0.6
7		1.0
8		1.4
9		1.8
10		2.0
11	200	0.6
12		1.0
13		1.4
14		1.8
15		2.0
16	300	0.6
17		1.0
18		1.4
19		1.8
20		2.0

由于储层存在不同程度的非均质性，因此实际油藏开发时储量的动用程度受储层非均质性的影响，一般情况下不高于 80%，由此将理论模型储量动用程度设置为 70%。数值模拟研究表明，原油溶解气油比是影响衰竭式开发采出程度的主控因素，其次是原始地层压

力系数，随溶解气油比和原始地层压力系数的增加，衰竭式开采 10 年采出程度不断增加，如图 4.4.1 所示，可以看出，常规压力系数油藏采出程度欲达 10%以上，油藏溶解气油比需达 $200m^3/m^3$ 以上；而对于溶解气油比仅有 $50\sim100m^3/m^3$ 的常规油藏，则需要原始地层压力系数达 1.5~2.0 MPa/100m。

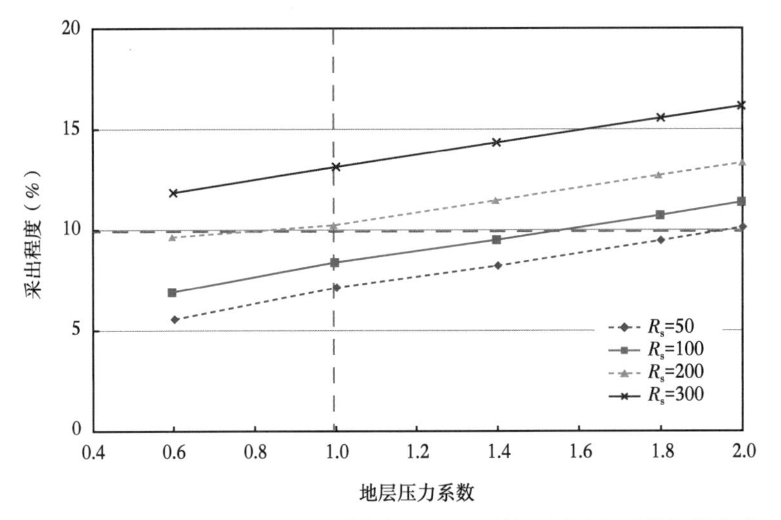

图 4.4.1　油藏采出程度与原油溶解气油比及原始地层压力系数相关曲线

4.4.2.2　水平井体积压裂衰竭开采经济界限

进一步采用经济方法研究水平井体积压裂衰竭开采的经济界限，设定水平井压裂缝长度 400m，储层孔隙度为 10%，油层厚 10m，原始含油饱和度 60%，建立水平井体积压裂单井模拟模型，设油层钻遇率 70%，参考国内外油藏衰竭开采采收率，取为 7%，另外水平井单井总投资取为 2500 万元，根据经济评价结果可以得到不同油价下要求的单井累产量及单井控制储量界限，如图 4.4.2 所示。进一步根据单井控制储量可计算得到不同油价

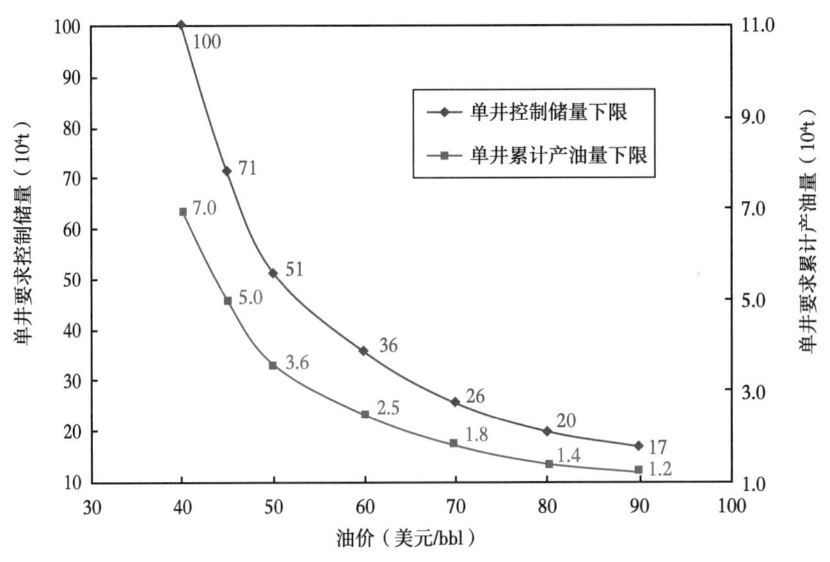

图 4.4.2　不同油价下单井累计产量及单井控制储量界限

下的水平井油层段长度和水平段总体长度界限（由水平井油层钻遇率决定），如图 4.4.3 所示。根据经济评价结果，可以看出，当油价 60 美元/bbl，单井投资成本 2500 万元时，要达到内部收益率大于 12%，要求 10 年累计产油量 2.5×10^4t，单井控制储量 35×10^4t，水平段长度 2100m。本书水平井体积压裂经济评价成果是在特定单井投资和油藏采收率情况下得到的，由于不同油区不同油藏单井总投资和油藏采收率不同，其累计产油量和单井控制储量可根据上述计算结果折算得到。

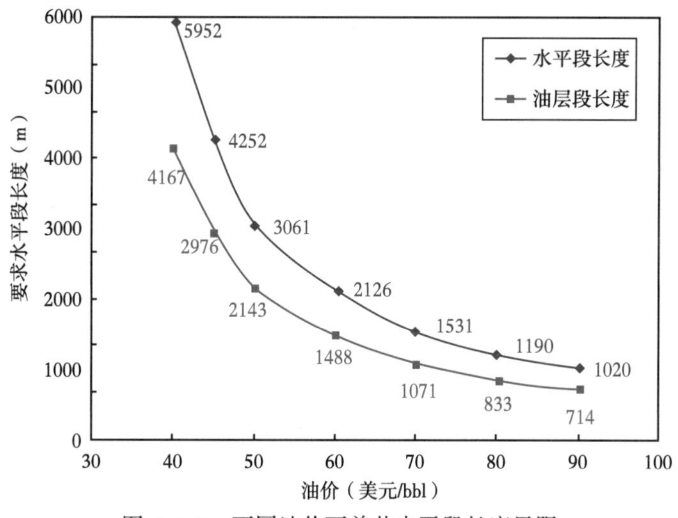

图 4.4.3 不同油价下单井水平段长度界限

4.4.3 水平井体积压裂衰竭开采合理返排速度

4.4.3.1 水平井体积压裂衰竭开采模型设计

水平井体积压裂后衰竭开发往往面临这样的问题，即压裂后排液是大液量快速排液好还是小液量稳定排液好，哪种开发累计产量高？哪种开发方式经济效益更好？由此，设计 5 种不同的初期排液量对比研究合理返排速度，见表 4.4.3，模型基本参数如下：

单井动用储量：20×10^4t；

水平井段长：2000m；

油层钻遇率：75%；

压裂段数：10 段 30 簇；

储层渗透率：0.25mD；

储层孔隙度：8%；

原始含油饱和度：60%；

注入清水压裂液：10000m^3。

表 4.4.3 水平井体积压裂不同返排速度模拟方案设计表

方案编号	初期日产液（m^3）	清水压裂液返排率（%）		排液量（m^3）	
		首月	三月	首月	三月
1	200	42	45	6000	18000
2	150	38	42	4500	13500

续表

方案编号	初期日产液（m^3）	清水压裂液返排率（%）		排液量（m^3）	
		首月	三月	首月	三月
3	100	29	38	3000	9000
4	50	15	31	1500	4500
5	20	6	17	600	1800

从不同初期日产液与累计产液关系可看出，初产较低时油井可保持较长时间稳定排液，初产较高达100t以上时，前3个月可稳定排液，后期液量则逐步降低，排液量增速降低，各方案最终累计产液量接近，如图4.4.4所示。

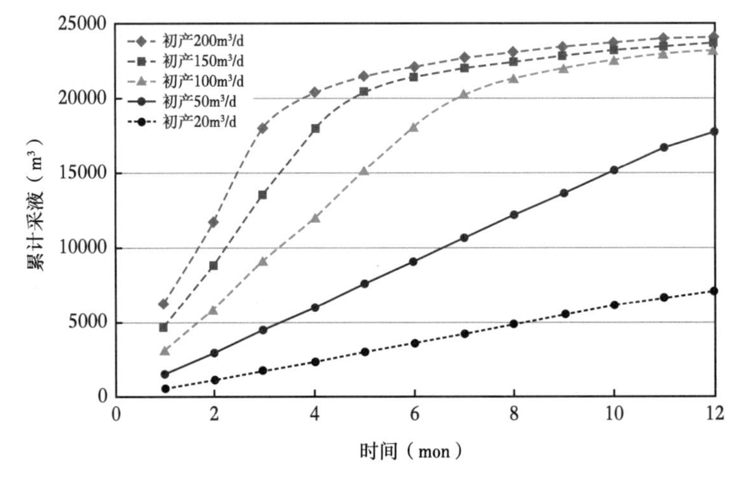

图4.4.4　不同初期日产液量与累计产液量关系图

从不同初期日产液返排率可以看出，油井返排率与时间的相关性并不是线性关系，初期返排率增速快，后期增速放缓，排液速度越快压裂液年返排率越高，最终返排率接近50%左右，如图4.4.5所示，这也说明有约一半的清水压裂液留在了地层中没有排出，这

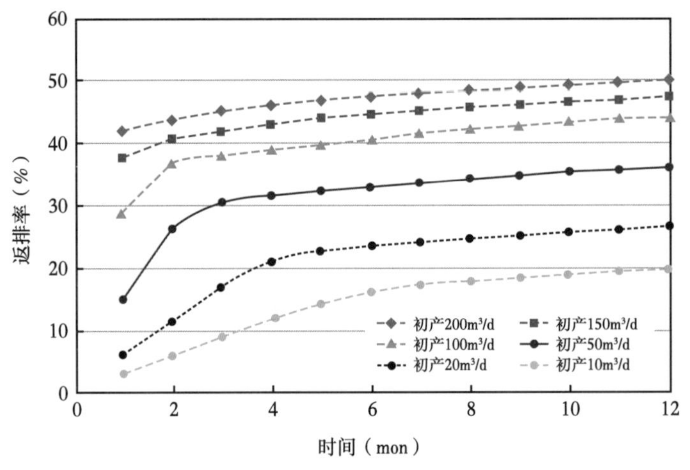

图4.4.5　不同初期产液量返排率

就是双重介质油藏的渗吸采油现象，本文第6章做重点研究。

4.4.3.2 水平井体积压裂合理返排速度

模拟研究表明，初期返排率越高，第一年累计产量越高，但由于裂缝的压敏效应，裂缝渗透率下降越快，初期递减越高，10年累计产油量越低；初期返排率越低，递减率越小，稳产期越长，返排率小于10%时，可保持3年的稳产期，最终10年累计产量越高。而要达到前3年累计产量最高，则首月返排率应小于15%，如图4.4.6和图4.4.7所示。

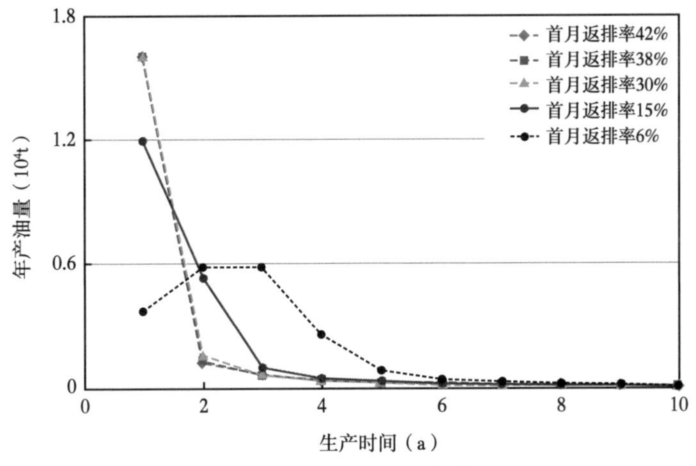

图4.4.6 不同返排速度年产油量

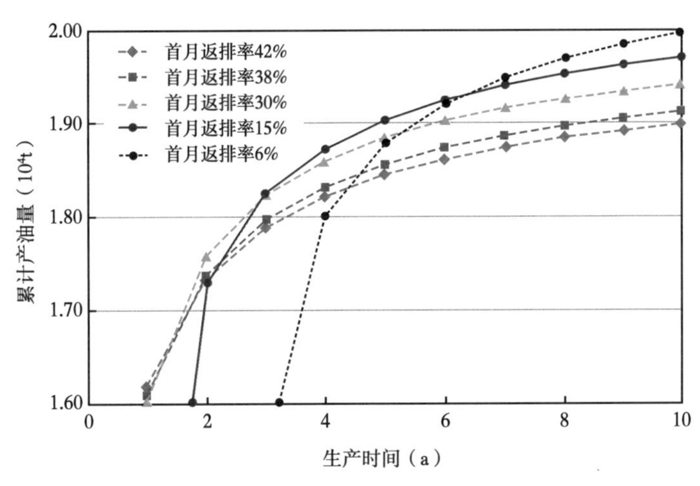

图4.4.7 不同返排速度累计产油量

经济评价研究结果表明，首月返排率大于15%，三个月返排率大于30%后，经济指标没有进一步改善，如图4.4.8和图4.4.9所示，说明水平井体积压裂后返排后返排速度不宜过快，应采用保压开采的方式开采，避免地层压力下降过快导致裂缝闭合。由于不同油藏地质特征不同，具体油藏合理的返排率界限需要结合动静态资料具体确定。

4.4.3.3 水平井体积压裂衰竭开采提高效益途径

根据上述研究成果，可以得出改善水平井体积压裂衰竭开采经济效益的两个途径，即降低单井投资成本和提高单井控制储量。

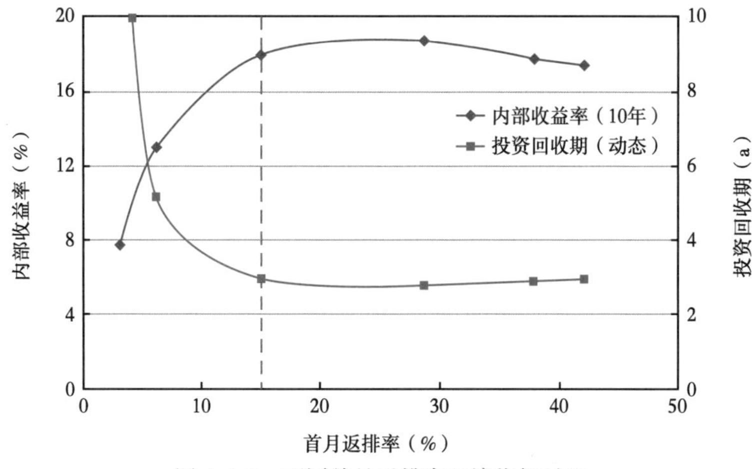

图 4.4.8　不同首月返排率经济指标对比

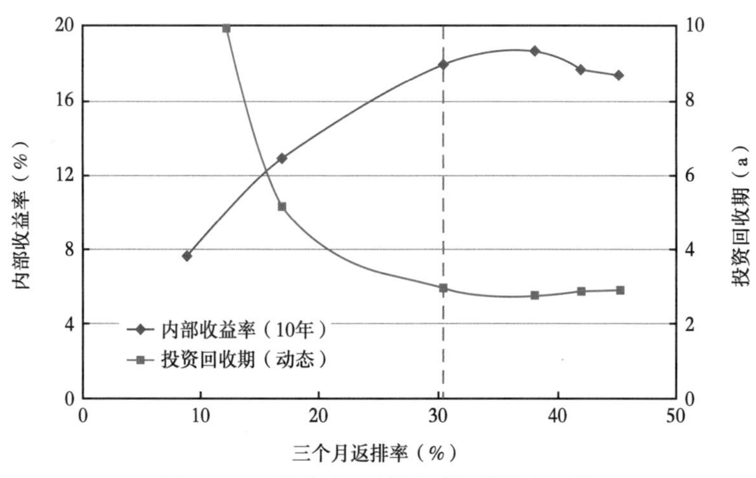

图 4.4.9　不同三个月返排率经济指标对比

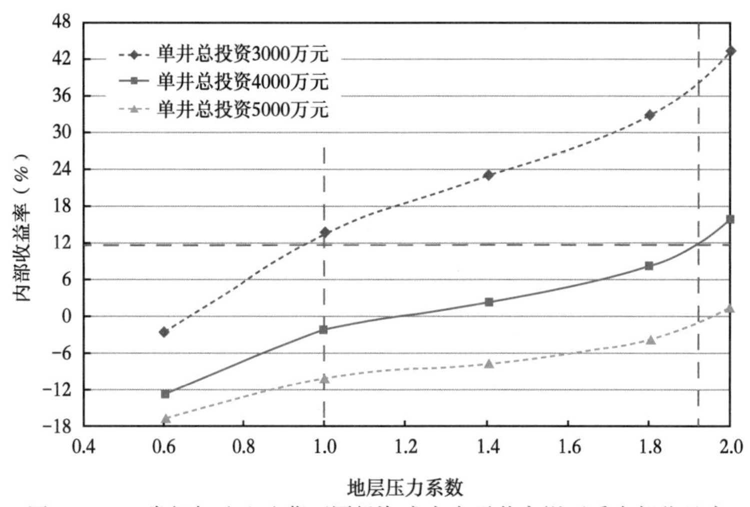

图 4.4.10　常规气油比油藏不同投资成本水平井衰竭开采内部收益率

（单井控制储量 20×10^4t，$R_s=50m^3/m^3$）

（1）降低单井投资成本。

结合上述数值模拟及经济评价研究成果，设水平井体积压裂后单井控制储量 20×10^4t（动用程度设为 70%），建立不同投资成本下常规气油比油藏内部收益率与地层压力系数相关性，如图 4.4.10 所示，可以看出，仅当单井投资降至 3000 万元以下时，常规油藏（$R_s=50m^3/m^3$，压力系数 1.0MPa/100m）水平井衰竭开采方可实现内部收益率大于 12%。当单井总投资为 5000 万元时，单井控制储量为 20×10^4t，常规气油比油藏无法实现内部收益率大于 12%，由此在降低单井投资成本的同时还需要提高单井控制储量。

（2）增加单井控制储量。

增加单井控制储量是提高内部收益率的又一重要途径，经济评价研究结果表明，当原油价格为 90 美元/bbl 时，水平井体积压裂单井总投资为 1000 万～5000 万时，要求的累计产油量分别为（0.5～2.4）$\times10^4$t，以控制储量动用程度 70%计算，要求的单井控制储量为（8～35）$\times10^4$t，如图 4.4.11 所示，由此可知，当单井总投资达 5000 万元时，如单井控制储量达 35×10^4t 时，同样可以实现内部收益率大于 12%。

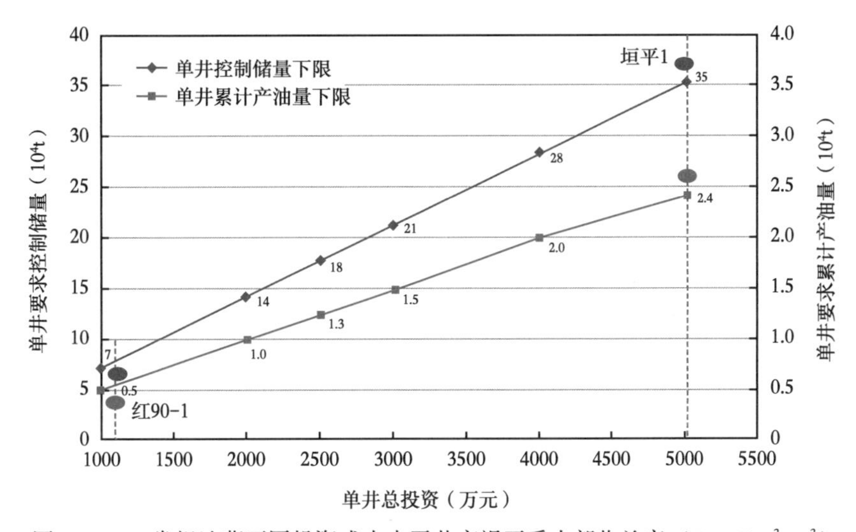

图 4.4.11 常规油藏不同投资成本水平井衰竭开采内部收益率（$R_s=50m^3/m^3$）

（3）现场开发试验。

下面以现场开发试验为例进一步说明提高水平井体积压裂衰竭开采经济效益的可行性。

①实例 1：大庆垣平 1 水平井体积压裂试验。

大庆垣平 1 井位于大庆长垣葡萄花构造，如图 4.4.12 所示，开发层位是以分流河道为主体的扶杨油层 FⅠ和 FⅡ小层，油层平均有效厚度为 11.3m，孔隙度为 12.63%，渗透率为 1.16mD，平均地层压力为 18.9MPa（表 4.4.4）。垣平 1 井完钻井深 4300m，水平段长度 2660m，钻遇砂岩 1484.4m，砂岩钻遇率 55.7%，含油砂岩占总砂岩 78.2%，压裂缝半缝长为 200m，采用容积法计算单井控制地质储量为 39×10^4t。

较高的控制地质储量决定了其较高的累计产油量，垣平 1 井 2011 年 10 月投产，试油阶段日产油 71t，目前日产液 10.5t，日产油 8.5t，含水 19.4%，如图 4.4.13 所示，截至 2014 年 8 月累计产油 1.43×10^4t，采用递减法预测 10 年累计产油 2.9×10^4t，经济评价结果表明，当该井投资为 4000～5000 万元时，均能满足内部收益率达 12%以上，见表 4.4.5。

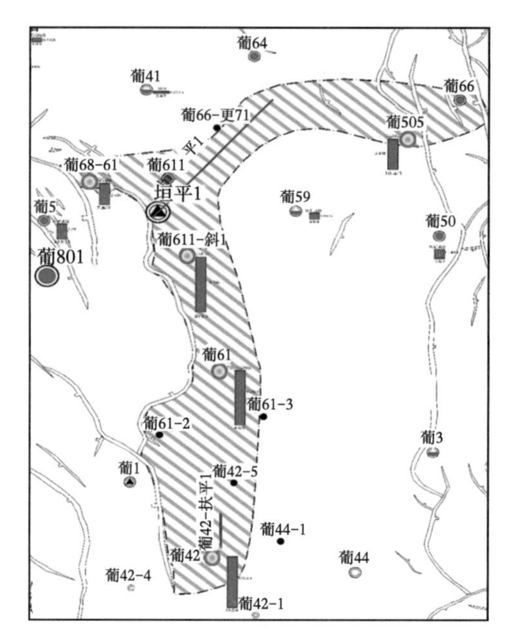

图 4.4.12　长垣南部葡萄花油田垣平 1 井区井位图

表 4.4.4　垣平 1 井区基本参数表

构造位置	大庆长垣葡萄花构造
储层特征	分流河道砂体
含油面积（km^2）	20.5
探明储量（10^4t）	1041.51
开发层位	FⅠ、FⅡ
有效厚度（m）	11.3
孔隙度（%）	12.63
渗透率（mD）	1.16
最大主应力方向（°）	70~110
地层压力（MPa）	18.9

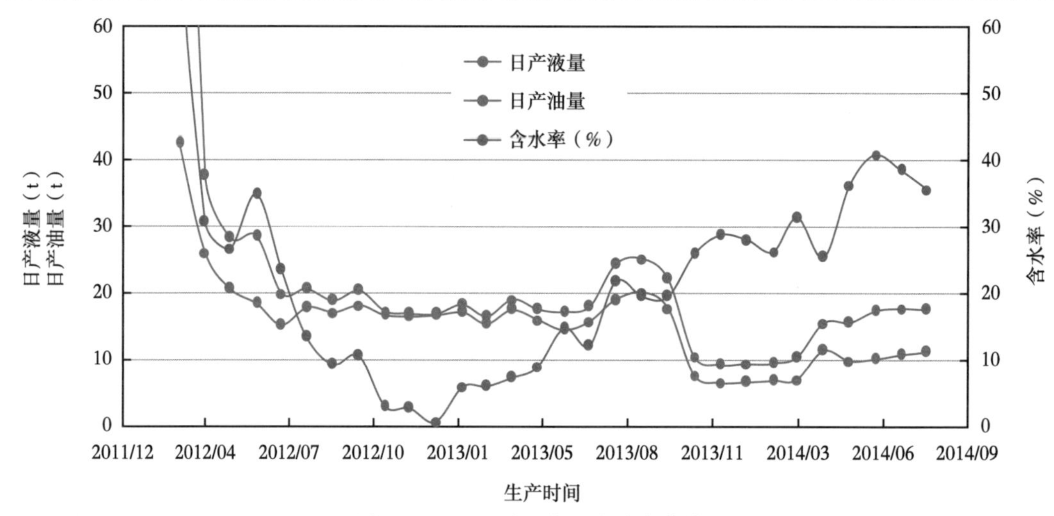

图 4.4.13　垣平 1 井生产动态曲线

表 4.4.5 垣平 1 井经济评价结果表

单井总投资（万元）	油价（美元/bbl）	财务净现值（万元）	投资回收期（a）	内部收益率（%）
4000	90	674	4	18.8
5000		197	6	12.1

②实例 2：吉林红 90-1 区块水平井体积压裂整体开发试验。

吉林红 90-1 区块扶杨油层空气渗透率为 0.63mD，属超低渗透油藏，流体流度为 0.1mD/(mPa·s)［相当于大庆流度 0.16mD/(mPa·s)］，储量丰度为 18.3×10^4t/km^2，无量纲综合评价系数为综合Ⅲ$_{3-1}$类，直井开发内部收益率<0，尝试利用水平井体积压裂开发技术整体开发该油藏，设计动用地质储量 826×10^4t，设计钻井 90 口，全部为水平井，平均井深 3300m，水平段长 1000m。

目前该区块完钻 66 口水平井，根据水平井钻遇砂岩、油层长度、录井显示和单井控制储量等参数，将完钻水平井分为三类，其中Ⅰ类单井控制储量 8.4×10^4t，动用储量 5.0×10^4t，储量动用率 60%；Ⅱ类单井控制储量 7.1×10^4t，动用储量 3.7×10^4t，储量动用率 52%；Ⅲ类单井控制储量 4.7×10^4t，动用储量 1.4×10^4t，储量动用率 30%，见表 4.4.6。

表 4.4.6 红 90-1 井区投产水平井分类情况表

类别	井数（口）	沉积相	单井控制储量（10^4t）	单井动用地质储量（10^4t）	钻遇情况		有效厚度（m）
					钻遇油层长度（m）	油层钻遇率（%）	
Ⅰ类	23	河道叠合区	8.4	5.0	732	85.1	5.4
Ⅱ类	30	河道及侧翼	7.1	3.7	545	72.5	4.1
Ⅲ类	13	单支河道	4.7	1.4	296	45.4	3.0

以单井总投资 1000 万元计算，红 90-1 井区仅有Ⅰ类井达到要求的控制储量和动用程度，较低的控制储量和动用程度决定了开发效益难以达到要求。根据递减法预测区块开发指标，进行经济评价，评价参数同上，水平井体积压裂单井总投资取 1000 万元，经济评价表明，即使油价达 100 美元/bbl，该区块开发也不能满足内部收益率>12%的要求，见表 4.4.7。

表 4.4.7 红 90-1 井区整体经济评价表

油价（美元/bbl）	财务净现值（万元）	静态投资回收期（a）	内部收益率（%）
65	-29083		-11.8
70	-25808		-9.1
80	-19257		-3.9
90	-12706	9.7	1.0
100	-6156	6.5	5.7

从以上两个实例可以看出，垣平 1 井由于单井控制储量高，最终累计产油量高，经济效益好，而红 90-1 井区由于单井控制储量低，累计产油量低，经济效益差，因此水平井体积压裂要取得较好的经济效益，在降低投资成本的同时，还需要尽量提高单井控制储量，增加单井最终累计产油量。

4.5 直井缝网压裂开发技术

4.5.1 直井缝网压裂适用条件

缝网压裂技术就是利用储层两个水平主应力差值与裂缝延伸净压力的关系，形成以主裂缝为主干的纵横交错的“网状缝”系统，这种实现“网状”效果的压裂技术统称为缝网压裂技术。直井缝网压裂技术原理与水平井体积压裂技术相似，即利用应力干扰技术，采用大排量大液量在压裂出主缝的同时能够造出更多支缝，从而达到彻底打碎地层、改造储层结构、降低生产压差的目的，它与水平井体积压裂技术均是针对储层物性极差注水难以受效的油藏，主要区别是直井缝网压裂适用于储量丰度较高、纵向有多套油层且主力层不明显、水平井开发储量控制程度低的油藏，典型油藏为松盆扶杨油层，如图 4.5.1 和图 4.5.2 所示。油藏砂体可大可小，如砂体规模较大，可建立注采井网注水开发，若砂体规模小，无法形成有效注采井网，则可采用缝网压裂后吞吐开发技术，见表 4.5.1。

表 4.5.1　直井缝网压裂技术适用条件

地质特点	（1）储量丰度较高，直井开发有经济效益； （2）纵向有多套油层，水平井开发丢层； （3）储层物性相对较差，常规注水油井难受效； （4）砂体分布规模可大可小，灵活注水开发
油藏类型	Ⅲ类
物性界限	（1）松辽：K<1.0mD； （2）长庆：K<0.3mD
典型油层	松辽：扶杨油层

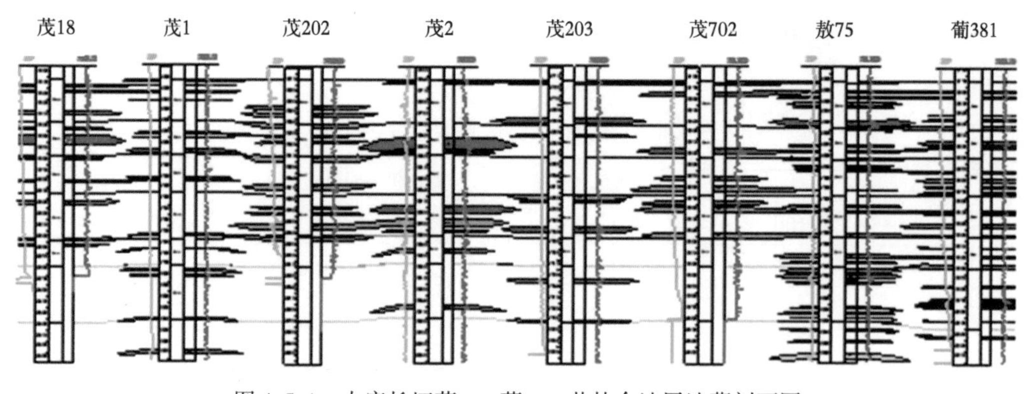

图 4.5.1　大庆长垣茂 18-葡 381 井扶余油层油藏剖面图

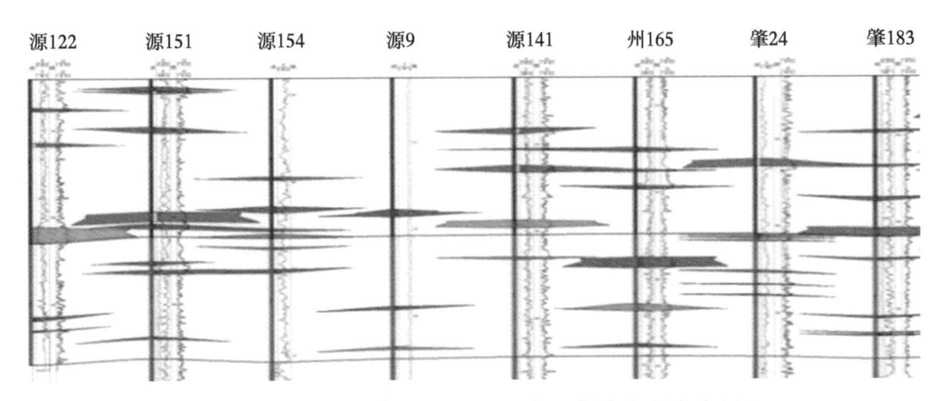

图 4.5.2 大庆三肇地区源 122–芳 1 井扶余油层对比图

4.5.2 直井缝网压裂改善开发效果可行性研究

4.5.2.1 直井缝网压裂提高单井产能可行性

（1）直井缝网与常规压裂单井产能理论对比。

采用数值模拟方法对直井缝网压裂和常规压裂进行对比，参照松辽扶杨油层建立模拟模型，基本参数见表 4.5.2。

表 4.5.2 直井缝网压裂与常规压裂模拟模型及参数

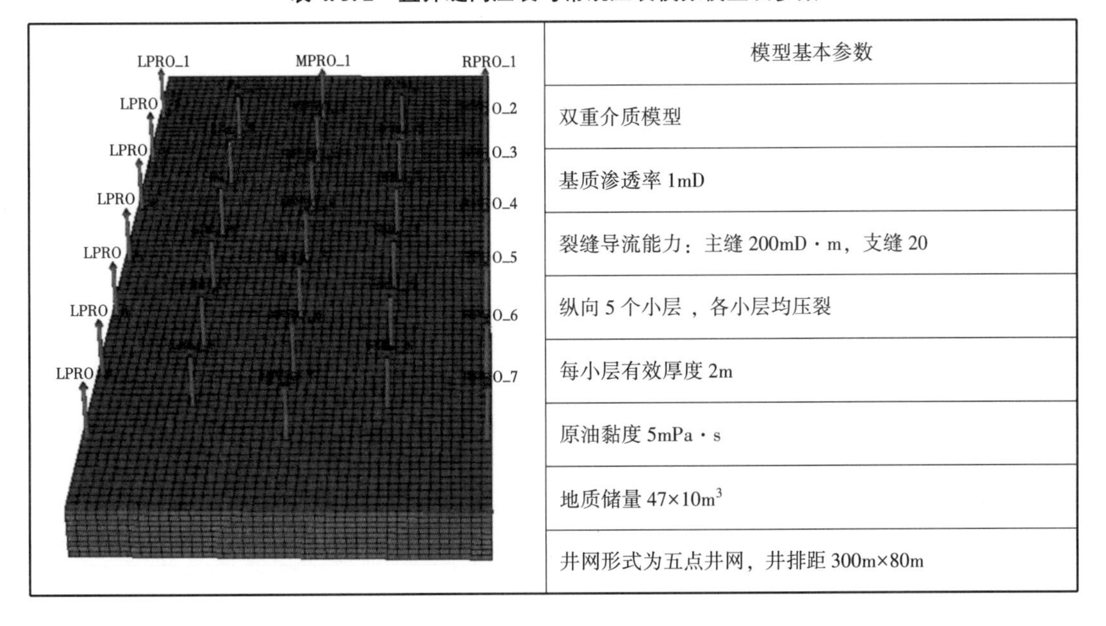

模型基本参数
双重介质模型
基质渗透率 1mD
裂缝导流能力：主缝 200mD · m，支缝 20
纵向 5 个小层，各小层均压裂
每小层有效厚度 2m
原油黏度 5mPa · s
地质储量 $47\times10m^3$
井网形式为五点井网，井排距 300m×80m

数值模拟研究表明，由于缝网压裂后在主缝周围产生大量的支缝，极大地减少了渗流阻力，注水开发油井受效程度高，单井产量在常规压裂基础上得到大幅度提高，初期稳定产量可提高 3 倍以上，同样含水情况下，累计产油量大幅度增加，最终采收率可提高 5% 以上，如图 4.5.3 至图 4.5.6 所示。

（2）直井缝网压裂提高产能实例。

大庆葡 333 区块扶杨油层平均渗透率为 1.35mD，属特低渗透油藏；地层原油黏度为

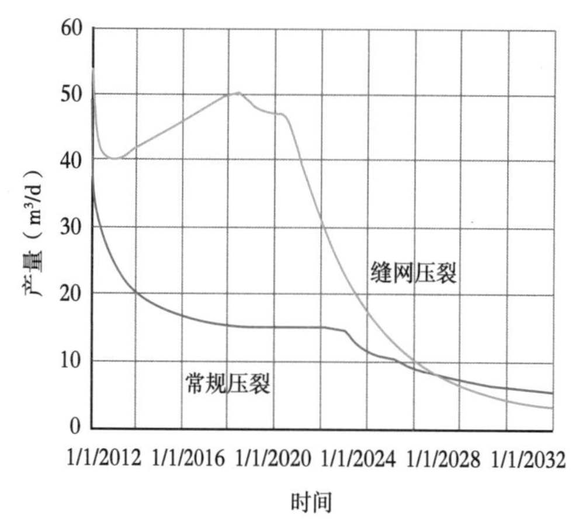

图 4.5.3　缝网压裂与常规压裂产量对比

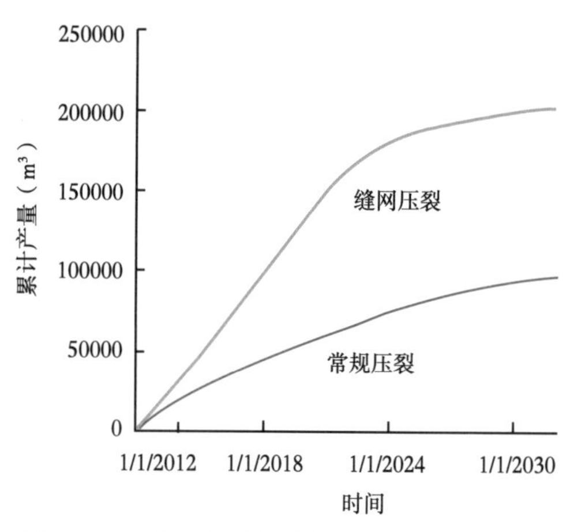

图 4.5.4　缝网压裂与常规压裂累计产量对比

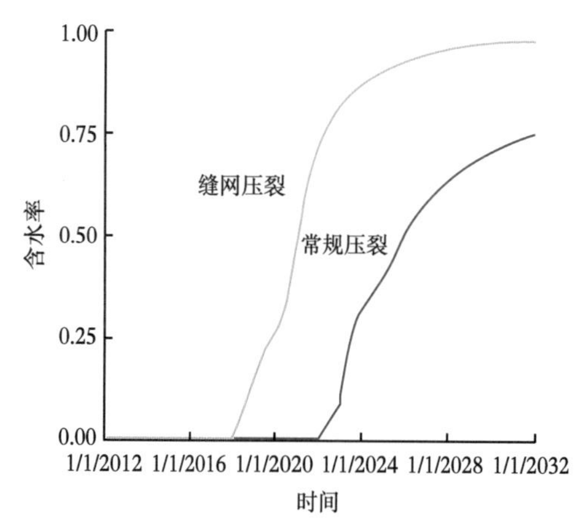

图 4.5.5　缝网压裂与常规压裂含水率对比

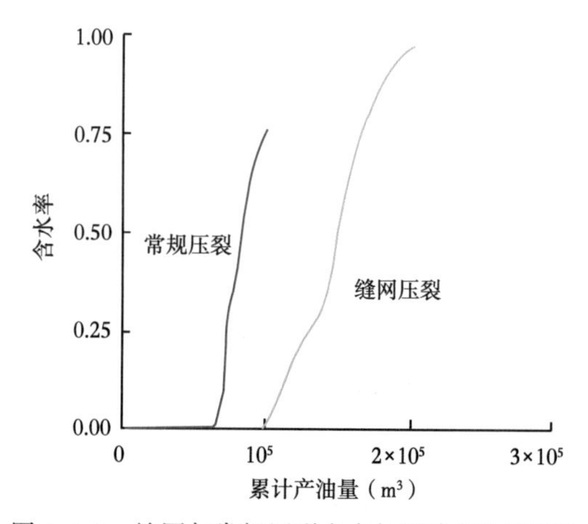

图 4.5.6　缝网与常规压裂含水与累计产油量对比

5.8mPa·s，流体流度为 0.23mD/(mPa·s)，油层平均有效厚度为 13.4m，储量丰度为 80×10^4t/km²，无量纲综合评价系数为综合Ⅲ$_{3-1}$类。

该区块于 2008 年 11 月投入开发，油井常规压裂投产，初期平均日产油 1.66t，至 2011 年初平均单井日产油降至 0.33t，为了提高单井产能，改善开发效益，自 2011 年至 2014 年优选有效厚度较高井位分批开展直井缝网压裂改造研究，共实施 32 口，单井分层压裂 7~8 段，缝网压裂后单井日产量由压前的 0.5t 提高到 4.7t，截至 2014 年 8 月单井日产油 1.9t，平均单井累计增油 1065t。

缝网压裂后直井单井产能得到了大幅度提高。个别井提高幅度达 20 倍，如 PF182-472 井，细分压裂 7 个层段，如图 4.5.7 所示，对于已经常规压裂过的主力层，大规模转向压裂改变裂缝方向，沟通未动用储层，对未压裂过的油层，试验清水多级加砂造多缝压裂工艺，配套采用低伤害压裂液和高效助排等工艺，全井砂量 160m³，全陶粒支撑，提高支撑强度。该井产量由压裂前的 0.7t/d 提高到压后的最高 17.4t/d，产能提高幅度达 25 倍，如图 4.5.8 所示。

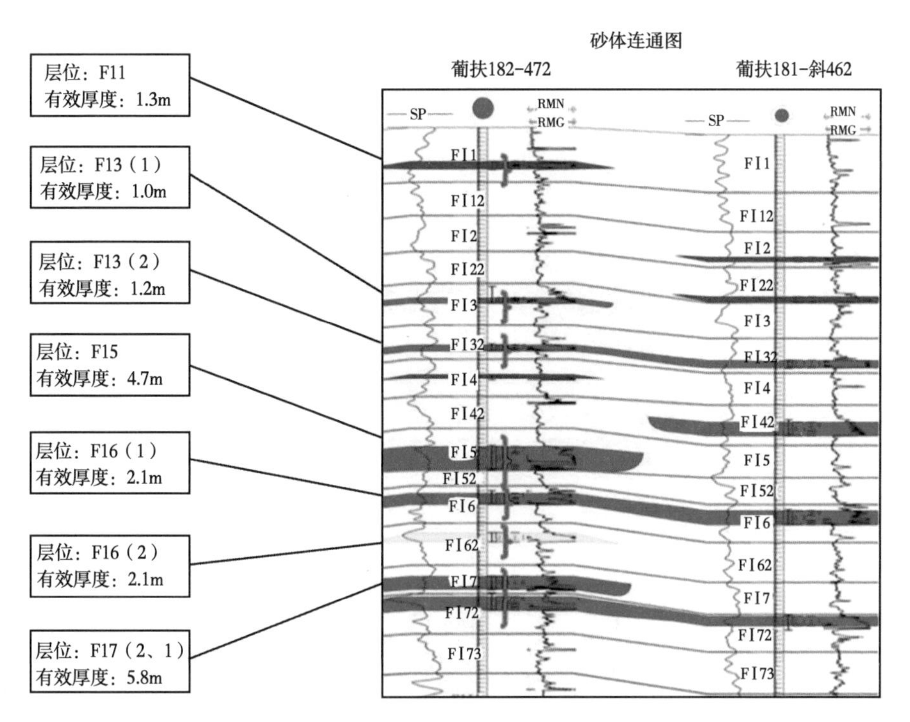

图 4.5.7　葡扶 182-472—葡扶 181-斜 462 砂体连通缝网压裂图

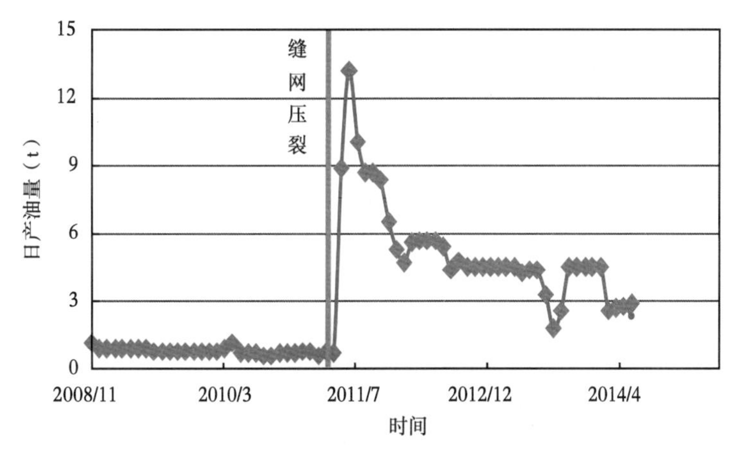

图 4.5.8　葡扶 182-472 井缝网压裂前后产量对比

4.5.2.2　直井缝网压裂改善储层非均质性

直井缝网压裂除可大幅度提高单井产能，有助建立有效驱动体系外，还可以起到改善储层非均质性、提高采收率的作用，本节从理论和开发实例两方面分析这一点。

（1）直井缝网压裂与常规压裂理论对比。

通过数值模拟方法对比研究直井缝网压裂与常规压裂对储层非均质性的反映，由此设计四个不同级差的非均质模拟模型，模型均为五个小层，渗透率级差分别为 1.0、5.0、10.0 和 20.0，如图 4.5.9 至图 4.5.12 所示。

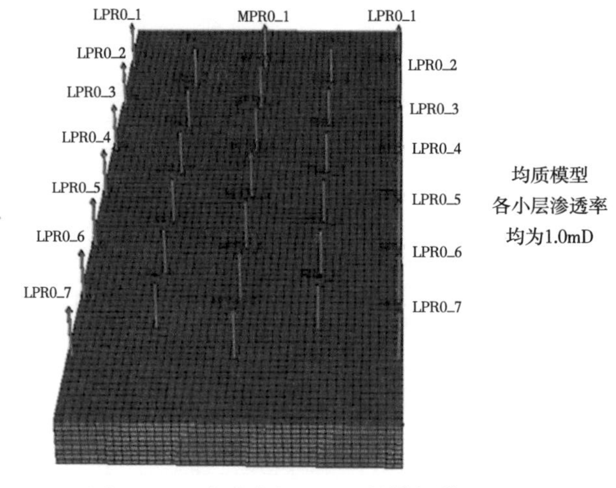

图 4.5.9 渗透率级差 1.0 的模拟模型

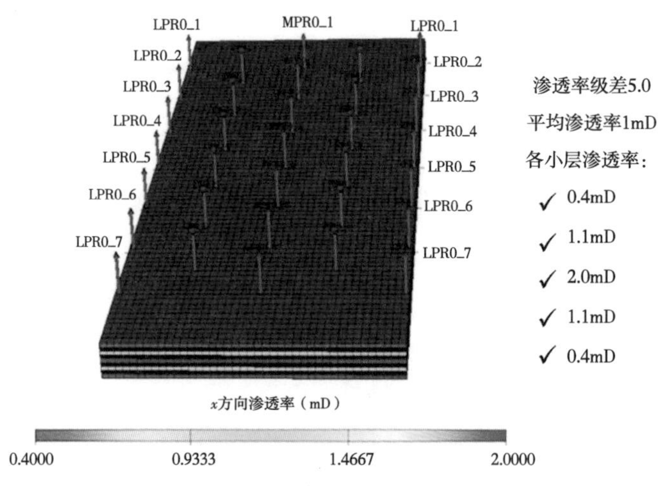

图 4.5.10 渗透率级差 5.0 的模拟模型

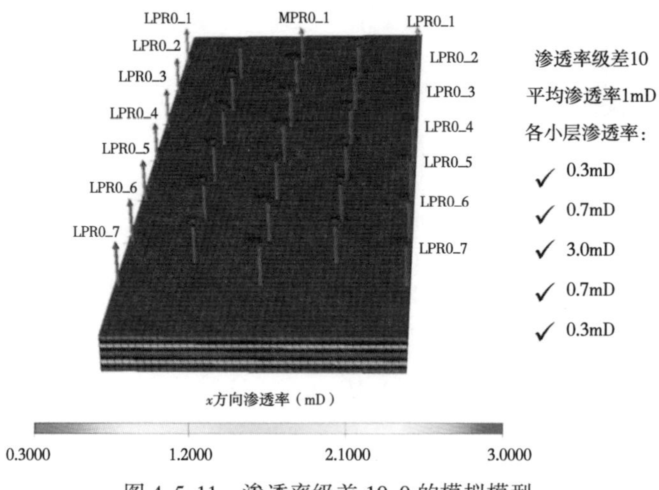

图 4.5.11 渗透率级差 10.0 的模拟模型

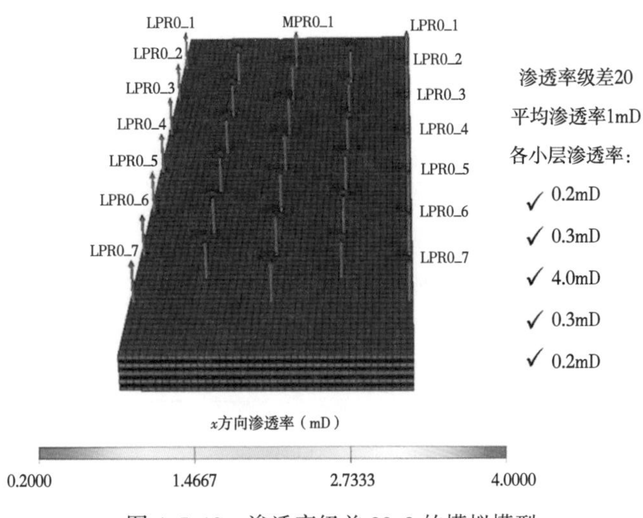

图 4.5.12　渗透率级差 20.0 的模拟模型

数值模拟研究表明，常规压裂下，如果储层非均质性强，各小层水淹程度差异极大，主力水层水淹后，非主力小层吸水量还很低，如图 4.5.13 所示，因此不同非均质性油藏采收率差别很大，如图 4.5.14 和图 4.5.15 所示，而缝网压裂后，由于压裂形成的微裂缝沟通了储层基质，各小层产能均能发挥，储层非均质性程度降低，各小层水淹程度差异明显变小，如图 4.5.16 所示，由于缝网压裂后储层裂缝在油藏产能中发挥了主导作用，而如果各小层压裂规模相当，整个油藏就相当于一个均质性较强的裂缝体，因此不同非均质性油藏采收率的差别明显比常规压裂减少，如图 4.5.17 和图 4.5.18 所示。

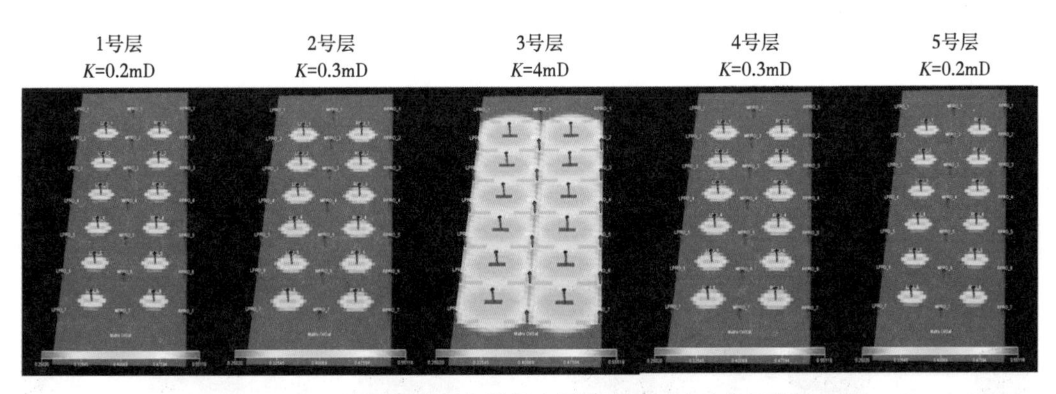

图 4.5.13　常规压裂下各模拟小层水淹图（渗透率级差 20）

（2）直井缝网压裂提高油藏动用程度实例。

统计大庆油田直井缝网压裂开发实例葡 333 和树 2 区块，无论是注水井注水状况还是油井油层动用状况都得到明显改善，统计葡 333 区块和树 2 区块压裂井连通的 25 口注水井，注水强度由压裂前的 0.79m^3/(d · m) 上升到压裂后的 1.01m^3/(d · m)，视吸水指数由压裂前的 0.56m^3/(d · MPa) 上升到压裂后的 0.76m^3/(d · MPa)，如图 4.5.19 和图 4.5.20 所示。砂层动用程度由压裂前的 53.5%提高到压裂后的 98.6%，油层动用程度

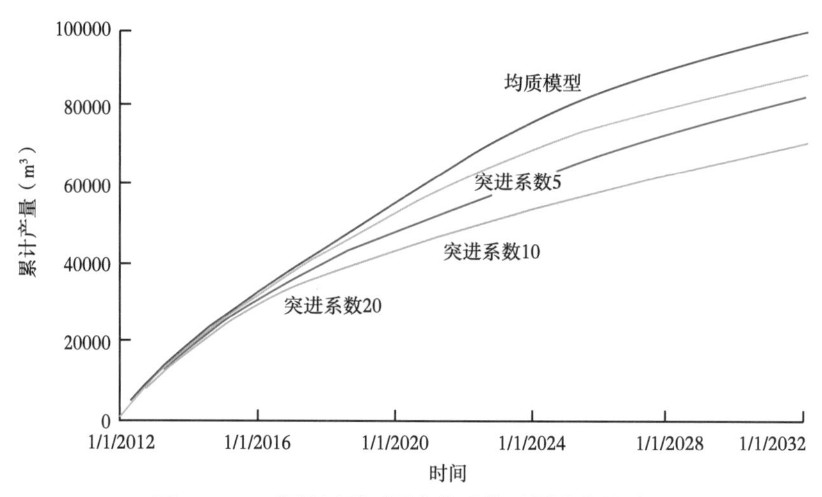

图 4. 5. 14　常规压裂不同非均质模型累计产量对比

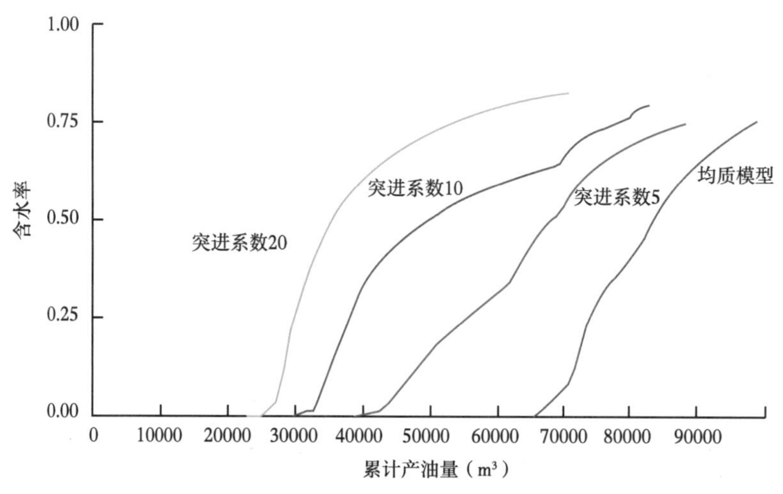

图 4. 5. 15　常规压裂不同非均质模型含水率与累计产油量关系对比

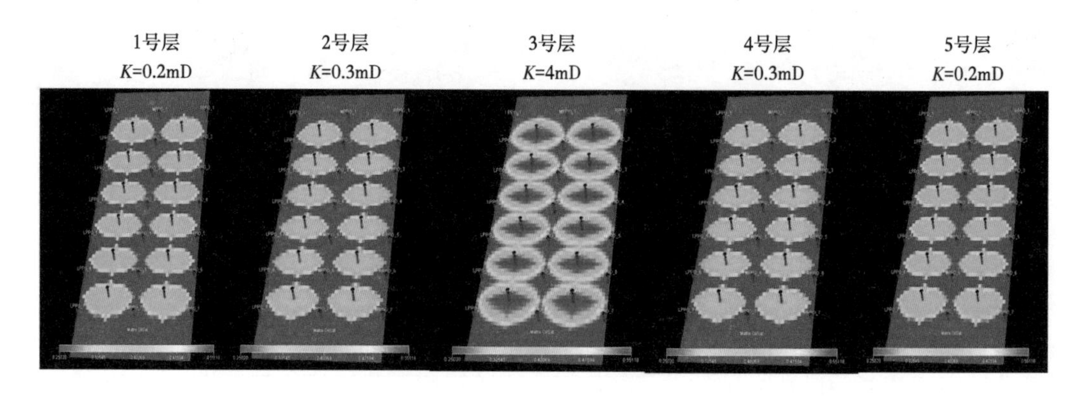

图 4. 5. 16　缝网压裂下各模拟小层水淹图（渗透率级差 20）

由压裂前的 57. 5%提高到压裂后的 98. 1%，动用程度分别提高 45. 1%和 40. 6%，尤其是厚度大于 1m 的油层可由压裂前的 35%~65%提高到压裂后的 100%，见表 4. 5. 3。

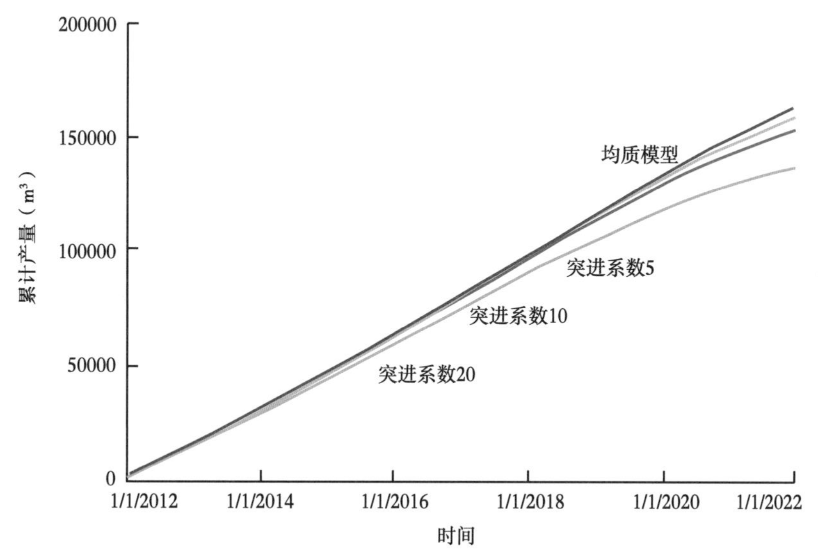

图 4.5.17　缝网压裂不同非均质模型累计产量对比

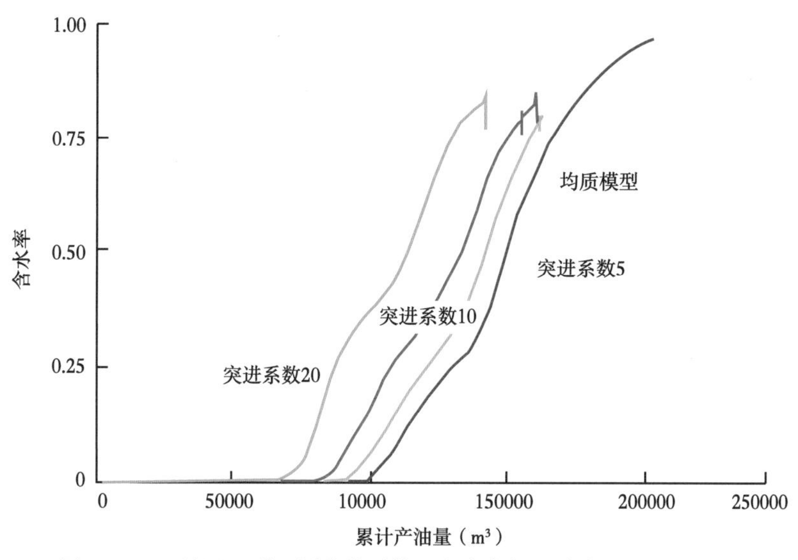

图 4.5.18　缝网压裂不同非均质模型含水率与累计产油量关系对比

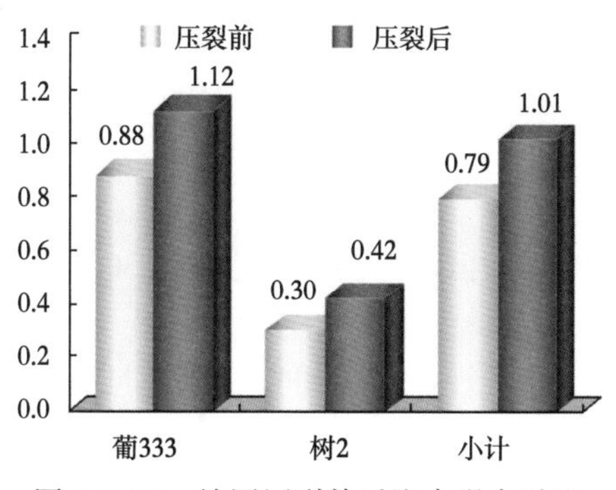

图 4.5.19　缝网压裂前后注水强度对比

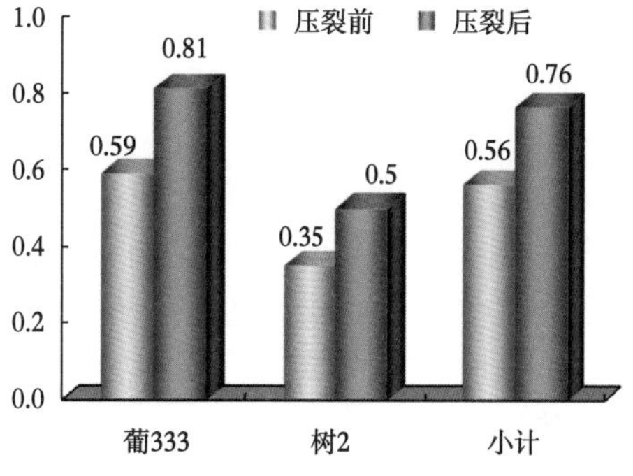

图 4.5.20　缝网压裂前后视吸水指数对比

表 4.5.3　不同厚度级别采油井压裂前后产液状况对比

厚度级别	射开厚度			压裂前比例			压裂后比例			差值		
	层数（个）	砂岩（%）	有效（%）	层数（个）	砂岩（%）	有效（%）	层数（个）	砂岩（%）	有效（%）	层数（个）	砂岩（%）	有效（%）
≥2m	19	85.1	63.8	57.9	63.6	65.2	100	100	100	42.1	36.4	34.8
1~2m	15	32.4	19.6	33.3	41.7	34.7	100	100	100	66.7	58.3	65.3
<1m	12	18.0	7.7	50.0	41.1	51.9	83.3	88.9	77.9	33.3	47.8	26.0
纯砂岩	9	10.3	—	22.2	29.1	—	100	100	—	77.8	70.9	—
合计	55	145.8	91.1	43.6	53.5	57.5	96.4	98.6	98.1	52.8	45.1	40.6

4.5.3 直井缝网压裂衰竭开采技术经济界限

4.5.3.1 直井缝网压裂衰竭开采技术界限

直井缝网压裂衰竭开采与水平井体积压积衰竭开采技术界限研究思路及方法一致，设计不同的溶解气油比和原始地层压力系数模拟方案，储层渗透率设为 1mD，储量动用程度设为 70%。模拟研究表明，常规压力油藏直井缝网压裂欲达采出程度 10%，油藏溶解气油比需达 $150m^3/m^3$ 以上；而对于溶解气油比仅有 $50\sim100m^3/m^3$ 的常规油藏，则需要原始地层压力系数达 1.4~1.8MPa/100m，如图 4.5.21 所示。

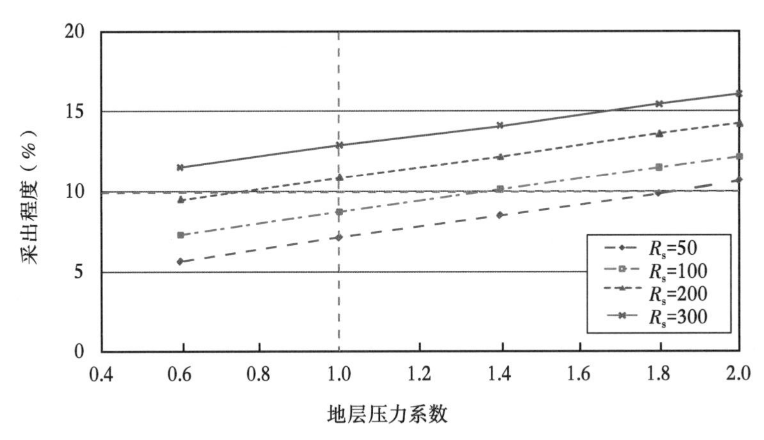

图 4.5.21　直井缝网压裂采出程度与溶解气油比及地层压力系数相关图

4.5.3.2 直井缝网压裂衰竭开采经济界限

进一步采用经济方法研究直井缝网压裂衰竭开采的经济界限，设定井距 300m，储层孔隙度为 10%，原始含油饱和度 60%，建立直井缝网压裂单井模拟模型，衰竭开采采收率为 6%，另外直井缝网单井总投资为 600 万元，根据经济评价结果可以得到不同油价下要求的单井累计产量及单井控制储量界限，进一步根据单井控制储量可计算得到不同油价下的油藏有效厚度界限，如图 4.5.22 所示。根据经济评价结果可以看出，油价 60 美元/bbl，直井缝网单井投资成本600万元时，要达到内部收益率大于12%，则要求10年累计产油量达到6000t，单井控制储量下限为10×10^4t，油藏有效厚度下限21m。本书直井缝网压裂经济评价成果是在特定单井投资和油藏采收率情况下得到的，由于不同油区、不同油藏单井总投资和油藏采收率不同，其累计产油量和单井控制储量可根据上述计算结果折算得到。

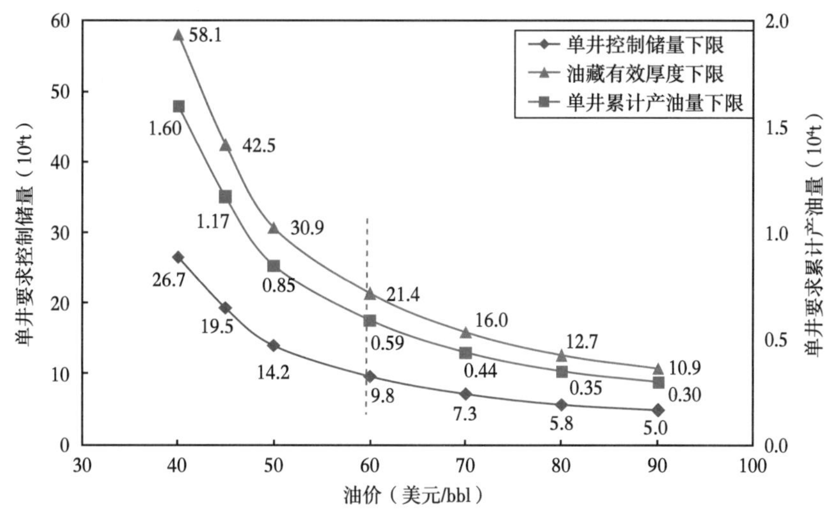

图4.5.22　直井缝网压裂衰竭开采单井累计产量及单井控制储量界限

4.5.4　直井缝网压裂提高经济效益途径

与水平井体积压裂类似，改善直井缝网压裂衰竭开采经济效益也有两个途径，即降低投资成本和提高单井控制储量。

4.5.4.1　降低单井投资成本

结合上述数值模拟及经济评价研究成果，建立不同投资成本下常规油气比油藏内部收益率与地层压力系数相关性（单井控制储量4×10^4t，动用程度70%），如图4.5.23所示，

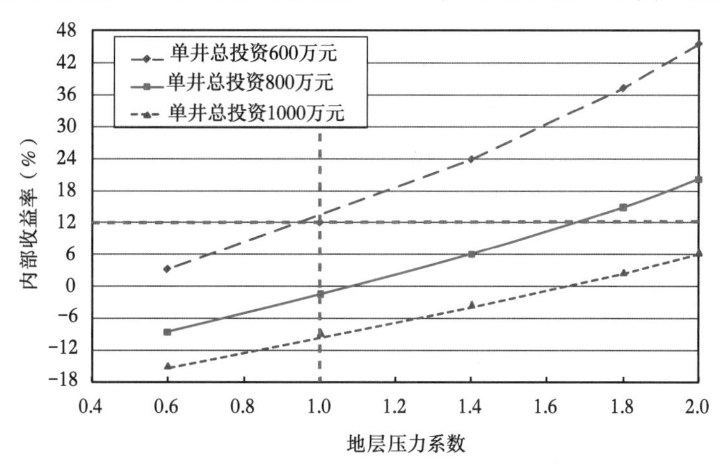

图4.5.23　常规油气比油藏不同投资成本直井缝网衰竭开采内部收益率

（单井控制储量4×10^4t，$R_s=50m^3/m^3$）

可以看出，仅当单井投资降至600万元以下时，常规油藏（$R_s=50m^3/m^3$，压力系数1.0MPa/100m）直井缝网压裂衰竭开采方可实现内部收益率>12%。当单井总投资为1000万元时，单井控制储量为4×10^4t，常规油气比油藏无法实现内部收益率>12%，由此在降低投资成本的同时还需要提高单井控制储量。

4.5.4.2 增加单井控制储量

经济评价研究结果表明，当原油价格为90美元/bbl时，直井缝网压裂单井总投资为400~1200万时，要求的累计产油量分别为（0.2~0.6）$\times10^4$t，以控制储量动用程度70%计算，要求的单井控制储量为（2.8~8.4）$\times10^4$t，如图4.5.24所示，由此可知，当单井总投资达1000万元时，常规油气比油藏如单井控制储量达7×10^4t，同样可以实现内部收益率大于12%。

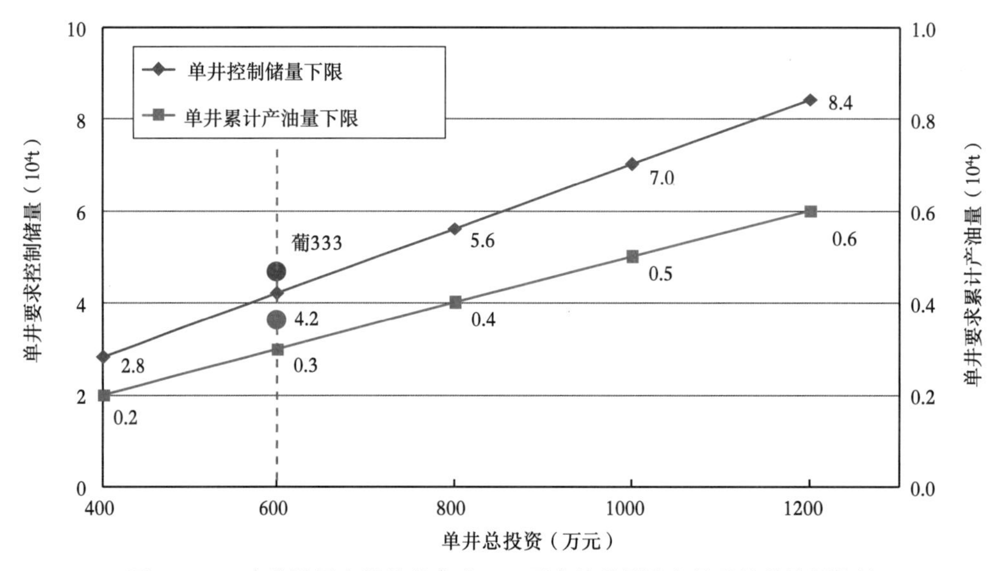

图4.5.24 直井缝网内部收益率达12%要求单井累计产量及单井控制储量

4.5.4.3 现场开发试验

以大庆油田葡333区块为例进一步说明直井缝网压裂衰竭开采提高经济效益的可行性。自2011年到2014年葡333区块缝网压裂共实施32口井次，为便于指标预测，选择已经开始进入递减的10口压裂井（2011年2口，2013年8口）开展压裂前后经济评价对比研究，首先采用容积法计算平均单井控制地质储量为4.6×10^4t，计算公式如下：

控制地质储量=缝长×缝宽×有效厚度×孔隙度×含油饱和度×原油密度

=400m×200m×11.3m×11%×55%×0.85=4.6×10^4t

较高的单井控制储量决定了较高的累产油量和较好的经济效益。采用递减法预测缝网压裂前后20年开发指标，并进行经济评价研究，经济评价参数同前，设油价为90美元/bbl，直井缝网压裂单井投资为600万元，评价期20年，采用常规压裂注水开发内部收益率仅3.1%，财务净现值为-549万元；缝网压裂后整体开发内部收益率可达13.3%，财务净现值78万元；如果仅考虑缝网压裂投资及压后的增油量，则内部收益率可达38.8%，财力净现值达714万元，见表4.5.4。

表 4.5.4 葡 333 区块直井缝网压裂前后经济评价指标对比

评价方案	油价 (美元/bbl)	内部收益率 (%)	静态投资回收率 (a)	动态投资回收期 (a)	财务净现值 (万元)
直井常规压裂注水开发	90	3.1%	6.5		-549
现有方案+后期直井缝网		13.3%	缝网压裂后 1 年	缝网压裂后 4.5 年	78
仅考虑缝网压裂投资		38.8%	1.8	1.9	714

5　体积改造油藏渗吸采油机理及产能方程

5.1　体积改造油藏渗吸采油开发机理

5.1.1　渗吸作用的定义

渗吸作用定义为多孔介质吸入某种润湿相的过程（图 5.1.1），渗吸作用的主要特征是介质中润湿相饱和度的增加。在亲水油藏中，裂缝中的水可以自发地吸入基质孔隙中，

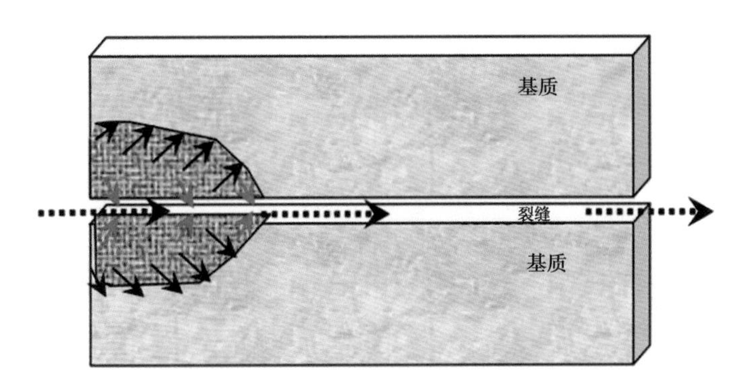

图 5.1.1　渗吸作用流体运动方向

并将孔隙中的原油置换出来。与之对应的驱替过程，即为非润湿相饱和度增加的过程。渗吸既可以是自发的过程，也可以是强制的过程。在低渗透裂缝性油藏注水开发过程中，自发渗吸是十分重要的开采机理。在实验室进行岩心驱替—渗吸实验时，如果是润湿相吸入干燥岩心的过程，则称为一次渗吸；如果岩心中含有原始润湿相饱和度，则该渗吸过程称为二次渗吸。

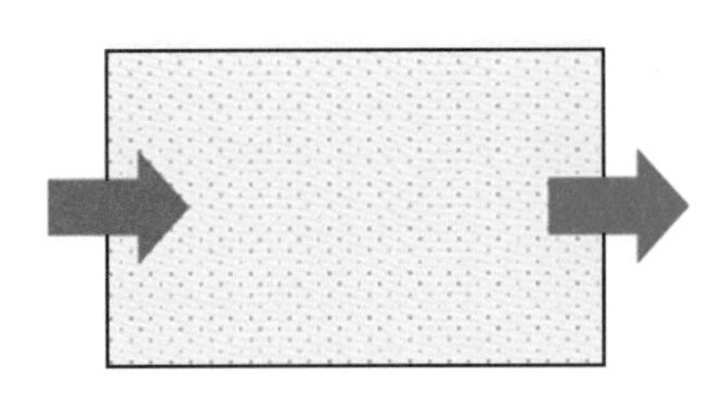

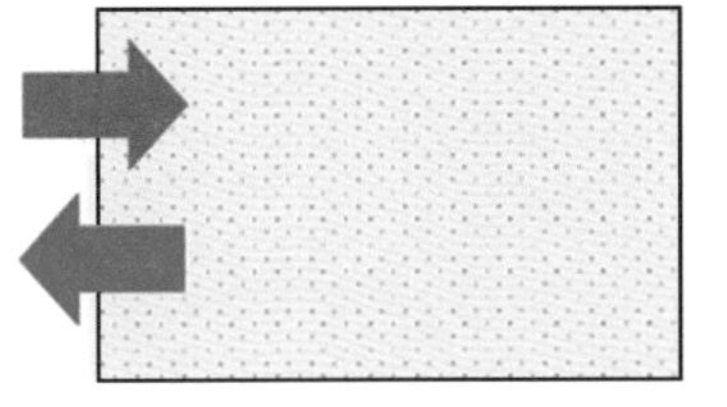

图 5.1.2　渗吸作用示意图
（上为顺向渗吸，下为逆向渗吸）

5.1.2　渗吸采油的分类

根据流动方向的不同，渗吸可以分为顺向渗吸和逆向渗吸两种方式（图 5.1.2）。在顺向渗吸中，油水两相沿同一方向流动，水相将油相从基质中驱

出；在逆向渗吸中，油相和水相沿相反方向流动，油相从水相进入的一侧被驱出。渗透率和界面张力决定着渗吸的方式，渗透率较大、界面张力较小时，主要发生重力控制的同向渗吸；渗透率较小、界面张力较大时，主要发生毛细管控制的逆向渗吸。毛细管压力和重力对岩心自吸的作用和贡献可用 Bond 数的倒数来估计：

$$N_{\mathrm{B}}^{-1}=C\frac{\sigma\cos\theta\sqrt{\phi/K}}{\Delta\rho gH} \tag{5.1.1}$$

式中，H 为岩心高度（cm），$C=0.4$（对于毛细管模型）。当 N_{B}^{-1} 较大时，毛细管压力起支配作用；当 N_{B}^{-1} 很小以至于接近 0 时，重力在流动中占支配作用。式中的分子表征毛细管压力，分母表征重力。随着界面张力的降低，渗吸的机理由毛细管压力起支配作用的逆向自吸向重力支配的顺向自吸转变；具体的判定标准为：$N_{\mathrm{B}}^{-1}>5$ 时，毛细管压力对自吸起支配作用；$N_{\mathrm{B}}^{-1}<<1$ 时，自吸为由重力支配下的竖直流动过程；当 $1<N_{\mathrm{B}}^{-1}<5$ 时，则为重力和毛细管压力共同起作用。在特低—超低渗透油藏中，由于孔喉半径细小、毛细管压力作用很大，重力通常可忽略，毛细管压力为维持渗吸作用的主要动力。

根据以往学者的实验证实：顺向渗吸速度更快，且比逆向渗吸效率更高。这是因为在顺向渗吸中，只有油相单相流动，而在逆向渗吸中，为油水两相共同流动。然而由于裂缝中水流速度远高于基质中的水流速度，当基质周围完全被裂缝中的水包裹时，逆向渗吸是基质中唯一可能的渗吸方式，因此体积改造油藏中渗吸作用以逆向渗吸为主，是本文的主要研究内容。

5.1.3 孔隙型油藏的渗吸采油机理

孔隙型油藏（或裂缝不发育油藏）的渗吸采油开发机理主要包括两个方面，即大小孔隙之间的渗吸置换机理和贾敏效应作用机理。

5.1.3.1 渗吸置换机理

孔隙型油藏渗吸置换机理是指注水开发时，进入到较大孔隙中的注入水，通过渗吸作用，置换到小孔隙中，形成不可动流体；小孔隙中的原油在驱替作用下置换到大孔隙中，大孔隙中的原油进一步在驱替作用下被排出，如图 5.1.3 和图 5.1.4 所示，这种小孔隙与大孔隙之间的作用机理为渗吸置机理。因此，水驱油过程中，储层孔隙可分为三个部分，

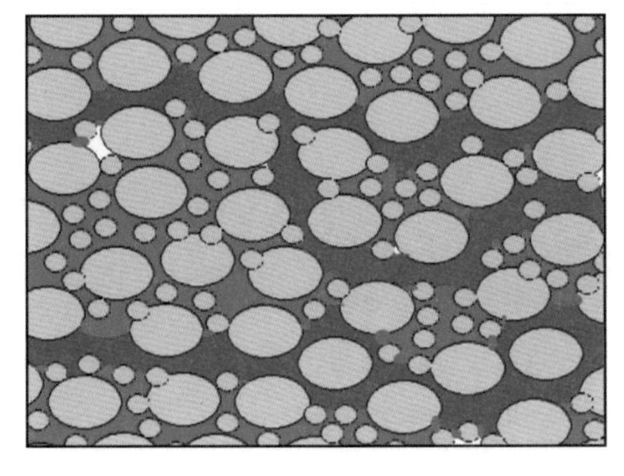

图 5.1.3 注入的水进入较大孔隙示意图（红色为油，蓝色为水）

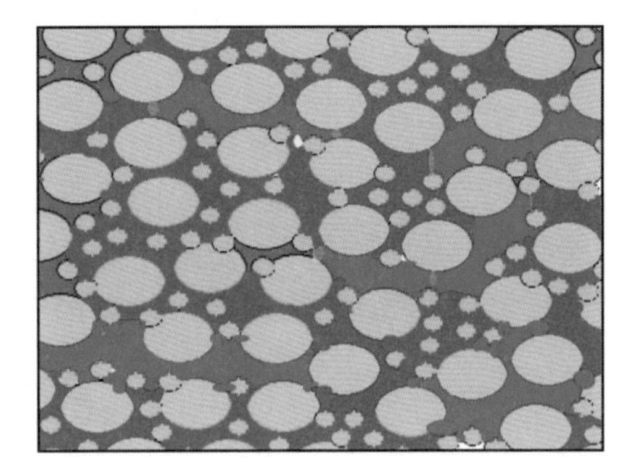

图 5.1.4 通过渗吸，水进入小孔隙，油进入大孔隙示意图（红色为油，蓝色为水）

即驱替孔隙区、渗吸孔隙区和束缚水饱和度区，如图 5. 1. 5 所示。驱替孔隙区即注入水驱替进入的大孔隙区，为驱替过程的主要通道；渗吸区为与大孔隙相邻的小孔隙区，这部分区域与驱替孔隙区通过渗吸交换流体，即渗吸置换；束缚水饱和度区为距离驱替区较远的小孔隙区域，不可驱替，同时由于与大孔隙不接触，也不能参与渗吸，也可称为死油区。

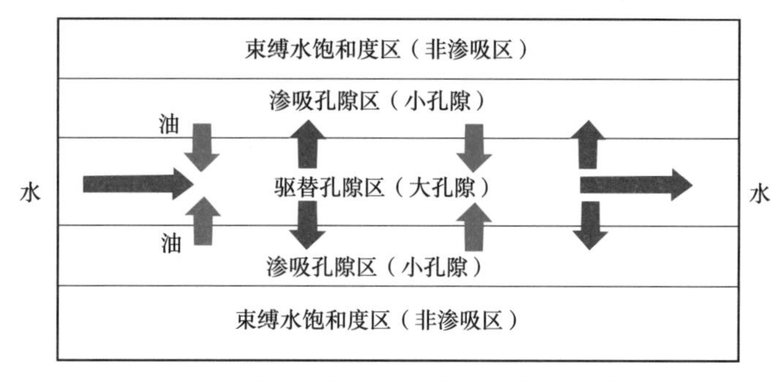

图 5. 1. 5　裂缝不发育油藏渗吸置换分区示意图

为了验证上述渗流过程，开展了核磁共振微观驱油实验，该实验过程为：在岩心建立束缚水条件下，进行水驱过程，并在水驱前后测量岩心中油相核磁 T_2 曲线。

图 5. 1. 6 为 3 块岩样实验结果曲线。图中粉色曲线为饱和油状态 T_2 曲线，黑黄的曲

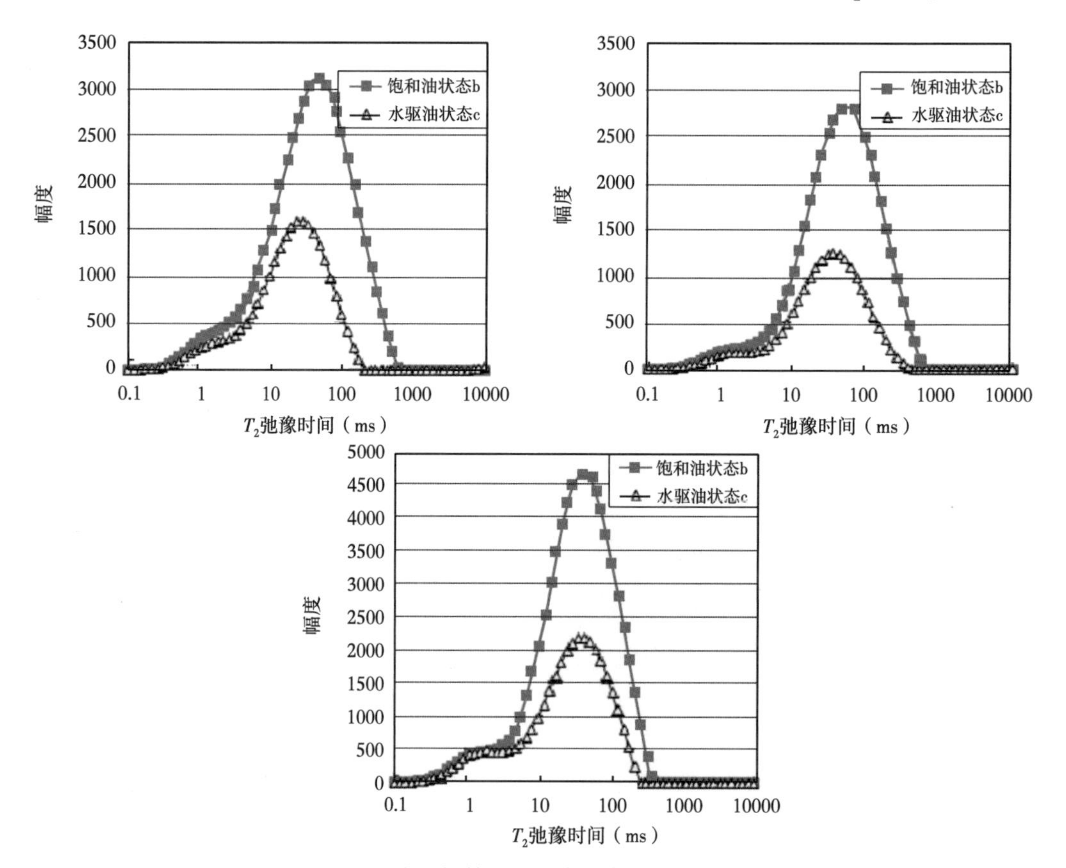

图 5. 1. 6　三块目标储层岩心水驱实验核磁共振 T_2 谱

线为水驱油状态 T_2 谱曲线。从 T_2 谱曲线上可以发现，水驱后的原油聚集在所有孔隙中间部位，左侧小孔隙原油和右侧大孔隙原油均有采出。这与较大孔隙中流体可动，较小孔隙中流体不容易流动的认识相悖。

为了解释该现象，设计并开展了注水渗吸过程核磁共振研究实验，图 5.1.7、图 5.1.8 给出了其中一组实验的实验结果。

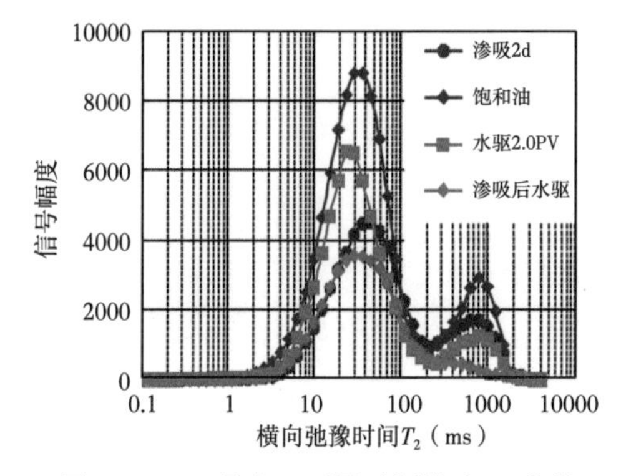

图 5.1.7　1 号岩心不同时刻煤油 T_2 曲线

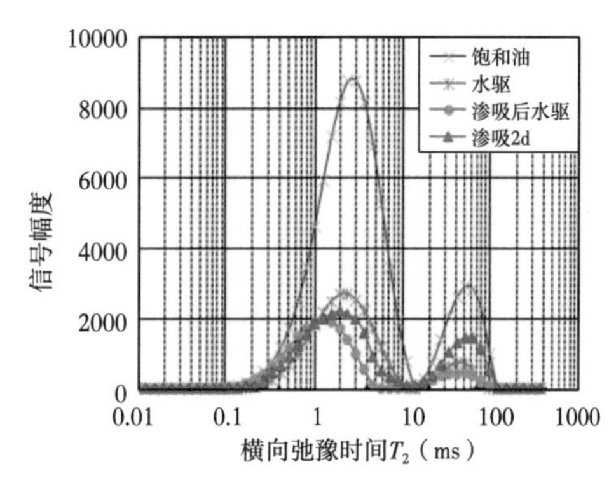

图 5.1.8　2 号岩心不同时刻煤油 T_2 曲线

开展了两组岩心实验，岩心基础数据见表 5.1.1。

表 5.1.1　间歇注水实验岩心数据表

岩心号码	岩心长度（cm）	岩心直径（cm）	岩心渗透率（mD）	岩心孔隙度（%）
1	5.6	2.5	2	15
2	5.4	2.5	0.22	12

从上述两组数据可以发现，常规水驱后放置过程，左侧信号降低，右侧信号增高，油的 T_2 曲线明显右移，说明油在渗吸作用下，向大孔隙移动，而水向小孔隙中移动。结合整个过程，可以将油水运移描述为：水驱过程中，水将大孔隙中的原油驱走，剩余油主要集中在小一些的孔隙，在焖井过程中，小孔隙中的原油向大孔隙中运移，再次驱替时，渗吸到大孔隙中的原油再次被驱替走。渗吸在采油过程中的作用为搬运工作用，该作用将小孔隙中的非润湿相搬运到大孔隙中，将大孔隙中的润湿相搬运到小孔隙中，然后在驱替作用下非润湿相产出。毛细管压力作为动力作用，只在局部发挥作用。

5.1.3.2　贾敏效应机理

贾敏效应作用机理是指在渗吸过程中，由于孔隙结构的复杂性，导致分散相的形成，从而形成贾敏效应，阻止渗吸作用的进行。在渗吸置换过程中，毛细管压力是进行油水置换的主要动力。图 5.1.9 给出了单孔正向渗吸过程示意图。当毛细管方向与渗吸方向一致时，就会形成正向渗吸；当毛细管发生弯曲，采出端与吸入端在同一面时，产生的渗吸过程就是逆向渗吸。在地层中，由于首先形成主流通道，水从主流通道渗吸到小孔隙中，油从小孔隙中置换到主流通道里，因此，主要的渗吸过程为逆向渗吸过程。

多毛细管渗吸过程与单毛细管渗吸存在很大不同。由于不同毛细管孔径变化不同，每根毛细管渗吸速度也不同，在不同毛细管交汇处，就会产生干扰。干扰的直接结果就是油水连续状态被打破，形成分散相（图 5.1.10）。

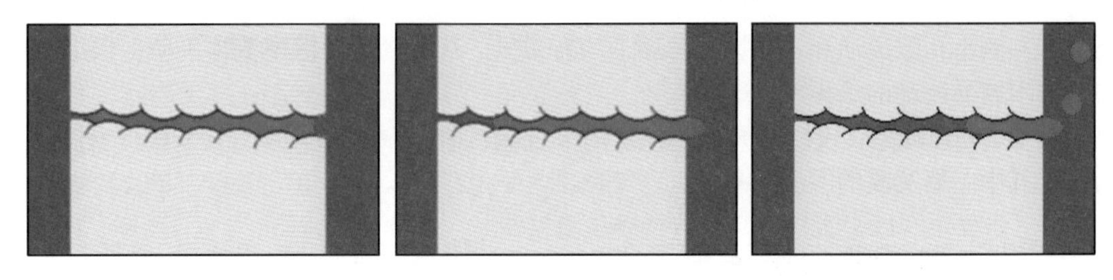

图 5.1.9 单孔隙渗吸过程

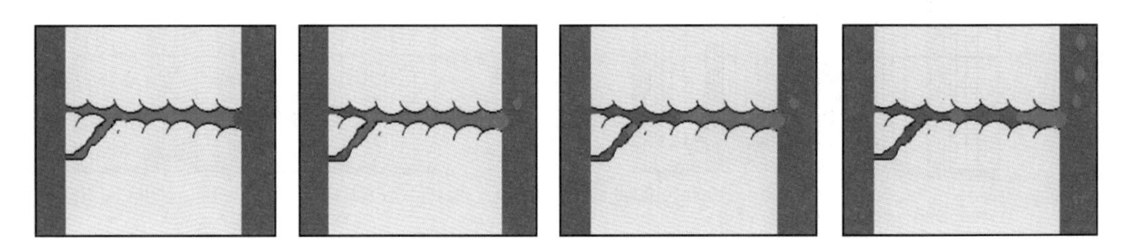

图 5.1.10 多毛细管渗吸过程中分散相形成过程示意图

如图 5.1.5 所示渗吸概念模型，渗吸主要发生在渗吸渗流区内或渗吸渗流区与驱替渗流区之间。在渗吸过程中，孔隙结构越复杂，渗吸速度越快，就越容易形成复杂的分散相。通过渗吸作用，渗吸渗流区与驱替渗流区发生油水交换，导致驱替渗流区内存在大量的油水分散相，当分散的流体流经变径位置时，就会产生贾敏效应，从而使渗吸过程变慢，甚至停止。

通过渗吸前后流动过程变化实验数据可以明显地发现这一特征。图 5.1.11 是 2mD 模型自发渗吸前后，以 1mL/min 的恒定流速用煤油恒速驱替时不同测点压力变化曲线。

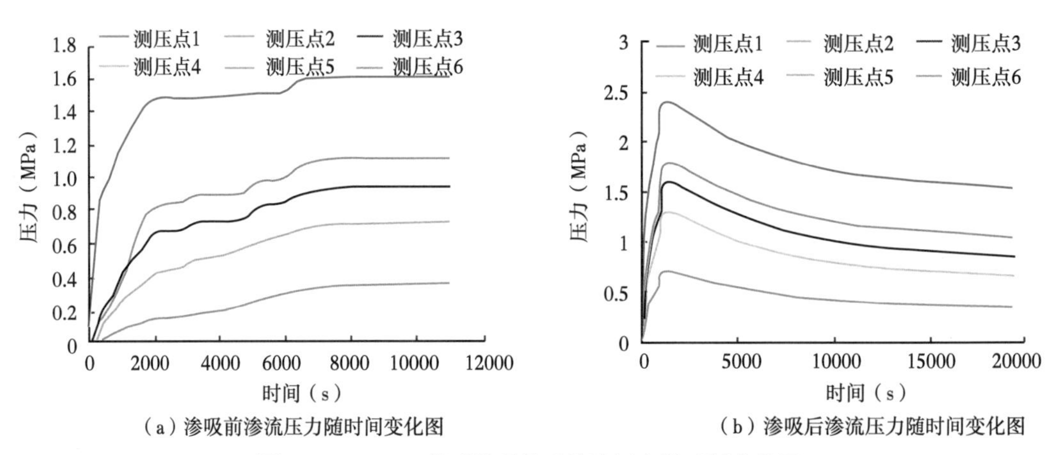

（a）渗吸前渗流压力随时间变化图　（b）渗吸后渗流压力随时间变化图

图 5.1.11 2mD 模型渗吸前后渗流压力随时间变化图

渗吸前驱替，模型处于饱和煤油状态，随着煤油的注入，各压力测点压力逐渐上升，并恒定到一固定值。从图 5.1.11（a）中可以发现。注入点压力最大值稳定在 1.55MPa 值。

渗吸过程发生后，随着煤油的注入，各压力测点压力上升，然后下降并趋于稳定。由于渗吸产生了分散界面和贾敏效应，驱替过程流动阻力增加，上升过程中注入点最高压力达到2.49MPa，提高幅度达到50%以上。随着驱替过程，油水界面减少，各点稳定压力与渗吸前驱替的各点压力接近。

图5.1.12是2mD模型注水吞吐前后，以1mL/min的恒定流速用煤油恒速驱替时不同测点压力变化曲线。图5.1.12（a）为注入量为0.038PV实验曲线，图5.1.12（b）为注入量为0.076PV实验曲线。

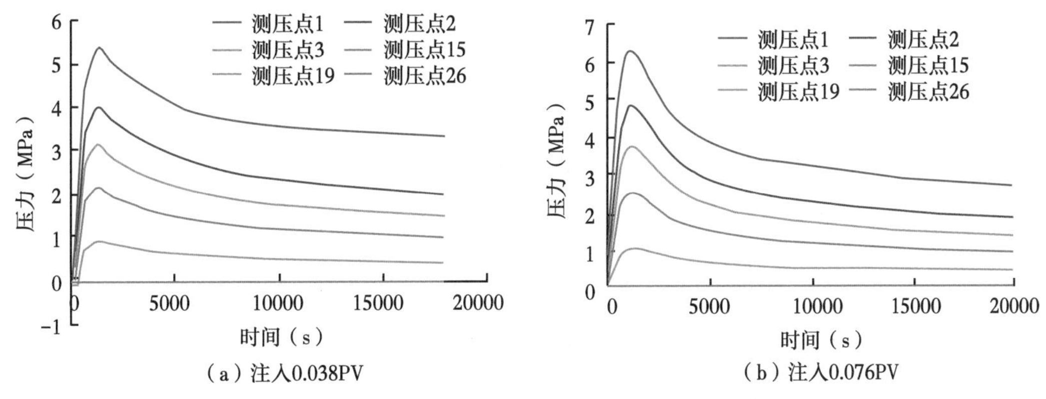

图5.1.12　2mD模型渗吸后渗流压力随时间变化图

从图中可以发现，两组实验的驱替压力最大值分别为5.42MPa和6.21MPa，远远大于自发渗吸后驱替最高压力，且注入量越大，最高驱替阻力越大。

在分析贾敏效应基础上，开展了渗吸对岩心渗流阻力影响实验。具体实验方法如下：

（1）将岩心洗油、烘干，进行基础数据测量；

（2）将岩心抽真空饱和煤油；

（3）将岩心放入流动实验系统，在10MPa下，水驱煤油，直至速度稳定后，记录驱替速度；

（4）取出岩心，将岩心在水中放置一定时间后，然后将岩心重新放入流动实验系统，在10MPa下，水驱煤油，直至速度稳定后，记录驱替速度；

（5）计算放置前后渗流能力变化。

选取了5块长8储层岩样开展了以上实验，岩心数据及实验结果见表5.1.2。

表5.1.2　致密岩心渗吸前后渗透率损失实验数据表

序号	岩心编号	长度（cm）	渗透率（mD）	孔隙度（%）	放置时间（h）	渗透率损失率（%）
1	YC20170404	5.552	0.3	11.78	240	92.0
2	YC20170408	5.706	0.7	15.32	300	95.0
3	YC20170412	5.553	0.1	16.72	450	97.9
4	YC20170423	5.657	0.5	16.69	480	97.0
5	YC20170431	5.388	0.2	16.15	500	98.7

从表 5.1.2 数据可以发现，所有岩心渗吸前后渗透率损失率达到 92%以上，贾敏效应对渗流的影响不可忽略。

从上述实验，可以得到以下结论：

（1）在渗吸过程中，由于孔隙结构复杂性，导致分散相的形成，从而形成贾敏效应；

（2）贾敏效应阻力很大，开发过程中不可忽视，在吞吐过程中，随着周期注入量增加，相同流速下返排压力会急剧增加；

（3）由于贾敏效应存在，注水过程中，毛细管压力表现为流动阻力；

（4）由于贾敏效应存在，注水吞吐过程返排阻力增加，会出现注入流体不能完全返排现象。

为进一步研究贾敏效应作用机理对注水吞吐的影响，开展不同焖井时间后采出程度对比实验，不同注水吞吐时间与采出程度对比曲线如图 5.1.13 所示，可以看出，注水后焖井时间 6h 采出程度要好于焖井时间 3h，但进一步增加焖井时间至 18h，其采出程度却反而降低。据此可以说明，渗吸的合理时间主要受贾敏效应的形成过程影响，当贾敏效应阻力与界面动力平衡后，继续产生的油水分散相会增加驱油阻力，从而降低注水吞吐开发效果。

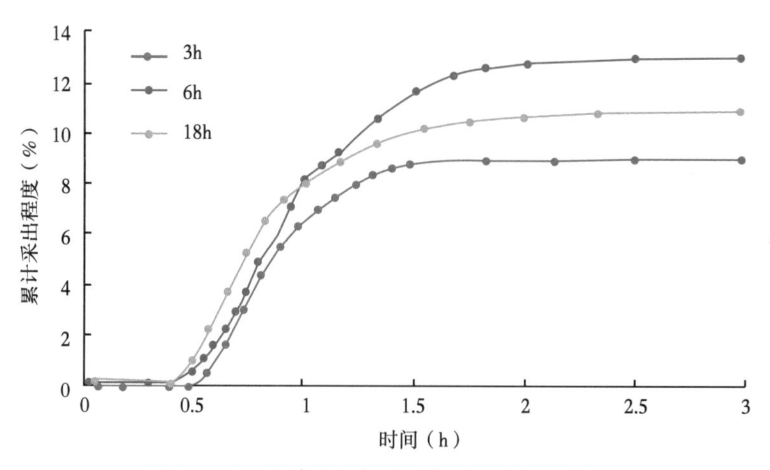

图 5.1.13　注水吞吐焖井时间与采出程度对比

5.1.4　体积改造油藏的渗吸采油机理

裂缝发育油藏即包括天然裂缝发育油藏，也包括后期改造的裂缝性油藏，本文即指体积压裂油藏，由于体积改造的大液量、大排量和大加砂量，在油藏中产生大量的人工裂缝，同时，压裂时产生的高压使得原先地层中闭合的天然裂缝张开，与人工裂缝一起形成了复杂的裂缝网络结构，其渗吸采油机理也因为大量裂缝的存在发生了重大变化。

体积改造油藏中的渗吸采油机理主要是指裂缝与孔隙，以及大孔隙与小孔隙之间的置换机理，即裂缝中的注入水，通过毛细管压力的渗吸作用，主要置换到小孔隙中，形成不可动流体，而小孔隙中的原油在驱替作用下被置换至大孔隙中，大孔隙中的原油进一步在驱替作用下被驱替至裂缝中，裂缝中的原油在对流和扩散作用下分散流动，或在生产压差下由井筒排出，其作用机理如图 5.1.14 所示。由于大孔隙中的原油被置换到裂缝中，其形成贾敏效应的时间大幅度增加，形成贾敏效应的可能性也大幅度降低，因此裂缝的存在会大幅度增加渗吸采油的采收率。

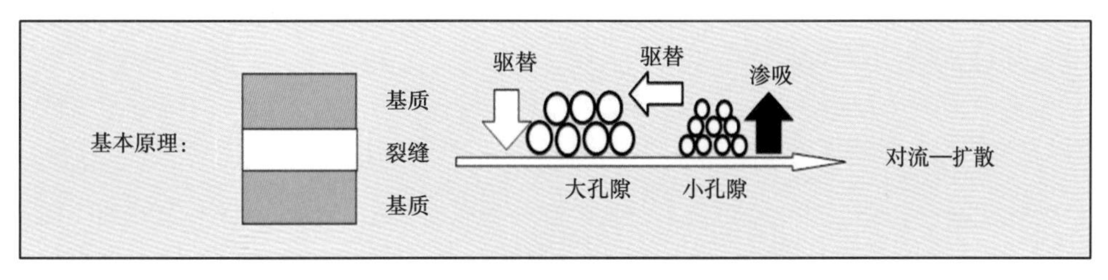

图 5.1.14　体积压裂油藏渗吸采油机理示意图

5.2　体积改造油藏渗吸采油产能方程

本章将运用扩散系数法来对渗吸采油的产能进行计算。首先基于基本微分方程，推导出考虑毛细管压力的渗流微分方程。假设只考虑渗吸作用，则可以对渗流微分方程进行简化，得到渗吸基本微分方程。基于扩散微分方程，首先求解含水饱和度随时间和位置的变化关系，进而分别推导出线性、平面和三维的不同边界条件下的渗吸采收率和产量公式，并同时采用解析方法和数值方法求解。由于数值方法迭代次数多、耗时长、计算效率低，因而在解析方法中选取梯度近似法求取渗吸扩散系数平均值，通过与数值解的结果进行拟合，证实了采用扩散系数平均值方法的准确性[14]。

5.2.1　基本微分方程

在两相渗流的研究中，首要需求解润湿相或非润湿相的饱和度分布，继而求解出采出程度及产量。要构建渗吸基本微分方程，先要建立其数学模型，其中包括连续性方程、运动方程和相应的附加条件；附加条件包括毛细管压力的数学表达式，油水相对渗透率与饱和度的关系等。

基本假设：多孔介质是均匀且各相同性的，油水两相均不可压缩，油水两相黏度在驱替过程中保持不变，不考虑重力影响。

（1）运动方程。

水相：

$$q_{\mathrm{w}}=-\frac{KK_{\mathrm{rw}}A}{\mu_{\mathrm{w}}}\frac{\partial p_{\mathrm{w}}}{\partial x} \tag{5.2.1}$$

油相：

$$q_{\mathrm{o}}=-\frac{KK_{\mathrm{ro}}A}{\mu_{\mathrm{o}}}\frac{\partial p_{\mathrm{o}}}{\partial x} \tag{5.2.2}$$

（2）连续性方程。

水相：

$$\left(\frac{\partial q_{\mathrm{w}}}{\partial x}\right)_t+\phi A\left(\frac{\partial S_{\mathrm{w}}}{\partial t}\right)_x=0 \tag{5.2.3}$$

油相：

$$\left(\frac{\partial q_o}{\partial x}\right)_t+\phi A\left(\frac{\partial S_o}{\partial t}\right)_x=0 \tag{5.2.4}$$

（3）毛细管压力方程。

$$p_c=p_o-p_w \tag{5.2.5}$$

（4）两相含水饱和度关系。

$$S_w+S_o=1 \tag{5.2.6}$$

式中 K——储层渗透率，mD；

K_{rw}——水相相对渗透率；

K_{ro}——油相相对渗透率；

μ_w——水相黏度，mPa·s；

μ_o——油相黏度，mPa·s；

p_w——水相压力，MPa；

p_o——油相压力，MPa；

p_c——毛细管压力，MPa；

A——过流断面横截面积，cm^2。

将式（5.2.1）与式（5.2.2）相加，代入式（5.2.5）中，可得：

$$q(t)=q_w+q_o=-KA\left[(C_1+C_2)\frac{\partial p_w}{\partial x}+C_2\frac{\partial p_c}{\partial x}\right] \tag{5.2.7}$$

其中

$$C_1=\frac{K_{rw}}{\mu_w}$$

$$C_2=\frac{K_{ro}}{\mu_o}$$

将式（5.2.7）变形，有：

$$-\frac{\partial p_w}{\partial x}=\frac{q(t)}{KA(C_1+C_2)}+\frac{C_2}{C_1+C_2}\frac{\partial p_c}{\partial x} \tag{5.2.8}$$

将式（5.2.8）代入式（5.2.1）可得：

$$q_w=\frac{C_1}{C_1+C_2}q(t)+KA\frac{C_1C_2}{C_1+C_2}\frac{\partial p_c}{\partial x} \tag{5.2.9}$$

定义函数 $f_w(S_w)$：

$$f_w(S_w)=\frac{C_1}{C_1+C_2}=\frac{K_{rw}/\mu_w}{K_{rw}/\mu_w+K_{ro}/\mu_o} \tag{5.2.10}$$

将式（5.2.10）代入式（5.2.9）化简，再代入式（5.2.3），可得：

$$\frac{q(t)}{\phi A}\frac{\mathrm{d}f_w}{\mathrm{d}S_w}\frac{\partial S_w}{\partial x}+\frac{1}{\phi}\frac{\partial}{\partial x}\left(K\frac{C_1C_2}{C_1+C_2}\frac{\mathrm{d}p_c}{\mathrm{d}S_w}\frac{\partial S_w}{\partial x}\right)+\frac{\partial S_w}{\partial t}=0 \tag{5.2.11}$$

5.2.1.1 渗吸扩散系数

定义渗吸扩散系数 $D_w(S_w)$，单位是 m^2/s：

$$D_w(S_w) = -K\frac{C_1C_2}{C_1+C_2}\frac{\mathrm{d}p_c}{\mathrm{d}S_w} \tag{5.2.12}$$

渗吸方程描述了基质岩块的含水饱和度随时间的变化，其中含水饱和度差是发生渗吸过程的根本原因。因而渗吸方程中的扩散系数就是一个表征含水饱和度传播速度快慢的物理量，单位是速度的量纲。

根据式（5.2.12）可知，渗吸扩散系数 D_w 是与油水两相相对渗透率、黏度及两相毛细管压力有关的函数，即渗吸扩散系数 D_w 是含水饱和度的函数，绘制 D_w 与 S_w 的曲线关系，如图5.2.1所示，D_w（S_w）是一个钟形曲线，在含水饱和度端点 $S_w=S_{wi}$ 和 $S_w=1-S_{or}$ 位置，$D_w=0$，在居于两端点之间的某含水饱和度处，D_w 取得最大值 D_{max}。

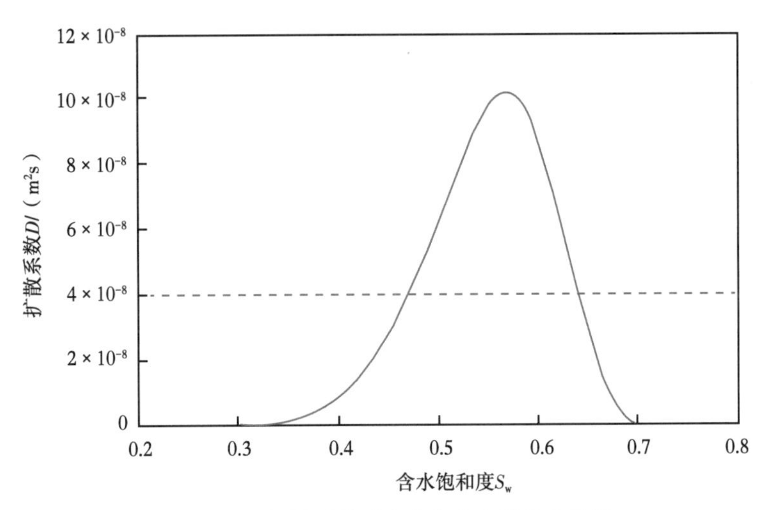

图5.2.1 扩散系数随含水饱和度的分布曲线

（图中红色虚线表示平均渗吸扩散系数）

5.2.1.2 渗吸基本微分方程

引入渗吸扩散系数的表达式，公式（5.2.11）可化简为：

$$\frac{q(t)}{\phi A}f'_w(S_w)\frac{\partial S_w}{\partial x} - \frac{1}{\phi}\frac{\partial}{\partial x}\left[D_w(S_w)\frac{\partial S_w}{\partial x}\right] + \frac{\partial S_w}{\partial t} = 0 \tag{5.2.13}$$

式（5.2.13）即为考虑毛细管压力的一维不可压缩非混相的两相渗流方程，式中 q（t）是油水两相的流量之和，是与位置 x 无关的量。

根据流动方向的不同，渗吸可以分为顺向渗吸和逆向渗吸两种方式。在顺向渗吸中，油水两相沿同一方向流动，水相将油相从基质中驱出；在逆向渗吸中，油相和水相沿相反方向流动，油相从水相进入的一侧被驱出。

在式（5.2.13）中，当油水两相是单向驱替或者顺向渗吸时，$q(t)>0$；当油水两相是逆向渗吸时，$q(t)=0$。这是因为根据假设条件，油水两相均为不可压缩流体，在发生逆向渗吸时，油水两相流速大小相等，方向相反，流体总流量为 $q(t)=q_w+q_o=0$。因此逆向渗吸的基本微分方程为：

$$\frac{1}{\phi}\frac{\partial}{\partial x}\left[D_w(S_w)\frac{\partial S_w}{\partial x}\right] = \frac{\partial S_w}{\partial t} \tag{5.2.14}$$

由式（5.2.9）可知，当油水逆向渗吸时，产量公式简化为：

$$q_w = -AD_w(S_w)\frac{\partial S_w}{\partial x} \tag{5.2.15}$$

根据以往学者的实验证实：顺向渗吸速度更快，且比逆向渗吸效率更高。这是因为在顺向渗吸中，只有油相单相流动，而在逆向渗吸中，为油水两相共同流动。然而由于裂缝中水流速度远高于基质中的水流速度，当基质周围完全被裂缝中的水包裹时，逆向渗吸是基质中唯一可能的渗吸方式。因此，本论文以逆向渗吸方式为主要研究对象，以下推导过程涉及的渗吸过程均默认为逆向渗吸。

公式（5.2.14）是一个以含水饱和度 S_w 为未知量的非线性偏微分方程，只有当渗吸扩散系数为常量时，才可化简为常微分方程，并获得精确的解析解；当渗吸扩散系数为变量时，只能通过数值计算的方法获得近似解。下面分别针对渗吸扩散系数是变量和常量两种情况进行推导和求解。

5.2.2 解析法计算渗吸产能

由于数值法求解运算量大，计算速度慢，且对收敛性要求较高，因此考虑采用解析方法，通过对公式进行近似简化，得到渗吸产能的精确数学表达式。首先需要将原问题进行简化处理，而只有当渗吸扩散系数为常数时，式（5.2.14）才可化简为常微分方程，并获得解析解。

当渗吸扩散系数取常数时，其物理意义相当于在含水饱和度介于 S_{wi} 和 $1-S_{or}$ 之间时，取得的平均渗吸扩散系数；因而将随含水饱和度变化的毛细管渗吸系数转化成一个不随含水饱和度变化的渗吸系数平均值。图 5.2.1 表示渗吸扩散系数与平均渗吸扩散系数的关系。

关于渗吸扩散系数 D 为常数的假设条件：

（1）考虑毛细管渗吸过程主要发生在毛细管压力曲线的主体阶段（不考虑两端值），在该主体阶段的 p_c 与 S_w 关系近似为线性关系，即 dp_c/dS_w = 常数；

（2）渗吸驱替视为近活塞式驱替，此时油水相渗值取端点值，K_{rw}、K_{ro} 是常数，即 $C_1C_2/(C_1+C_2)$ 为常数。

在上述两个条件下，D_w 为常数。

因此根据假设条件，将渗吸扩散系数简化为常数 D 后，式（5.2.14）变形为：

$$\frac{\partial^2 S_w}{\partial x^2} = \frac{\phi}{D}\frac{\partial S_w}{\partial t} \tag{5.2.16}$$

其中

$$D = -K\frac{K_{rw}K_{ro}}{\mu_w K_{ro} + \mu_o K_{rw}}\frac{dp_c}{dS_w} \tag{5.2.17}$$

5.2.2.1 渗吸扩散系数的取值

由于 $D_w(S_w)$ 是非线性的，因此在将其常数化处理的过程中，如何取值是十分重要的。有学者通过数值模拟计算时发现，当 $D_w(S_w)$ 取一定值时，与对应 $D_w(S_w)$ 为变量时的计算结果高度吻合，而且极大地减少了运算时间。

以一维有限大半封闭边界为例，运用公式计算的结果对数值方法计算的采出程度曲线进行拟合。取扩散系数的积分中值：

$$D_{\mathrm{A}}=\frac{\int_{S_{\mathrm{wi}}}^{1-S_{\mathrm{or}}} D(S_{\mathrm{w}})\,\mathrm{d}S_{\mathrm{w}}}{1-S_{\mathrm{or}}-S_{\mathrm{wi}}} \tag{5.2.18}$$

取含水饱和度变化的步长为0.01，采用数值方法计算扩散系数的积分中值，将该扩散系数中值代入式（5.2.16）中，得到解析法计算的渗吸采出程度变化曲线。在图5.2.2中，用红色虚线表示采用数值方法得到的计算结果，用蓝色实线表示采用解析方法得到的计算结果。拟合结果显示：除去渗吸初期以及末期曲线稍有偏离，在大部分区间内扩散系数取积分中值时的解析解与数值计算中扩散系数取变量时所得采出程度结果吻合程度较高。因此，在5.2.2节中运用解析方法求解时的试算结果均以该扩散系数的积分中值为依据。

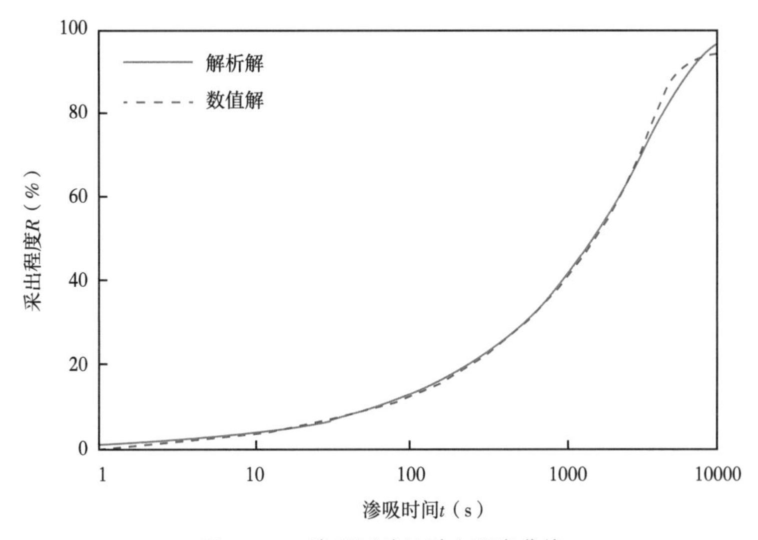

图5.2.2 渗吸可动油采出程度曲线

下面针对渗吸扩散系数为常数的情况，考虑不同的边界条件分别进行讨论。

5.2.2.2 一维半无限大边界

（1）含水饱和度分布。

如图5.2.3所示，油水两相流体在平面一维方向流动，基质上下两面封闭，左右两面与外界连通，其中一侧为初始时刻油水接触面 $x=0$ 位置，另一侧视为无限大；初始时刻基质内部饱和含油，含水饱和度为 $S_{\mathrm{w}}=S_{\mathrm{wi}}$，而在无穷远处，含水饱和度始终为 $S_{\mathrm{w}}=S_{\mathrm{wi}}$。

根据假设，给出数学模型如下：

$$\begin{cases}\dfrac{\partial^2 S_{\mathrm{w}}}{\partial x^2}=\dfrac{\phi}{D}\dfrac{\partial S_{\mathrm{w}}}{\partial t} & 0<x<\infty\\ S_{\mathrm{w}}(0,t)=S_{\mathrm{wm}} & x=0,t>0\\ S_{\mathrm{w}}(\infty,t)=S_{\mathrm{wi}} & x\to\infty,\ t>0\\ S_{\mathrm{w}}(x,0)=S_{\mathrm{wi}} & 0\leqslant x<\infty,\ t=0\end{cases} \tag{5.2.19}$$

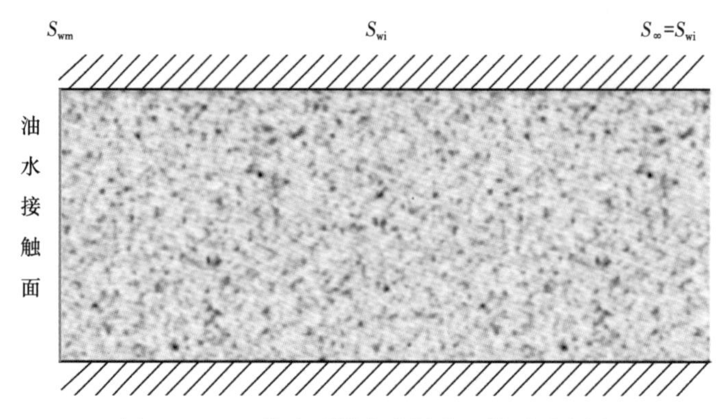

图 5.2.3　一维半无限大边界渗吸模型示意图

令

$$S=\frac{S_{wm}-S_w}{S_{wm}-S_{wi}} \tag{5.2.20}$$

S 为归一化含水饱和度，无量纲，于是有：

$$\begin{cases}\dfrac{\partial^2 S}{\partial x^2}=\dfrac{1}{C}\dfrac{\partial S}{\partial t} & 0<x<\infty \\ S(0,t)=0 & x=0,\ t>0 \\ S(\infty,t)=1 & x\to\infty,\ t>0 \\ S(x,0)=1 & 0\leqslant x<\infty,\ t=0\end{cases} \tag{5.2.21}$$

其中，$C=D/\phi$，单位是 m^2/s。

根据量纲分析，自变量 x，t 和系数 C 可组成唯一的无量纲量 ξ 满足以下条件，因此作波尔兹曼变换：

$$\xi=\frac{x}{\sqrt{4Ct}} \tag{5.2.22}$$

于是，将原问题转化为常微分方程的边值问题：

$$\begin{cases}\dfrac{d^2 S}{d\xi^2}+2\xi\dfrac{dS}{d\xi}=0 \\ S(\xi=0)=1 \\ S(\xi\to\infty)=0\end{cases} \tag{5.2.23}$$

在变换过程中，后两个边界条件合二为一，若令 $S'=dS/d\xi$，则方程变为：

$$\frac{dS'}{d\xi}+2\xi S'=0 \tag{5.2.24}$$

通过分离变量进行积分，可得：

$$S'=\frac{dS}{d\xi}=C_1 e^{-\xi^2} \tag{5.2.25}$$

再积分一次，得到：

$$S(\xi)=C_1\int_0^{\xi}\mathrm{e}^{-\xi^2}\mathrm{d}\xi+C_2 \tag{5.2.26}$$

利用边界条件求出常数 C_1，C_2：

$$C_1=\frac{2}{\sqrt{\pi}};\ C_2=0 \tag{5.2.27}$$

最终可得：

$$S(\xi)=\frac{2}{\sqrt{\pi}}\int_0^{\xi}\mathrm{e}^{-\xi^2}\mathrm{d}\xi=\mathrm{erf}\left(\frac{x}{\sqrt{4Ct}}\right) \tag{5.2.28}$$

其中

$$\mathrm{erf}\left(\frac{x}{\sqrt{4Ct}}\right)=\frac{2}{\sqrt{\pi}}\int_0^{\frac{x}{\sqrt{4Ct}}}\mathrm{e}^{-\xi^2}\mathrm{d}\xi \tag{5.2.29}$$

通常把该函数称为误差函数或概率积分函数。

将 S 还原为 S_{w}，即可得到一维半无限大边界逆向渗吸含水饱和度的分布规律：

$$S_{\mathrm{w}}(x,t)=S_{\mathrm{wm}}-(S_{\mathrm{wm}}-S_{\mathrm{wi}})\,\mathrm{erf}\left(\sqrt{\frac{\phi}{4Dt}}x\right) \tag{5.2.30}$$

令折算的含水饱和度为：

$$S_{\mathrm{D}}(x,t)=1-S=\frac{S_{\mathrm{w}}-S_{\mathrm{wi}}}{S_{\mathrm{wm}}-S_{\mathrm{wi}}} \tag{5.2.31}$$

图 5.2.4 绘制了在不同时刻岩心内部折算的含水饱和度 S_{D}（x，t）的沿程变化，$x=0$ 处含水饱和度最大，随着与油水接触面距离的增大，岩心内部含水饱和度迅速降低，较远处的油相动用较少；各位置处含水饱和度随时间的增加而增加，水相不断向前推进，波及

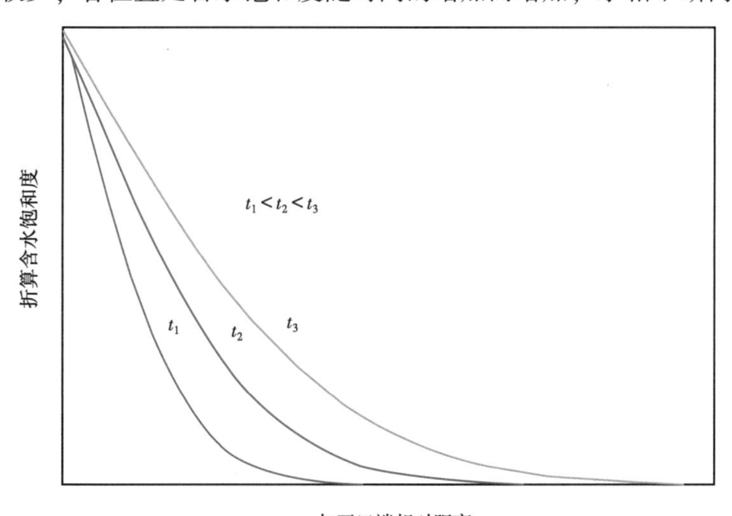

图 5.2.4　不同时刻的含水饱和度分布

面积随时间增加而逐渐增大。

(2) 相似关系。

取两个不同时刻 t_1 和 t_2 的含水饱和度分布曲线，假设在 t_1 时刻有两个饱和度点 $S^{(1)}$ 和 $S^{(2)}$，对应的 x 轴坐标值为 x_{11} 和 x_{21}，根据式 (5.2.28) 可得：

$$S^{(1)}=\operatorname{erf}\left(\frac{x_{11}}{\sqrt{4Ct_1}}\right),\quad S^{(2)}=\operatorname{erf}\left(\frac{x_{21}}{\sqrt{4Ct_1}}\right) \tag{5.2.32}$$

同理，在到达 t_2 时刻时，有：

$$S^{(1)}=\operatorname{erf}\left(\frac{x_{12}}{\sqrt{4Ct_2}}\right),\quad S^{(2)}=\operatorname{erf}\left(\frac{x_{22}}{\sqrt{4Ct_2}}\right) \tag{5.2.33}$$

由此可得到：

$$\frac{x_{12}}{x_{11}}=\frac{x_{22}}{x_{21}}=\sqrt{\frac{t_2}{t_1}} \tag{5.2.34}$$

由此可见，不同含水饱和度的点在不同时刻传播的距离是按照一定的比例关系确定的，即 t_1 时刻的曲线与 t_2 时刻的曲线是相似的，比例系数为 $\sqrt{t_1/t_1}$，因此当知道某一时刻的含水饱和度分布后，就可以按照相似性求得任意时刻的饱和度分布。

(3) 产量公式。

将式 (5.2.30) 变形，可得：

$$S_{\mathrm{w}}(x,t)-S_{\mathrm{wi}}=(S_{\mathrm{wm}}-S_{\mathrm{wi}})\left[1-\operatorname{erf}\left(\frac{x}{\sqrt{4Ct}}\right)\right] \tag{5.2.35}$$

式 (5.2.35) 左右两端对 x 求导，有：

$$\left.\frac{\partial S_{\mathrm{w}}}{\partial x}\right|_t=(S_{\mathrm{wm}}-S_{\mathrm{wi}})\frac{1}{\sqrt{\pi Ct}}\mathrm{e}^{-\frac{x^2}{4Ct}} \tag{5.2.36}$$

根据式 (5.2.15)，在原始油水接触面位置 $x=0$ 处的产量为：

$$q(t)=q_{\mathrm{w}}\big|_{x=0}=-AD\left.\frac{\partial S_{\mathrm{w}}}{\partial x}\right|_{x=0}=\frac{AD(S_{\mathrm{wm}}-S_{\mathrm{wi}})}{\sqrt{\pi Ct}}=A\sqrt{\frac{\phi D}{\pi t}}(S_{\mathrm{wm}}-S_{\mathrm{wi}}) \tag{5.2.37}$$

由式 (5.2.37) 可知，渗吸速度与 $t^{1/2}$ 成反比，在渗吸作用初期，岩心内饱含油，由于内边界含水饱和度突然升高，因此渗吸速度快，产量高；随着渗吸时间的增加，渗吸速度迅速降低；当时间趋于无穷时，产量趋于 0。

图 5.2.5 显示了渗吸速度随时间和位置的变化规律：渗吸作用初期，在 $x=0$ 处渗吸速度最大，而在距离油水接触面较远处产量动用较少；随着渗吸时间的增加，水相向前推进，产量逐渐减小，较远处的油开始逐渐被置换出来，水相波及面积逐渐增大。

从 $t=0$ 开始到 t 时刻，岩心通过逆向渗吸作用的累计产油量为：

$$Q(t)=\int_0^t q(t)\,\mathrm{d}t=2Ad(S_{\mathrm{wm}}-S_{\mathrm{wi}})\sqrt{\frac{\phi t}{\pi D}}=\frac{2}{\sqrt{\pi}}A(S_{\mathrm{wm}}-S_{\mathrm{wi}})\sqrt{\phi Dt} \tag{5.2.38}$$

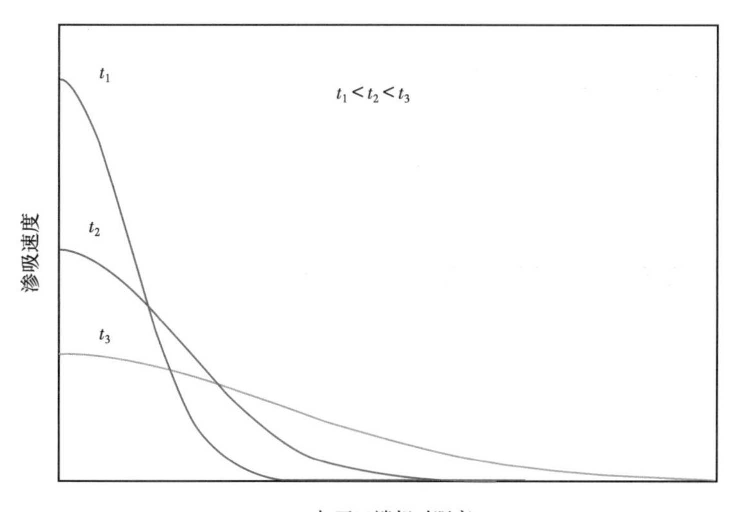

图 5.2.5　不同时刻的渗吸速度分布

由式（5.2.38）可知，逆向渗吸的累计产油量与 $t^{1/2}$ 成正比，其表现形式为：初始时刻渗吸产油速度较高，随着渗吸时间的增长，产油量逐渐下降，累计产油量增速减缓，最后基本保持不变。

（4）水相前缘位置。

根据边界条件及含水饱和度的分布规律，有 $S_{wf}=S_{wi}+\varepsilon$，其中 ε 为一无穷小量，则有：

$$\operatorname{erf}\left(\frac{x_f}{\sqrt{4Ct}}\right)=1-\frac{\varepsilon}{S_{wm}-S_{wi}}\approx 1 \tag{5.2.39}$$

根据偏差函数的曲线特征，在无限趋近于函数值为 1 的点所对应的 x 即为在某时刻 t 下的水相前缘位置 x_f。可近似得到：

$$\sqrt{\frac{\phi}{4Dt}}x_f\approx 2 \tag{5.2.40}$$

变形可得：

$$x_f=4\sqrt{\frac{Dt}{\phi}} \tag{5.2.41}$$

式（5.2.41）说明了逆向渗吸的水相前缘位置与 $t^{1/2}$ 成正比，也验证了在水相向前推进的过程中，前缘位置的点在不同时刻所传播的距离是成比例关系的，比例系数为$\sqrt{t}$。

（5）小结。

总结一维半无限大边界渗吸方程的规律，可得到以下几个结论。

在渗吸作用过程中，渗吸作用的前缘位置与渗吸作用的时间的平方根成正比。

在渗吸作用过程中，岩心任意位置达到某一含水饱和度值所需的时间与该位置与初始油水接触面距离的平方成正比，且与渗吸渗吸扩散系数的大小成反比。

在渗吸作用过程中，通过任意横截面的累计吸入水量和累计置换油量与渗吸时间的平

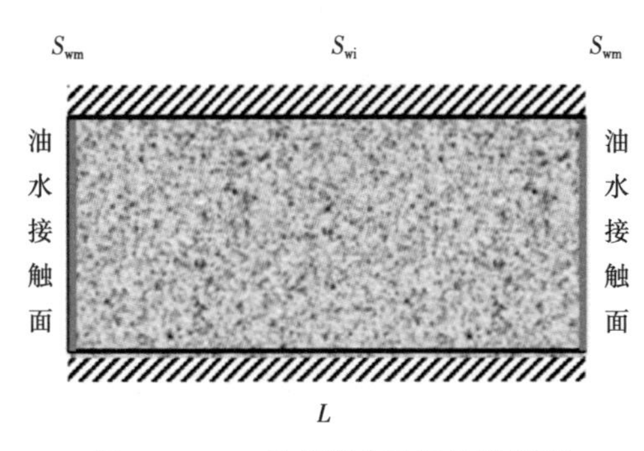

图 5.2.6 一维有限大边界渗吸模型

方根成正比。

5.2.2.3 一维有限大边界

（1）含水饱和度分布。

如图 5.2.6 所示，油水两相流体在平面一维方向流动，基质岩心长度为 L，上下两面封闭，左右两面与外界连通且与水相接触，初始时刻油水接触面位于 $x=0$ 和 $x=L$ 位置；初始时刻基质内部饱和含油，含水饱和度为 $S_w=S_{wi}$。

根据假设，给出数学模型如下：

$$\begin{cases} \dfrac{\partial^2 S_w}{\partial x^2}=\dfrac{\phi}{D}\dfrac{\partial S_w}{\partial t} & 0<x<L \\ S_w(0,t)=S_{wm} & x=0,t>0 \\ S_w(L,t)=S_{wm} & x=L,t>0 \\ S_w(x,0)=S_{wi} & 0\leqslant x\leqslant L,t=0 \end{cases} \tag{5.2.42}$$

令

$$S=\frac{S_{wm}-S_w}{S_{wm}-S_{wi}} \tag{5.2.43}$$

S 为归一化含水饱和度，无量纲，于是有：

$$\begin{cases} \dfrac{\partial^2 S}{\partial x^2}=\dfrac{1}{C}\dfrac{\partial S}{\partial t} & 0<x<L \\ S(0,t)=0 & x=0,t>0 \\ S(L,t)=0 & x=L,t>0 \\ S(x,0)=1 & 0\leqslant x\leqslant L,t=0 \end{cases} \tag{5.2.44}$$

其中，$C=D/\phi$，单位是 m^2/s。

类似于热传导方程，下面采用分离变量法来进行求解。

令 $S(x,t)=X(x)T(t)$，其中 $X(x)$ 只与 x 有关，$T(t)$ 只与 t 有关，代入原微分方程可得：

$$\begin{gathered} XT'=CX''T \\ \frac{T'}{CT}=\frac{X''}{X}=-\lambda \end{gathered} \tag{5.2.45}$$

其中 λ 为分离常数，因此可以得到：

$$X''+\lambda X=0 \tag{5.2.46}$$

$$T'+C\lambda T=0 \tag{5.2.47}$$

边界条件可化为：

$$S(0,t)=X(0)T(t)=0$$
$$S(L,t)=X(L)T(t)=0 \tag{5.2.48}$$

联立式（5.2.46）至式（5.2.48），可得到其特征值和特征函数分别为：

$$\lambda_n=\beta_n^2=\left(\frac{n\pi}{L}\right)^2,\ n=1,2,3,\cdots$$
$$X_n=B_n\sin\frac{n\pi}{L}x \tag{5.2.49}$$

又根据：

$$T'_n+\frac{Cn^2\pi^2}{L^2}T_n=0 \tag{5.2.50}$$
$$T_n=A_n\mathrm{e}^{-\frac{Cn^2\pi^2}{L^2}t}$$

于是可得到一系列分离变量形式的特解：

$$S_n=X_nT_n=A_nB_n\mathrm{e}^{-\frac{Cn^2\pi^2}{L^2}t}\sin\frac{n\pi}{L}xS_n=C_n\mathrm{e}^{\frac{Cn^2\pi^2}{L^2}t}\sin\frac{n\pi}{L}x \tag{5.2.51}$$

根据线性叠加原理，得到原问题的解为：

$$S=\sum_{n=1}^{\infty}S_n=\sum_{n=1}^{\infty}C_n\mathrm{e}^{-\frac{Cn^2\pi^2}{L^2}t}\sin\frac{n\pi}{L}x \tag{5.2.52}$$

根据初始条件：

$$u(x,0)=\sum_{n=1}^{\infty}C_n\sin\frac{n\pi}{L}x=1$$
$$C_n=\frac{2}{L}\int_0^L\sin\frac{n\pi}{L}x\mathrm{d}x=\frac{4}{(2n+1)\pi},\ n=0,1,2,\ \cdots \tag{5.2.53}$$

可得到最终解为：

$$S=\frac{4}{\pi}\sum_{n=0}^{\infty}\frac{1}{2n+1}\mathrm{e}^{-\left[\frac{(2n+1)\pi}{L}\right]^2\frac{Dt}{\phi}}\sin\frac{(2n+1)\pi}{L}x \tag{5.2.54}$$

将 S 还原为 S_w，即可得到一维有限大边界两面接触逆向渗吸的含水饱和度分布规律：

$$S_w(x,t)=S_{wm}-\frac{4}{\pi}(S_{wm}-S_{wi})\sum_{n=0}^{\infty}\frac{1}{2n+1}\mathrm{e}^{-\left[\frac{(2n+1)\pi}{L}\right]^2\frac{Dt}{\phi}}\sin\frac{(2n+1)\pi}{L}x \tag{5.2.55}$$

令 $t_D=\dfrac{Dt}{\phi L^2}$，$x_D=\dfrac{x}{L}$，代入可得：

$$S_w(x,t)=S_{wm}-\frac{4}{\pi}(S_{wm}-S_{wi})\sum_{n=0}^{\infty}\frac{1}{2n+1}\mathrm{e}^{-(2n+1)^2\pi^2t_D}\sin(2n+1)\pi x_D \tag{5.2.56}$$

根据式（5.2.56），绘制一维有限大岩心逆向渗吸折算的含水饱和度 S_D（x，t）与位置和时间的关系曲线，如图 5.2.7（a）所示，由于边界条件是对称分布的，因此取

图 5.2.7（a）的 $x_D=0\sim0.5$ 的区域进行研究，即图 5.2.7（b）：在一维有限大岩心进行逆向渗吸作用时，随渗吸时间的增加，水相向前推进，沿程含水饱和度逐渐增大。

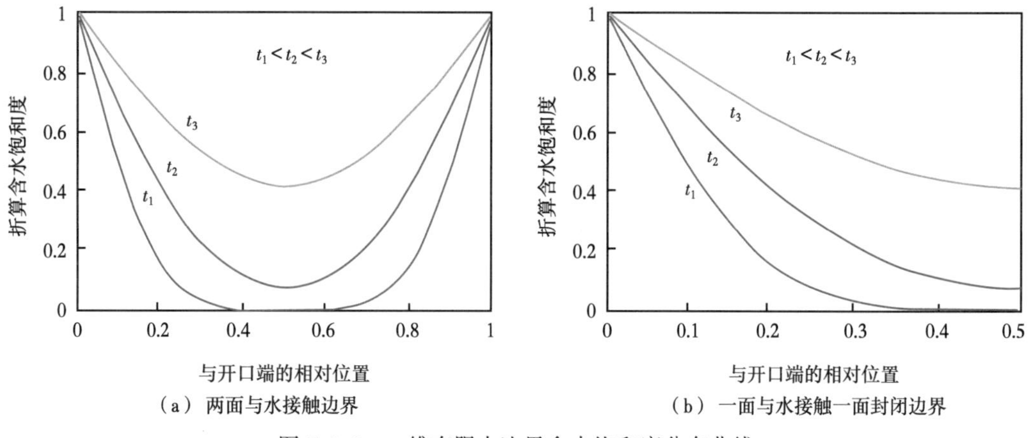

图 5.2.7　一维有限大边界含水饱和度分布曲线

与图 5.2.4 中半无限大边界对比可发现，在有限大边界中，外边界含水饱和度随渗吸作用的进行逐渐增大，而在无限大边界中，外边界含水饱和度始终保持为初始值。

在半无限大边界逆向渗吸过程中，含水饱和度的变化规律类似于定压边界油井定压生产时的压力降落变化曲线；而在有限大边界逆向渗吸过程中，含水饱和度的变化规律类似于封闭边界油井定压生产时的压力降落变化曲线。

（2）产量公式。

对式（5.2.56）左右两端对 x 积分，可得：

$$\frac{\overline{S}_{w}-S_{wi}}{S_{wm}-S_{wi}}=1-\frac{8}{\pi^{2}}\sum_{n=0}^{\infty}\frac{1}{(2n+1)^{2}}e^{-(2n+1)^{2}\pi^{2}t_{D}} \tag{5.2.57}$$

其中，$\overline{S}_{w}(x,t)=\frac{1}{L}\int_{0}^{L}S_{w}(x,t)\mathrm{d}x$，为岩心平均含水饱和度。

变形可得到：

$$\overline{S}_{w}(x,t)=S_{wm}-\frac{8}{\pi^{2}}(S_{wm}-S_{wi})\sum_{n=0}^{\infty}\frac{1}{(2n+1)^{2}}e^{-(2n+1)^{2}\pi^{2}t_{D}} \tag{5.2.58}$$

根据可动油采收率的定义，可得到：

$$R=\frac{\overline{S}_{w}-S_{wi}}{S_{wm}-S_{wi}}=1-\frac{8}{\pi^{2}}\sum_{n=0}^{\infty}\frac{1}{(2n+1)^{2}}e^{-(2n+1)^{2}\pi^{2}t_{D}} \tag{5.2.59}$$

岩心的可动油采收率等于目前的累计采出油量与岩心原始可动油量的比值，即：

$$R=\frac{Q(t)}{Q_{0}} \tag{5.2.60}$$

$$Q_{0}=\phi AL(S_{wm}-S_{wi}) \tag{5.2.61}$$

其中 Q_0 为岩心原始可动油体积，单位是 m^3。V_b 为岩心总体积，单位是 m^3。联立可得累计产油量为：

$$Q(t)=\phi AL(S_{wm}-S_{wi})\left[1-\frac{8}{\pi^2}\sum_{n=0}^{\infty}\frac{1}{(2n+1)^2}e^{-(2n+1)^2\pi^2 t_D}\right] \tag{5.2.62}$$

对式（5.2.62）左右两端关于 t 求导，即可得到一维有限大逆向渗吸的渗吸速度：

$$q(t)=\frac{dQ(t)}{dt}=\frac{8Ad}{L}(S_{wm}-S_{wi})\sum_{n=0}^{\infty}e^{-(2n+1)^2\pi^2 t_D} \tag{5.2.63}$$

采用相同的方法，可得到一维有限大逆向渗吸作用下，一面为油水接触面，一面为封闭边界的情况，如图 5.2.8 所示。

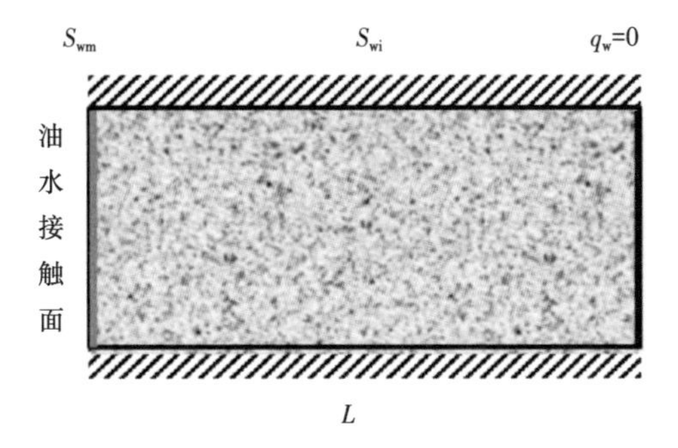

图 5.2.8　一维有限大边界半封闭渗吸模型

数学模型为：

$$\begin{cases}\dfrac{\partial^2 S_w}{\partial x^2}=\dfrac{\phi}{D}\dfrac{\partial S_w}{\partial t} & 0<x<L\\ S_w(0,t)=S_{wm} & x=0,t>0\\ \left.\dfrac{\partial S_w}{\partial x}\right|_{x=L}=0, & t>0\\ S_w(x,0)=S_{wi} & 0\leqslant x\leqslant L,t=0\end{cases} \tag{5.2.64}$$

根据镜像叠加法则，可得到最终含水饱和度分布为：

$$S_w(x,t)=S_{wm}-\frac{4}{\pi}(S_{wm}-S_{wi})\sum_{n=0}^{\infty}\frac{1}{2n+1}e^{-\left(\frac{(2n+1)\pi}{2L}\right)^2\frac{Dt}{\phi}}\sin\frac{(2n+1)\pi}{2L}x \tag{5.2.65}$$

含水饱和度分布规律如图 5.2.7b 所示。

采收率表达式为：

$$R=1-\frac{8}{\pi^2}\sum_{n=0}^{\infty}\frac{1}{(2n+1)^2}e^{-\left[\frac{(2n+1)\pi}{L}\right]^2\frac{Dt}{\phi}} \tag{5.2.66}$$

产量的表达式为：

$$q(t)=\frac{2Ad}{L}(S_{wm}-S_{wi})\sum_{n=0}^{\infty}e^{-\left[\frac{(2n+1)\pi}{L}\right]^2\frac{Dt}{\phi}} \tag{5.2.67}$$

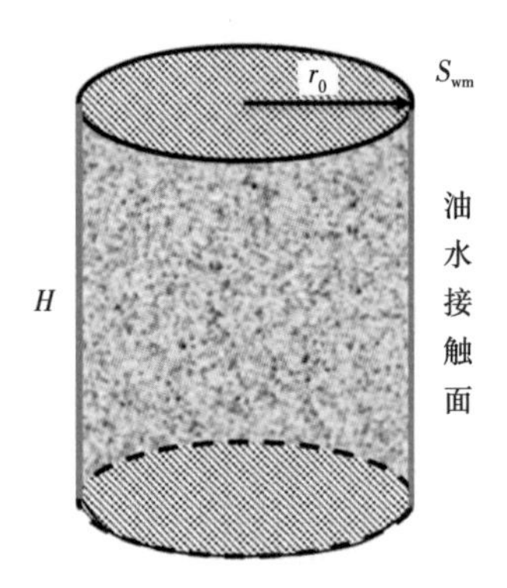

图 5.2.9　平面径向渗吸示意图

5.2.2.4　平面径向渗吸产能公式

根据一维逆向渗吸的基本微分方程，可以得到平面径向渗吸的基本微分方程：

$$\frac{\partial^2 S_w}{\partial r^2} + \frac{1}{r}\frac{\partial S_w}{\partial r} = \frac{\phi}{D}\frac{\partial S_w}{\partial t} \tag{5.2.68}$$

（1）含水饱和度分布。

如图 5.2.9 所示，岩心为一半径为 r_0 的圆柱体，岩心高度为 H，且有 $H \gg r_0$，圆柱体上下两面封闭，圆柱体侧面与外界连通且浸入水中，初始时刻基质内部饱和含油，含水饱和度为 S_{wi}。侧面与外界接触处 $r=r_0$ 在 $t>0$ 时含水饱和度为 S_{wm}。

根据假设，给出数学模型如下：

$$\begin{cases} \dfrac{\partial^2 S_w}{\partial r^2}+\dfrac{1}{r}\dfrac{\partial S_w}{\partial r}=\dfrac{\phi}{D}\dfrac{\partial S_w}{\partial t} & 0<x<r_0 \\ S_w(r_0,t)=S_{wm} & x=r_0,\ t>0 \\ S_w(r,0)=S_{wi} & 0\leqslant x\leqslant r_0,\ t=0 \end{cases} \tag{5.2.69}$$

令

$$S=\frac{S_{wm}-S_w}{S_{wm}-S_{wi}} \tag{5.2.70}$$

S 为归一化含水饱和度，无量纲，于是有：

$$\begin{cases} \dfrac{\partial^2 S}{\partial r^2}+\dfrac{1}{r}\dfrac{\partial S}{\partial r}=\dfrac{1}{C}\dfrac{\partial S}{\partial t} & 0<x<r_0 \\ S(r_0,t)=1 & x=r_0,\ t>0 \\ S(r,0)=0 & 0\leqslant x\leqslant r_0,\ t=0 \end{cases} \tag{5.2.71}$$

其中，$C=D/\phi$，单位是 m^2/s。

下面采用分离变量法来进行求解。

令 $S(r,t)=R(r)T(t)$，其中 $R(r)$ 只与 r 有关，$T(t)$ 只与 t 有关，代入原微分方程可得：

$$\begin{gathered} rCR''T + CR'T = rRT' \\ \frac{T'}{CT} = \frac{rR'' + R'}{rR} = -\lambda \end{gathered} \tag{5.2.72}$$

其中 λ 为分离常数，可以得到：

$$rR''+R'+\lambda rR=0 \tag{5.2.73}$$

$$T'+C\lambda T=0 \tag{5.2.74}$$

边界条件可化为：

$$
\begin{aligned}
S(r,0) &= R(r)T(0) = 1 \\
S(r_0,t) &= R(r_0)T(t) = 0
\end{aligned}
\tag{5.2.75}
$$

通过运算可得到通解：

$$
\begin{aligned}
R(r) &= c_1 J_0(\sqrt{\lambda} r) + c_2 Y_0(\sqrt{\lambda} r) \\
T(t) &= c_3 e^{-C\lambda t}
\end{aligned}
\tag{5.2.76}
$$

其中：c_1，c_2，c_3 为常数，J_0和 Y_0 和分别为 0 阶的第一类和第二类贝塞尔函数。由于 Y_0 在 $r \to 0$ 时是发散的，因此相关系数 c_2 必须取为 0 时，才能获得有物理意义的结果，因此可得式（5.2.71）的解为：

$$
S(r,t) = cJ_0(\sqrt{\lambda} r) \cdot e^{-C\lambda t} \tag{5.2.77}
$$

其中 $c=c_1 \cdot c_3$，为常数。

根据边界条件可知：

$$
S(r_0,t) = cJ_0(\sqrt{\lambda} r_0) \cdot e^{-C\lambda t} = 0 \tag{5.2.78}
$$

因此上述问题转换为求解 0 阶的第一类贝塞尔函数的零点问题。以 z_n 表示 J_0 的 n 重零点，可以得到：

$$
\sqrt{\lambda_n} r_0 = z_n,\ n = 1,2,3\cdots \tag{5.2.79}
$$

可以得到特征值为：

$$
\lambda_n = \left(\frac{z_n}{r_0}\right)^2, n = 1,2,3\cdots \tag{5.2.80}
$$

代入式（5.2.77）可得：

$$
S(r,t) = \sum_{n=1}^{\infty} c_n J_0(\sqrt{\lambda_n} r) \cdot e^{-C\lambda_n t} \tag{5.2.81}
$$

根据初始条件，可得：

$$
S(r,0) = \sum_{n=1}^{\infty} c_n J_0(\sqrt{\lambda_n} r) = 1 \tag{5.2.82}
$$

特征函数 J_0（$\sqrt{\lambda_n} r$）是具有正交性的，与其正交的内积为：

$$
(f,g) = \int_0^{r_0} f(r) g(r) r\mathrm{d}r \tag{5.2.83}
$$

因此可得：

$$
c_n = \frac{\int_0^{r_0} J_0(\sqrt{\lambda_n} r) r\mathrm{d}r}{\int_0^{r_0} [J_0(\sqrt{\lambda_n} r)]^2 r\mathrm{d}r} \tag{5.2.84}
$$

根据贝塞尔函数的性质，应用积分公式：

$$\int_0^{r_0} J_0(\sqrt{\lambda_n}r) r\mathrm{d}r = \frac{r_0}{\sqrt{\lambda_n}} J_1(\sqrt{\lambda_n}r_0)$$
$$\int_0^{r_0} [J_0(\sqrt{\lambda_n}r)]^2 r\mathrm{d}r = \frac{r_0^2[J_1(\sqrt{\lambda_n}r_0)]^2}{2} \tag{5.2.85}$$

则原微分方程的解为：

$$S(r,t) = 2\sum_{n=1}^{\infty} \frac{J_0(\sqrt{\lambda_n}r)}{r_0\sqrt{\lambda_n}J_1(\sqrt{\lambda_n}r_0)} \cdot \mathrm{e}^{-C\lambda_n t} \tag{5.2.86}$$

将 $C=D/\phi$ 和式（5.2.80）代入式（5.2.86），可得：

$$S(r,t) = 2\sum_{n=1}^{\infty} \frac{J_0\left(z_n \dfrac{r}{r_0}\right)}{z_n J_1(z_n)} \cdot \mathrm{e}^{-\frac{Dz_n^2 t}{r_0^2\phi}} \tag{5.2.87}$$

令 $t_\mathrm{D}=\dfrac{Dt}{\phi r_0^2}$，$x_\mathrm{D}=\dfrac{r}{r_0}$，代入可得：

$$S(r,t) = 2\sum_{n=1}^{\infty} \frac{J_0(z_n x_\mathrm{D})}{z_n J_1(z_n)} \cdot \mathrm{e}^{-z_n^2 t_\mathrm{D}} \tag{5.2.88}$$

将 S 还原为 S_w，则得到：

$$S_\mathrm{w}(r,t) = S_\mathrm{wm} - 2(S_\mathrm{wm} - S_\mathrm{wi})\sum_{n=1}^{\infty} \frac{J_0(z_n x_\mathrm{D})}{z_n J_1(z_n)} \cdot \mathrm{e}^{-z_n^2 t_\mathrm{D}} \tag{5.2.89}$$

式（5.2.89）即为平面径向渗吸不同时刻岩心含水饱和度的分布公式。图 5.2.10 绘制了不同渗吸时间下的含水饱和度分布变化。

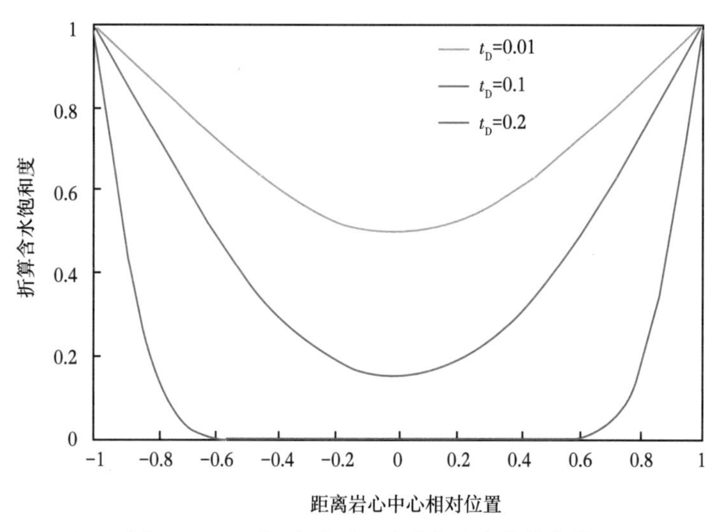

图 5.2.10　平面径向渗吸含水饱和度变化曲线

表 5.2.1 是 0 阶的第一类贝塞尔函数的前 20 位零点数值表 [$J_0(Z_n)=0$]。

表 5.2.1　0 阶第一类贝塞尔函数前 20 位零点数值表

n	$J_0(z_n)=0$	n	$J_0(z_n)=0$	n	$J_0(z_n)=0$	n	$J_0(z_n)=0$
1	2.4048	6	18.0711	11	33.7758	16	49.4826
2	4.5201	7	24.2116	12	34.9171	17	52.6241
3	8.6537	8	24.3525	13	40.0584	18	54.7655
4	14.7915	9	27.4935	14	43.1998	19	58.9070
5	14.9309	10	30.6346	15	44.3412	20	62.0485

(2) 产量公式。

对式 (5.2.88) 左右两端各乘以 $r\mathrm{d}r$，并对 r 积分，整理可得到：

$$\frac{S_{\mathrm{wm}}-\bar{S}_{\mathrm{w}}}{S_{\mathrm{wm}}-S_{\mathrm{wi}}}=4\sum_{n=1}^{\infty}\frac{1}{z_n^2}\cdot \mathrm{e}^{-z_n^2 t_{\mathrm{D}}} \tag{5.2.90}$$

其中，$\bar{S}_{\mathrm{w}}(r,t)=\dfrac{1}{r}\int_0^{r_0}S_{\mathrm{w}}(r,t)\,\mathrm{d}r$，为岩心平均含水饱和度。

变形后可得到岩心平均含水饱和度：

$$\bar{S}_{\mathrm{w}}(x,t)=S_{\mathrm{wm}}-4(S_{\mathrm{wm}}-S_{\mathrm{wi}})\sum_{n=1}^{\infty}\frac{1}{z_n^2}\cdot \mathrm{e}^{-z_n^2 t_{\mathrm{D}}} \tag{5.2.91}$$

根据可动油采收率的定义，可得到：

$$R=\frac{\bar{S}_{\mathrm{w}}-S_{\mathrm{wi}}}{S_{\mathrm{wm}}-S_{\mathrm{wi}}}=1-4\sum_{n=1}^{\infty}\frac{1}{z_n^2}\cdot \mathrm{e}^{-\frac{Dz_n^2 t}{r_0^2\phi}} \tag{5.2.92}$$

岩心原始可动油量的表达式为：

$$Q_0=\phi\pi r_0^2 H(S_{\mathrm{wm}}-S_{\mathrm{wi}}) \tag{5.2.93}$$

则岩心从 $t=0$ 开始通过渗吸作用累计产油量为：

$$Q(t)=Q_0\cdot R=\phi\pi r_0^2 H(S_{\mathrm{wm}}-S_{\mathrm{wi}})\left(1-4\sum_{n=1}^{\infty}\frac{1}{z_n^2}\cdot \mathrm{e}^{-\frac{Dz_n^2 t}{r_0^2\phi}}\right) \tag{5.2.94}$$

对式 (5.2.94) 左右两端关于 t 求导，即可得到平面径向逆向渗吸的渗吸速度：

$$q(t)=\frac{\mathrm{d}Q(t)}{\mathrm{d}t}=4\pi dH(S_{\mathrm{wm}}-S_{\mathrm{wi}})\sum_{n=1}^{\infty}\mathrm{e}^{-\frac{Dz_n^2 t}{r_0^2\phi}} \tag{5.2.95}$$

5.2.2.5　三维渗吸产能公式

三维渗吸模型如图 5.2.11 所示，公式的推导过程与一维渗吸公式类似，下面略去推导过程，直接列出三维渗吸含水饱和度分布、平均含水饱和度、可动油采收率及渗吸速度的公式。

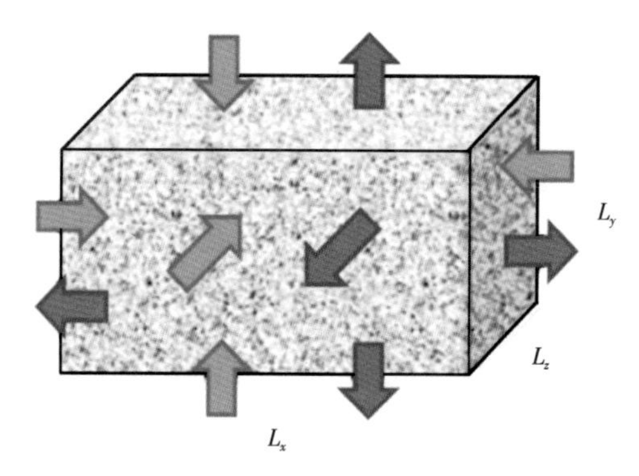

图 5.2.11　三维逆向渗吸模型示意图
（图中蓝色箭头代表水流方向，红色箭头代表油流方向）

三维逆向渗吸含水饱和度的分布为：

$$S_w(x,y,z,t)=S_{wm}-\frac{64}{\pi^3}(S_{wm}-S_{wi})\sum_{n=0}^{\infty}\sum_{m=0}^{\infty}\sum_{k=0}^{\infty}\left(\frac{1}{(2n+1)(2m+1)(2k+1)}\times e^{-\left\{\left[\frac{(2n+1)\pi}{L_x}\right]^2+\left[\frac{(2m+1)\pi}{L_y}\right]^2+\left[\frac{(2k+1)\pi}{L_z}\right]^2\right\}\frac{Dt}{\phi}}\times\sin\frac{(2n+1)\pi x}{L_x}\sin\frac{(2m+1)\pi y}{L_y}\sin\frac{(2k+1)\pi z}{L_z}\right) \tag{5.2.96}$$

其中 L_x 为 x 方向岩心长度，L_y 为 y 方向岩心长度，L_z 为 z 方向岩心长度。

平均含水饱和度公式为：

$$\bar{S}_w(x,y,z,t)=S_{wm}-\frac{512}{\pi^6}(S_{wm}-S_{wi})\sum_{n=0}^{\infty}\sum_{m=0}^{\infty}\sum_{k=0}^{\infty}\left(\frac{1}{(2n+1)^2(2m+1)^2(2k+1)^2}\times e^{-\left\{\left[\frac{(2n+1)\pi}{L_x}\right]^2+\left[\frac{(2m+1)\pi}{L_y}\right]^2+\left[\frac{(2k+1)\pi}{L_z}\right]^2\right\}\frac{Dt}{\phi}}\right) \tag{5.2.97}$$

可动油采收率的公式为：

$$R=1-\frac{512}{\pi^6}\sum_{n=0}^{\infty}\sum_{m=0}^{\infty}\sum_{k=0}^{\infty}\left(\frac{1}{(2n+1)^2(2m+1)^2(2k+1)^2}\times e^{-\left\{\left[\frac{(2n+1)\pi}{L_x}\right]^2+\left[\frac{(2m+1)\pi}{L_y}\right]^2+\left[\frac{(2k+1)\pi}{L_z}\right]^2\right\}\frac{Dt}{\phi}}\right) \tag{5.2.98}$$

渗吸速度公式为：

$$q(t)=\frac{512L_xL_yL_z\mathrm{d}}{\pi^4}(S_{wm}-S_{wi})\sum_{n=0}^{\infty}\sum_{m=0}^{\infty}\sum_{k=0}^{\infty}\left(\frac{1}{(2n+1)^2(2m+1)^2(2k+1)^2}\times e^{-\left\{\left[\frac{(2n+1)\pi}{L_x}\right]^2+\left[\frac{(2m+1)\pi}{L_y}\right]^2+\left[\frac{(2k+1)\pi}{L_z}\right]^2\right\}\frac{Dt}{\phi}}\times\left[\left(\frac{2n+1}{L_x}\right)^2+\left(\frac{2m+1}{L_y}\right)^2+\left(\frac{2k+1}{L_z}\right)^2\right]\right) \tag{5.2.99}$$

5.2.2.6　考虑缝网的渗吸产能公式

体积改造工艺可以有效打碎低渗透储层，使地层内的流体实现从基质到裂缝的最短距离渗流。为预测体积改造形成的缝网对低渗透储层渗吸作用的影响，从而为现场压裂工艺提供最优化施工方案，下面基于裂缝—孔隙双重介质模型，从缝网发育的规模和密度的角度，对渗吸产能的影响进行研究。

体积改造在油井周围形成的缝网分布是十分复杂的，为方便研究和计算，对缝网进行了简化，简化后的改造体积转化成被一些横向、纵向裂缝切割开的若干个基质块，如图 5.2.12所示。

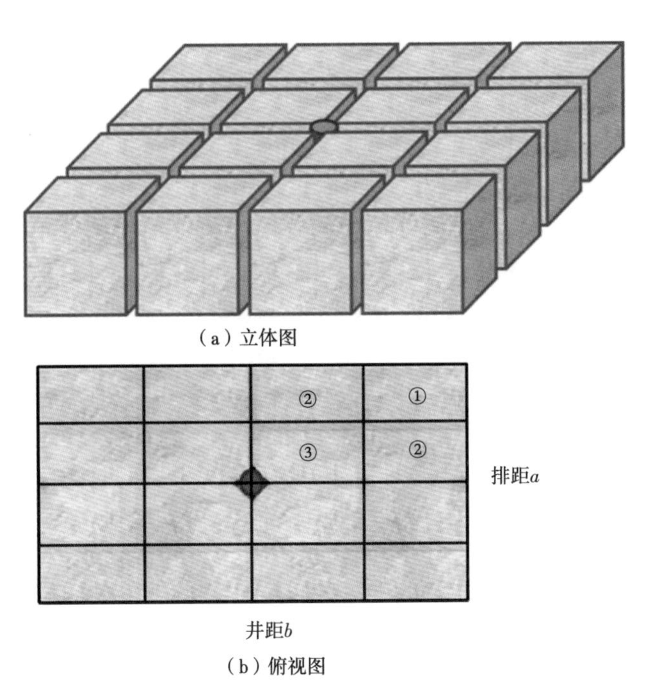

图 5.2.12　体积压裂缝网模型示意图

下面以一口油井为例，油井排距为 a，井距为 b，油藏厚度为 h，压裂形成的横向裂缝条数为f_x，纵向裂缝条数为f_y。裂缝网络将油井控制区域分为若干个基质块，按照与裂缝接触面数的不同，将基质块分为以下三类（表 5.2.2），不同的基质块类型对应不同的渗吸产能计算方法。根据三维渗吸产能方程，可推导得到考虑缝网的渗吸采出程度及产量方程。

t 时刻的渗吸采出程度公式为：

$$R=\frac{S_{\mathrm{wm}}-S_{\mathrm{wi}}}{1-S_{\mathrm{wi}}}\left[1-\frac{64}{\pi^4}\sum_{n=0}^{\infty}\sum_{m=0}^{\infty}\left(\begin{array}{l}\dfrac{4}{f}\dfrac{1}{(2n+1)^2(2m+1)^2}\mathrm{e}^{-\left\{\left[\frac{(2n+1)\pi}{2a/(f_x+1)}\right]^2+\left[\frac{(2n+1)\pi}{2b/(f_y+1)}\right]^2\right\}\frac{Dt}{\phi}}+\\ \dfrac{2(f_x-1)}{f}\dfrac{1}{(2n+1)^2(2m+1)^2}\mathrm{e}^{-\left\{\left[\frac{(2n+1)\pi}{a/(f_x+1)}\right]^2+\left[\frac{(2n+1)\pi}{2b/(f_y+1)}\right]^2\right\}\frac{Dt}{\phi}}+\\ \dfrac{2(f_y-1)}{f}\dfrac{1}{(2n+1)^2(2m+1)^2}\mathrm{e}^{-\left\{\left[\frac{(2n+1)\pi}{2a/(f_x+1)}\right]^2+\left[\frac{(2n+1)\pi}{b/(f_y+1)}\right]^2\right\}\frac{Dt}{\phi}}+\\ \dfrac{(f_x-1)(f_y-1)}{f}\dfrac{1}{(2n+1)^2(2m+1)^2}\mathrm{e}^{-\left\{\left[\frac{(2n+1)\pi}{a/(f_x+1)}\right]^2+\left[\frac{(2n+1)\pi}{b/(f_y+1)}\right]^2\right\}\frac{Dt}{\phi}}\end{array}\right)\right]$$

$n，m=0，1，2，\cdots$

（5.2.100）

渗吸速度公式为：

$$q(t)=\frac{64abhd}{\pi^{2}}(S_{\mathrm{wm}}-S_{\mathrm{wi}})\sum_{m=0}^{\infty}\sum_{n=0}^{\infty}\left[\begin{array}{l}\frac{4}{f}\frac{1}{(2n+1)^{2}(2m+1)^{2}}\mathrm{e}^{-\left\{\left[\frac{(2n+1)\pi}{2a/(f_x+1)}\right]^{2}+\left[\frac{(2m+1)\pi}{2b/(f_y+1)}\right]^{2}\right\}\frac{Dt}{\phi}}\times\\ \left\{\left[\frac{2n+1}{2a/(f_x+1)}\right]^{2}+\left[\frac{2m+1}{2b/(f_y+1)}\right]^{2}\right\}+\\ \frac{2(f_x-1)}{f}\frac{1}{(2n+1)^{2}(2m+1)^{2}}\mathrm{e}^{-\left\{\left[\frac{(2n+1)\pi}{a/(f_x+1)}\right]^{2}+\left[\frac{(2m+1)\pi}{2b/(f_y+1)}\right]^{2}\right\}\frac{Dt}{\phi}}\times\\ \left\{\left[\frac{2n+1}{a/(f_x+1)}\right]^{2}+\left[\frac{2m+1}{2b/(f_y+1)}\right]^{2}\right\}+\\ \frac{2(f_y-1)}{f}\frac{1}{(2n+1)^{2}(2m+1)^{2}}\mathrm{e}^{-\left\{\left[\frac{(2n+1)\pi}{2a/(f_x+1)}\right]^{2}+\left[\frac{(2m+1)\pi}{b/(f_y+1)}\right]^{2}\right\}\frac{Dt}{\phi}}\times\\ \left\{\left[\frac{2n+1}{2a/(f_x+1)}\right]^{2}+\left[\frac{2m+1}{b/(f_y+1)}\right]^{2}\right\}+\\ (f_x-1)(f_y-1)\frac{1}{(2n+1)^{2}(2m+1)^{2}}\mathrm{e}^{-\left\{\left[\frac{(2n+1)\pi}{a/(f_x+1)}\right]^{2}+\left[\frac{(2m+1)\pi}{b/(f_y+1)}\right]^{2}\right\}\frac{Dt}{\phi}}\times\\ \left\{\left[\frac{2n+1}{a/(f_x+1)}\right]^{2}+\left[\frac{2m+1}{b/(f_y+1)}\right]^{2}\right\}\end{array}\right]\tag{5.2.101}$$

表 5.2.2　体积改造缝网切割成基质块的分类

基质块类型	个数
两面与裂缝接触［图 5.2.12（b）中①］	4
三面与裂缝接触［图 5.2.12（b）中②］	$2(f_x+f_y-2)$
四面与裂缝接触［图 5.2.12（b）中③］	$(f_x-1)(f_y-1)$
总基质块	$(f_x+1)(f_y+1)$

式（5.2.100）、式（5.2.101）中，研究区域为压裂破碎区，即缝网波及的区域，而不是整个目的层；根据假设条件做理想化处理，因而体积改造后的各条横向裂缝和纵向裂缝长度相等且等于压裂破碎区长度，因而该公式是利用压裂破碎区的长度、宽度来反映裂缝的长度和宽度的，改变破碎区的长度和宽度即可反映裂缝的长度和宽度。

裂缝密度是通过改变缝网的横向裂缝和纵向裂缝条数来进行考虑的，在一定的压裂破碎区面积当裂缝条数改变时，裂缝密度即发生变化。

该公式计算的是裂缝和基质之间发生渗吸作用得到的原油产量，因而默认从基质交换到裂缝中的原油在裂缝中被驱替作用下运移至井口被采出，即认为裂缝具有无限导流能力。今后将继续开展复杂缝网体系模型的研究，将裂缝导流能力的参数考虑到渗吸产能的计算中，以更符合实际情况。

5.2.3　体积改造油藏渗吸产能方程实例应用

大港油田 GD6x1 区块枣Ⅴ油组（图 5.2.13），储层埋深 3800m，地质储量约 229×10^{4}t，

平均孔隙度为 13%，渗透率为 3.9mD，油藏条件下油相黏度为 2.3mPa·s，水相黏度为 0.5mPa·s，残余油饱和度为 0.36，束缚水饱和度为 0.35；采用井距 300m，排距 150m 的矩形井网，根据该区块岩心的相渗曲线和毛细管压力曲线，将该区域渗吸渗吸扩散系数取值为 $2.24\times10^{-8}m^2/s$。

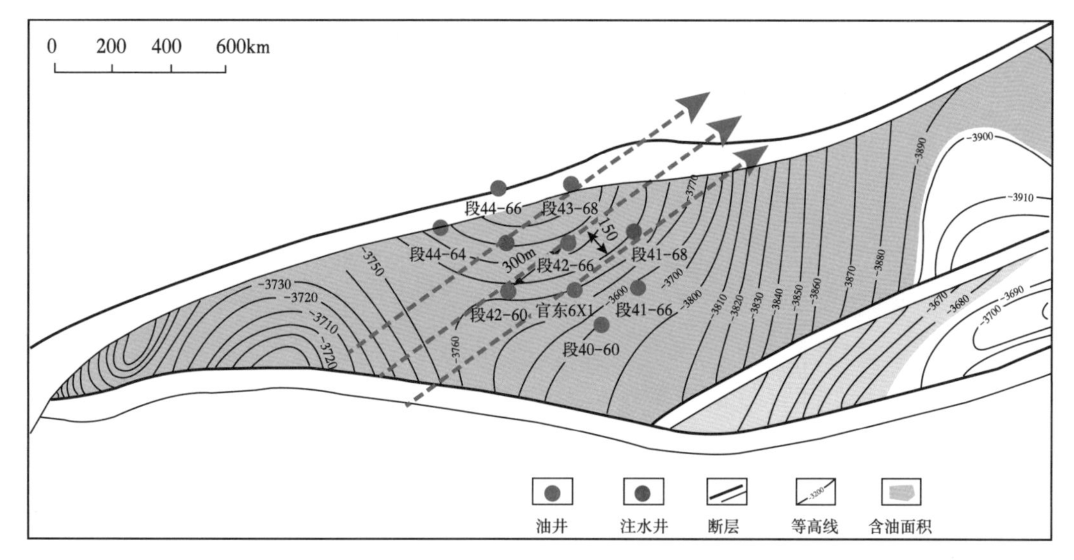

图 5.2.13 GD6x1 构造井位图

油井单井初产 10t/d，初期采油速度为 0.9%，十年评价期阶段累计产油 14.8×10^4t，10 年常规注水采出程度为 4.29%。现该区块计划采用体积压裂+注水吞吐的开采方式，利用现有五点法井网进行宽带体积压裂（图 5.2.14），注水吞吐每轮次周期为一年，每周期注水 2 个月，焖井 1 个月，采油 9 个月。利用缝网渗吸产能公式预测 10 年该区块的渗吸采油量及采出程度，并设计油井体积压裂的最优化方案。

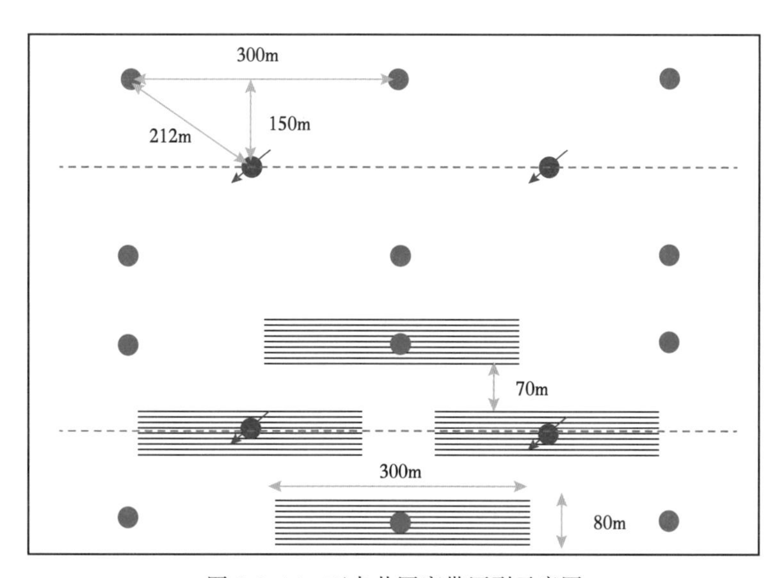

图 5.2.14 五点井网宽带压裂示意图

该实例利用5.2.2.6中的缝网渗吸产能公式进行计算，分别改变压裂的缝网长度、缝网宽度以及缝网密度，计算并对比采用注水吞吐方式开采10年时间的渗吸采出程度。

根据式（5.2.100），绘制10年渗吸采出程度随缝网长度与缝网密度的变化曲线，如图5.2.15所示，结果显示：采出程度随缝网长度的增加而增大，但当缝网长度大于150m时，采出程度曲线逐渐趋于平缓，因此认为当缝网长度为150m时为最优值。而采出程度随缝网密度的变化成正相关性，缝网密度越大，采出程度越高。

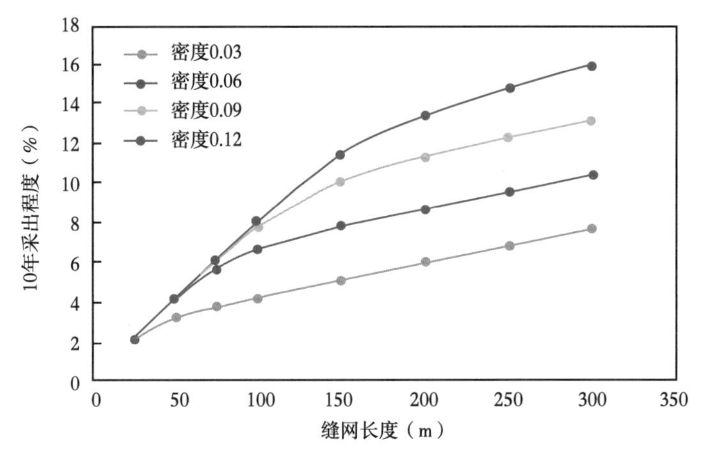

图5.2.15　10年渗吸采出程度随裂缝长度及密度变化曲线

绘制10年渗吸采出程度随缝网宽度与缝网密度的变化曲线，如图5.2.16所示：结果显示：采出程度随缝网宽度的增加而增大，但当缝网宽度大于75m时，采出程度曲线逐渐趋于平缓，因此认为当缝网宽度为75m时为最优值。采出程度随缝网密度的变化与图5.2.15相似，即成正相关性：缝网密度越大，采出程度越高。

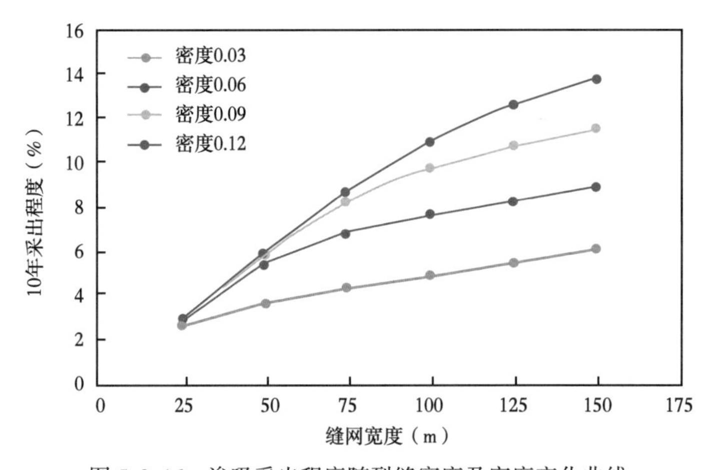

图5.2.16　渗吸采出程度随裂缝宽度及密度变化曲线

根据公式（5.2.100），计算不同裂缝长度下的渗吸产量，绘制渗吸产量随裂缝长度变化的双对数坐标曲线，如图5.2.17所示：渗吸初期产量很高，但随着渗吸时间的增加，产量迅速下降；渗吸速度随缝网长度的增加而增大，当缝网长度小于150m时，渗吸速度过低。

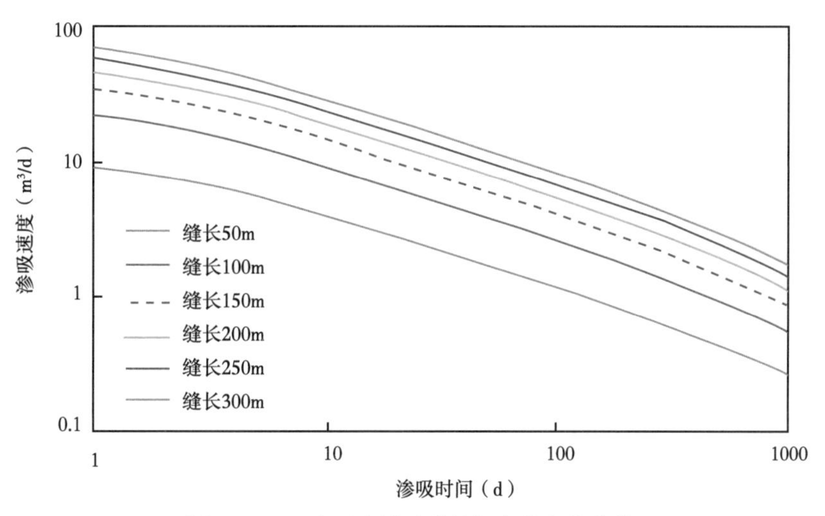

图 5. 2. 17　渗吸产量随裂缝长度的变化曲线

计算不同裂缝宽度下的渗吸产量，绘制渗吸产量随裂缝宽度变化的双对数坐标曲线，如图 5. 2. 18 所示：与图 5. 2. 17 相似，渗吸初期产量很高，但随着渗吸时间的增加，产量迅速下降；渗吸速度随缝网宽度的增加而增大，当缝网宽度小于 75m 时，渗吸速度过低。

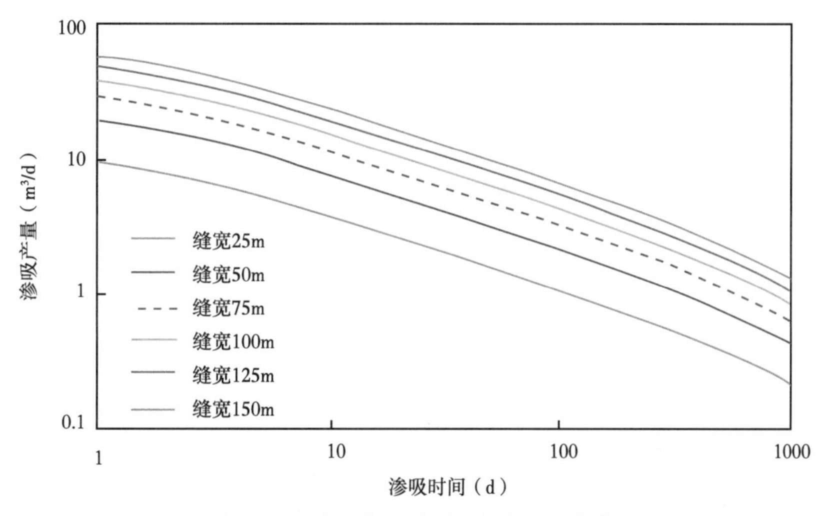

图 5. 2. 18　渗吸产量随裂缝宽度的变化曲线

因此提出该试验区块的体积改造优化设计方案：体积压裂缝网长度不宜小于 150m（即井距的 50%），宽度不宜小于 75m（即排距的 50%），否则渗吸产量和采出程度将会明显降低。在压裂施工工艺及经济可行的基础上，压裂缝网密度越大，采出程度越高，渗吸效果越好。

在达到一定的体积压裂规模下，充分利用渗吸作用吞吐采油可使该区块 10 年采出程度增加 7%以上。通过将岩心尺度的理论研究成果与压裂工艺联系起来，实现解析方法同现场应用的有机结合，为现场体积改造施工提供方案和理论支撑。

5.3 体积改造油藏渗吸采油产能影响因素

渗吸行为是岩石和流体共同作用的结果，岩石和流体的多种性质共同决定了渗吸采油的产能。对于渗吸产能影响因素的研究可以从两个尺度进行分类和讨论。

（1）岩心尺度。主要包括：岩石物性（岩石绝对渗透率、微观孔喉结构、基质尺寸、基质形状）；流体性质（油水黏度比，界面张力）；液固相互作用（毛细管压力，润湿性）；初始条件（初始含水饱和度、温度、压力）等。

（2）矿场尺度。主要包括：开发技术政策（注入速度，注入体积倍数，渗吸剂）；工程因素（压裂裂缝长度，裂缝宽度，裂缝密度）等。

根据上一章推导得到了线性、平面及三维的渗吸产能计算公式，可以定量分析各影响因素对渗吸产能的作用。下面分别从实验测定方法、数学定量表征模型以及对渗吸产能影响的角度讨论各影响因素。

5.3.1 储层润湿性

润湿性是岩石基质与油藏流体相互作用产生的一种综合特性，是储层的基本物性参数。润湿性是决定流体在油藏中原始分布状态的最重要的因素之一，同时也对自发渗吸过程产生巨大影响。

5.3.1.1 润湿性概述

（1）定义。

润湿性可定义为，与岩石表面接触的不相混合的两种流体，其中一相有在岩石表面铺开或者黏附的趋势。能够在岩石表面铺开的一相流体称为润湿相，另外一相流体为非润湿相。润湿性在油气开发过程中起到非常重要的作用，它支配着油藏中油水两相的分布、位置和相对流动。在水湿系统中，水相会占据最狭窄的孔隙，并在孔隙壁上附着上一层水膜，而油相在孔隙中则以油滴的形式存在（5.3.1）。在油湿系统中，流体的分布状态是正好相反的。

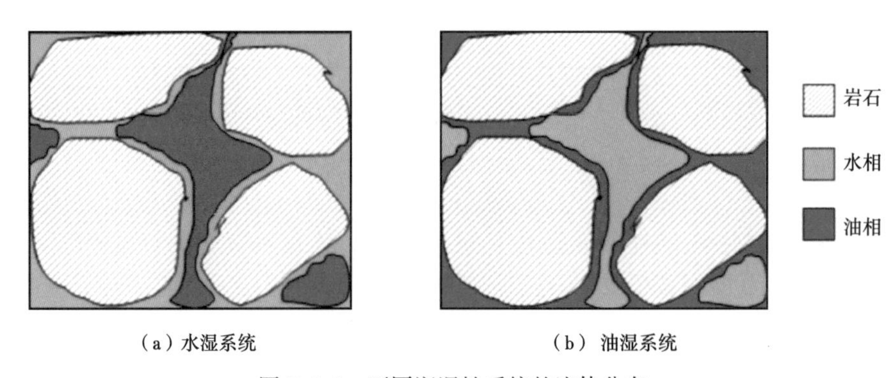

（a）水湿系统　　（b）油湿系统

图 5.3.1　不同润湿性系统的流体分布

能够自发吸入水相的岩心称为水湿岩心，能够自发吸入油相的岩心称为油湿岩心，水相和油相都不能自发吸入的岩心称为中性润湿。同时在多孔介质中，由于岩石表面粗糙度的不同或矿物组成的差异性，润湿性的分布是不均匀的。混合润湿是指油湿区域和水湿区域可以相互连通的情况，例如在小孔隙中岩石多为亲水不含油，而在大孔隙中由于原油的浸润而使岩石变为油湿。

（2）润湿性对注水开发效果的影响。

当对亲水油藏实施注水开发时，注入水会优先沿多孔介质的壁面流动，同时驱动原油向孔隙的中央或更大的孔隙流动。在注入水抵达采油井前，大部分可动油都可被开采出来，而当油井见水后，仅有少量油被采出，生产动态曲线是陡然下降的；当注水开发亲油油藏时，水相占据孔隙中央的位置，即使当注入水达到油井后，油相仍会不断从孔喉壁的油膜上剥离下来并流入采油井，因此油井见水后产量没有大幅度的降低，生产动态曲线上呈现出一个长尾现象。

（3）润湿性对毛细管压力的影响。

毛细管压力—含水饱和度曲线取决于岩石润湿性、孔喉结构、初始含水饱和度以及饱和历史。在水湿岩心中，由于存在很高的正值毛细管压力，当岩心与水相接触时渗吸自发开始，当毛细管压力降至 0 值时，渗吸作用停止。注水突破前，油井产量较高，当油井见水后，油井产量迅速降低［图 5. 3. 2（a）］。在油湿岩心中，毛细管压力接近于 0 或负值，大部分原油通过动态渗吸采出，自发渗吸的产量较低［图 5. 3. 2（b）］。中性润湿的岩心对水相和油相都有自发渗吸的趋势，毛细管压力曲线如图［5. 3. 2（c）］所示。

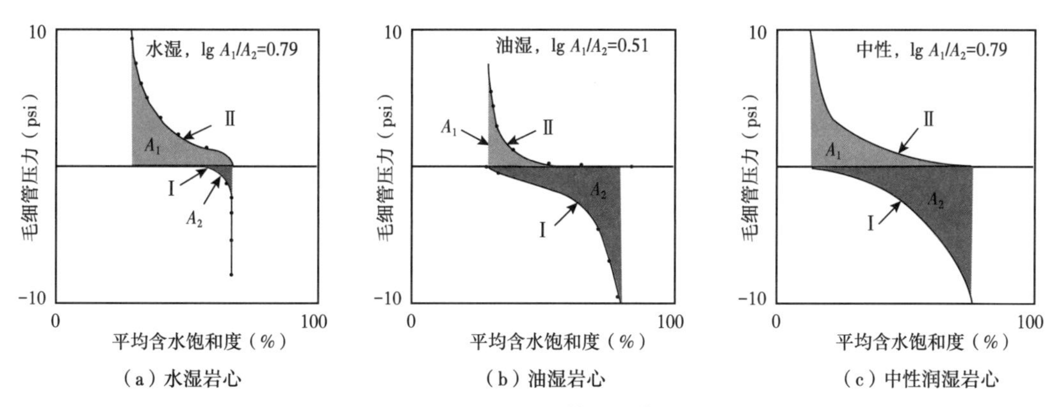

图 5. 3. 2 润湿性对毛细管压力曲线的影响

（4）润湿性对相对渗透率的影响。

岩石的润湿性是决定流体相对渗透率的重要原因，这是因为润湿性是多孔介质中控制流体位置、相对流动和分布状态的主要因素。在混合润湿的岩心中，随着系统水湿性的增强，水相相对渗透率降低，而油相相对渗透率提高；随着系统油湿性的增强，水相相对渗透率提高，而油相相对渗透率降低（图 5. 3. 3）。在混合润湿油藏中，随着注水开发的时间不断增加，大孔隙壁面的润湿性发生了反转，从油湿转为水湿，因此开发后期油藏的残余油饱和度很低。

相对渗透率曲线中的束缚水饱和度位置，对于亲水岩石通常高于 20%，对于亲油岩石通常低于 15%；相对渗透率曲线中的等渗点位置，对于亲水岩石通常高于 50%，对于亲油岩石通常低于 50%。一般情况下，在水湿岩石中，水相相对渗透率的最大值 $k_{rwe}<0.3$，而

在油湿岩石中，油相相对渗透率的最大值 k_{roe}>0.5 或接近 1。

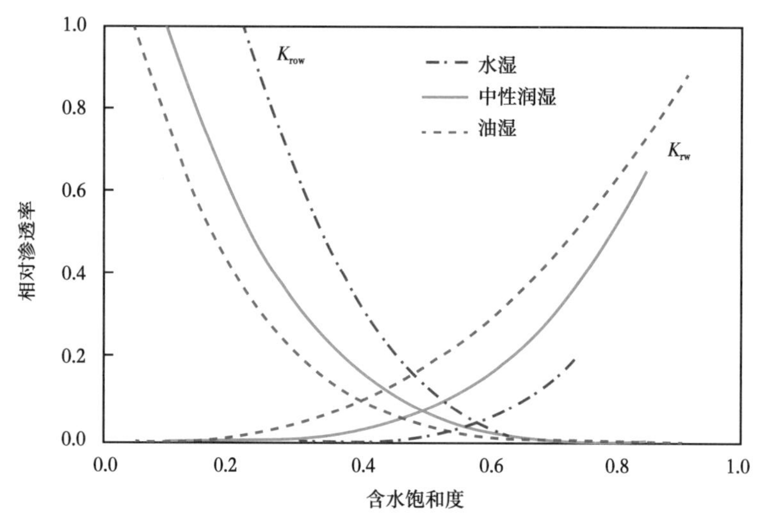

图 5.3.3　不同润湿性的典型相对渗透率曲线

（5）润湿反转。

表面活性剂是一种同时含亲油基团和亲水基团的极性分子，它能够自发地吸附在岩石表面，使油水两相的表面张力大大降低，表面活性剂的作用可以使岩石的润湿性发生变化。在亲油油藏中加入表面活性剂，可以促进岩石颗粒表面油膜的剥落，提高油藏自发渗吸的产量，进而提高原油采收率。

但是表面活性剂对渗吸作用的改善程度是随加入剂浓度的变化而改变的。如图 5.3.4、图 5.3.5 所示，F08 和 DLH 为两种渗吸剂，分别测量两种渗吸剂加入不同剂量的条件下某岩心渗吸效率的变化，结果显示：随着 F08 剂浓度的升高，渗吸效率先显著升高后又转向突然下降，这说明，随着该剂浓度的增加，表面活性剂使岩心表面的润湿性发生了的质变（以亲水岩心为例，润湿性由水湿转为油湿）；而随着 DLH 剂浓度的升高，渗吸效率一直是不断提高的。因此表面活性剂的润湿反转作用在一定浓度范围内是对油藏开发有利的。

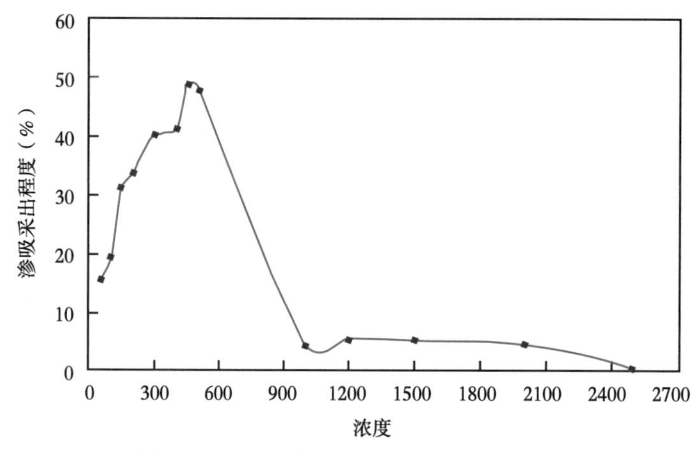

图 5.3.4　F08 浓度对渗吸采出程度的影响

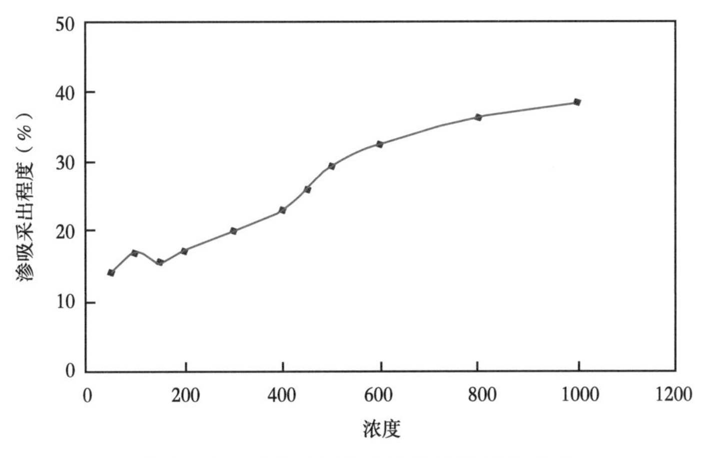

图 5.3.5　DLH 浓度对渗吸采出程度的影响

5.3.1.2　测定方法

油藏岩石的润湿性是十分复杂，想要测定油藏条件下岩石的润湿性是十分困难的。不同的学者提出了针对润湿性测定的定性或定量的方法。大体可将测定方法分为两类：直接测量法包括接触角法、吊板法、滴液法等；间接测定法包括离心法、Amott 法、USBM 法、自吸法等。其中接触角法是测定平板润湿性最常用的方法，而改进的 Amott 法和 USBM 法是定量表征多孔介质润湿性最常用的方法。这两种方法是基于岩样—地层水—原油的驱替过程，需要测定含水饱和度和不同流动条件下对应的毛细管压力变化。

（1）接触角法。

将两种不相混合的流体放置在一个光滑均质的固体表面，通过显微镜或光学组件观察液滴，会发现存在一个接触角 θ，通过杨氏（Young）方程可表示为：

$$\sigma_{os}=\sigma_{ws}+\sigma_{ow}\cos\theta \tag{5.3.1}$$

如图 5.3.6 所示，其中 σ_{os}为油—固两相表面张力，N/m，σ_{ws}为水—固两相表面张力，N/m，σ_{ow}为油—水两相表面张力，N/m，θ 为接触角，(°)。

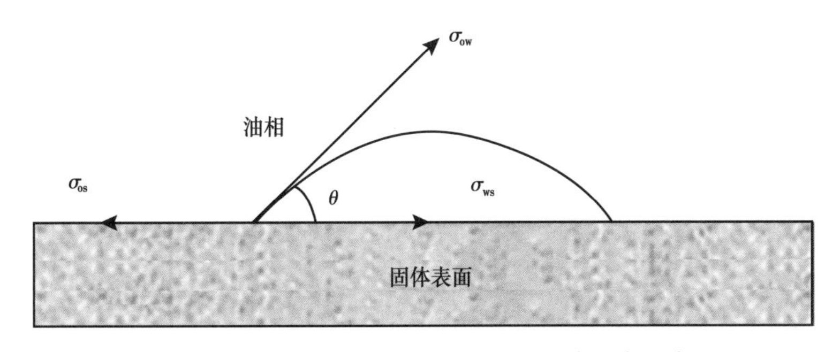

图 5.3.6　接触角与表面张力的关系（水滴在水湿表面）

接触角的变化范围是 0~180°，小于 90°说明表面对水吸附能力强，为亲水表面；大于 90°说明表面对油吸附能力强，为亲油表面；当表面对油水两相吸附能力相当时，表面称为中性润湿，接触角接近 90°。

采用该方法来测定岩石润湿性存在一些缺陷：由于接触角是在平板上测定的，因此无法精确表征多孔介质表面的状态，而且影响润湿性的其他因素如岩石的表面粗糙度、矿物成分的非均质性以及孔隙结构在实验过程中也没有考虑。

（2）Amott 法。

Amott 法是用来定量评价油藏岩石润湿性的方法，可以测得岩心的平均润湿性；它基于油水两相在岩心中的自发渗吸和驱替作用，采用的机理是润湿相流体能够自发的吸入岩心并驱替非润湿相。实验室中通常采用离心机使润湿相更好地进入岩石孔隙中，并有效地驱走非润湿相。如图 5.3.7 所示，毛细管压力曲线分为渗吸过程（1+2 段）和驱替过程（3+4 段），共 4 段。

1 段：岩心自发渗吸吸入水相，曲线到达 S_{ws} 位置。

2 段：岩心强制渗吸吸入水相，岩心含油饱和度到达 S_{or}。

3 段：岩心自发驱替水相，曲线到达 S_{os} 位置。

4 段：注入原油驱替岩心，使岩心含水饱和度达到 S_{wi}。

其中，1 段和 4 段的毛细管压力为正值，2 段和 3 段的毛细管压力为负值；1 段为自发渗吸，2 段为强制渗吸，3 段为自发驱替，4 段为强制驱替。驱替过程，含水饱和度增大，渗吸过程，含水饱和度减小。

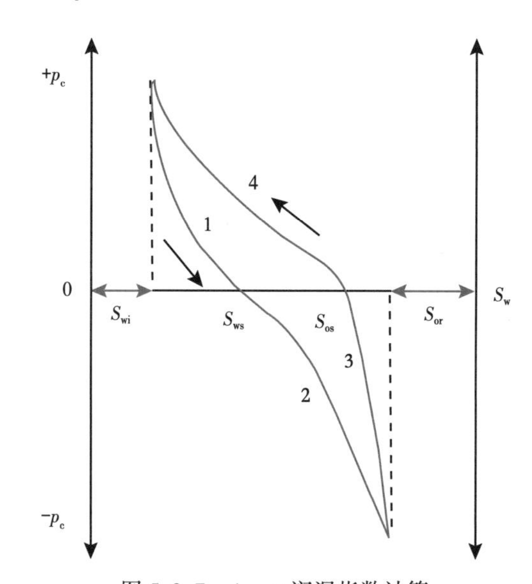

图 5.3.7　Amott 润湿指数计算

S_{wi} 表示束缚水饱和度，S_{ws} 表示水相自发渗吸后的含水饱和度，

S_{os} 表示油相自发渗吸后的含油饱和度，S_{or} 表示残余油饱和度

分别定义水湿指数、油湿指数以及 Amott 润湿指数：

$$I_w=\frac{S_{ws}-S_{wi}}{1-S_{or}-S_{wi}} \tag{5.3.2}$$

$$I_o=\frac{S_{os}-S_{or}}{1-S_{or}-S_{wi}} \tag{5.3.3}$$

$$I_A = I_w - I_o \tag{5.3.4}$$

其中，S_{ws}为水相自发渗吸后的含水饱和度，S_{os}为油相自发渗吸后的含油饱和度。I_A取值的变化范围是强亲水岩心对应的+1 到强亲油岩心对应的−1 之间。一般认为：当$+0.3 \leqslant I_A \leqslant +1$时系统为水湿，$-0.3 \leqslant I_A \leqslant +0.3$时系统为中性润湿，$-1 \leqslant I_A \leqslant -0.3$时系统为油湿。

Amott-Harvey 法是 Amott 法的改进形式，它在原有实验步骤的基础上增加了一步岩心制备过程，岩心首先完全浸入水中进行离心处理，再浸入原油中使岩心含水饱和度达到S_{wi}。下面的步骤与 Amott 法一致。即增加了一步驱替过程。

（3）USBM（United States Bureau of Mines）法。

USBM 法也是测量岩心的平均润湿性，该方法测量的机理是比较一种流体驱替另一种流体所需要做的功，比如非润湿相驱替润湿性需要消耗更多的功，反之亦然，而所需做的功与毛细管压力曲线包围下的面积成正比，因此在束缚水饱和度和残余油饱和度之间的毛细管压力曲线所包围的面积的比值可以很好地反映岩石的润湿性。

定义 USBM 润湿指数的概念：

$$N_w = \lg\left(\frac{A_w}{A_o}\right) \tag{5.3.5}$$

其中，A_w为图 5.3.7 中两条毛细管压力曲线与横轴所包裹的面积中$p_c>0$的部分，A_o为两条毛细管压力曲线与横轴所包裹的面积中$p_c<0$的部分。

USBM 法的驱替和渗吸过程均通过离心机处理后测量，相比于 Amott 法，USBM 法在岩心接近中性润湿时更为精确和灵敏，且实验用时短，但由于实验需要使用离心机，因此测量岩心样品的尺寸被限定在固定的段塞大小范围。表 5.3.1 对比了两种测定方法的实用性。

表 5.3.1　Amott 法和 USBM 法对比

对比指标	油湿	中性润湿	水湿
Amott 水湿指数	0	0	>0
Amott 油湿指数	>0	0	0
Amott 润湿指数	−1.0~−0.3	−0.3~0.3	0.3~1.0
USBM 润湿指数	−1	0	1
最大测量接触角	105°~120°	60°~75°	0°
最小测量接触角	180°	105°~120°	60°~75°

（4）自吸法。

自吸法是通过测定自发渗吸速度来测量岩心润湿性的一种定量方法。毛细管压力是自发渗吸的驱动力，因此渗吸速度与毛细管压力的大小是成比例关系的。因此测量自发渗吸速度可以看作是 Amott 法和 USBM 法的有效补充。随着岩石的润湿性由强水湿转变为中性水湿，自发渗吸的速度和吸入量都会降低，这种测量方法在 Amott 润湿指数非常接近的时候是灵敏性很高的。同时测定渗吸速率也为研究动表面张力和动润湿角提供了数据，而这些参数通过 Amott 法和 USBM 法是无法反映出的。有学者认为，相比于孔隙中的流体黏度和孔喉结构，多孔介质的润湿性测定更应该通过测量毛细管压力来获得。

5.3.1.3 渗吸作用影响分析

（1）润湿性与毛细管压力。

通常实验室测量毛细管压力都是取有限尺寸和个数的若干块岩心进行压汞实验，无法反映整个油藏的毛细管压力特性。因此，在油田开发的实际应用中，提出了平均毛细管压力 $J(S_w)$ 函数。$J(S_w)$ 函数是求取某一油藏平均毛细管压力和进行综合对比的方法，$J(S_w)$ 函数曲线可以将油层的流体界面张力、接触角、毛细管压力、基质渗透率和孔隙度等因素综合起来，表征储层的渗流特性；在同一储层内部、同一岩石类型的 $J(S_w)$ 函数都具有较好的符合性。

$J(S_w)$ 函数的定义为：

$$J(S_w)=\frac{p_c}{\sigma\cos\theta}\left(\frac{K}{\phi}\right)^{1/2} \tag{5.3.6}$$

根据储层的平均孔隙度、渗透率、润湿角和表面张力数据，利用上面回归出的 J 函数可以反求储层的平均毛细管压力。

$$P_c=\sigma\cos\theta\sqrt{\frac{\phi}{K}}J(S_w) \tag{5.3.7}$$

在式（5.3.7）中，改变岩石的接触角大小，分别取 $\theta=0°\sim180°$ 的 7 个角度，根据表 5.3.1 中的算例数据绘制毛细管压力曲线，如图 5.3.8 所示：毛细管压力大小随含水饱和度的增大而降低，当 θ 在 $0°\sim90°$ 范围内变化时，毛细管压力为正值，此时毛细管压力为渗吸过程的动力，且随接触角值的增加，毛细管压力逐渐减小；当 θ 在 $90°\sim180°$ 范围内变化时，毛细管压力为负值，此时毛细管压力为渗吸过程的阻力，且随接触角值的增加，毛细管压力的绝对值逐渐增大。

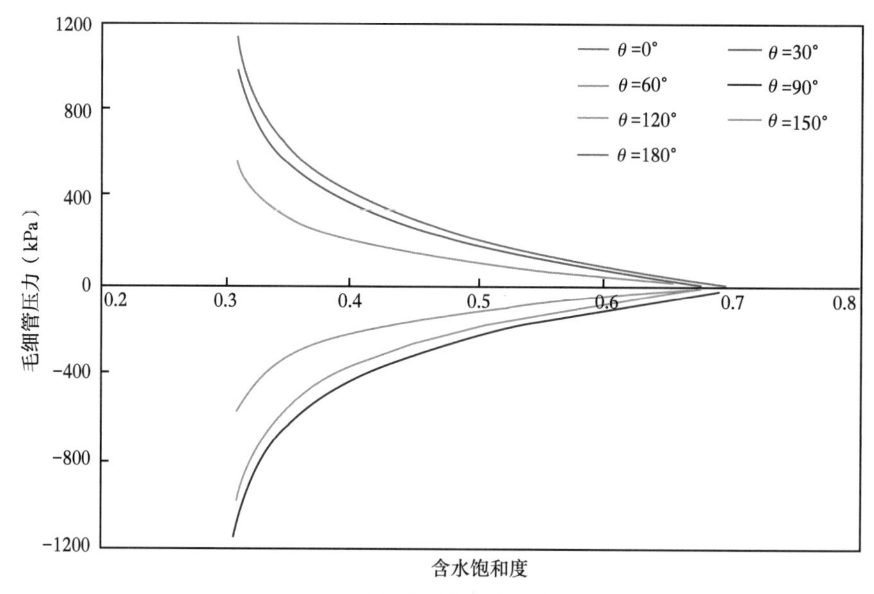

图 5.3.8 毛细管压力与润湿角的关系

表 5.3.2 典型特低渗透岩心及流体基本参数

模型参数	数值	模型参数	数值
岩心长度（cm）	4	渗透率（mD）	10
表面张力（mN/m）	47.4	孔隙度	0.2
束缚水饱和度	0.3	水相黏度（mPa·s）	1
残余油饱和度	0.3	油相黏度（mPa·s）	2
水相相渗端点值 K_{rwe}	0.1	水相 Corey 指数 n_w	4
油相相渗端点值 K_{roe}	0.65	油相 Corey 指数 n_o	2

在亲油或者混合润湿油藏的开发过程中，通过加入渗吸剂，可以使岩石润湿性发生反转，将油湿孔隙转变为水湿孔隙，有利于渗吸作用的进行，提高原油采收率。

（2）润湿性与渗吸扩散系数。

根据渗吸扩散系数的定义：

$$D=-K\frac{K_{rw}K_{ro}}{\mu_w K_{ro}+\mu_o K_{rw}}\frac{dp_c}{dS_w} \tag{5.3.8}$$

可知润湿性作为毛细管压力的重要影响因素，也决定了渗吸扩散系数的大小和正负。改变岩石的接触角大小，分别取 $\theta=0°\sim180°$ 的 7 个角度，绘制渗吸扩散系数随含水饱和度的分布曲线，如图 5.3.9 所示。当 θ 在 $0°\sim90°$ 范围内变化时，毛细管压力为正值，此时毛细管压力为渗吸过程的动力，且随接触角值的增加，渗吸扩散系数逐渐减小，渗吸作用逐渐减弱；当 θ 在 $90°\sim180°$ 范围内变化时，毛细管压力为负值，此时毛细管压力为渗吸过程的阻力，基质吸水排油的作用无法主动发生，必须依靠外界压力克服毛细管压力进行强制渗吸，因此下面对于渗吸产能的讨论仅考虑润湿角小于 90° 的情况。

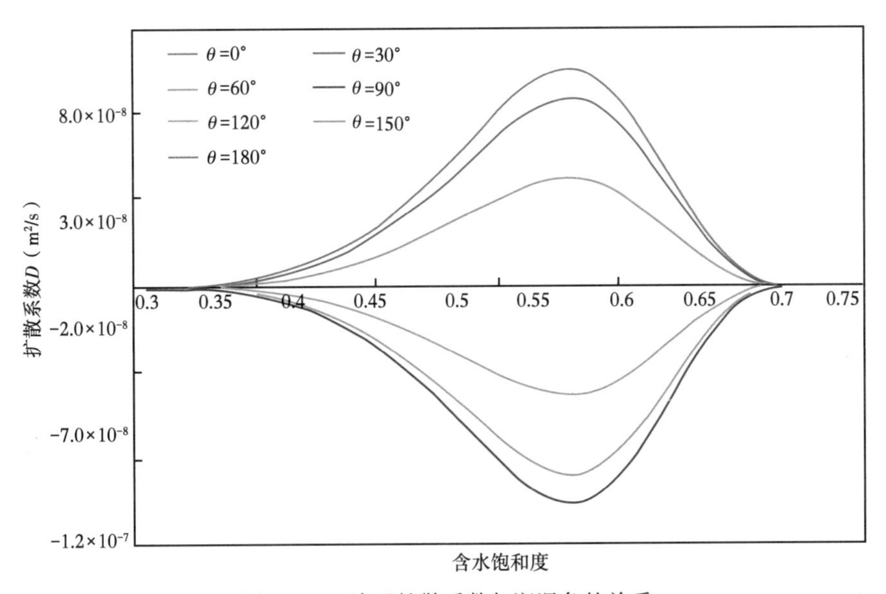

图 5.3.9 渗吸扩散系数与润湿角的关系

（3）润湿性与渗吸采出程度。

根据本章上节中推导的一维有限大边界条件下的渗吸采出程度公式（5.2.66），分别绘制出θ=0°、30°、45°、60°、75°时的渗吸采出程度曲线，如图5.3.10所示。当θ在0°~90°范围内变化时，毛细管压力为正值，此时毛细管压力为渗吸过程的动力，对应同一时刻，随接触角值的增加，渗吸采出程度逐渐降低；即接触角越小，相同时间岩心的渗吸采出程度越高。

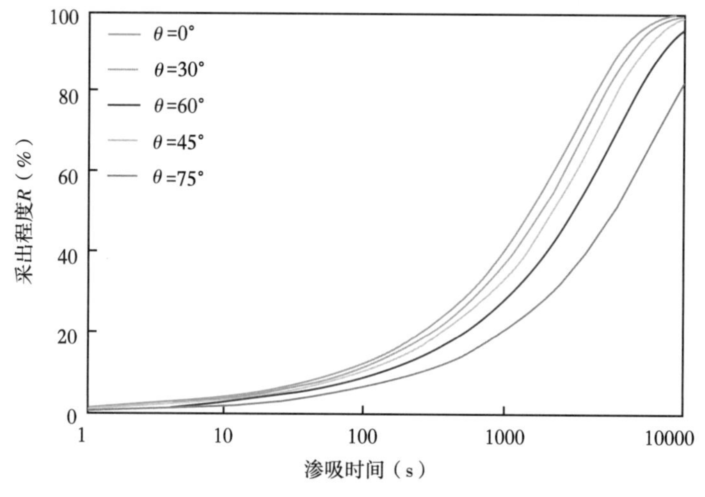

图5.3.10　渗吸采出程度与润湿角的关系

（4）润湿性与渗吸速度。

根据第5章中推导的一维有限大边界条件下的渗吸速度公式（5.2.67），分别绘制出θ=0°、30°、45°、60°、75°时的渗吸速度曲线，如图5.3.11所示。渗吸速度的变化规律整体表现为：初始时刻速度很快，随着岩心内部含油饱和度的下降，渗吸速度下降很快，最后速度接近于0，自发渗吸作用停止。随接触角值的增加，渗吸速度逐渐降低；即接触角越小，渗吸采油速度越快。

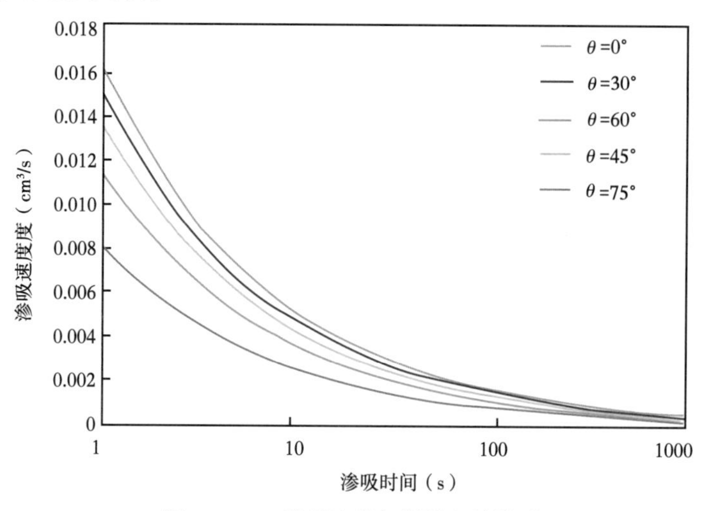

图5.3.11　渗吸速度与润湿角的关系

5.3.2 毛细管压力

5.3.2.1 毛细管压力与渗吸扩散系数

分别取毛细管压力的值为 p_c，$5p_c$，$10p_c$，$0.5p_c$ 以及 $0.1p_c$，绘制不同毛细管压力取值条件下渗吸扩散系数随含水饱和度的变化情况，结果如图 5.3.12 所示。毛细管压力的值越大，渗吸扩散系数增大，岩石内部含水饱和度的传播速度越快，渗吸速度越快。渗吸扩散系数与毛细管压力的取值呈正相关性。

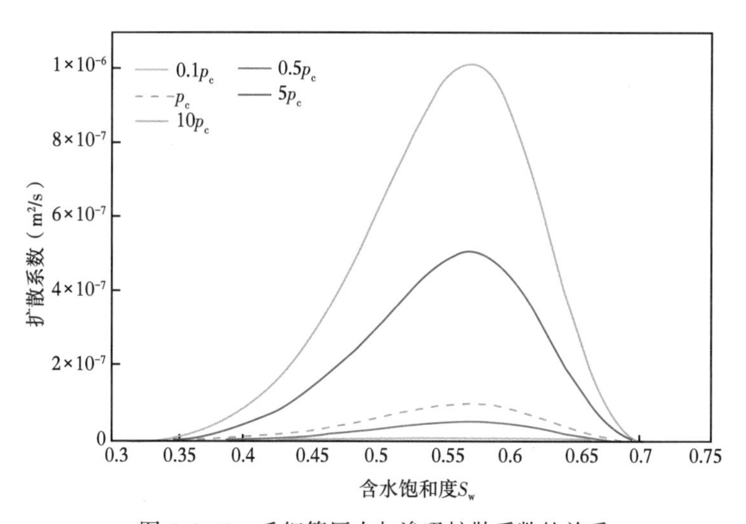

图 5.3.12 毛细管压力与渗吸扩散系数的关系

5.3.2.2 毛细管压力与渗吸采出程度

分别取毛细管压力的值为 p_c，$5p_c$，$10p_c$，$0.5p_c$ 以及 $0.1p_c$，根据其对应的渗吸扩散系数值，求解一维有限大边界条件下的渗吸采出程度；绘制不同毛细管压力取值条件下采出程度变化规律，结果如图 5.3.13 所示。毛细管压力的值越大，渗吸交换速度越快，相同时间岩心的渗吸采出程度越高。

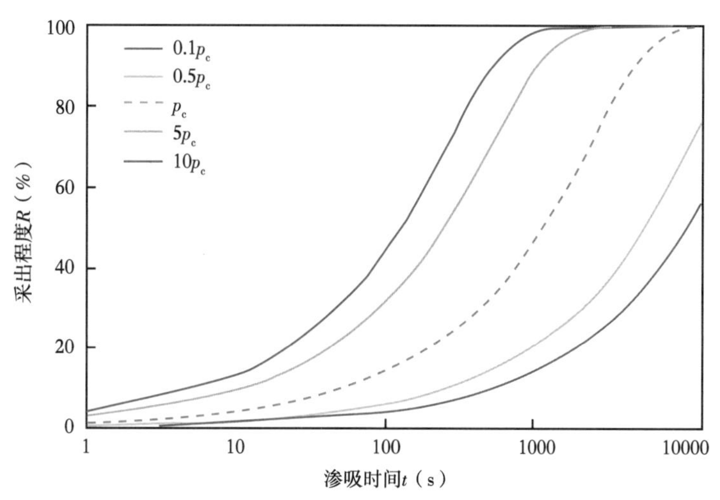

图 5.3.13 渗吸采出程度与毛细管压力的关系

5.3.2.3 毛细管压力与渗吸速度

分别取毛细管压力的值为 p_c，$5p_c$，$10p_c$，$0.5p_c$ 以及 $0.1p_c$，求解一维有限大边界条件下的渗吸速度；绘制不同毛细管压力取值条件下渗吸速度变化规律，结果如图 5.3.14 所示。随毛细管压力值的增加，渗吸速度逐渐降低。初始时刻，渗吸速度差距很大，毛细管压力值大的岩心渗吸速度高，随着渗吸作用的进行，各对比项的渗吸速度之差逐渐缩小，当渗吸作用进行到岩心内含水饱和度接近最大值后，渗吸速度基本趋近于 0。毛细管压力取值的数量级跨度为 100 时，初始时刻渗吸速度值的数量级跨度为 10。

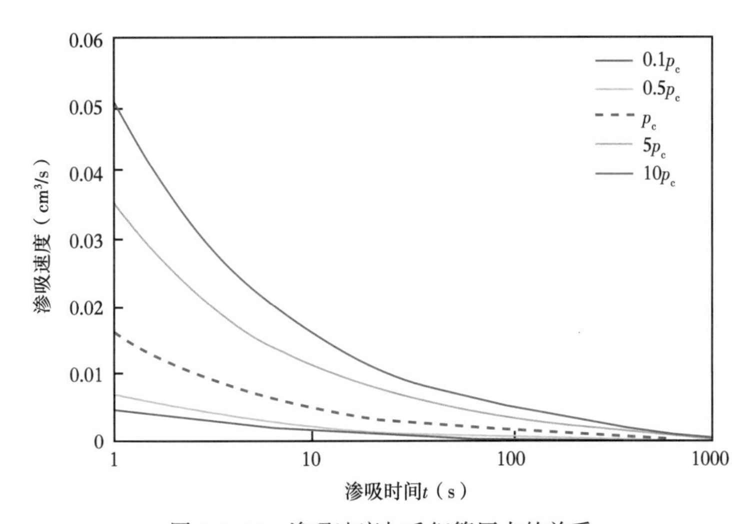

图 5.3.14 渗吸速度与毛细管压力的关系

5.3.3 油水黏度比

5.3.3.1 油水黏度比与渗吸扩散系数

分别取油水相黏度比为 $\mu_o/\mu_w=0.3$，$\mu_o/\mu_w=1$，$\mu_o/\mu_w=3$，$\mu_o/\mu_w=10$，$\mu_o/\mu_w=30$，$\mu_o/\mu_w=100$，绘制不同油水黏度比取值的条件下渗吸扩散系数随含水饱和度的变化情况，结果如图 5.3.15 所示。随着油水相黏度比的增大，渗吸扩散系数减小，渗吸扩散系数与

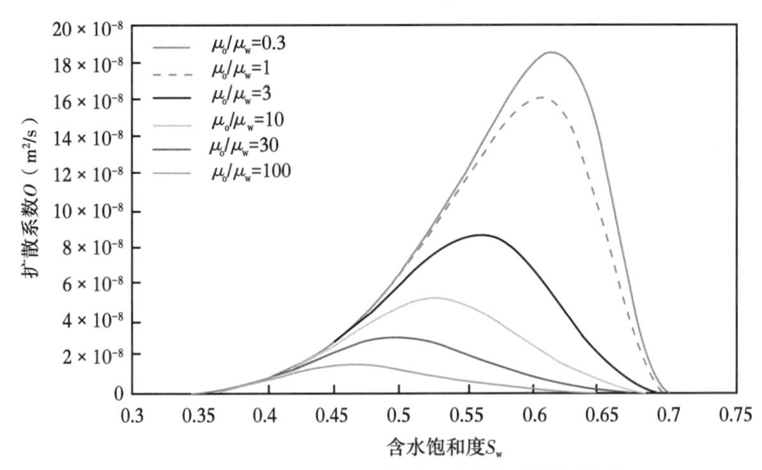

图 5.3.15 油水黏度比与渗吸扩散系数的关系

油水黏度比的取值呈负相关性。当油水黏度比的取值数量级跨度在100时，渗吸扩散系数的最大值数量级跨度为10。

5.3.3.2 油水黏度比与渗吸采出程度

分别取油水相黏度比为 $\mu_o/\mu_w=0.3$，$\mu_o/\mu_w=1$，$\mu_o/\mu_w=3$，$\mu_o/\mu_w=10$，$\mu_o/\mu_w=30$，$\mu_o/\mu_w=100$，根据其对应的渗吸扩散系数值，求解一维有限大边界条件下的渗吸采出程度；绘制不同黏度比取值条件下的采出程度变化规律，结果如图5.3.16所示。油水黏度比的值越大，渗吸交换速度越慢，相同时间岩心的渗吸采出程度越低。

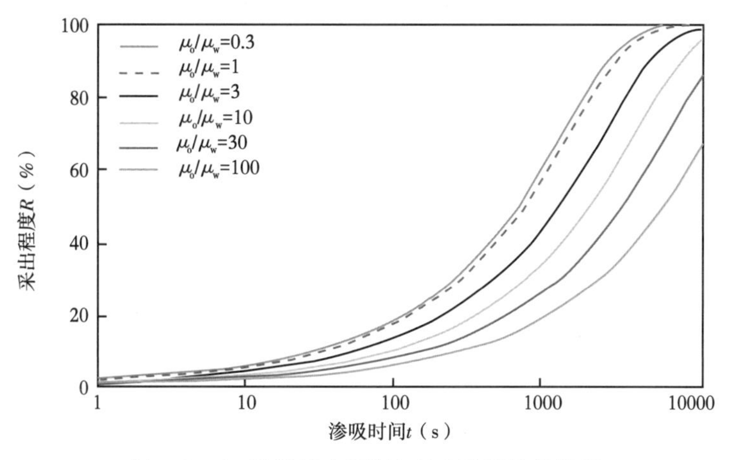

图5.3.16 渗吸采出程度与油水黏度比的关系

5.3.3.3 油水黏度比与渗吸速度

分别取油水相黏度比为 $\mu_o/\mu_w=0.3$，$\mu_o/\mu_w=1$，$\mu_o/\mu_w=3$，$\mu_o/\mu_w=10$，$\mu_o/\mu_w=30$，$\mu_o/\mu_w=100$，根据其对应的渗吸扩散系数值，求解一维有限大边界条件下的渗吸速度；绘制不同黏度比取值条件下渗吸速度变化规律，结果如图5.3.17所示。随油水黏度比的增加，渗吸速度逐渐降低。当油水黏度比的取值数量级跨度在100时，初始渗吸速度的数量级跨度为10。

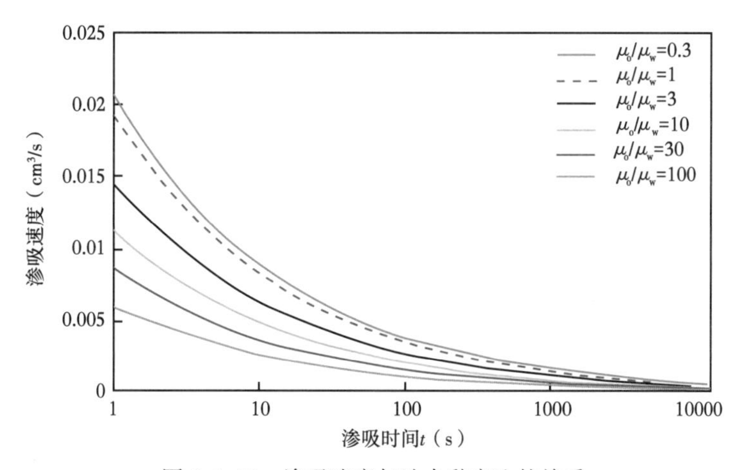

图5.3.17 渗吸速度与油水黏度比的关系

5.3.4 基质渗透率

绝对渗透率是表征岩石允许流体通过的能力的物理量，是岩石本身具有的固有属性，它的数值是由岩石的孔隙结构决定的，而与通过的流体性质无关。根据前面的分析可知，随着基质绝对渗透率的降低，毛细管的孔隙半径减小，毛细管压力数值增大，亲水岩心的渗吸作用得到加强；但是，如果假设仅改变基质的绝对渗透率的数值，而岩石和流体的其他参数不随绝对渗透率的变化而改变，可以讨论基质绝对渗透率这个单因素变量对渗吸作用的影响。

分别取基质绝对渗透率为 $K=0.3$mD，$K=1$mD，$K=3$mD，$K=10$mD，$K=30$mD 和 $K=100$mD 六组低渗透岩心的渗透率数据，根据其对应的渗吸扩散系数值，求解不同时间的渗吸采出程度和渗吸速度；绘制采出程度和渗吸速度随时间的变化规律，结果如图 5.3.18、图 5.3.19 所示：随着基质绝对渗透率值的增大，渗吸交换速度增大，相同时间岩心的渗吸采出程度越高。

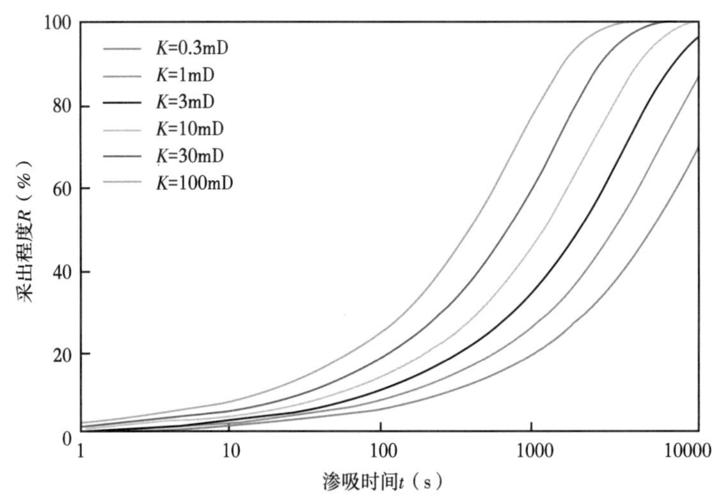

图 5.3.18 渗吸采出程度与基质渗透率的关系

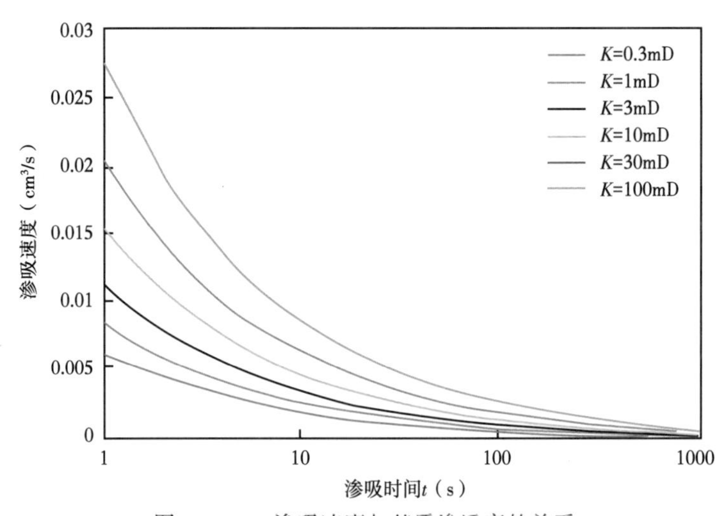

图 5.3.19 渗吸速度与基质渗透率的关系

基质绝对渗透率的增大对渗吸作用的影响是有利的，这个结论是基于岩石的孔隙结构、毛细管半径、界面张力等参数都不变的情况下得到的，该结果出现的原因在于：当岩石的绝对渗透率增大时，岩石孔隙通过流体的能力得到增强，渗吸过程两相流体流动的阻力减小，由高润湿相饱和度区域向低润湿相饱和度区域扩散传播的速度加快，因此渗吸采出程度提高，渗吸速度增大；而若考虑基质绝对渗透率的增大一定伴随着岩石孔隙结构的改变和毛细管压力的减小等因素，则通过公式计算的方法很难做出定量分析的结果，需通过实验室内对不同基质渗透率的岩心进行大量的渗吸实验，通过对比得到相关性规律。

5.3.5 初始含水饱和度

自发渗吸过程从本质上是由润湿相饱和度的差异决定的。自发渗吸作用的方向是从高润湿相饱和度的区域向低润湿相饱和度的区域扩散传播，渗吸过程的动力是毛细管压力。因此对于岩心而言，初始含水饱和度的大小会对渗吸作用造成影响，下面通过渗吸产能公式定量分析渗吸产能随岩心初始含水饱和度变化的规律。

对于同一块岩心，若初始含水饱和度增大，意味着其含有的可动油总量减小，含油饱和度降低，减小的含油饱和度的数值等于增大的含水饱和度的数值。分别取岩心初始含水饱和度为 $S_{wi}=0.05$，$S_{wi}=0.1$，$S_{wi}=0.2$，$S_{wi}=0.3$，$S_{wi}=0.4$ 和 $S_{wi}=0.5$ 六组岩心数据，根据渗吸扩散系数的定义，初始含水饱和度是与渗吸扩散系数无关的量，因此各组扩散系数的数值相同。求解不同时间的渗吸采出程度和渗吸速度；绘制采出程度和渗吸速度随时间的变化规律，结果如图 5.3.20 所示：渗吸可动油采出程度与时间的变化规律不随岩心初始含水饱和度的变化而改变；随着岩心初始含水饱和度的增大，渗吸速度减小，渗吸交换过程变慢，即渗吸速度与岩心初始含水饱和度成反比的关系。

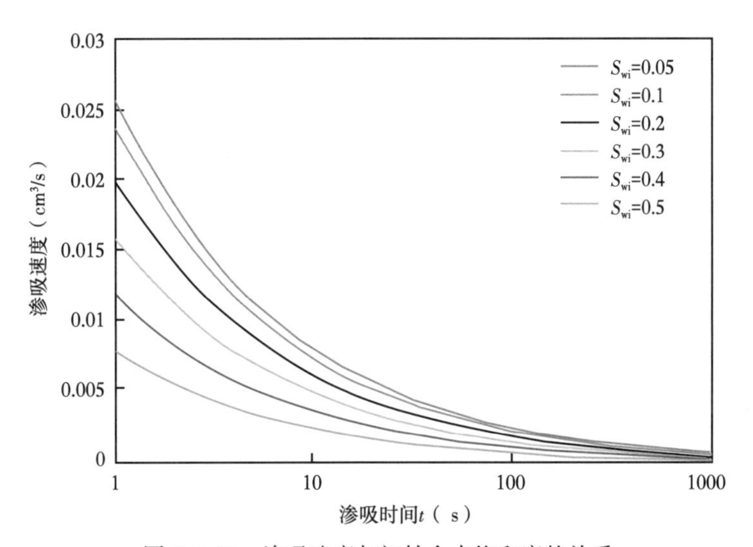

图 5.3.20 渗吸速度与初始含水饱和度的关系

分析可动油采出程度的计算结果，当岩心初始含水饱和度发生改变时，岩心单位时间内参与渗吸的可动油量减少，而岩心内可动油的总量也相应减少，因此采出程度作为这两个物理量的比值，其数值与岩心初始含水饱和度无关。而渗吸速度与岩心初始含水饱和度成反比的原因是，渗吸过程的驱动力是毛细管压力，根据毛细管压力曲线可知，当含水饱和度增大时毛细管压力的数值是减小的，或者可理解为由于岩心初始含水饱和度的增加，岩心与接触面之间的含水饱和度的差值减小，因此油水两相置换的速度变慢，渗吸速度降低。

5.3.6 裂缝发育程度

渗吸过程是发生在基质系统与裂缝系统之间的流体交换的过程。实施体积改造技术可以在储层中形成裂缝网络，从而使裂缝壁面与储层基质的接触面积达到最大，增强了渗吸作用。通过体积改造提高储层的裂缝发育程度，可以大幅度缩短基质与裂缝间流体运移的距离，是低渗透油藏能够有效动用、提高渗吸采油采出程度的关键技术。

裂缝发育程度越好，基质岩块被切割成的体积就越小，基质与裂缝的接触面积越大，基质中参与渗吸作用的可动油总量越大。因此，在矿场尺度上研究压裂的裂缝发育程度（缝网长度、缝网宽度、缝网密度等），其实对应于在岩心尺度上研究岩心渗吸过程的特征长度及岩心与水接触面的大小和数量。岩心的特征长度和岩心的开启面面积属于岩心的外在属性，会对渗吸采油的产能造成很大的影响。

5.3.6.1 特征长度

在油水两相黏度比的研究中已经讨论了渗吸标度模型中对于黏度标度的相关内容，下面列出标度模型中关于岩心特征长度标定的部分。

（1）Mattax & Kyte 模型。

最早将岩心长度的影响考虑到岩心渗吸模型中的是 Mattax 和 Kyte 在 1962 年提出的渗吸标定模型，公式中的 L 即为岩心长度，表达式为：

$$t_{\mathrm{D}} = \frac{1}{L^2}\sqrt{\frac{k}{\phi}}\frac{\sigma}{\mu_{\mathrm{w}}}t \tag{5.3.9}$$

（2）Kazemi 模型。

Kazemi 在 1992 年通过引入一个特征长度的物理量 L_{s}，替代了 M-K 方程中的岩心长度：

$$L_{\mathrm{s}} = \frac{1}{\sqrt{F_{\mathrm{s}}}} = \sqrt{\frac{V_{\mathrm{b}}}{\sum_{i=1}^{n}\frac{A_i}{S_{\mathrm{A}i}}}} \tag{5.3.10}$$

式中，F_{s} 为岩心的形状因子，V_{b} 为岩心总体积，A_i 为 i 方向的渗吸接触面积，$S_{\mathrm{A}i}$ 为面 A_i 到岩心中心的距离。通过特征长度的概念可以反映出岩心的边界条件和形状。

（3）Ma 模型。

Ma 在 1997 年在 Kazemi 模型的基础上，指出 L_{s} 不能表征只有一面开启的逆向岩心模型，因此定义了新的特征长度 L_{c}：

$$L_{\mathrm{c}} == \sqrt{\frac{V_{\mathrm{b}}}{\sum_{i=1}^{n}\frac{A_i}{L_{\mathrm{A}i}}}} \tag{5.3.11}$$

式中，$L_{\mathrm{A}i}$ 为岩心从开启面（渗吸接触面）到封闭不渗透边界之间的距离，由于定义不同，所以 L_{c} 与 L_{s} 在不同的边界条件下，可以取相同或者不同的数值。对于单面开启的岩心，有 $L_c = \sqrt{2} L_s$。

以上对特征长度的标定和修正主要是基于岩心所处的边界条件以及岩心的尺寸和形状，下面讨论岩心的特征长度对渗吸产能的影响。

分别取岩心的特征长度为 0.2L，0.5L，L，2L，5L 和 20L 六组岩心数据，根据渗吸扩散系数的定义可知，岩心的特征长度是与渗吸扩散系数无关的量，因此各组扩散系数的数值相同。求解不同时间的渗吸采出程度和渗吸速度；绘制采出程度和渗吸速度随时间的变化规律，结果如图 5.3.21、图 5.3.22 所示：相同时间内，渗吸可动油的采出程度随岩心特征长度的增大而降低；初始渗吸速度随着特征长度的增大而减小，但随着渗吸过程的进行，各岩心的渗吸速度趋于一致，当渗吸前缘推进至封闭边界时，渗吸速度突然降低，曲线上出现一个拐点，且特征长度较小的岩心拐点出现的时间要早于长度较长的岩心。由此可知，渗吸产能随岩心特征长度的增大而降低。

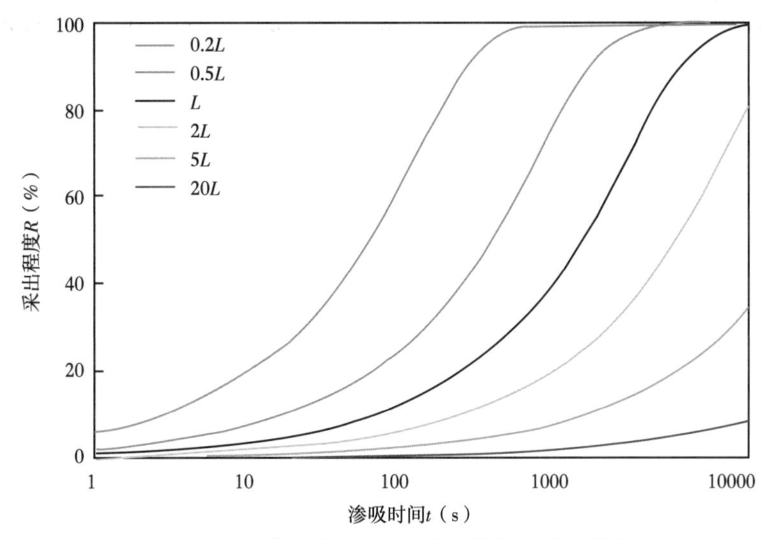

图 5.3.21　渗吸采出程度与岩心特征长度的关系

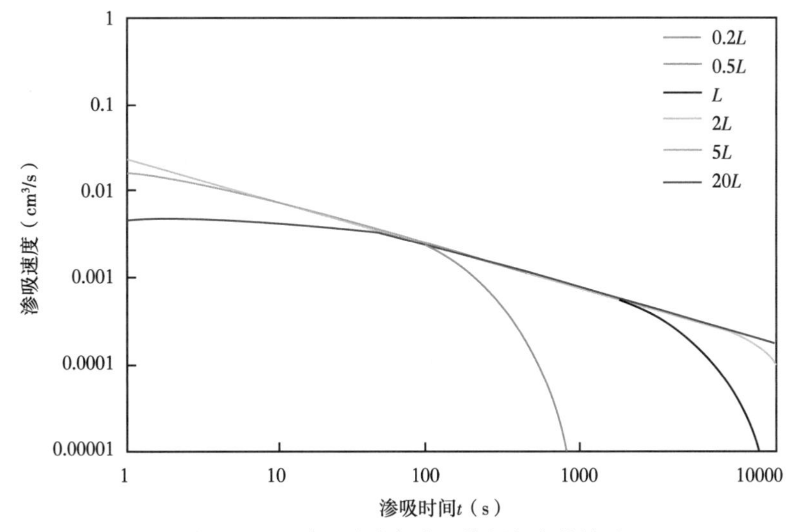

图 5.3.22　渗吸速度与岩心特征长度的关系

5.3.6.2 接触面大小

对于基质与裂缝之间接触面积的讨论，首先考虑固定接触面的个数，改变接触面的大小的情况。随着岩心与水相接触面的增大，参与渗吸的岩心体积也会相应地增大，岩心总可动油量提高。这类情况可类比于体积改造油藏缝网长度的变化对基质渗吸作用的影响，图 5.3.23 为此类模型的示意图。

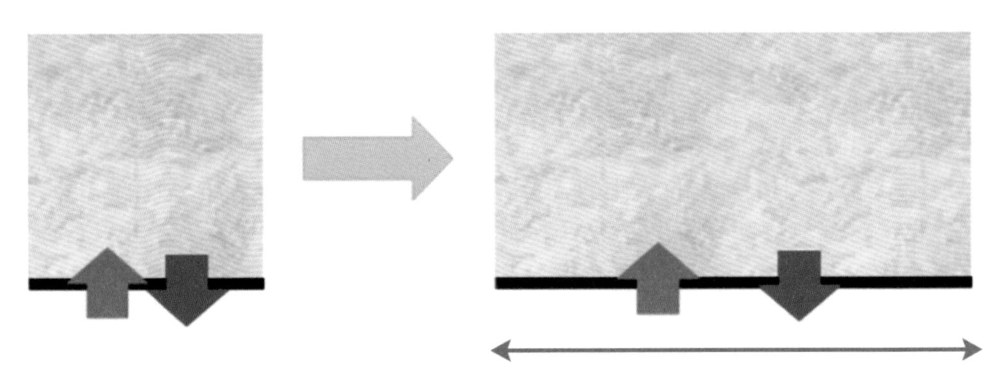

图 5.3.23 改变岩心接触面大小示意图（图中蓝色代表水流方向，红色代表油流方向）

分别取岩心接触面面积为 0.2A，0.5A，A，2A，5A 和 20A 六组岩心数据，由于渗吸扩散系数是与岩心接触面大小无关的量，因此各组扩散系数的数值相同。求解不同时间的渗吸采出程度和渗吸速度；绘制采出程度和渗吸速度随时间的变化规律，结果如图 5.3.24 所示，渗吸速度随着岩心接触面面积的增大而增大，即渗吸速度与岩心接触面面积成正比关系。各组岩心的渗吸速度曲线出现拐点对应同一时刻，说明各组岩心的渗吸前缘位置同时到达封闭边界，与岩心与水相接触面大小无关。

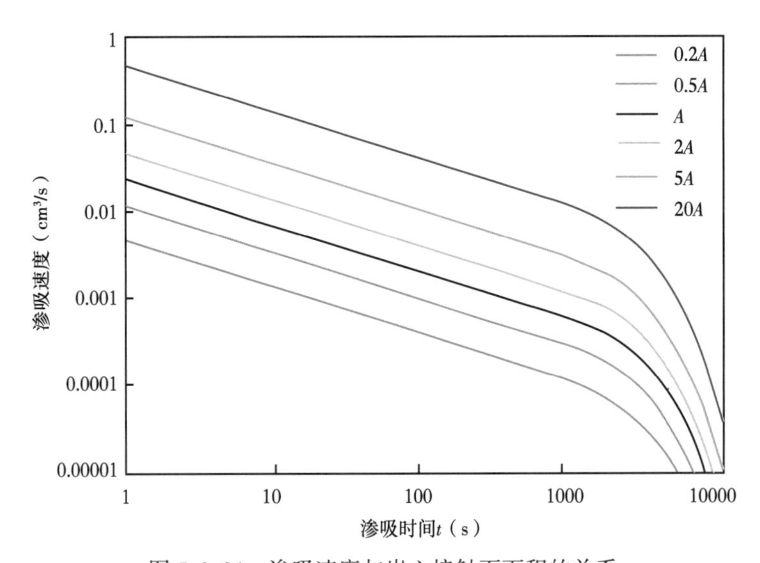

图 5.3.24 渗吸速度与岩心接触面面积的关系

5.3.6.3 接触面数量

对于基质与裂缝之间接触面积的讨论，下面考虑固定接触面的大小，改变接触面的个数的情况。由于接触面的大小未发生改变，因此渗吸作用可动用的岩心体积不发生变化，岩心总可动油量不变，这种情况可参考5.2.2.3中讨论的一维有限大边界两面接触渗吸模型与一面接触一面封闭渗吸模型的对比。此类研究可类比于体积改造油藏缝网宽度的变化对基质渗吸作用的影响。图5.3.25为此类模型的示意图。岩心开启面数量改变本质上是岩心渗吸过程的特征长度的发生变化。

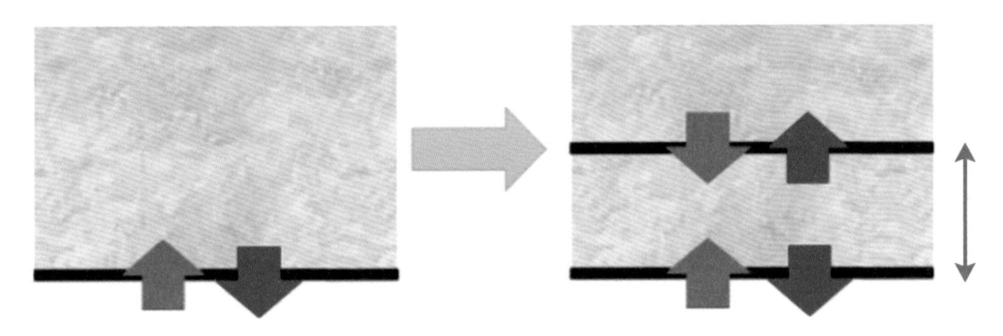

图5.3.25 改变岩心接触面数量示意图

（图中蓝色代表水流方向，红色代表油流方向）

对于一个被裂缝切割的六面体基质块，最多有六个面与裂缝接触，因此以一个正六面体岩心为例，分别取岩心开启面个数为1面，2面，4面和6面四组岩心数据，由于渗吸扩散系数是与岩心接触面大小无关的量，因此各组扩散系数的数值相同。求解不同时间的渗吸采出程度和渗吸速度；绘制采出程度和渗吸速度随时间的变化规律，结果如图5.3.26、图5.3.27所示：在同一时刻，渗吸可动油采出程度随岩心接触面数量的增加而增大；渗吸速度随着岩心接触面数量的增大而增大；接触面数量越大，对应岩心的渗吸速度曲线出现拐点的时刻越早。这是因为岩心与水相接触面数量越多，岩心渗吸的特征长度越小，渗吸作用速度越快，渗吸前缘位置到达封闭边界的时间就越短。

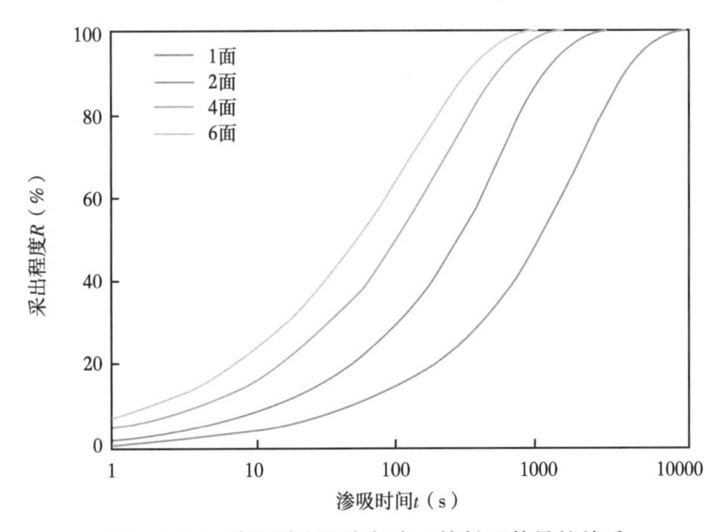

图5.3.26 渗吸采出程度与岩心接触面数量的关系

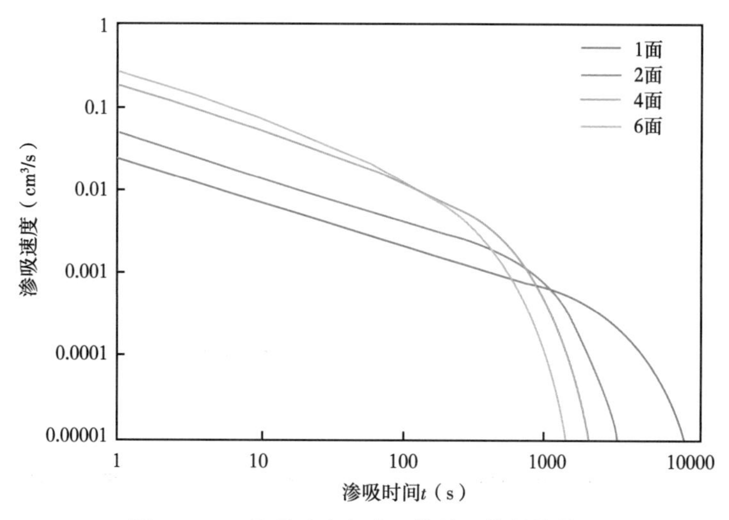

图 5.3.27　渗吸速度与岩心接触面数量的关系

5.3.7　其他影响因素

其他关于渗吸作用的影响因素包括温度、压力、重力等的影响，温度主要通过改变接触角的大小、界面张力和流体黏度等对渗吸产能产生影响；外界压力的作用主要体现在强制渗吸阶段；重力与毛细管压力的相对大小会影响渗吸作用的方式：当重力起主要作用时，岩心中的渗吸方向以顺向渗吸为主，当毛细管压力起主要作用时，岩心中的渗吸方向以逆向渗吸为主。

6 低品位油藏渗吸采油开发方式

6.1 体积压裂+注水吞吐开发技术

6.1.1 注水吞吐开采机理

常规油藏注水吞吐的基本原理是渗吸产油机理，一般表现为基质孔隙与裂缝之间或者基质小孔隙与大孔隙之间的流体交换，由于常规压裂仅在井筒附近产生有限的数条裂缝，注水开发时，渗吸作用弱、产油量低，注水吞吐在油田开发过程中仅起到从属和辅助作用，而对油藏进行体积改造后，在井筒附近较大范围内形成了复杂的裂缝网络系统，基质与裂缝之间的接触面积大幅度增加，两者之间的流体交换速度和数量发生了质变，渗吸作用急剧加强，渗吸开采机理在油田开发中的作用需要重新认识和定位。另外，体积改造往往伴随着大液量和大砂量注入，因此除了渗吸产油作用外，注水吞吐时还能起到有效补充地层能量及生产压差不断变化下的不稳定驱替作用（图 6.1.1）。

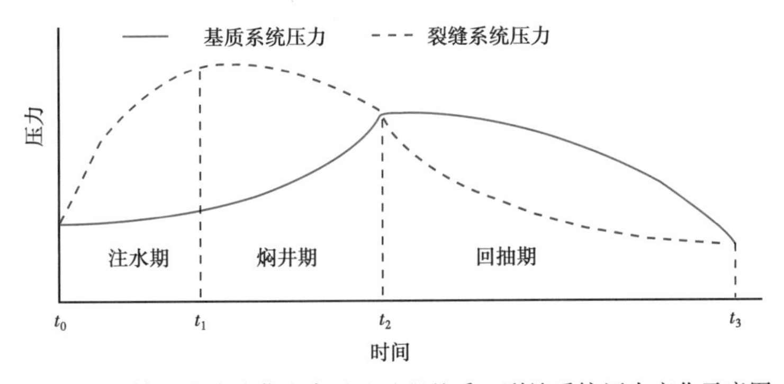

图 6.1.1 体积改造油藏注水吞吐过程基质—裂缝系统压力变化示意图

体积改造油藏注水吞吐 1 个周期内基质及裂缝的压力变化过程可分为注水期、焖井期和回抽期 3 个阶段。

6.1.1.1 注水期——不稳定补充地层能量阶段

体积改造油井经过衰竭开采后，地层能量大幅度降低，油井被大液量快速注水，由于裂缝渗透率高，基质渗透率低，注入水首先进入裂缝中，裂缝内压力迅速升高，裂缝中的注入水在裂缝与基质间压差下驱替进入基质中，首先进入基质的高渗透率带或大孔隙中，基质中压力缓慢上升，此阶段为不稳定补充地层能量阶段。目前对水平井进行体积改造时，往往可达到千立方米砂、万吨液的规模，短时间内向地层中注入大量清水压裂液，可等效为注水吞吐中注水期的地层能量快速补充方式。

6.1.1.2 焖井期——渗吸采油阶段

该阶段停止注水，前期注入水在裂缝—基质间的压差下继续驱替进入基质，裂缝中压力逐渐下降，基质中压力继续升高，最终两者压力在高位达到平衡。对于亲水性油藏，裂缝中的注入水在毛细管压力作用下进入基质孔隙，而基质小孔隙中原油首先被替换到大孔隙再进入裂缝中，此时渗吸起主体作用，根据渗吸产油原理，体积改造油藏渗吸速度的表达式为：

$$q_{\mathrm{smf}}=\frac{\sigma V_{\mathrm{m}}K_{\mathrm{m}}}{\mu_{\mathrm{o}}}K_{\mathrm{ro}}(p_{\mathrm{cow}}-\lambda\Delta x) \tag{6.1.1}$$

其中

$$\sigma=4\left(\frac{1}{L_x^2+L_y^2+L_z^2}\right) \tag{6.1.2}$$

式中 q_{smf}——体积改造基质裂缝渗吸速度，$\mathrm{m^3/d}$；

σ——形状因子，表示基质被裂缝切割程度；

V_{m}——体积改造基质岩块体积，$\mathrm{m^3}$；

K_{m}——基质空气渗透率，mD；

μ_{o}——地层原油黏度，mPa·s；

K_{ro}——油相有效渗透率，是含水饱和度的函数；

p_{cow}——油水毛管压力，是含水饱和度的函数，MPa；

λ——启动压力梯度，MPa/m；

Δx——裂缝与基质间驱动距离，m；

L_{x}、L_{y}、L_{z}——分别为基质岩块在 x、y、z 方向上的尺寸，m。

渗吸过程中，基质和裂缝中含水饱和度随时间不断变化，而油藏相对渗透率和毛细管压力是含水饱和度的函数，其表达式为：

$$K_{\mathrm{ro}}=K_{\mathrm{ro}}(S_{\mathrm{wm}}) \tag{6.1.3}$$

$$p_{\mathrm{cow}}=p_{\mathrm{cow}}(S_{\mathrm{wm}}) \tag{6.1.4}$$

$$S_{\mathrm{wm}}=S_{\mathrm{wm}}(t_{\mathrm{m}}) \tag{6.1.5}$$

式中 S_{wm}——基质含水饱和度，%；

t_{m}——焖井时间，d。

整个焖井期内油藏渗吸总产油量的表达式为：

$$Q_{\mathrm{smf}}=\frac{\sigma V_{\mathrm{m}}K_{\mathrm{m}}}{\mu_{\mathrm{o}}}\int_{t_1}^{t_2}K_{\mathrm{ro}}(p_{\mathrm{cow}}-\lambda\Delta x)\,\mathrm{d}t_{\mathrm{m}} \tag{6.1.6}$$

式中 Q_{smf}——整个焖井期内基质与裂缝中的渗吸总产油量，$\mathrm{m^3}$；

t_1——焖井开始时间，d；

t_2——焖井结束时间，d。

根据式（6.1.1）可知，基质与裂缝的渗吸速度与基质岩块大小相关，裂缝越发育，被切割的基质岩块越小，σ 值越大则渗吸作用越强，驱动距离越短则所需驱动压差越小，因此渗吸产油量越高。体积改造打碎地层，井筒附近较大范围内形成了复杂的裂缝网络系统，为渗吸产油提供了有利条件。

6.1.1.3 回抽期——不稳定驱替阶段

该阶段油井开始回采，流体通过裂缝从井筒中采出，裂缝压力下降速度快，基质压力下降速度慢，基质中流体在驱替作用下进入裂缝并通过井筒采出。后期由于整体油藏压力降低，产液量减少，裂缝压力降速趋缓，最终裂缝与基质又在低位达到平衡。该阶段以驱替作用为主，由于驱替压差不稳定，流体由裂缝向井筒以及基质向裂缝的驱替均为不稳定驱替过程。不稳定驱替作用可分为 2 个阶段：一个阶段是油井开始生产，由于裂缝渗透率远高于基质渗透率，裂缝中的流体将首先流入井筒，而基质保持不变；另一个阶段是油井生产一段时间后，裂缝中流体减少，压力下降，致使基质和裂缝之间形成压差，基质流体开始流向裂缝，即发生基质流体向裂缝的窜流作用，窜流速度表达式为：

$$q_{\mathrm{cmf}}=\frac{\sigma V_{\mathrm{m}}K_{\mathrm{m}}}{\mu_{\mathrm{o}}}K_{\mathrm{ro}}(p_{\mathrm{m}}-p_{\mathrm{f}}-\lambda\Delta x) \tag{6.1.7}$$

在不稳定驱替阶段，由于油藏流体持续采出，油藏含油饱和度不断变化，因此基质油相有效渗透率及基质与裂缝压力均随时间不断变化，其表达式为

$$K_{\mathrm{ro}}=K_{\mathrm{ro}}(t_{\mathrm{c}}) \tag{6.1.8}$$

$$p_{\mathrm{m}}=p_{\mathrm{m}}(t_{\mathrm{c}}) \tag{6.1.9}$$

$$p_{\mathrm{f}}=p_{\mathrm{f}}(t_{\mathrm{c}}) \tag{6.1.10}$$

回抽期基质中的流体向裂缝的累计窜流油量表达式为：

$$Q_{\mathrm{cmf}}=\frac{\sigma V_{\mathrm{m}}K_{\mathrm{m}}}{\mu_{\mathrm{o}}}K_{\mathrm{ro}}(p_{\mathrm{m}}-p_{\mathrm{f}}-\lambda\Delta x)\,\mathrm{d}t_{\mathrm{c}} \tag{6.1.11}$$

根据式（6.1.11）可知，基质中的流体向裂缝的累计窜流油量与两者压差及含油饱和度相关，压差越大、含油饱和度越高，累计窜流油量越高，随着注水吞吐轮次增加，油藏含油饱和度逐渐降低，窜流油量将逐步减少。

一个注水吞吐周期内的总产油量是渗吸产油和不稳定驱替产油量的总和，其表达式为：

$$Q_{\mathrm{ott}}=Q_{\mathrm{smf}}+Q_{\mathrm{cmf}} \tag{6.1.12}$$

将式（6.1.6）和式（6.1.11）代入式（6.1.12）可得

$$Q_{\mathrm{ott}}=\frac{\sigma V_{\mathrm{m}}K_{\mathrm{m}}}{\mu_{\mathrm{o}}}\left[\int_{t_1}^{t_2}K_{\mathrm{ro}}(p_{\mathrm{cow}}-\lambda\Delta x)\,\mathrm{d}t_{\mathrm{m}}+\int_{t_2}^{t_3}K_{\mathrm{ro}}(p_{\mathrm{m}}-p_{\mathrm{f}}-\lambda\Delta x)\,\mathrm{d}t_{\mathrm{c}}\right] \tag{6.1.13}$$

式中 q_{cnf}——回抽期基质与裂缝窜流速度，$\mathrm{m^3/d}$；

p_{m}——基质平均地层压力，MPa；

p_f——裂缝平均地层压力，MPa；

t_c——回抽期采油时间，d；

Q_{cnf}——回抽期基质中的流体向裂缝的累积窜流油量，m^3；

t_3——回抽期结束时间，d；

Q_{ott}——1 个注水吞吐周期内的累积产油量，m^3。

式（6.1.13）中储层毛细管压力、基质有效渗透率、裂缝及基质中的压力均随时间不断变化，可结合物质平衡原理采用迭代法编制软件求取体积改造油藏注水吞吐的累计产油量。

而油田开发中的一些开发现象也证明了注水吞吐改善开发效果的可行性。大庆头台油田 6 口低产井注水吞吐效果表明，吞吐前平均日产液 0.9t，平均日产油 0.2t，平均含水率 38.1%，平均累计产油 2030t，吞吐后初期平均日产液 4.8t，日产油 1.7t，含水率 63.6%，累计产油 2457t，单井平均增油 427t。

由于头台油田井网注采系统的调整，注水井转抽的开发效果更好于油井吞吐，主要是由于注水井注入量大，地层能量恢复程度高，同时注水井高压注水，产生了大量的次生裂缝，且注水时间长，裂缝与基质流体交换充分。以汇 4-2 井为例，该井 2001 年常规压裂投产，平均日产液量仅 1.5~1.7t，含水 20%左右，2002 年转注，单井日注量达 60t 以上，2002 年至 2005 年累计注水 $4.5\times10^4m^3$，如图 6.1.2 所示，2006 年水井转抽，初期日产液量达 13.1t，日产油 2.9t/d，含水率 78%，水井转抽后初期液量逐步下降，含水率不断降低，日产油不断上升，最高日产油达 7.7t，是注水前的 5.1 倍，之后日产油与液量和含水均不断下降，截至 2012 年 4 月该井已累计产油 9300t，如图 6.1.3 所示。

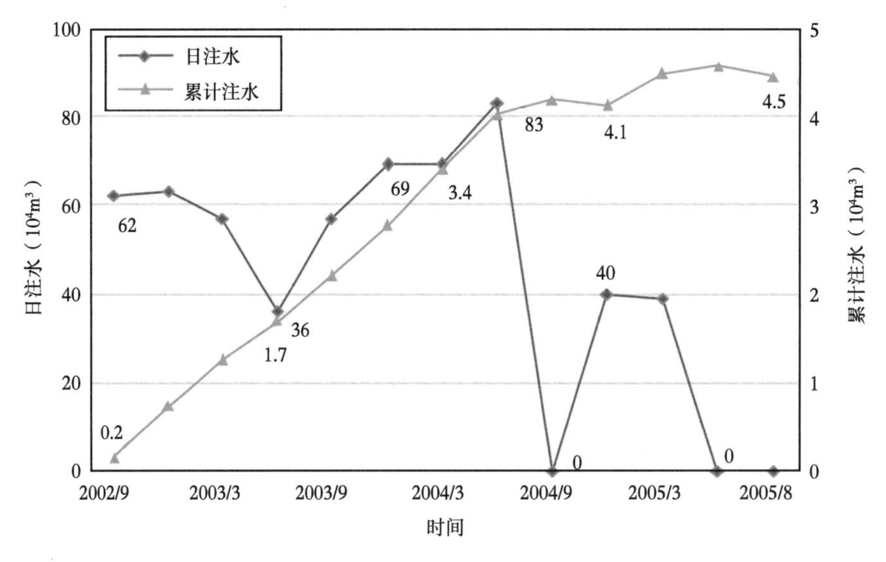

图 6.1.2　汇 4-2 井注水曲线

由上可见，低渗透油藏通过注水吞吐补充地层能量，提高采收率，改善开发效果理论上可行，现场开发实践也已经展现出其良好的发展前景。

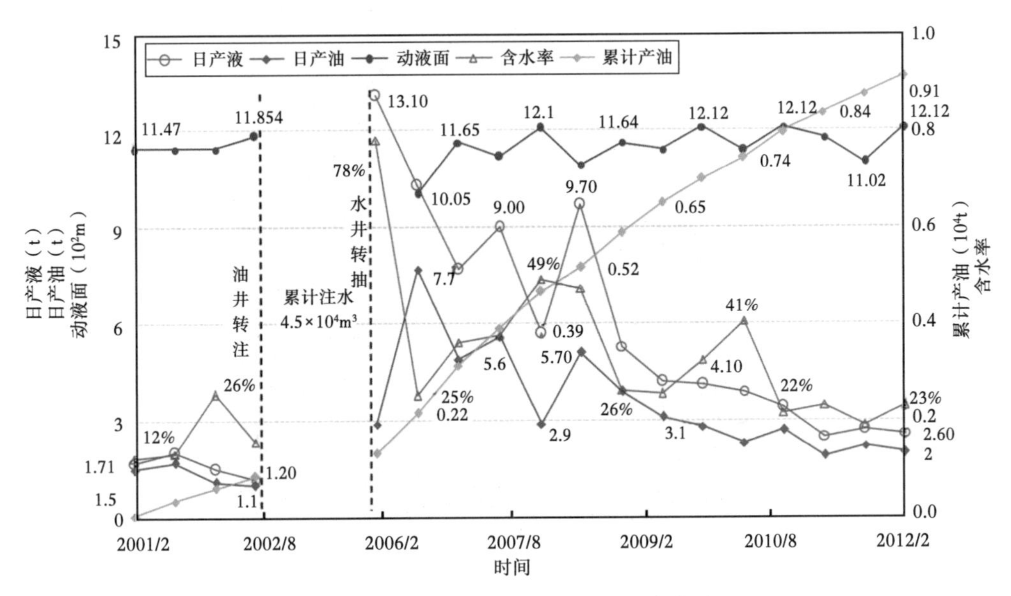

图 6.1.3　汇 4-2 井注水转采油生产曲线

6.1.2　体积改造油藏注水吞吐可行性研究

6.1.2.1　体积改造后油藏注水吞吐理论可行性

根据注水吞吐机理，体积改造后超低渗透或致密油藏注水吞吐有着得天独厚的地质基础，这是因为：(1) 储层裂缝越发育，裂缝与基质接触面积越大，油水交换越快，渗吸作用越强，而储层经体积改造后，地层被打碎，除压裂主缝外，还产生大量的微裂缝，为裂缝与基质之间的渗吸作用提供了充分的地质基础；(2) 储层渗透率越低，孔喉越小，毛细管压力越强渗吸作用越强，而超低渗透和致密油藏储层物性极差，孔喉极小，毛细管压力极强，是渗吸作用不可或缺的条件；(3) 油藏含油饱和度越高，毛细管压力越大，注水吞吐潜力越大，而体积改造后油藏经过衰竭开采后，采出程度一般不超过 10%，油藏仍然具有很高的含油饱和度，注水吞吐潜力大。

由此可见，体积改造后油藏注水吞吐理论上是切实可行的，应优选具备体积改造地质条件、储层无水敏或水敏性弱、原始含油饱和度高的油藏开展注水吞吐先导试验，并在试验成功后尽快推广应用。

6.1.2.2　水平井体积压裂注水吞吐开发可行性

(1) 水平井体积压裂模拟模型设计。

应用数值模拟方法从理论上研究水平井体积压裂+注水吞吐技术的可行性及技术经济界限。设计模拟模型基本参数：原始地层压力系数为 0.6~2.0MPa/100m，溶解油气比为 50m^3/m^3，基质渗透率为 0.25mD，原油黏度为 2mPa · s，有效厚度为 7.5m，水平井段长 1600m，单井控制地质储量 20×10^4t，压裂方式：10 段 30 簇，如图 6.1.4 所示，清水压裂液注入 10000×10^4t。开发方式设计为衰竭开采和注水吞吐两种，以便对比研究，注水吞吐采用大液量吞吐方式，每次吞吐注入水量 10000m^3。

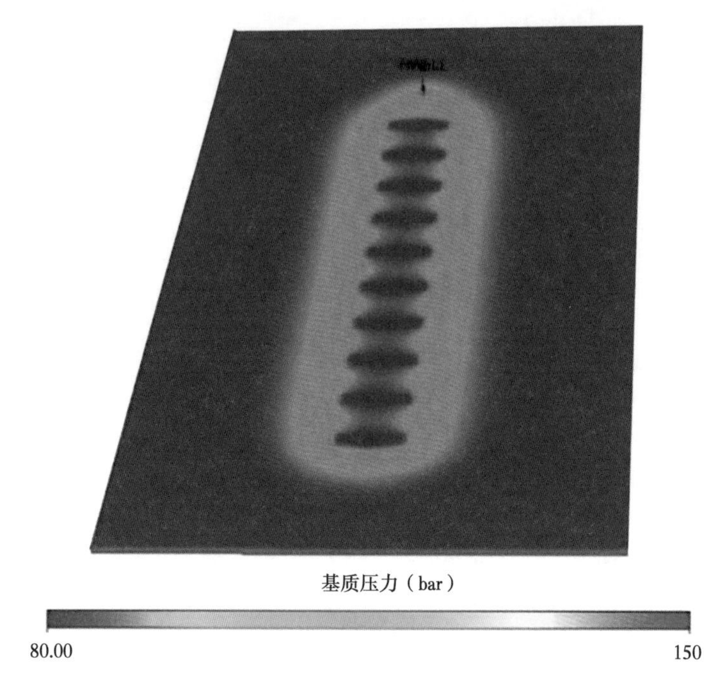

图 6.1.4　水平井体积压裂模拟模型（含油饱和度）

（2）注水吞吐与衰竭式开采指标理论对比。

油藏数值模拟研究表明，水平井体积压裂后油藏衰竭式开采初期产量较高，但递减初期快后期慢，产油量持续递减，而注水吞吐开发油井产量表现了脉冲式变化，每次产量递减到低位后开始迅速注入大液量清水，排液后初期液量高，含水率高，但含水率和液量持续递减，而产油量则不断上升到一高度后方开始进入递减，一般情况下，注水吞吐每个周期产量高峰均较前一周期低，如图 6.1.5 所示。模拟研究表明，常规油藏（原始地力压力系数为 1.0MPa/100m，溶解气油比为 50m^3/m^3）衰竭开采 10 年理论累计产油量 14400t，

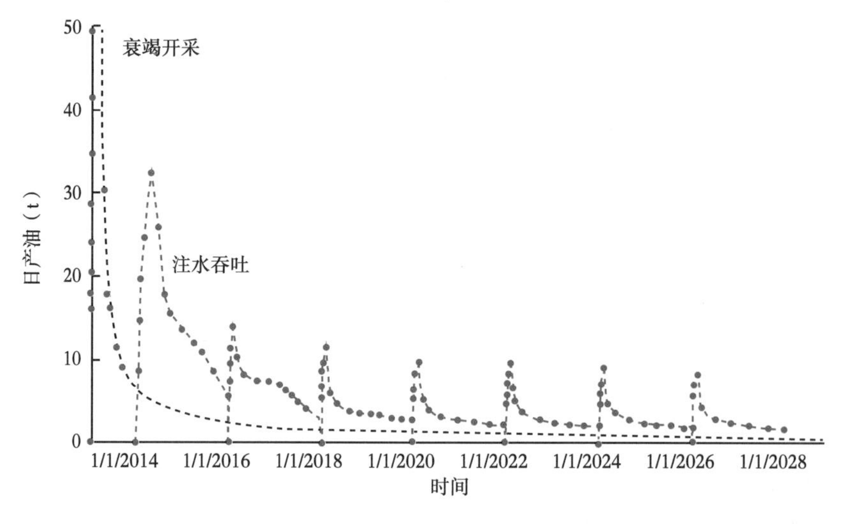

图 6.1.5　常规油藏注水吞吐与衰竭开采数值模拟日产油量对比

注水吞吐 10 年理论累计产油量 29800t，注水吞吐比衰竭开采多采出原油 15400t，如图 6.1.6 所示。常规油藏衰竭开采 10 年理论采出程度为 7.2%；注水吞吐开发 10 年理论采出程度达 14.9%，比衰竭开采高出 7.7%。对于不同原始地层压力系数的油藏（溶解气油比不变为 $50m^3/m^3$），注水吞吐开发相比衰竭式开采 10 年采出程度均高出 7%左右，如图 6.1.7 所示，可见无论是对异常低压、异常高压或是正常压力系统油藏，注水吞吐采出程度相对衰竭开采均有大幅度的提高。现场实践开发注水吞吐采出程度提高幅度可能低于理论计算，一方面是考虑经济效益因素，吞吐数个周期后由于经济效益变差而不再持续吞吐，另一方面是由于吞吐作业导致地层压力变化频繁，容易产生套管形变、破损等一系列现场问题而中止作业。

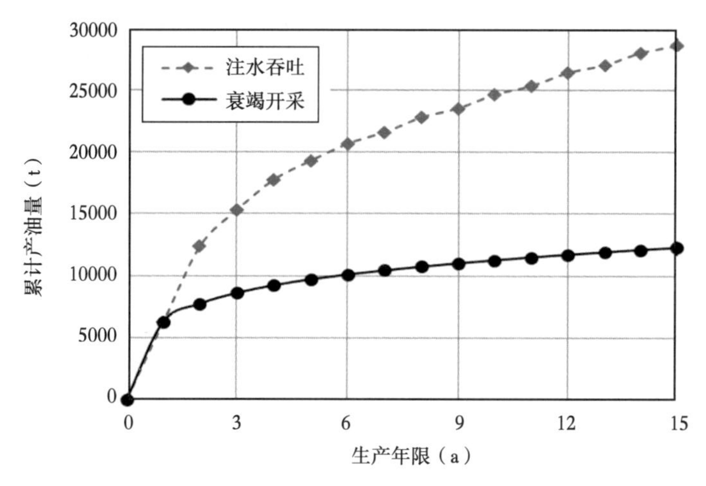

图 6.1.6　常规油藏注水吞吐与衰竭开采数值模拟累计产油量对比

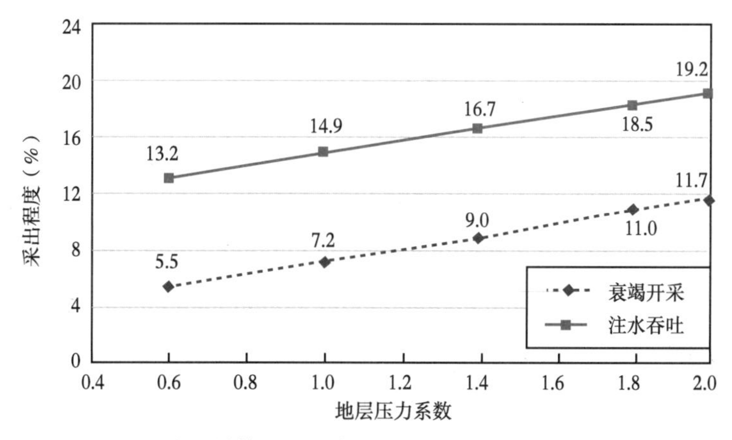

图 6.1.7　水平井体积压裂衰竭开采与注水吞吐采出程度对比

（3）水平井体积压裂注水吞吐经济效益分析。

进一步分析水平井体积压裂注水吞吐的经济效益，参考长庆和大庆油田现场开发，注水费用取为 50 元/t，注水利用率取为 50%，油价取为 90 美元/bbl，水平井体积压裂单井总投资设为 3000 万元、4000 万元和 5000 万元，其他经济评价投资参数及税费参数同前，分析结果表明，常规油藏（$R_s = 50m^3/m^3$，压力系数 1.0MPa/100m），单井控制储量 20×10^4t（动用程度取为 70%），当单井投资成本降低至 4000 万元以下时，水平井+体积压裂+注水吞吐开发即可实现内部收益率大于 12%，如图 6.1.8 所示。

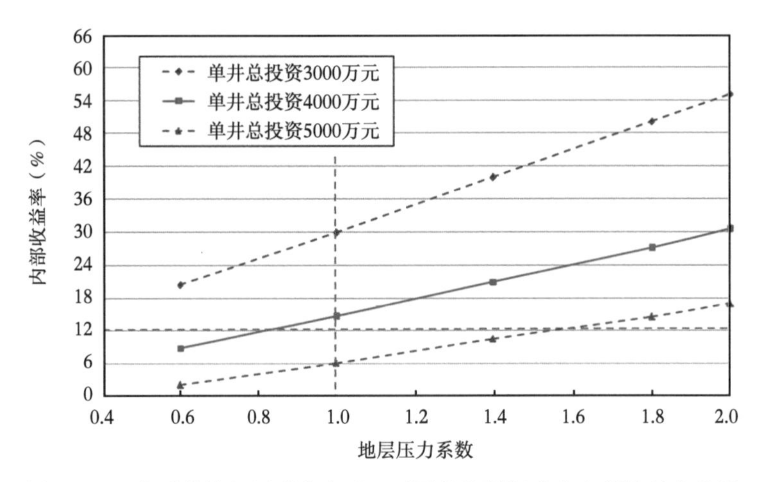

图 6.1.8　水平井体积压裂注水吞吐不同单井投资成本内部收益率曲线

（4）水平井体积压裂注水吞吐实例。

长庆安 83 井区为水平井体积压裂先导试验区，初期衰竭式开发，为了尝试注水吞吐开发的可行性，选择两口井安平 21 井和安平 19 井组开展试验，如图 6.1.9 所示 。其中安平 21 井 2014 年 3 月体积压裂后衰竭开采，日产油量从初期的 6.1t 降至 3.8t，2014 年 4 月 4 日开始注水，注水前日产油 3.8t，单井日注 $176m^3$，注水 12d，累计注水 $2133m^3$，监测地层压力从 11.7MPa 上升到 15.3MPa，注水过程中附近油井 20 井见水并迅速水淹，水淹后两口井均停井焖井，安平 21 焖井 31d 后开井，投产后含水率不断下降，日产油量不断上升，最高上升到 8.2t，8 月份 3.1t 左右。安平 20 井焖井 20d 开发，投产后日产油不断上升，至 2014 的 8 月达 10.3t，比吞吐前的 5.2t 高出近一倍，如图 6.1.10 所示。

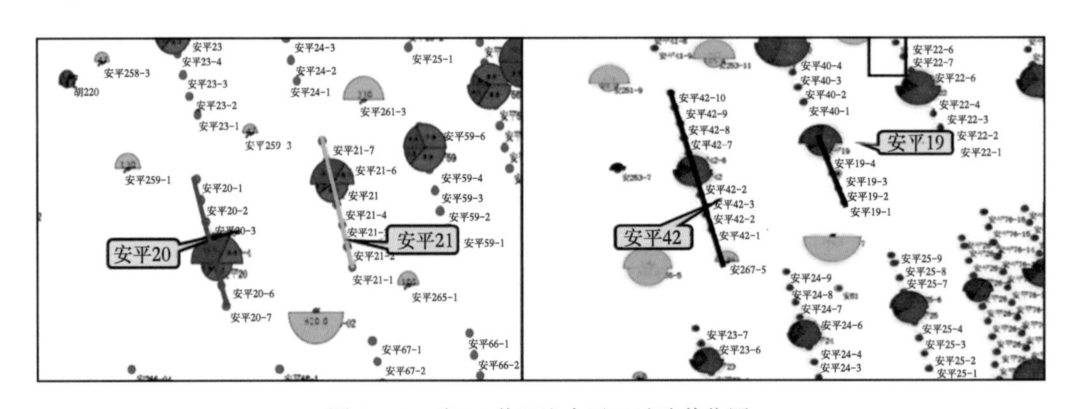

图 6.1.9　安 83 井区注水吞吐试验井位图

安平 19 井组中安平 19 井注水前日产油 4.6t，2014 年 4 月 14 日开始注水，注水 23d，日注 $80m^3$，累计注水 $1800m^3$ 后邻井安平 42 井见水后停注，焖井 19d，6 月 1 日开井，最

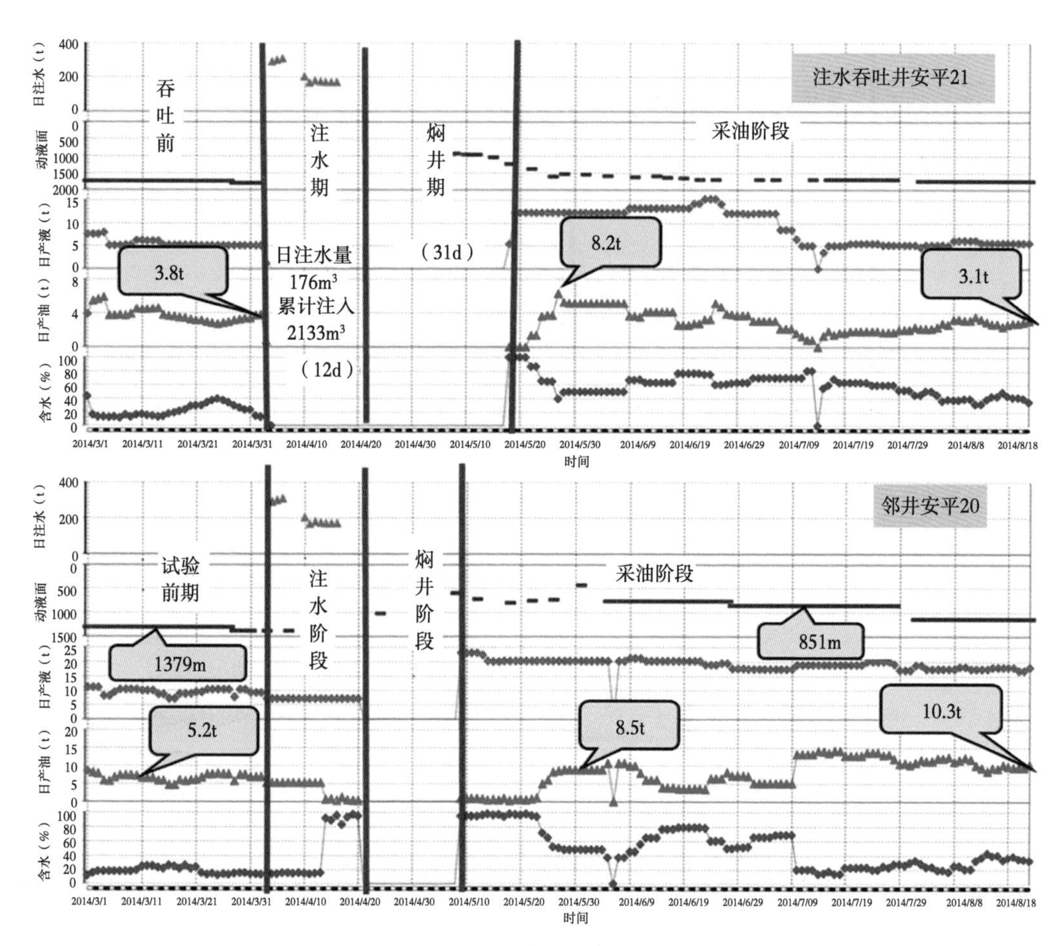

图 6.1.10　安平 21 井组注水吞吐生产曲线

高日产油上升至 9.3t，至 2014 的 8 月份仍达 5.4t。临井安平 42 在安平 19 井注水前日产油 5.4t，安平 19 井停注焖井后，安平 42 井日产油不断上升，截至 2014 年 8 月上升至 8.8t，安平 19、安平 42 试验井组日增油 4.2t，如图 6.1.11 所示。

从长庆油田安 83 井区现场注水吞吐试验看出，体积压裂后油藏注水吞吐不仅理论上是正确的，现场开发实践也是切实可行并显有成效，展现了注水吞吐应用于体积改造后油藏补充地层能量、增加驱油效率和提高采收率的广阔应用前景。

6.1.2.3　直井缝网压裂注水吞吐开发可行性

（1）模拟模型设计。

应用数值模拟方法从理论上研究直井缝网压裂+注水吞吐技术的可行性和经济技术界限。模型基本参数为：地层压力系数为 0.6~2.0MPa/100m，溶解气油比为 50m^3/m^3，基质渗透率为 0.25mD，原油黏度为 2mPa · s，有效厚度为 7.5m，单井控制地质储量 4×10^4t，压裂方式为直井缝网压裂，如图 6.1.12 所示，清水压裂液注入 1000×10^4t。开发方式设计为衰竭开采和注水吞吐两种以便对比研究，注水吞吐采用大液量、同井吞吐方式，每口井一次吞吐注入水量 1000m^3。

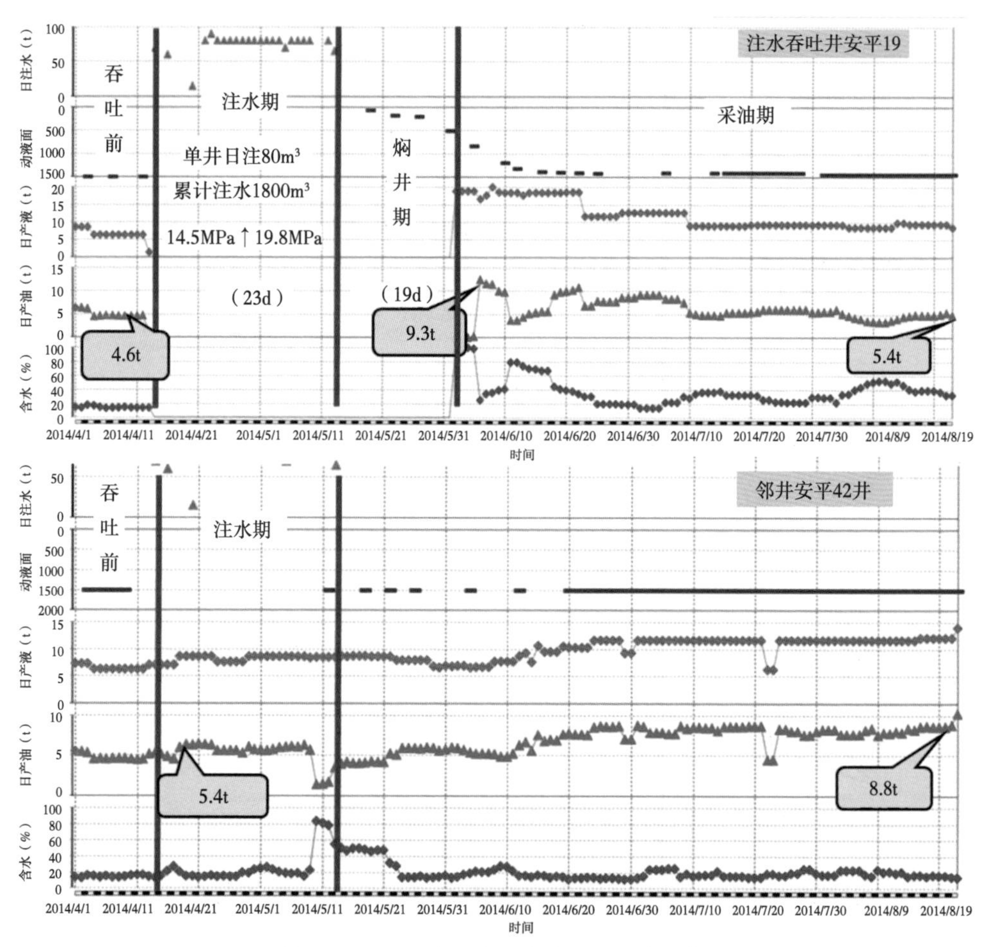

图 6.1.11 安平 19 井组注水吞吐生产曲线

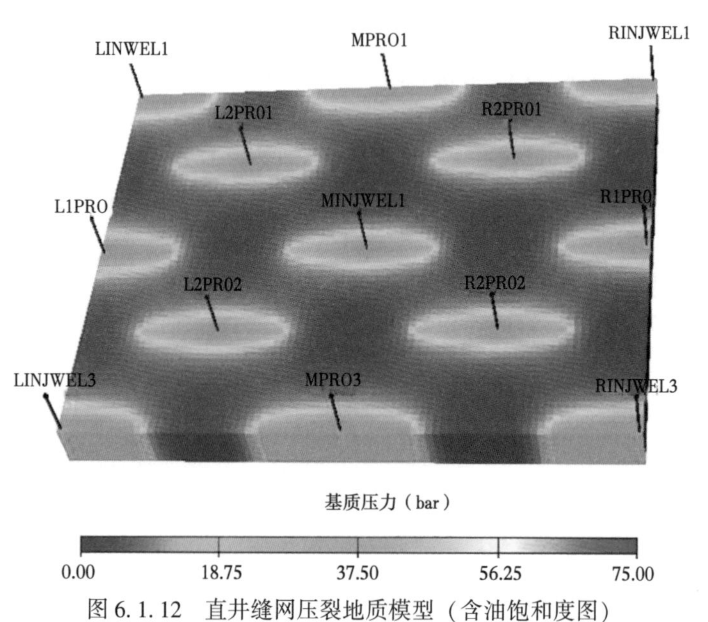

图 6.1.12 直井缝网压裂地质模型(含油饱和度图)

（2）注水吞吐与衰竭式开采指标理论对比。

数值模拟研究表明，与水平井体积压裂相似，直井缝网压裂后油藏衰竭式开采初期产量较高，但递减初期快后期慢，产油量持续递减，而注水吞吐开发油井产量表现为脉冲式变化，每次产量递减到低位后开始迅速注入大液量清水，排液后初期液量高，含水率高，但含水率和液量持续递减，而产油量则不断上升到一高度后方开始进入递减，一般情况下，注水吞吐每个周期产量高峰均较前一周期低，如图 6. 1. 13 所示。模拟研究表明，常规油藏直井缝网衰竭开采 10 年采出程度为 6. 3%，而注水吞吐 10 年采出程度达 14. 6%，比衰竭开采高出 8. 3%。对于不同原始地层压力系数的油藏（溶解气油比均为 $50m^3/m^3$），注水吞吐开发相比衰竭式开采 10 年采出程度均高出 8%左右，如图 6. 1. 14 所示，可见无论是异常低压、异常高压或是正常压力系统油藏，直井缝网注水吞吐对采出程度均有较大幅度的提高。

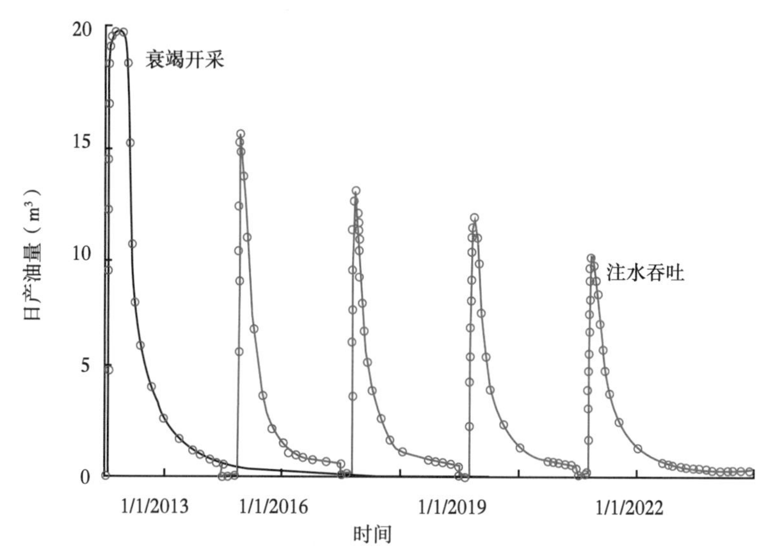

图 6. 1. 13 常规油藏直井缝网注水吞吐与衰竭开采日产油量对比

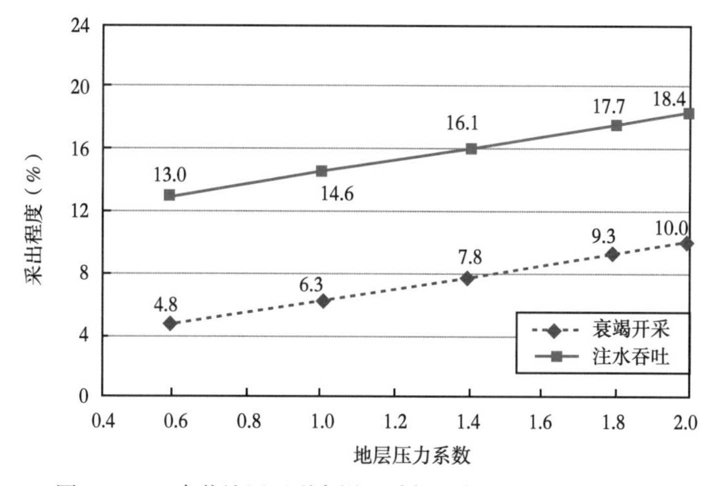

图 6. 1. 14 直井缝网压裂衰竭开采与注水吞吐采出程度对比

（3）直井缝网压裂注水吞吐经济效益分析。

进一步对直井缝网压裂注水吞吐开展经济评价研究，注水费用取为50～100元/t，注水利用率取为50%，油价取为90美元/bbl，直井缝网压裂单井总投资取为600万元、800万元和1000万元，其他经济评价投资参数及税费参数同前，分析结果表明，常规油藏（$R_s=50m^3/m^3$，压力系数1.0MPa/100m），直井缝网压裂单井控制储量4×10^4t（动用程度取为70%），采用注水吞吐开发方式，当直井缝网压裂单井总投资800万元～1000万元，常规油藏的直井+缝网压裂+注水吞吐均可满足内部收益率大于12%，如图6.1.15和图6.1.16所示。

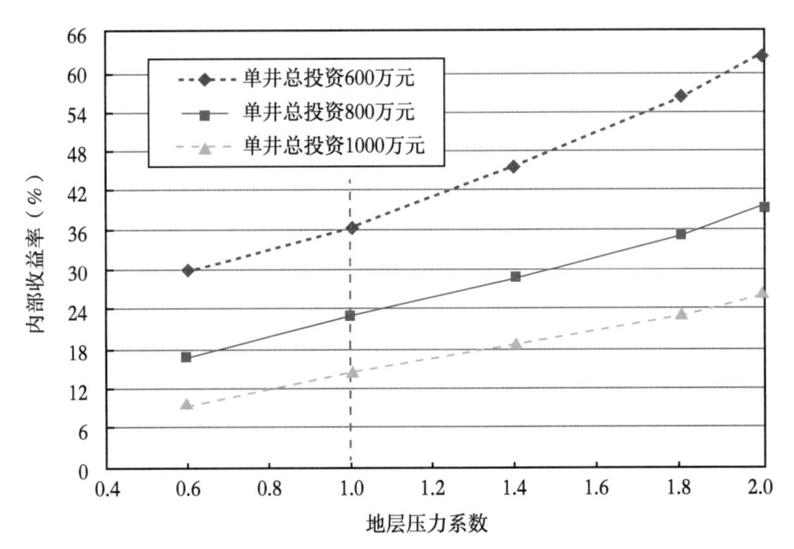

图6.1.15　直井缝网压裂不同单井投资成本内部收益率曲线（注水费用50元/t，注水利用率50%）

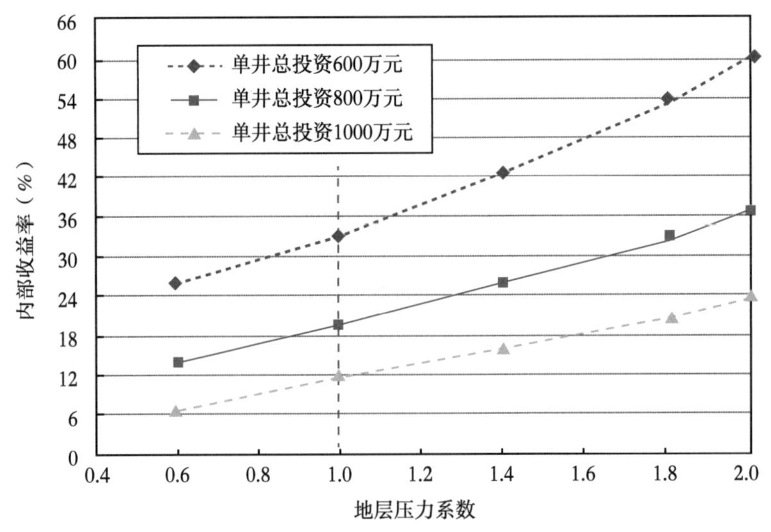

图6.1.16　直井缝网压裂不同单井投资成本内部收益率曲线（注水费用100元/t，注水利用率50%）

6.1.2.4 体积压裂油藏注水吞吐技术经济界限

（1）水平井体积压裂注水吞吐经济技术界限。

设计水平井体积压裂半缝长 200m，孔隙度 10%，油层厚度 10m，初始含油饱和度 60%，油层钻遇率 70%，注水吞吐 10 年采出程度最高为 14%，固定单井完全投资为 2500 万元，根据经济评价，可计算出内部收益率欲达 12%时，不同原油价格下需要达到的累计产油量，进一步可确定需要的单井控制储量及水平段长度，如图 6.1.17 和图 6.1.18 所示。由此可知，当油价为 60 美元/bbl 时，单井投资成本 2500 万元时，要达到内部收益率>12%，则要求 10 年累计产油量 2.8×10^4t，单井控制储量 20×10^4t，钻遇油层段 838m，水平段长度约 1200m；而当油价为 45 美元/bbl 时，则要求 10 年累计产油量 5.5×10^4t，单井控制储量 39×10^4t，钻遇油层段 1637m，水平段长度 2338m。

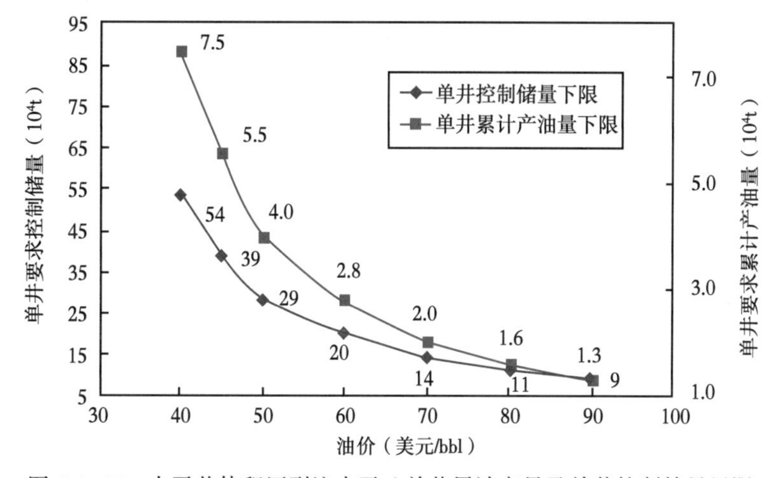

图 6.1.17　水平井体积压裂注水吞吐单井累计产量及单井控制储量界限

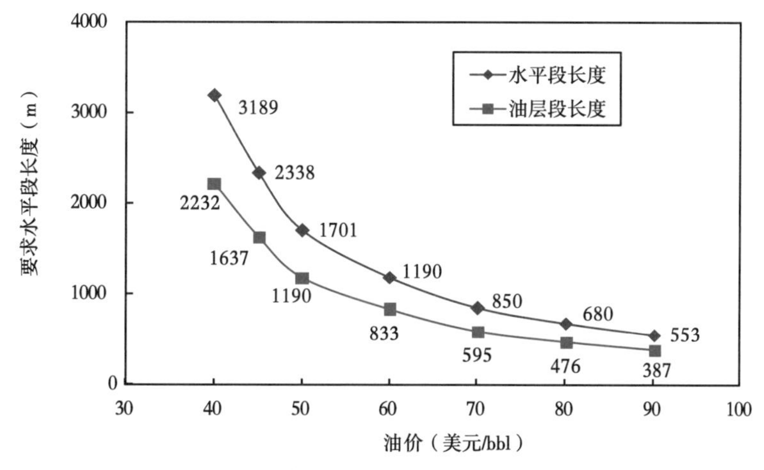

图 6.1.18　水平井体积压裂注水吞吐单井水平段长度界限

（2）直井缝网压裂注水吞吐技术经济界限。

设油层孔隙度 10%，初始含油饱和度 60%，直井缝网压裂注水吞吐 10 年采出程度最高为 14%，固定单井完全投资为 600 万元，根据经济评价，可计算出内部收益率欲达 12%

时，不同原油价格下需要达到的累计产油量，进一步可确定需要的单井控制储量及油层有效厚度，如图 6.1.19 所示。由此可知，当油价为 60 美元/bbl 时，直井缝网单井投资 600 万元，要达到内部收益率>12%，要求单井累计产油量达 0.86×10^4t，单井控制储量 6.1×10^4t，油层有效厚度 13.4m；而当油价为 45 美元/bbl 时，则要求 10 年累计产油量达 1.5×10^4t，单井控制储量 10.7×10^4t，油层有效厚度则需达 23.3m。

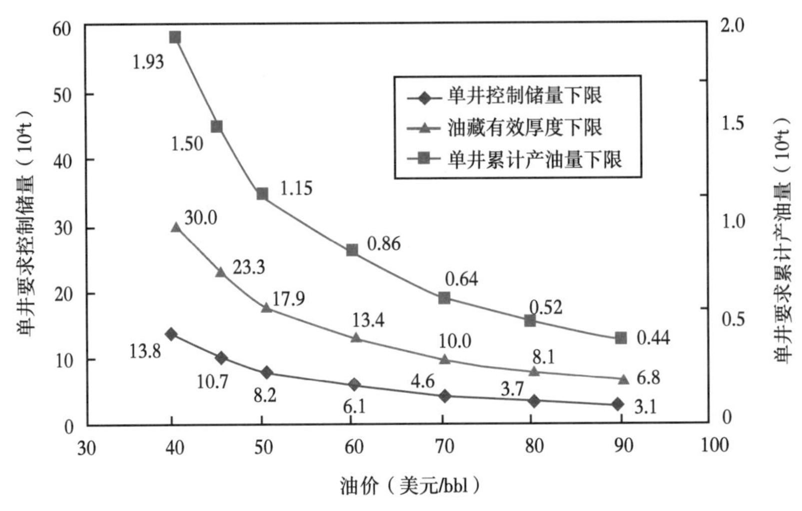

图 6.1.19 直井缝网压裂注水吞吐单井累计产量及单井控制储量界限

6.1.3 注水吞吐方式

6.1.3.1 快注慢采吞吐和慢注慢采吞吐

注水吞吐方式是影响开发效果的一个重要因素，也是一个亟待解决的新课题，本书尝试采用数值模拟方法结合油田开发实际，从注采速度研究注水吞吐的合理开发方式，为现场开发提供理论指导。

按照注采速度分类，吞吐方式可分为快注慢采和慢注慢采，快注慢采吞吐方式是在短时间内注入大量清水，迅速恢复地层能量，然后焖井一段时间后以相对较低的采液速度返排，这种注水吞吐方式往往与重复压裂相结合，又可称为压裂式吞吐；慢注慢采吞吐方式注水速度相对较低，以慢注慢采的方式注水吞吐，不需要与压裂相配合，又可称为不压裂吞吐。数值模拟研究表明，快注慢采吞吐方式在评价期内日产油、累计产油量均高于温和吞吐，这是因为快注慢采吞吐地层能量恢复快、油井生产压差大、采液量大、压力波动范围大、驱油效率高，且注水时间短采油时间长，累计产油量高，保证了开发时间效率，也保证了渗吸采油裂缝与基质有充分的流体交换时间。而慢注慢采吞吐地层能量恢复水平低，主要依靠渗吸作用采油，评价期内采油时间要少于快注慢采吞吐，累计产油量低。由此，从技术和经济角度看，快注慢采吞吐好于慢注慢采吞吐。

从现场应用角度看，快速吞吐适用于新钻井的注水吞吐开发，这是因为新井井况好、井筒条件好，可以适应吞吐时地层压力的剧烈变化。而温和吞吐则适用于老区低效井改造，因为老区井况条件差，井筒不能承受过高的压力及压力波动。

6.1.3.2 原程吞吐和改向吞吐

原程吞吐是指注入过程与返排过程为同一流动通道的吞吐方式，如图 6.1.20 和图 6.1.21 所示，该吞吐方式的特点是：注入流体吞入过程中，形成波及区间；焖井过程中，形成注入流体的继续波及和能量的扩散，同时通过不同传质过程，使波及区域的原油流动能力增强；在返排过程中，流动通道主要为吞入过程中的波及区域。关键影响因素包括以下方面。

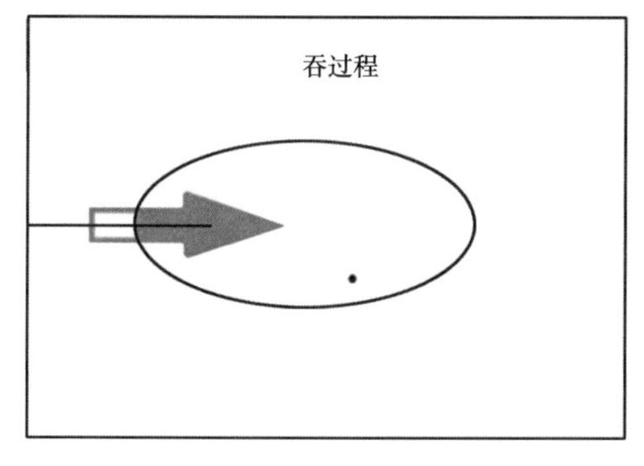

图 6.1.20 注入过程示意图

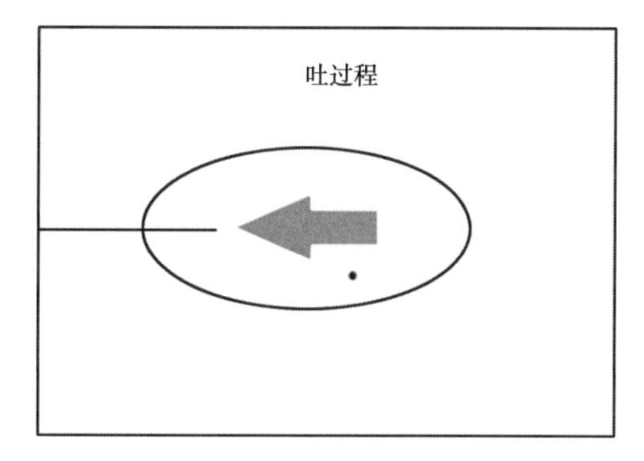

图 6.1.21 返排过程示意图

（1）驱替过程中必须有充分的剩余油存在。由于返排过程主要通道在驱替的波及区域内，因此，其采出的原油主要为驱替过后的剩余油。如果驱替过程剩余油很少，将造成返排时原油产能低的现象。

（2）焖井过程的流体传质过程充分。必须有充分的流体传质才能确保返排过程中返排原油的物质基础。要获得好的返排效果，必须确保流体传质过程充分。

（3）焖井过程中的压力控制。返排边界压力控制是影响返排过程效果的重要因素。压力扩散过大，会导致返排边界压力降低，从而降低返排效果。

（4）焖井过程流体扩散需要足够充分。无论注水吞吐还是 CO_2 吞吐，要求注入流体与原油充分接触，也就是说需要尽量扩大波及效率。注入流体集中将会返排过程中，原油产量降低。

改向吞吐与原程吞吐的主要差别为在返排过程中，注入流体返排途径不是注入过程的波及空间，而是在返排过程中，注入流体突破原有波及空间，进入原有波及空间以外的区域，并将该区域的原油驱替到井底并采出的过程，如图 6.1.22 所示。改向吞吐方式，其三个过程的主要作用与原程吞吐作用不同。

（1）注入过程。

同常规模式相似，吞入过程实质为注入驱替过程。在常规模式下，要求具有一定的波及区间，才会达到较好的吞吐效果。在该模式下，需要吞入过程中波及具有一定的距离，尽量控制驱替波及空间。同常规吞吐不同的另一点是，在吞吐流体注入后，需要注入一个后续段塞其他介质，该段塞的作用是阻止注入流体从原始途径返回，从而在返排过程中达到改向驱替的目的，该段塞称作封堵段塞。

（2）焖井过程。

同常规模式一致，在焖井过程中，需要控制边界压力的扩散，但与常规模式不同的

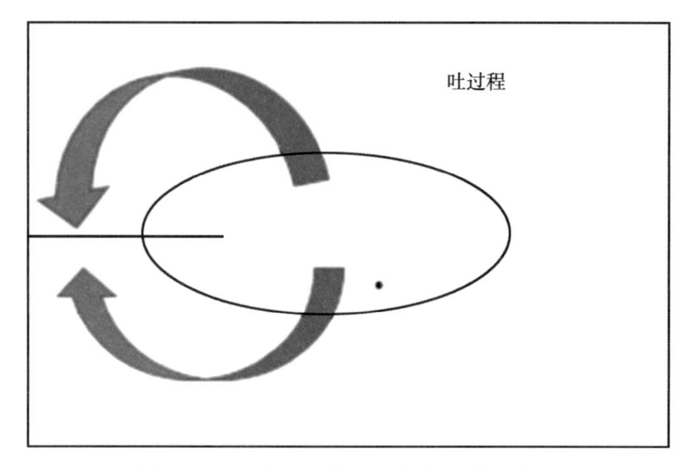

图 6.1.22　改向驱替吞吐方式返排示意图

是，该模式下，对流体传质要求和波及要求较低，甚至需要控制流体传质和波及范围。该过程的关键是流体能量作用距离的控制和流体能量的保持。传质作用会降低蓄能作用，注入过程中过高的波及会导致返排途径变长，降低吞吐效果。

（3）回采过程。

在焖井过程后，进行流体返排。注入流体的膨胀能是返排过程的原油采出的主要动力。由于改向驱替返排路径远远大于注入过程的驱替距离，因此，改向驱替要求吞吐流体具有强弹性能。目前实验结果表明，CO_2 和水不具备改向驱替吞吐的介质性质的要求。

改向吞吐方式中，关键影响因素包括以下方面。

①封堵段塞的强度。封堵段塞的强度决定了返排压力梯度，封堵段塞强度越大，现场可执行的最大返排压差就越高，有利于吞吐参数的选择。

②注入流体波及距离。注入流体波及距离越远，返排波及范围越大，返排效果越好。反之，返排效果变差。

③焖井过程中的压力控制。返排边界压力控制是返排过程效果的重要影响因素。压力扩散过大，会导致返排边界压力降低，从而降低返排效果。

④吞吐流体的弹性能。该吞吐模式下，要求吞吐介质的弹性能强，溶解性较低。对于易溶于油水的介质，在储层条件下，由于溶解作用，会降低膨胀能量，从而弹性能无法支撑完成改向驱替过程。

除以上影响因素外，返排井底压力是影响该模式下吞吐的重要影响因素。

在实际操作过程中，封堵段塞一般选用不完全封堵材料段塞，如气段塞、聚合物段塞等，防止储层堵死，造成油井报废。因此，在改向驱替过程中，常规原程吞吐方式和改向吞吐实际是共存的。返排压差的大小，对不同模式机理发挥程度具有重要的影响。

图 6.1.23 给出了改向吞吐模式下的压力图，图中，两侧返排路径为改向吞吐返排路径。中间返排路径为常规返排路径。油藏压力为 p，井底压力为 p_0，封堵段塞封堵压力为 Δp。

常规返排路径的驱替压差为：

$$p_1=p-p_0+\Delta p$$

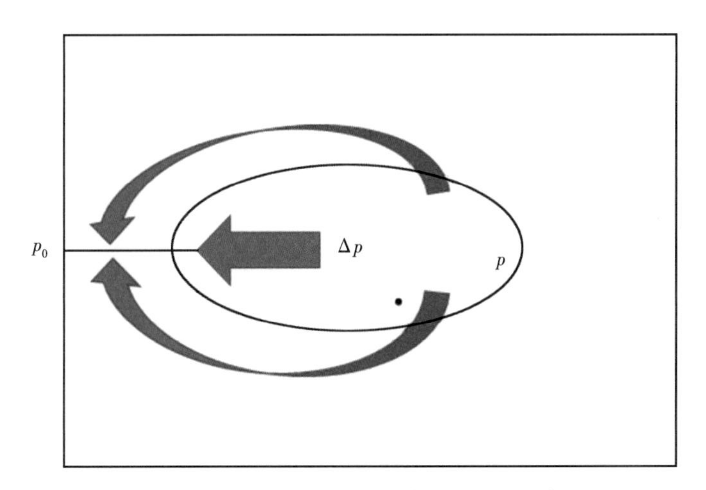

图 6.1.23　改向驱替吞吐方式返排压力示意图

改向驱替路径压差为：

$$p_2 = p - p_0$$

p_0 和 p_1 大小，决定了常规原程吞吐和改向吞吐的作用大小。p_0 和 p_1 越大，改向吞吐驱替机理作用越大。常规吞吐返排方向突破后，改向吞吐将不起作用。因此，要合理应用改向驱替模式，必须控制返排井底压力。

6.1.4　注水吞吐主控因素分析

根据上述注水吞吐开采机理部分式（6.1.13）可知，首先油藏体积改造范围内的储量控制着注水吞吐产油量，单井控制的体积改造储量越大，注水吞吐产油量越高。另外，储层渗透率、裂缝发育程度、含油性、储层润湿性等因素均影响注水吞吐效果。为明确其主控因素，开展了水平井体积压裂注水吞吐油藏影响因素对比研究，模型基础参数计算与上述水平井体积改造模型相同，根据上述理论公式可计算不同油藏因素下的注水吞吐累计产油量。

6.1.4.1　储层渗透率

采用不同的储层渗透率计算注水吞吐产油量，由储层渗透率与注水吞吐采出程度的关系（图 6.1.24）可以得到 2 点认识。(1) 当储层渗透率小于 10mD，渗透率值越高，注水吞吐采出程度越高。根据式（6.1.6）可知，储层渗透率越高，原油由基质置换到裂缝时的渗流阻力越小，渗吸产油量越高；同样根据式（6.1.7）可知，储层渗透率越高，回抽期不稳定驱替时原油由基质驱替到裂缝中的阻力越低，产油量越高。(2) 随着储层渗透率的升高采出程度增幅不断降低，这是因为随着储层渗透率的升高，储层毛细管压力快速降低，基质与裂缝之间的流体交换减少，渗吸产油作用减弱，注水吞吐整体效果变差，因此当储层渗透率达到一定数值后产油量不再增加。由此可以看出，储层渗透率在一定程度上影响注水吞吐的开发效果，但影响幅度不大，因此储层渗透率不是注水吞吐的主控因素，在一定超低渗透率范围内的油藏均可实施。

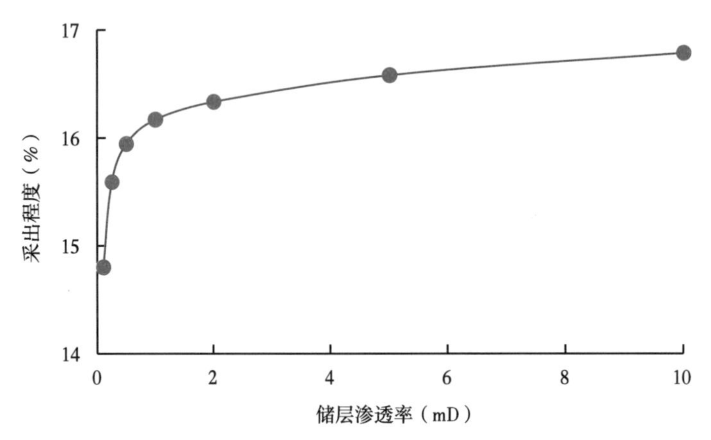

图 6.1.24　储层渗透率与注水吞吐采出程度的关系

6.1.4.2　裂缝发育程度

形状因子可充分反映裂缝与基质的切割程度，由形状因子与注水吞吐采出程度的关系（图 6.1.25）可以看出，形状因子越大，裂缝发育程度越高，注水吞吐采出程度越高，当形状因子从 0.001 提高到 1.0 时，10 年采出程度从 2.6% 呈直线增至 15.6%。根据式（6.1.6）和式（6.1.11）可知，在其他模型参数不变的情况下，形状因子与渗吸产油及不稳定驱替产油量均呈线性正相关关系。当形状因子达到 1.0 以上时，渗吸产油作用达到拐点，注水吞吐采出程度增幅趋缓。由此可见，裂缝发育程度对渗吸产油影响大，是影响注水吞吐的主控因素。

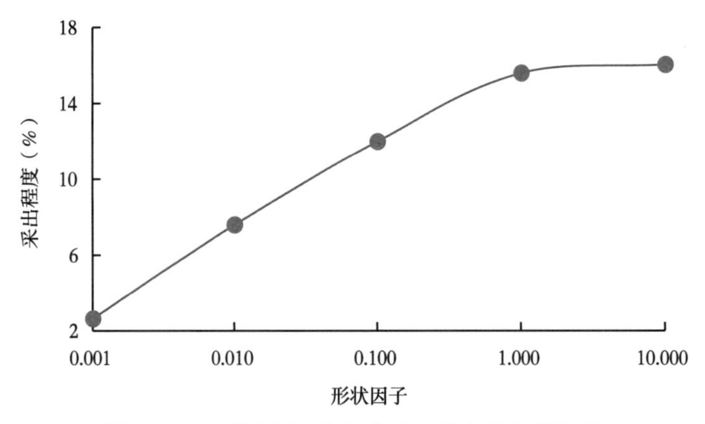

图 6.1.25　形状因子与注水吞吐采出程度的关系

室内实验同样证明裂缝发育程度对注水吞吐的重要影响。采用大庆头台油田扶杨油层不同长度基质块岩心开展渗吸采收率对比实验，不同的基质岩心长度代表着油藏中裂缝对基质的不同切割程度，基质块越小表示裂缝发育程度越高，实验岩心宽度均为 2cm，长度分别取 5cm、8cm 和 10cm，室内实验结果如图 6.1.26 所示，可见基质块越小渗吸采出程度越高，即储层裂缝越发育渗吸采油量越高。数值模拟及室内实验均表明，裂缝发育程度是影响注水吞吐的主控因素。

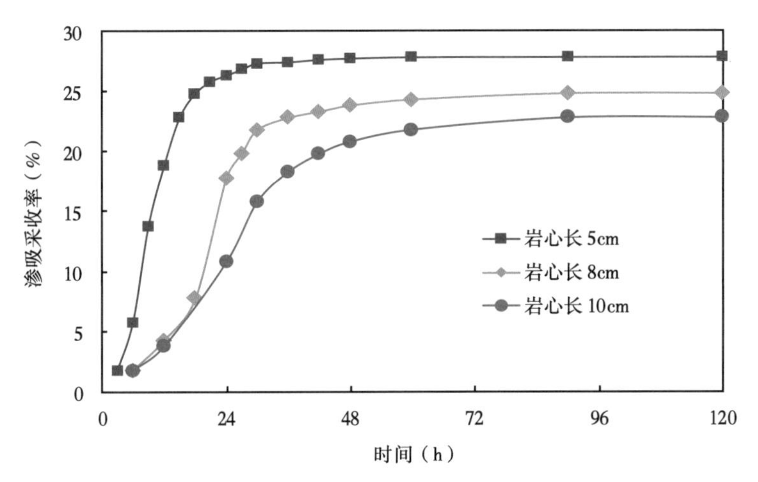

图 6.1.26 室内实验渗吸采收率与基质岩心长度关系曲线

6.1.4.3 储层润湿性

储层润湿性是孔喉表面微观润湿性的整体表现，其渗流物理特征体现在相对渗透率曲线上，油相与水相相对渗透率曲线的交点含水饱和度越接近 50%，储层润湿性越接近于中性，交点含水饱和度越大于 50%，储层越亲水，越小于 50%，储层越亲油。由相对渗透率交点含水饱和度与注水吞吐采出程度的关系（图 6.1.27）可以看出，两者呈指数递增关系，相对渗透率交点含水饱和度由 45%变为 65%时，10a 采出程度由 5.8%增至 24.5%，增幅为 18.7%。根据式（6.1.6）可知，储层亲水性越强，油水两相毛细管压力越大，油相有效渗透率越高，裂缝与基质之间的流体交换越强，渗吸产油量越高。同时根据式（6.1.11）可知，油相有效渗透率的提高同样会增加不稳定驱替阶段的产油量，渗吸和不稳定驱替产油量的叠加使注水吞吐效果大幅改善。室内实验同样证明储层润湿性对注水吞吐的影响，采用大庆头台油田扶杨油层不同润湿性的基质岩心开展渗吸采收率对比实验，亲水、中性及亲油 3 种岩心渗吸采收率分别为 29%，22%和 19%，如图 6.1.28 所示。理

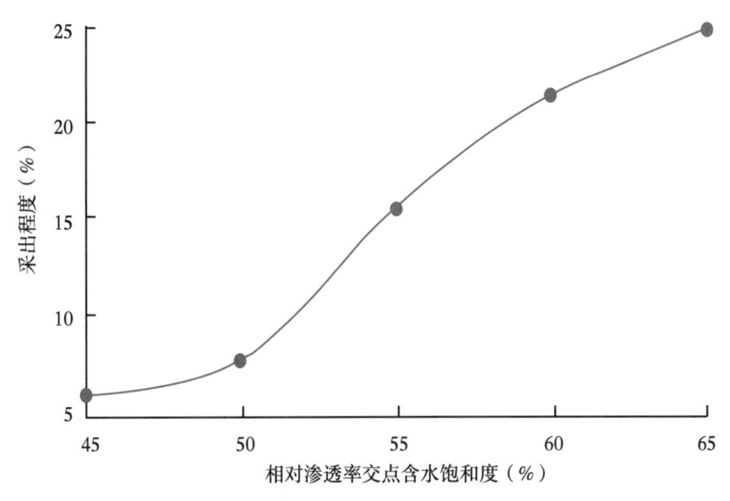

图 6.1.27 相对渗透率交点含水饱和度与注水吞吐采出程度关系

论研究及室内实验均表明，储层润湿性对注水吞吐效果的影响较大，是影响注水吞吐开发效果的主控因素之一。

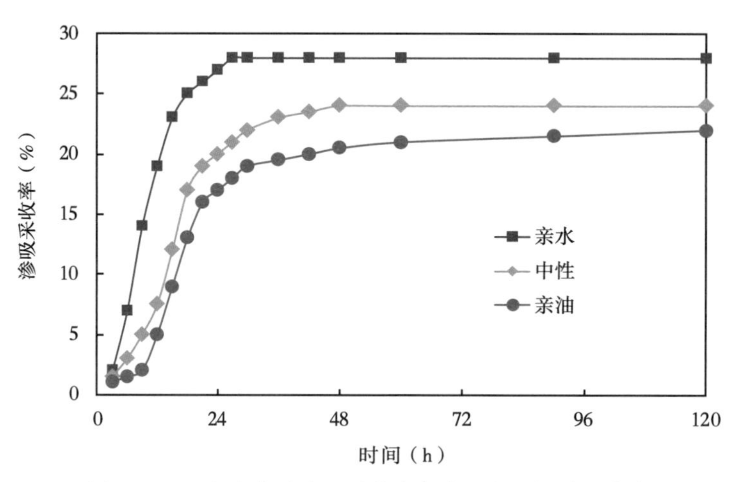

图 6.1.28 室内实验渗吸采收率与岩心润湿性关系曲线

6.1.4.4 含油饱和度

由油藏含油饱和度与注水吞吐采出程度的关系（图 6.1.29）可以看出，两者呈对数递增关系，含油饱和度由 40%增加至 60%时，注水吞吐 10 年采出程度增幅达 1 倍以上，含油饱和度进一步增大时，井控储量增加，产油量增加但采出程度增幅变小。根据注水吞吐渗吸产油机理，油藏含油饱和度越高，储层毛细管压力越大，油相有效渗透率越高，渗吸作用越强，油相有效渗透率的提高有助于增加不稳定驱替产油量，可见油藏含油饱和度是影响注水吞吐开发效果的重要因素之一。采用大庆头台油田扶杨油层不同含水饱和度的基质岩心开展渗吸采收率对比实验，当基质岩心含水饱和度从 47%增加至 71%时，渗吸采收率降幅达 1 倍（图 6.1.30）。理论研究及室内实验均表明，油藏含油饱和度是影响注水吞吐开发效果的主控因素之一。

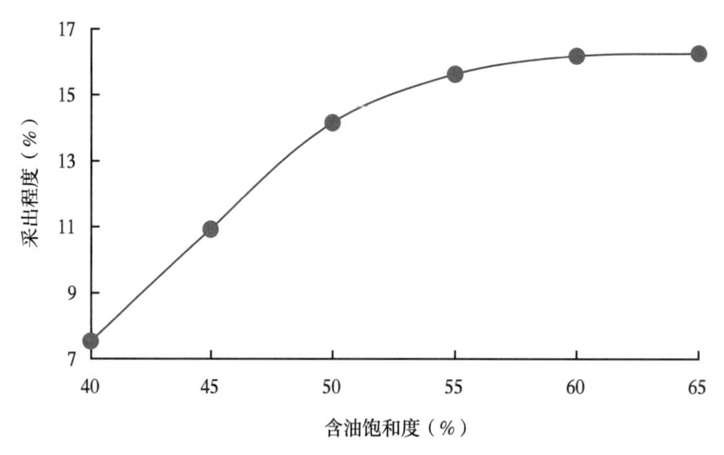

图 6.1.29 油藏含油饱和度与注水吞吐采出程度的关系

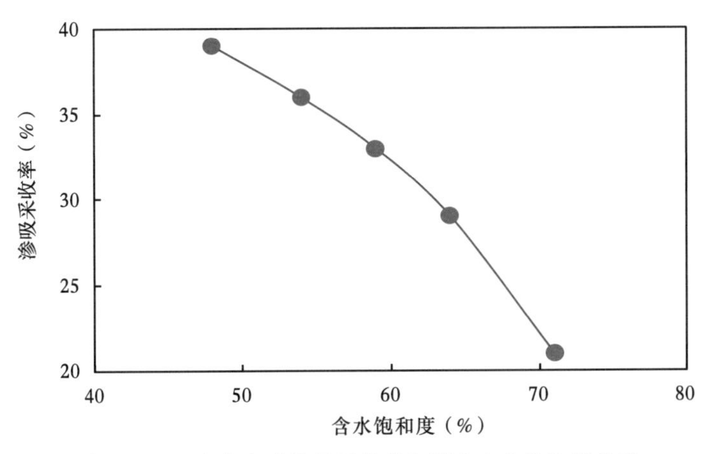

图 6.1.30 室内实验渗吸采收率与岩心含水饱和度关系

现场开发实践也表明油藏含水饱和度是影响注水吞吐效果的主控因素，以大庆外围头台油田为例，三口井 M66-80、M66-82、M67-83 的油藏剖面如图 6.1.31 所示，三口井的油藏含水饱和度则是 S_wM66-80>S_wM66-82>S_wM67-83，而这三口井初期均为注水井，分别累注水 $4.7\times10^4m^3$、$2.8\times10^4m^3$、$4.3\times10^4m^3$，后期由于井网调整转换为采油井，为先注水后回采的注水吞吐开发方式，其生产动态曲线分别如图 6.1.32 至图 6.1.34 所示，从三口井的动态曲线可以看出，油藏含水饱和度越高，回采后油井含水率越高，单井产量越低，累计产油量越低，截至 2014 年 5 月，M66-80、M66-82、M67-83 累计产油量分别为 0.18×10^4t、0.75×10^4t、1.35×10^4t。

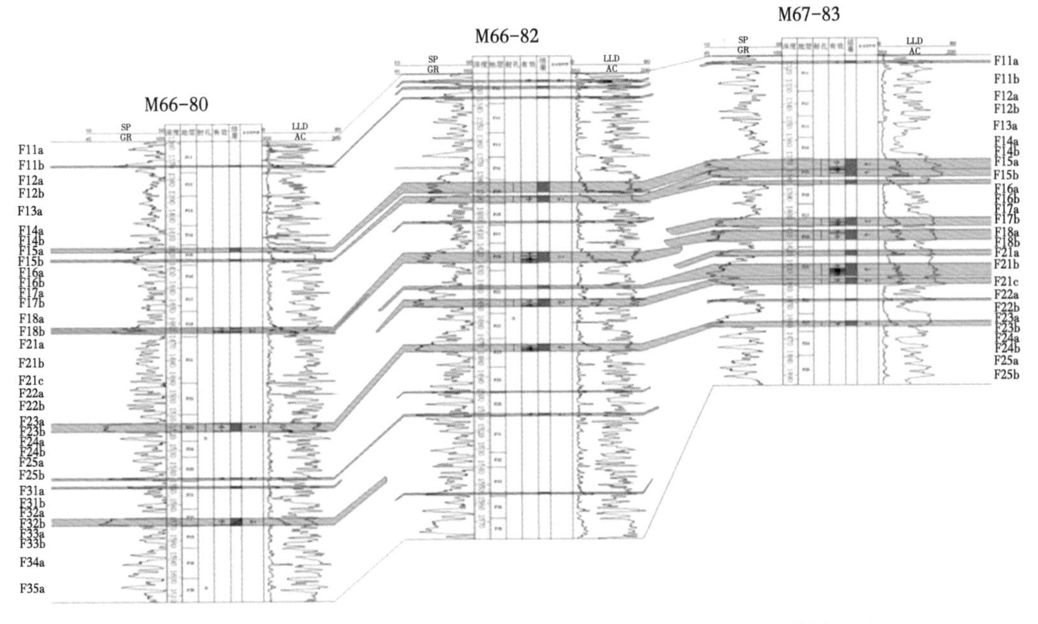

图 6.1.31 头台油田 M66-80 井—M66-82 井—M67-83 井油藏剖面图

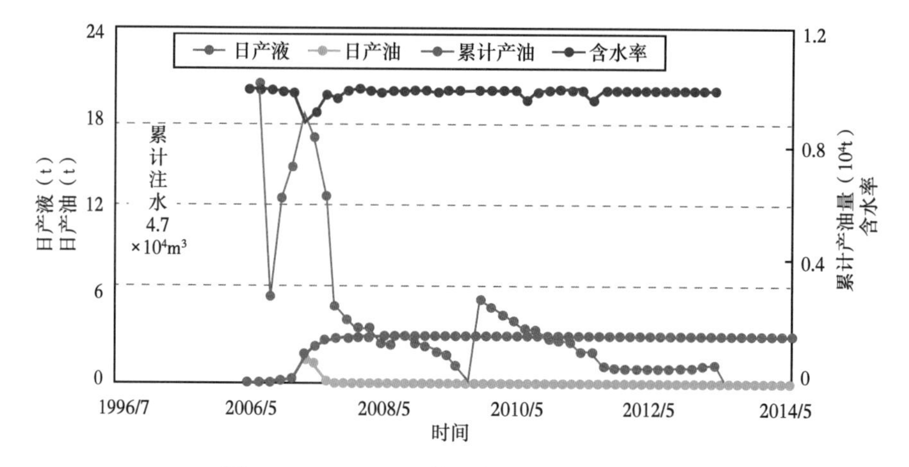

图 6.1.32 M66-80 井注水后转油井生产曲线

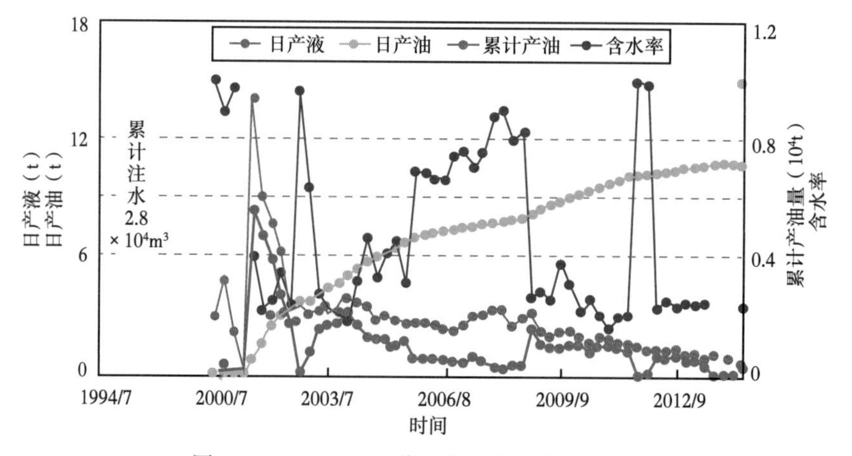

图 6.1.33 M66-82 井注水后转油井生产曲线

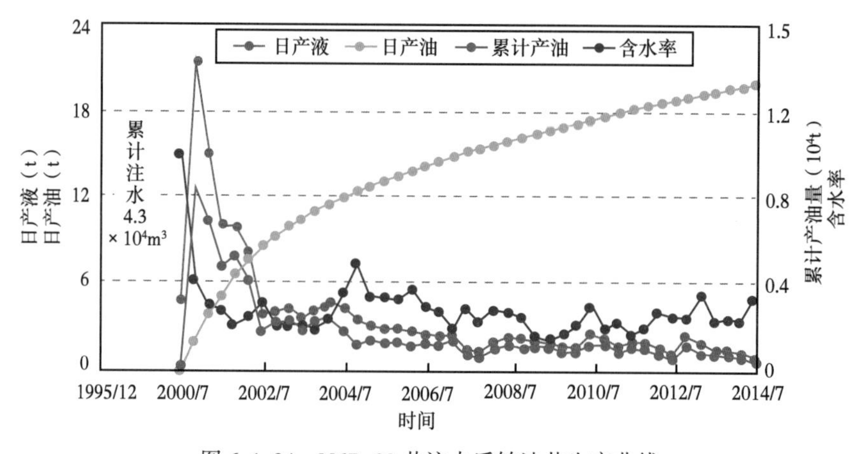

图 6.1.34 M67-83 井注水后转油井生产曲线

6.1.5 国内外注水吞吐现场实践

国外低品位油藏较少开展现场注水吞吐开发试验，主要在 Bakken ND 和 Parshall 油田开展了注水吞吐试验，但均没有达到预期增油效果。2012 年时在北达科达州 Bakken 储层开展了注水吞吐的先导试验，方案设计注入一个多月，焖井两周，然后开井生产 3~4 个月。注入速度为 1200bbl/d，并没有出现注入困难的问题，但是也没有增油效果（图 6.1.35）。EOG 在 Parshall 油田 NDIC17170 井开展了注水吞吐试验，从 2012 年春天开始注入，方案设计注入 30d，然后焖井 10d。四月份注入 10000bbl 水，五月份注入 29000bbl 水。从结果来看，注水吞吐并没有增加油井产油量（图 6.1.36）。

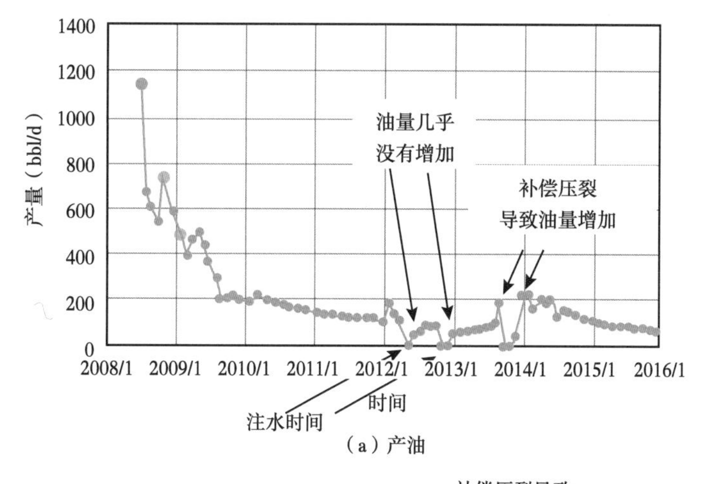

（a）产油

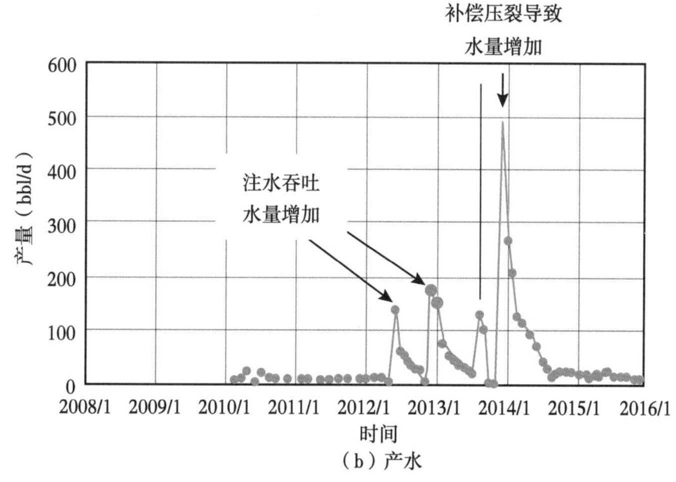

（b）产水

图 6.1.35　Bakken 储层注水吞吐试验生产动态曲线

国内油田如长庆油田、大庆油田及吐哈油田等开展了注水吞吐开发试验，取得了较好的开发效果。

吐哈三塘湖油田条湖组油藏开展了水平井体积压裂注水吞吐试验，储层平均渗透率为 0.36mD，为沉凝灰岩弱亲水油藏，平均含油饱和度为 69%，2016 年开展了水平井体积压

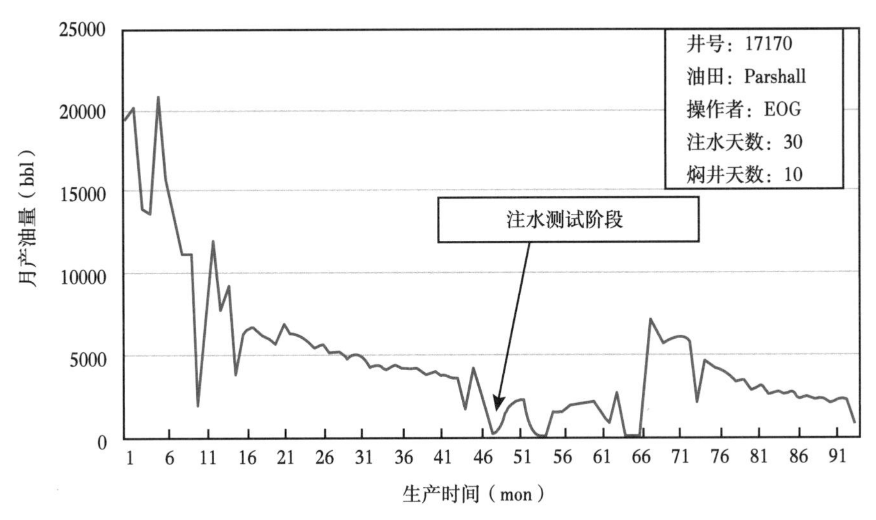

图 6.1.36 Parshall 油田注水吞吐试验生产动态曲线

裂注水吞吐试验，M56-12H 注水吞吐生产动态曲线如图 6.1.37 所示。该井体积改造后初期最高产油 22.1t/d，衰竭开采 18 个月后产量降为 2.2t/d，此时停产开展多轮次注水吞吐试验，共吞吐三轮次，平均每轮次注水约 8500m^3，焖井 14d，产量最高可恢复至 24.3t/d，累计增油 2032t。

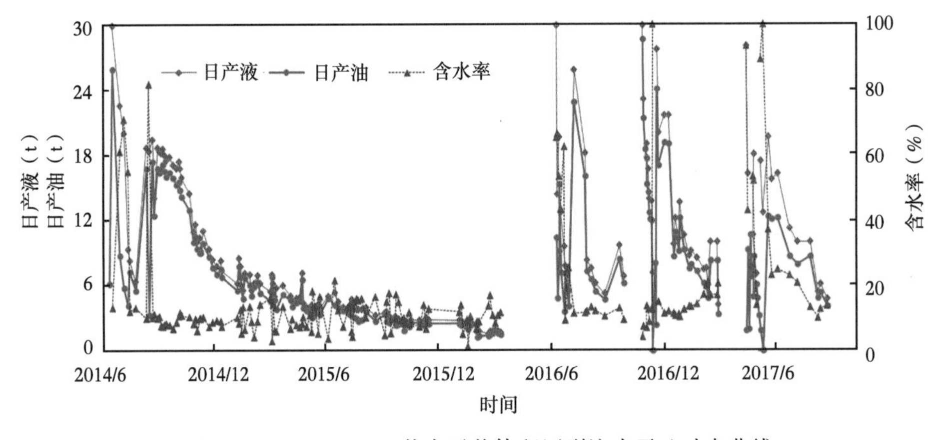

图 6.1.37 M56-12H 井水平井体积压裂注水吞吐动态曲线

6.2 体积压裂+异步注采开发技术

异步注采是指一种注采不同步的注水方式，即注入井注水时采油井停产，采油井开采时注水井停注，其基本驱油机理兼顾有效驱替和渗吸采油机理。通过注采不同步的开发方式，既可以通过注水补充地层能量，实现注采井间的有效驱替，又可以充分发挥井筒附近裂缝网络的渗吸采油作用降水增产。异步注采适用于砂体连续性好，可以形成注采井网的低品位油藏。如海拉尔油田贝中油田希 35-59 井组，由采油井希 35-59 井和两口注水井希

35-61 及希 37-61 井组成，采油井希 35-59 井体积压裂后产油量由 1.2t/d 上升至 4.6t/d，两口注水井连续注水两个月该井水淹，产油量降至 0.2t/d，此时对应注水井停注，实施采时不注的异步注采开发方式，一个月后该井产量又上升至 7.5t/d，如图 6.2.1 所示，可见异步注采开发方式可显著改善体积压裂油藏注水开发效果。

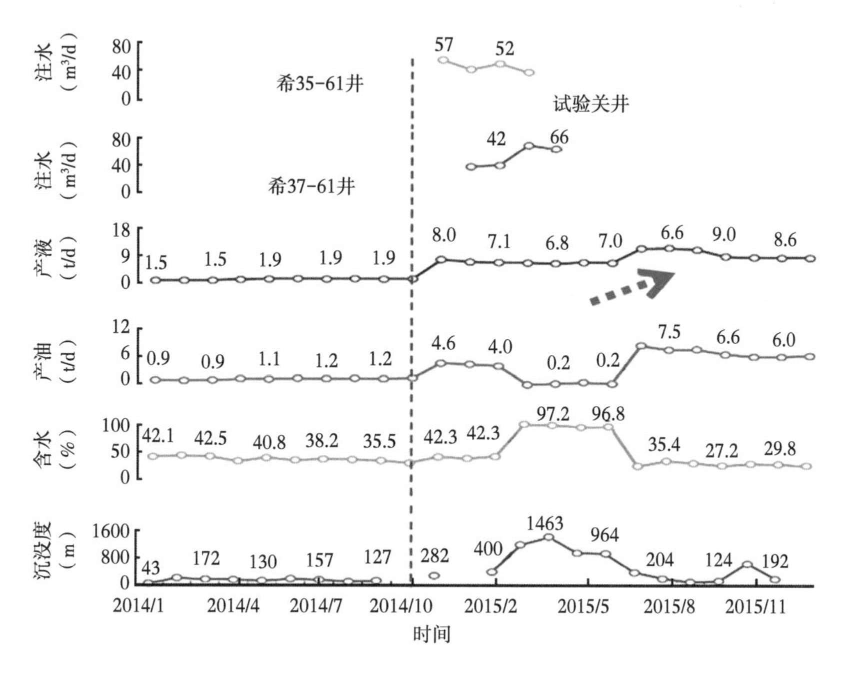

图 6.2.1 希 35-59 井开采曲线

6.3 体积压裂+油水井互换开发技术

顾名思义，油水井互换是指在油田开发过程中，油水井功能互换，即油井调整为注水井，注水井调整为采油井的开发方式，如图 6.3.1 所示。油水井互换是利用注入水与原油在地层中的交换作用采出原油，即渗吸采油，同时注入水起到补充地层能量的作用，为原油的采出提供必要的生产压差。除了渗吸采油作用外，油水井互换还可以起到改变油藏中流体流线方向、增加水驱波及体积的作用。该方式一般适用于低渗透油藏长期高压注水但油井难以受效的油藏。如大庆头台油田扶杨油层在开发井网调整期间开展了注水井转采现场试验，以 M65-92 为例，该井自 1994 年 11 月开始注水，2 年内累计注水 $2.4\times10^4m^3$，由

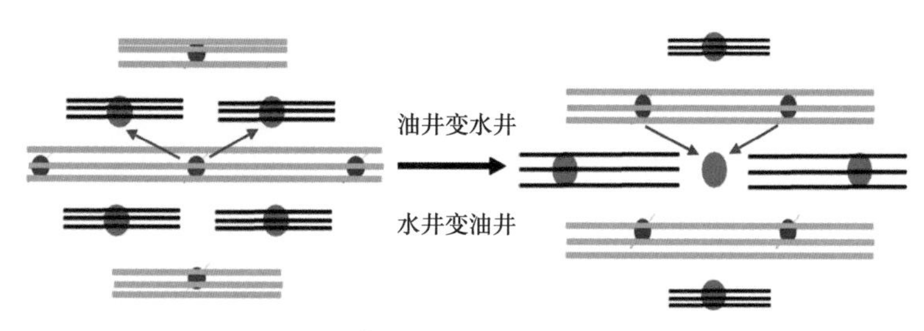

图 6.3.1 体积压裂+油水井互换示意图

于井网调整，1997 年 4 月转为采油井，首先进入渗吸采油阶段，初期含水率很高，在渗吸作用下含水率逐步降低、采油量增加，日产 5. 0t 稳产约 5 年，后期进入反向驱替阶段。由于井网中注水井的驱替作用，含水率逐步升高，于 2011 年初实施压裂措施，至 2013 年底该井累计产油达 2. 02×10^4t，如图 6. 3. 2 所示，远高于同区块油井产量。说明油水井互换实现了反向线性水驱，不仅发挥渗吸作用，又改变了油藏渗流场，水驱波及程度得到进一步提高。

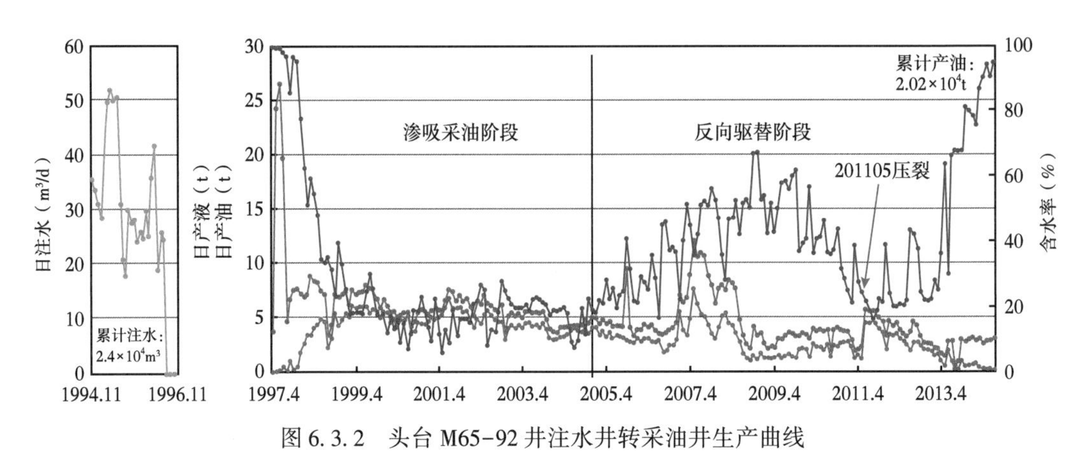

图 6. 3. 2　头台 M65-92 井注水井转采油井生产曲线

7　低品位油藏注水有效开发新模式

中国石油经过几十年勘探开发，以低渗透低丰度为主的低品位油藏比例越来越高，资源劣质化趋势明显，投资成本居高不下，低渗透油藏开发举步维艰。依靠体积压裂技术，美国致密油产量大幅度攀升，我国将该技术应用于致密油和低渗透油藏开发，单井初期产能的提高显见成效，但与美国海相沉积油藏相比，我国陆相沉积油藏存在砂体规模小、地层压力系数低及原油黏度高等先天缺陷，因此体积压裂后油井产量递减快、累计产油量和采出程度低，经济效益差，国外体积压裂后衰竭开采的开发方式并不适用于我国低品位油藏的开发。由此，需要确立新的开发思路，找到效益开发的技术路线，方能破解难题。本书跳出传统注水开发固有的模式，在上述章节渗吸采油开采机理研究基础上，提出了低品位油藏由注水建立孔隙驱替向缝网有效驱替转变，由连续注水向注水吞吐、异步注采和油水井互换等渗吸采油方式转变，由缩小井距提高水驱动用储量向体积改造提高单井缝控储量转变的3个转变注水开发方式的新思想，创建了全新的“体积改造+有效驱替+渗吸采油”有效开发新模式，一方面可以较大幅度提高单井产量，另一方面可持续补充地层能量，达到增加累计产量，提高油藏采收率的目的。

7.1　注水开发方式的三个重要转变

“体积改造+有效驱替+渗吸采油”开发方式，是通过体积压裂将孔隙型油藏改造成拟双重介质油藏，建立有效驱动体系，同时利用孔隙与裂缝之间强大的渗吸能力，灵活注水，提高波及体积和驱油效率，实现传统水驱开发的三个重要转变。

（1）由建立孔隙驱替向缝网有效驱替转变。

常规低渗透油藏的储集空间以孔隙为主，注采井间的流线以径向流为主，根据达西定律，井间驱动压差主要消耗在井筒附近，有效驱动压差小，同时由于低渗透油藏储层物性差、渗流阻力高，因此常规开发技术难以建立有效的注采驱替系统。油田现场为了注进水、注够水，多采用高压注水的方式补充地层能量，但仍然难以见效，而转变开发方式，采用体积压裂技术在井筒附近产生具有一定带宽的缝网，将井筒附近的孔隙型油藏改造成双重介质油藏，一方面可大幅度降低井筒附近油藏的渗流阻力和驱动压差消耗，大幅度提高井间有效驱动压差；另一方面将井与井之间的驱动转化为缝网之间的驱动，将注采井间的径向流转换为缝网之间的线性流，大幅度降低驱动距离与驱动压差。假设体积压裂前注采井距为 D_j，排距为 D_h，体积压裂后产生带宽为 W_f 的缝网，缝网间驱替距离为 D_h-W_f，

而且 D_h-W_f 远小于 D_j，注采驱动压差大幅度降低，从而实现了由注水建立孔隙驱替向缝网有效驱替的转变（图 7.1.1）。以海塔盆地 B28 井区为例，油藏平均渗透率为 0.5mD，储层水敏性强，注水压力不断升高，日注水量逐步降低，采油井单井产液量由初期的 8t/d 降至 0.4t/d。油井体积改造后，在井筒附近形成裂缝网络，驱动压差大幅降低，注采井间建立起了有效驱动系统，注水井压力下降，注水量上升（图 7.1.2），同时油井明显注水受效，产油量由 0.4t/d 增至最高 10.3t/d，后期稳产在 4.5~5.0t/d（图 7.1.3）。

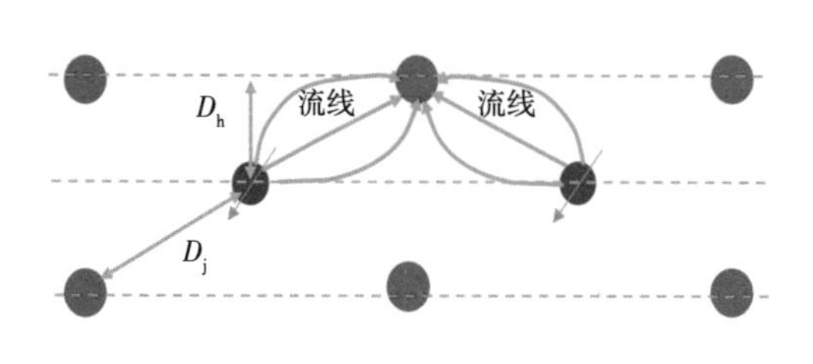

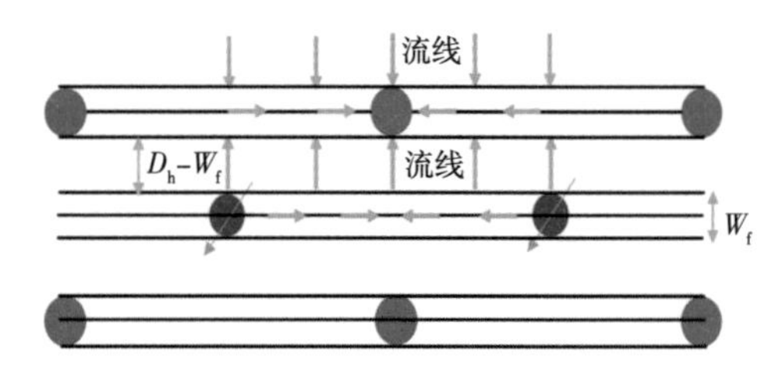

图 7.1.1　体积压裂前后驱替方式转换示意图

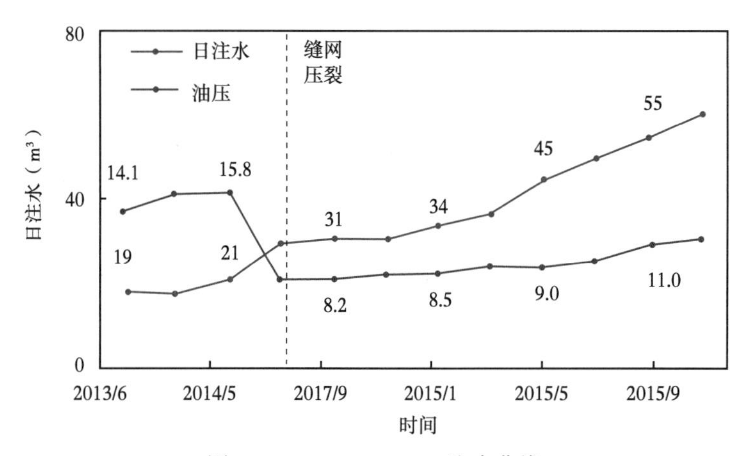

图 7.1.2　B28-X60-58 注水曲线

（2）由连续强化注水向异步注采、注水吞吐、油水井互换等灵活的渗吸采油方式转变。

对于体积改造后油藏，连续注水方式会加剧油井快速水淹，大幅缩短油藏生命周期。而采用注水吞吐、异步注采或油水井互换等灵活注水方式，可有效降水增油，扩大波及体积，提高油藏采收率。注水吞吐是指同一口生产井中先注入水，然后再返排的过程；异步注采是指一种注采不同步的注水方式，即注入井注水时采油井停产，采油井开采时注水井停注；油水井互换是指在油田开发过程中，油水井功能互换，即油井调整为注水井，注水井调整为采油井的开发方式。体积压裂油藏注水吞吐、异步注采和油水井互换开发方式从开发机理来看，均利用了油藏的油水两种流体之间的渗吸置换作用，属于一种渗吸采油开发方式。常规压裂油藏的渗吸作用主要是慢速渗吸机理，渗吸采油作用较弱，在油田开发过程中仅起到从属和辅助作用，但油藏体积改造后，在井筒周围形成了复杂的裂缝网络系统，基质与裂缝之间的流体交换速度和数量发生了质变，体积压裂油藏的渗吸采油作用已

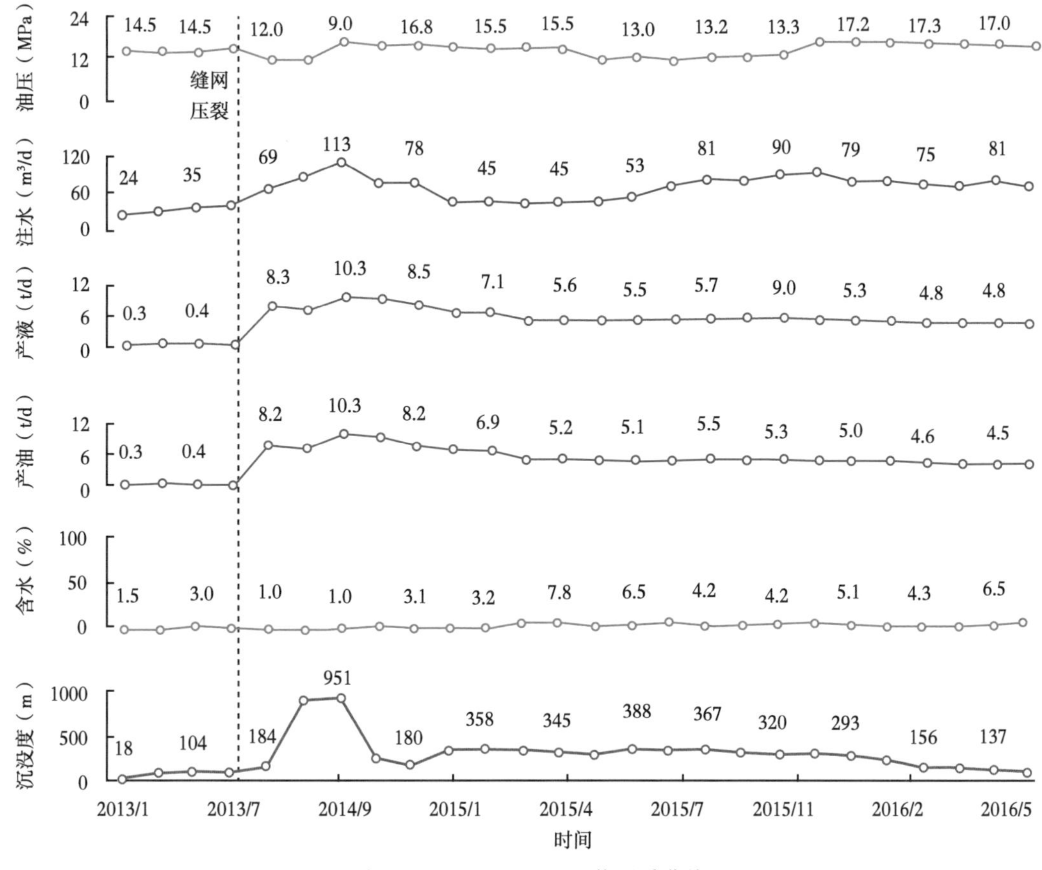

图 7.1.3 B28-X62-58 井开采曲线

经由常规压裂油藏中的辅助作用上升为主导作用。体积压裂油藏渗吸采油开发方式在前面章节已经做了详细的介绍，此处不再赘述。

（3）由加密井网提高水驱动用储量向体积改造提高单井缝控储量转变。

超低渗透油藏由于储层物性差，基础井网往往难以建立注采驱替系统，一般情况下油藏纵向和平面水驱动用程度均较低，要进一步提高油藏水驱动用程度，往往采用井网加密调整缩小注采井距的开发技术，但单井控制储量大幅降低，经济效益变差，而引入体积改造技术，打碎地层产生缝网可大幅度降低渗流阻力。体积压裂规模越大，产生的裂缝网络覆盖的储量越多，油藏动用程度和阶段采出程度越高。如大庆垣平 1 井，水平段长 2660m，钻遇砂岩 1484.4m，体积压裂 12 段，每段二簇，缝长 300m，计算单井控制地质储量达 38×10^4t。初期产油 42t/d，预测开采 10 年累计产油可达 2.6×10^4t。

注水开发方式三个重要转变的开发思想既可应用于老区改造，亦可应用于新区产能建设。由于传统低品位油藏老区开发以直井和定向井为主，应用于老区则形成“直井缝网压裂+有效驱替+渗吸采油”的老区改造新模式，而新区产能建设则需要结合油藏特征采用直井或水平井开发，转变开发方式思想应用于新区则形成“水平井/直井多轮次体积改造+渗吸采油”新区产能建设新模式。

7.2 低品位油藏老区改造新模式

7.2.1 低产低效老区改造新模式

传统开发模式下，低品位油藏普遍存在低产低液、高注采比但油井受效难的特点，以吉林大45和让11区块为例，其生产动态曲线如图7.2.1和图7.2.2所示。可见，低品位油藏初期虽有较高的产液量，但产量递减快，含水不断上升，后期低产低液（图7.2.1），为了维持地层压力，现场多采用高压注水保持较高的注采比，但地层压力仍不断降低，如大45区块最高年注采比可达20.5，多数保持在10.0以上，但地层压力仍从初期的21.3MPa降至10.0MPa，地层压力水平降低50%以上（图7.2.2），可见低品位油藏注入水多为无效注水，注水利用率极低，经济效益差。

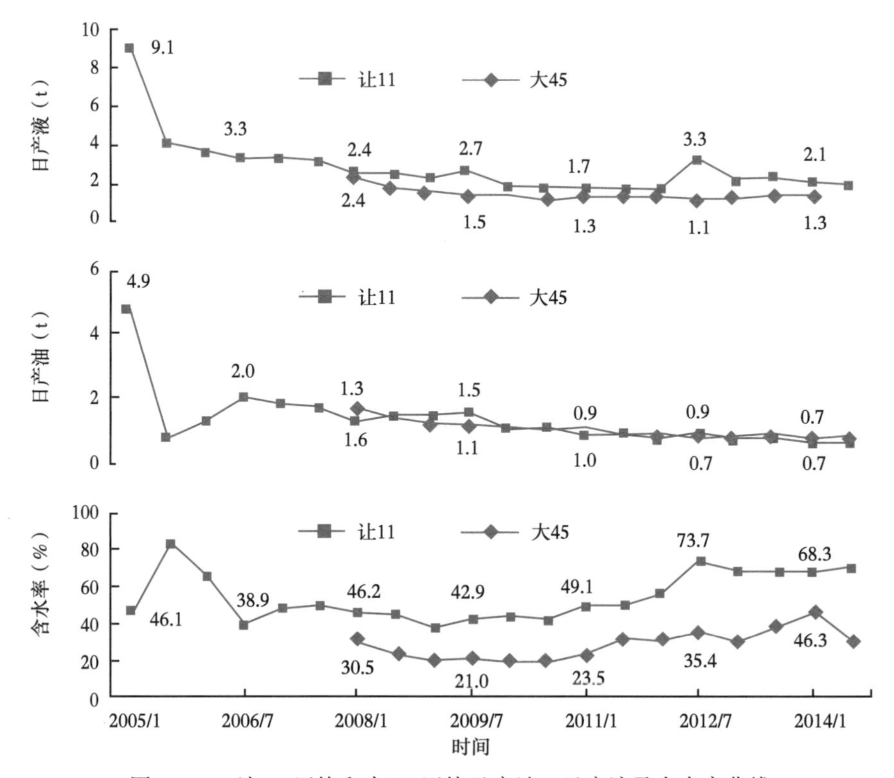

图7.2.1 让11区块和大45区块日产油、日产液及含水率曲线

针对低品位油藏低产低效的开发特征，根据转变开发方式思路，建立“直井缝网压裂+有效驱替+渗吸采油”的老区改造模式，该模式操作步骤如图7.2.3所示。第一步：通过注采系统调整或兼顾井网加密将目前注采井网调整为线性水驱，一般情况下，井排方向与油藏裂缝或最大主应力方向一致，由于经济效益要求，井网密度需要控制在一定范围内，因此经过该调整后仍难以建立有效驱动系统；第二步：根据“由建立孔隙驱替向缝网有效驱替转变”的转变开发方式思路，油井体积压裂，大幅度降低驱动压差，达到强化线性水

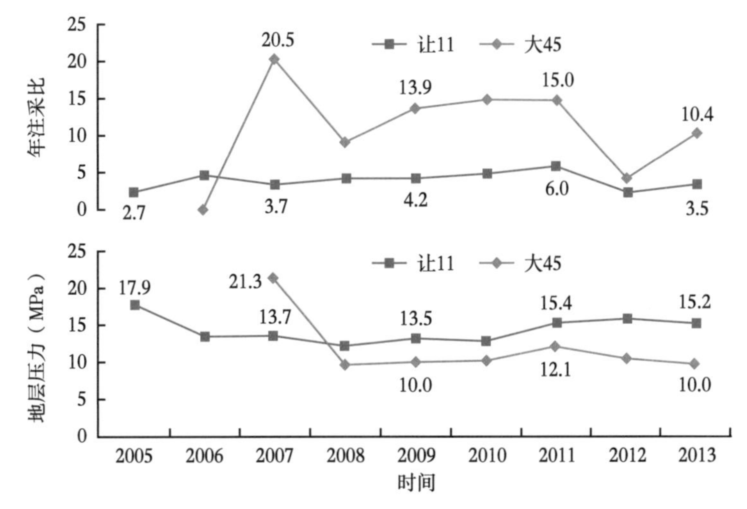

图 7.2.2　让 11 区块和大 45 区块年注采比和地层压力曲线

驱的目的，而当水驱前缘到达油井后，可采用异步注采方式，充分利用渗吸采油和线性水驱双重作用降低含水，改善开发效果；第三步：当异步注采效果不明显后，水井体积压裂焖井后渗吸采油，同时油井转注，反向线性水驱，达到改变流线方向增大水驱波及面积的目的。同样，当水驱前缘再次达到油井后，采用异步注采方式控水稳油，当异步注采效果变差后，油水井再次互换，改变流线方向的同时充分利用渗吸采油作用提高采出程度。当油水井均进入高含水后，此时渗吸采油作用减弱，则需要采用注气吞吐或泡沫驱开发方式进一步提高油藏采收率。

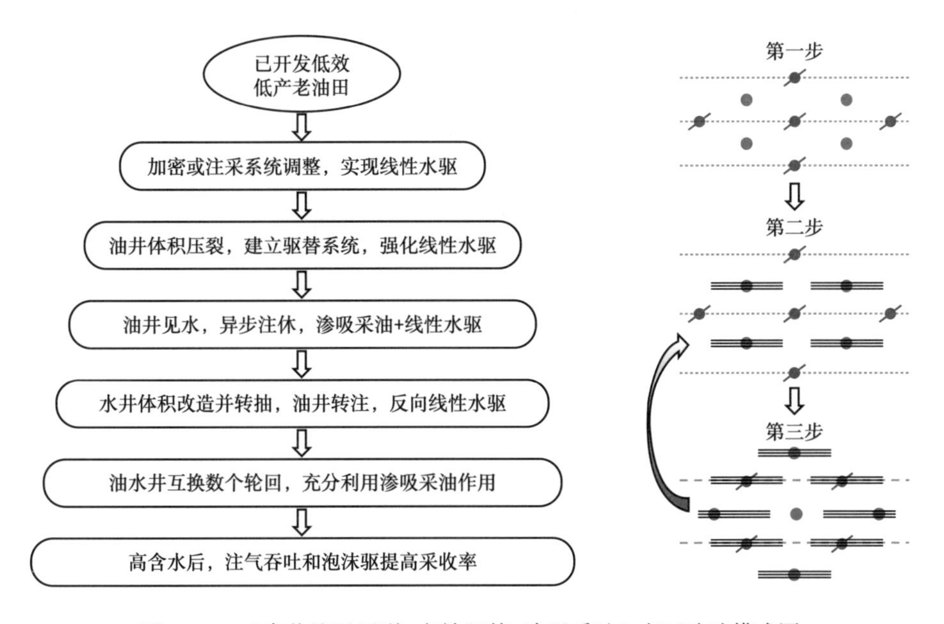

图 7.2.3　“直井缝网压裂+有效驱替+渗吸采油”老区改造模式图

7.2.2 老区改造新模式与传统模式应用对比

7.2.2.1 大庆葡南油田葡333试验区概况

葡南油田葡333区块于2005年投入开发，采用240m×100m五点法井网，共投产油水井200口井，其中油井124口，注水井76口，如图7.2.4所示。主力油层以叠加河道砂体分布为主，平面上发育规模较大，非主力油层砂体发育较为零散，以窄条带河道砂体和透镜砂体为主，平面上成条带状分布。葡333区块小层平均空气渗透率为0.58～1.6mD，平均为1.35mD；小层平均孔隙度为11.8%～13.9%，平均孔隙度为11.2%，泥质含量为6.2%～20.2%。葡333区块整体上为上油下水分布特征，局部有水层或油水同层分布，如图7.2.5所示。葡南扶余地区最大水平应力方位为N74.5°E，最小水平应力方位为N15.5°W。

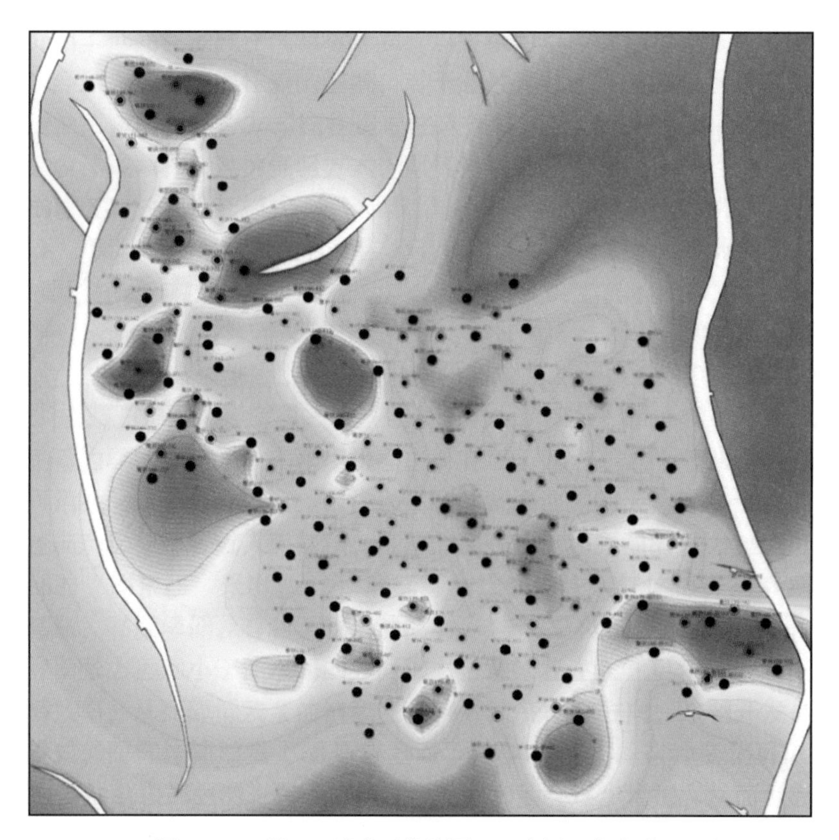

图7.2.4 葡333试验区井位图——来源于大庆油田

7.2.2.2 传统开发模式下的生产动态

传统产能建设模式即采用常规压裂注水开发，传统模式下，油藏开发表现为以下几点。

（1）产量递减快、采油速度低。葡333区块共投产油井124口，初期日产液1.66t，日产油1.66t，不含水。油井投产半年后，产液量、产油量快速递减，投产第一年自然递减率达到29.58%。至2010年缝网压裂前平均单井日产液1.2t，日产油0.49t，综合含水约60%（图7.2.6）。

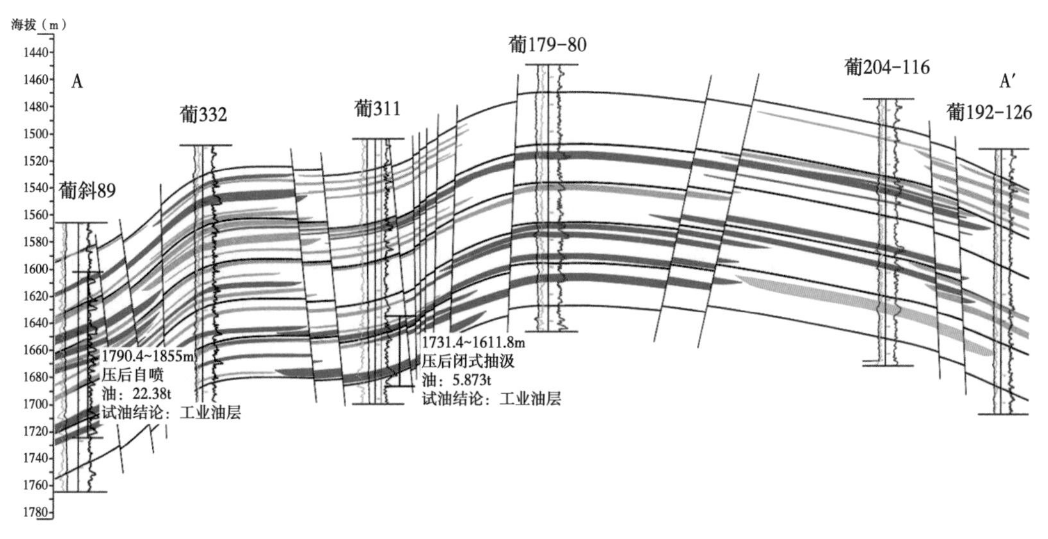

图 7.2.5 葡 333 区块扶余油层油藏剖面图——来源于大庆油田

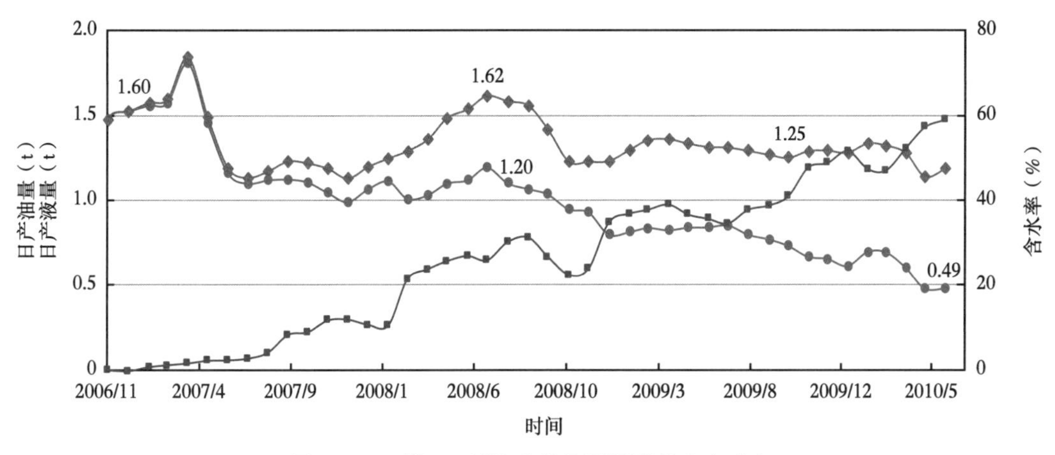

图 7.2.6 葡 333 区块直井缝网压裂前生产动态

（2）油层动用状况差。葡 333 区块动用油层主要以厚度在 2.0m 以上主力油层为主，有效厚度动用比例为 54.8%，1.0~2.0m 以下油层厚度动用比例仅 22.8%；1.0m 以下油层厚度动用最差，动用比例仅 14.6%，葡 333 区块油层整体动用比例仅 42.8%，见表 7.2.1。

表 7.2.1 葡 333 区块油井油层动用状况统计表

厚度分级	全井厚度			动用厚度			动用比例		
	层数（个）	射开厚度（m）	有效厚度（m）	层数（个）	射开厚度（m）	有效厚度（m）	层数（%）	射开厚度（%）	有效厚度（%）
<1.0m	227	631.2	96.8	31	82.3	14.1	13.7	13.0	14.6
1.0~2.0m	287	659.9	400.3	63	147.5	91.4	22.0	22.4	22.8
≥2.0m	287	1080.5	895.7	145	591.4	490.5	50.5	54.7	54.8
小计	801	2371.6	1392.8	239	821.2	596	29.8	34.6	42.8

（3）注水井关井、欠注井比例高。葡 333 区块共有注水井 76 口，其中欠注井 68 口井，占水井总数 89.47%。

7.2.2.3 老区改造新模式下的生产动态

为了改变葡 333 区块低产低效的开发现状，采用“直井缝网压裂+有效驱替+渗吸采油”的老区改造模式改善开发效果，从 2011 年开始先后对 22 口老井进行直井缝网压裂，并将所有压裂井按生产时间拉齐，可以看到，措施后平均单井日产油由 0.45t 增至 4.8t，增幅达 10 倍，是投产初期产量的 2 倍以上。直井单井产能获得突破，如图 7.2.7 所示。另外，根据采油井压裂前后产液状况对比数据，油层动用状况得到明显改善，压裂前后不同厚度级别砂体的砂岩和有效厚度产液率分别提高 45.1%和 40.6%，大于 1m 厚度油层全部得到动用，小于 1m 的油层有效动用率也由措施前的 51.9%提高至 77.9%。

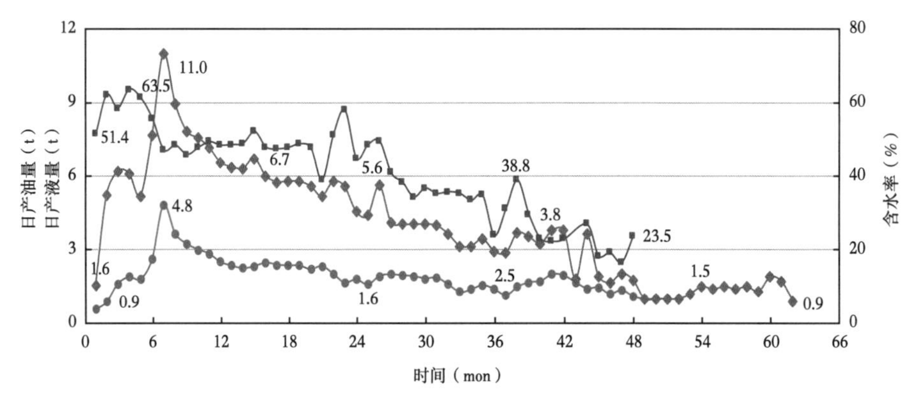

图 7.2.7 葡 333 区块直井缝网压裂前生产动态

由于直井缝网压裂大幅降低了井筒附近渗流阻力，砂体连通较好的注采井间见到了明显的注水受效反应，表明新模式下实现了注采井间的有效驱替。

7.2.2.4 新旧开发模式经济指标对比

进一步对比新旧模式下的经济指标，设直井钻井及地面总投资为 350 万元，缝网压裂费用也为 350 万元，其他投资参数及税费同上，评价期 20 年，油价 90 美元/bbl 下，计算传统产能模式下直井常规压裂注水开发财务净现值为-549 万元，内部收益率为 3.1%，老区改造模式下财务净现值为 78 万元，内部收益率为 13.3%，如仅考虑缝网压裂投资，则财务净现值达 714 万元，内部收益率达 38.8%，动态投资回收期仅为 1.9 年，由此可见传统开发模式下油藏开发无经济效益，而在新模式下油藏可以效益开发（表 7.2.2）。

表 7.2.2 葡 333 直井缝网压裂前后经济评价对比

评价方案	油价（美元/bbl）	内部收益率（%）	静态投资回收期（a）	动态投资回收期（a）	财务净现值（万元）
直井常规压裂注水开发	90	3.1%	6.5		-549
现有方案+后期直井缝网		13.3%	缝网压裂后 1 年	缝网压裂后 4.5 年	78
仅考虑缝网压裂投资		38.8%	1.8	1.9	714

7.3 低品位油藏新区产建新模式

油田开发实践表明，传统的以直井常规压裂注水开发和井网加密调整技术为主的开发模式已经不能满足低品位油藏经济开发的要求，根据注水开发方式三个重要转变开发思想，建立了以水平井体积压裂、直井缝网压裂及渗吸采油为主体技术的新区产能建设新模式，如图7.3.1所示。新模式下对储量丰度较高的超低渗透油藏和致密油藏采用直井缝网压裂技术，如果能建立有效驱动体系，则可直接采用面积井网直井注水方式开发，后期油井水淹后采用注水吞吐方式进一步增加单井累计产油量，如不能建立有效驱动体系，则采用重复压裂+注水吞吐渗吸采油开发方式，以保证较好的开发效益；新模式下对储量丰度较低、储层物性极差的超低渗透油藏和致密油藏采用水平体积压裂技术提高单井产能，采用重复压裂+注水吞吐渗吸采油开发方式提高阶段采出程度。后期油井高含水后，均需要采用注气吞吐和泡沫驱进一步提高采收率。

根据油田开发井型，新区产能建设模式又可以分解为两种，即“直井缝网压裂+有效驱替+渗吸采油”和“水平井多轮次体积压裂+注水吞吐渗吸采油”产建新模式。

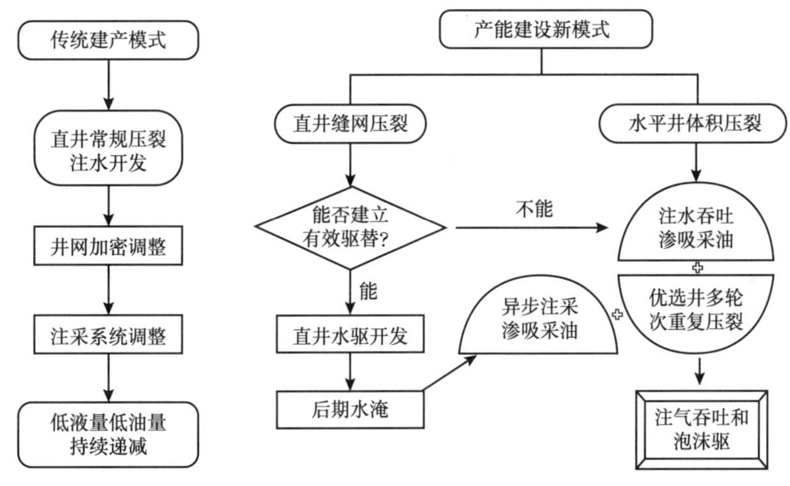

图7.3.1 注水开发新旧模式对比图

7.3.1 “直井缝网压裂+有效驱替+渗吸采油”产建模式

“直井缝网压裂+有效驱替+渗吸采油”新区产建模式适用于储层纵向跨度大、储量丰度较高、主力层不明显、常规压裂难以建立有效驱动体系的低品位油藏，该模式开发思路是：采用直井体积压裂技术，将井筒附近油藏改造成具有一定带宽的裂缝网络系统，先期以建立有效驱动体系为目标，后期灵活注水，充分利用油藏渗吸作用改善开发效果，实现低品位油藏的经济有效开发，这种模式也可简称为“有效驱替+渗吸采油”开发模式，其技术思路如图7.3.2所示，下面分步说明。

（1）油井分层体积压裂，大幅度提高单井产能，建立有效驱替系统。

根据渗流力学原理，径向流渗流阻力主要集中在井筒附近，通过油井分层体积改造，可大幅度减小井筒附近渗流阻力，提高单井产能。同时，以井筒为中心形成了具有一定带

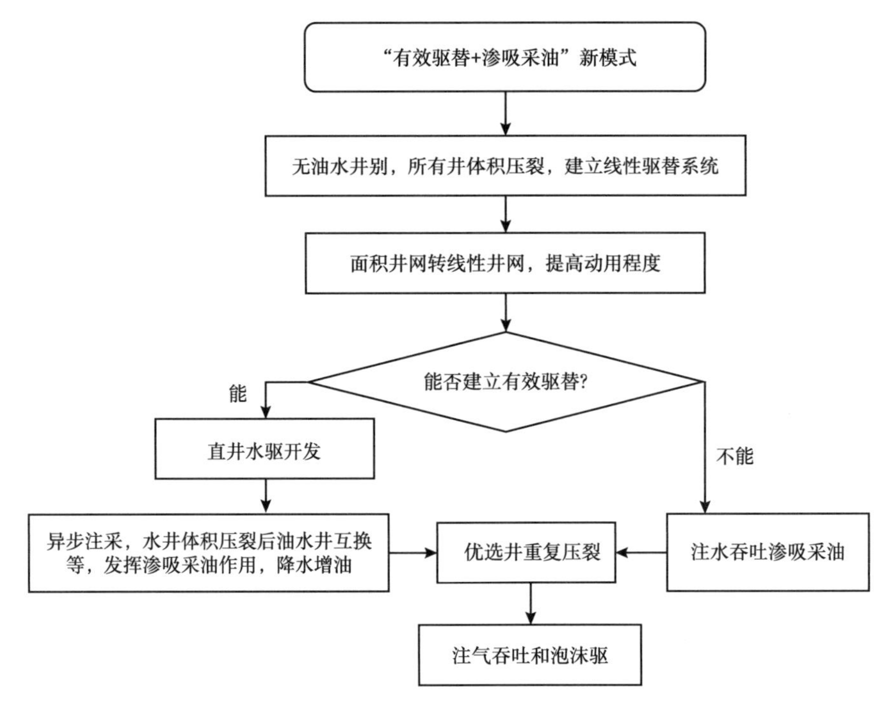

图 7.3.2 “直井缝网压裂+有效驱替+渗吸采油”产建模式图

宽的裂缝网格系统，因此井与井之间的驱动变成了井与缝网或缝网与缝网之间的驱动，实现了超低渗油藏开发由孔隙驱替向缝网有效驱替的转变，驱动距离缩短，驱动压差减小，从而建立注采井之间有效驱动系统。这里体现了上述注水开发方式“由建立孔隙驱替向缝网有效驱替转变”的工作思路。

以大庆葡333区块直井缝网压裂先导试验为例，油藏平均渗透率为1.0mD，常规压裂初期产量1.6t/d，注水不受效，开采7年产量降至0.4t/d，32口井实施分层体积改造，单井平均压裂4层13.8m，加砂107.5m^3，液量5026m^3，单井平均产量提高到4.7t/d。同时，体积改造后在井筒附近形成平均带长300m、带宽为80m的裂缝网络带，注采驱动距离由井间的156m缩短为井与缝网间的60m，驱动压差大幅降低，注采井间建立起了有效驱动系统，如图7.3.3所示，油井明显注水受效。PF152-392直井缝网压裂初期衰竭开采后，后期注水明显受效，液量和油量稳步上升，如图7.3.4所示，而未压裂井PF154-392则注水不能见效，低产低液生产，如图7.3.5所示。

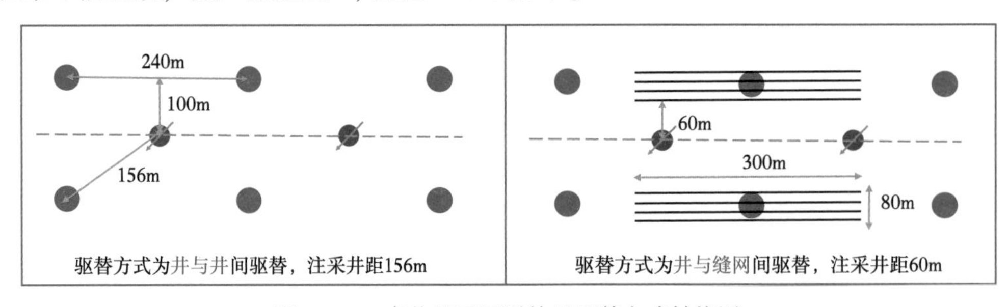

图 7.3.3 直井缝网压裂前后驱替方式转换图

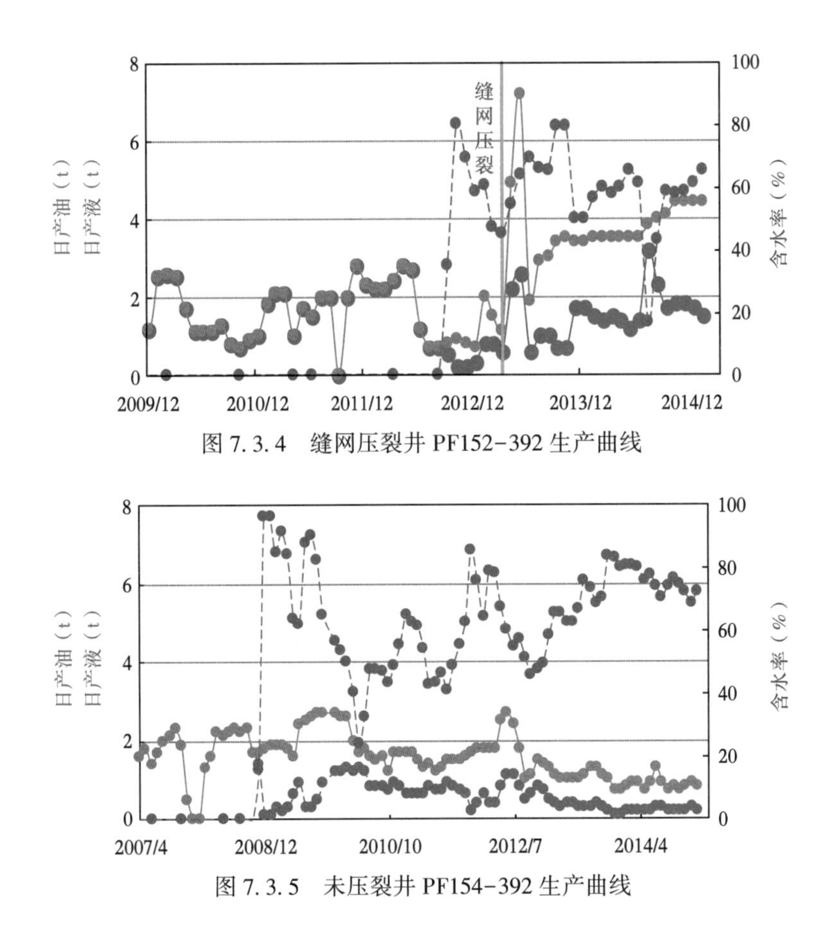

图 7.3.4　缝网压裂井 PF152-392 生产曲线

图 7.3.5　未压裂井 PF154-392 生产曲线

（2）面积井网转换成线性水驱，沿裂缝注水侧向驱油，提高水驱动用程度。

油田开发初期，多采用面积井网注水开发，高压注水后往往造成沿裂缝方向快速水淹。通过多年实践，充分利用裂缝进行注采系统调整，将面积井网转换成线状井网，沿裂缝注水侧向驱油，已逐步成为低渗透油田开发的共识。

大庆外围油田采用小排距线性注水井网开发，规模应用效果显著。以头台油田为例，初期采用 300m×300m 正方形反九点面积井网，沿东西向裂缝水淹后，角井转注或关井形成排距为 212m 的线状井网，后期进一步加密，形成 106m 小排距线状井网，平均单井产量由 2.8t/d 上升到 5.5t/d，含水基本稳定，水驱动用程度提高 16%，预计提高水驱采收率 10.4%。

利用直井分层体积改造技术，在井筒附近形成网状裂缝，采用面积井网注水开发，相比常规压裂更容易水窜，需要及早优化井网调整设计，将面积井网调整为沿裂缝方向的线状井网，进一步增加水驱波及体积。

此时，若能够建立有效驱替系统，则采用直井水驱的方式，后期油井见水后进入步骤③；反之，如若仍不能建立有效驱替系统，表明注采井间连通性差，可依靠注水吞吐渗吸采油方式提高采收率。

（3）采用异步注采、油水井互换等方式，充分发挥渗吸采油作用，进一步改善油田开发效果。

油田开发后期必然存在大量水淹井，可充分利用井筒附近产生的大量裂缝，根据渗吸采油机理，采用异步注采或水井体积改造后油水井互换等灵活注水方式，实现连续强化注水向渗吸采油方式的转变，降低含水上升速度，改善油田开发效果。这里体现了上述注水开发方式“由连续强化注水向异步注采、注水吞吐、油水井互换等灵活的渗吸采油方式转变”的工作思路。

（4）优选井重复压裂，进一步提高油藏动用程度。

无论是异步注采、注水井互换还是注水吞吐，随着油藏采出程度增加，油藏裂缝的不断闭合以及含油饱和度不断降低，渗吸采油作用逐步减弱，开发效果将越来越差，可适时优选井位重复压裂，进一步提高油藏动用程度。多次重复压裂后，油藏含油饱和度将逐步降低，重复压裂后注水开发将难以起到预期开发效果，此时需要采用注气吞吐或泡沫驱进一步提高采收率。

7.3.2 “水平井多轮次体积压裂+注水吞吐渗吸采油”产建模式

“水平井多轮次体积压裂+注水吞吐渗吸采油”产建新模式适用于储量丰度低、油层纵向集中、主力层明显且分布稳定，适合采用水平井开发，但储层物性极差、注水难以受效的油藏。

该开发模式的整体开发思路是：不分油水井别，对所有开发井进行大规模体积改造，尽可能将单一介质油藏整体改造成基质和裂缝并存的双重介质油藏，大幅度提高储量动用程度和单井产能；初期衰竭开采地层能量下降之后，采用注水吞吐渗吸采油的方式持续补充地层能量、提高驱油效率；后期采用多轮次体积改造的方式，不断提高储量动用程度，形成持续有效的复杂裂缝网络，大幅度提高渗吸采油速度，提高累计产油量，快速收回投资。这种开发模式也可简称为“多轮次体积改造+注水吞吐”模式，其技术思路如图 7.3.6 所示。

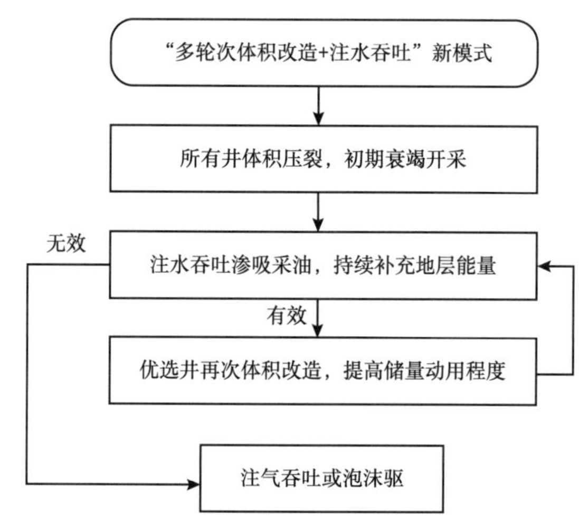

图 7.3.6 “水平井多轮次体积压裂+注水吞吐渗吸采油”产建新模式

（1）不固定油水井别，所有井均体积压裂，初期衰竭开采。

对于储层物性极差、砂体连通率低、无法形成经济注采井网的超低渗透油藏，需要彻底改变传统的高压水驱开发思路，不固定油水井别，初期所有开发井均大规模体积压裂，尽可能实现整体打碎油藏，将单一基质油藏改造成拟双重介质油藏，一方面大幅度提高单井产能，实现油藏的整体动用，另一方面为后期的渗吸采油开发方式提供裂缝网络系统。由于体积改造往往伴随着大液量大排量，井筒附近地层压力高，因此初期所有开发井均衰竭开采。

（2）用注水吞吐渗吸采油技术，持续补充地层能量，提高采出程度。

超低渗透油藏孔喉细小，毛细管压力强，注水开发渗透阻力极强，但超高的毛细管压力和体积改造产生的裂缝网络系统为注水吞吐渗吸采油提供了得天独厚的条件。除了渗吸作用，注水吞吐还能起到补充地层能量及地层压力不断变化下的不稳定驱替作用。理论研究表明，正常压力系统超低渗透油藏水平井体积压裂后衰竭开采 10 年采出程度为 5%～7%，而注水吞吐采出程度有望达到 10%以上。

（3）多轮次体积压裂，形成持续有效的裂缝网络，不断提高油藏动用程度。

现场开发实践表明，体积压裂与常规压裂一样均存在一定的有效期，在注水吞吐周期性升压和降压过程中，裂缝网络将逐渐闭合，因此需要多轮次体积压裂来形成持续有效的裂缝网络，同时重复压裂还可以产生新的裂缝，不断提高油藏动用程度，达到提高初期阶段累计产油量，快速收回投资的目的。重复②③步，直至经济界限。

吐哈三塘湖油田条湖组油藏开展了水平井体积压裂注水吞吐试验，储层平均渗透率为 0. 36mD，为沉凝灰岩亲水油藏，平均含油饱和度为 69%，2016 年开展了水平井体积压裂注水吞吐试验，M56-7H 注水吞吐生产动态曲线如图 7. 3. 7 所示。M56-7H 水平井体积改造后初期最高产油 16. 1t/d，衰竭开采 17 个月后产量降为 1. 8t/d，此时停产开展注水吞吐试验，注水 8507m^3，焖井 14d，产量最高可恢复至 14. 3t/d，累计增油 2031t。M56-7H 在第一轮吞吐后即开展重复压裂试验，重复压裂前产量 3. 5t/d，重复压裂后产量最高恢复至 16. 2t/d，可见重复压裂起到了补充地层能量，开启新缝的作用。

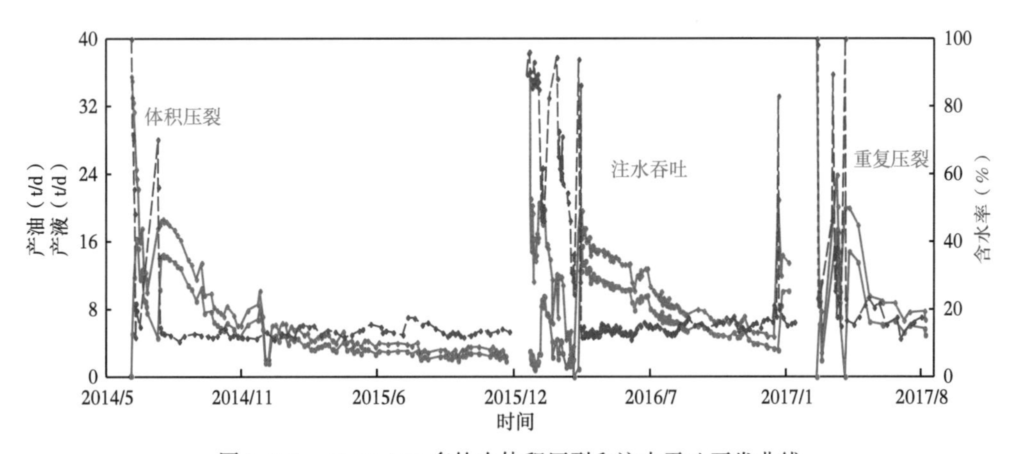

图 7. 3. 7　Ma56-7H 多轮次体积压裂和注水吞吐开发曲线

7. 3. 3　新旧产能建设模式理论对比

采用数值模拟和经济评价方法对比研究直井常规压裂注水、直井缝网压裂+重复压裂补充能量和水平井体积压裂+重复压裂补充能量三种开发方式的技术及经济指标，设油藏有效厚度为 10m，储层孔隙度 8%，渗透率 0. 3mD，含油饱和度 65%，水平段长度 1500m，建立油藏数值模拟理论模型，计算直井常规压裂、直井缝网压裂和水平井体积压裂的初期产量分别达 2t/d、5t/d 和 20t/d，由于直井常规压裂注水油井不受效，因此油井产量一直处于递减状况，而直井缝网压裂和水平井体积压裂后首先衰竭开采，当产量低于一定水平后实施大液量重复压裂，产量又得以恢复到较高水平，从而使油井产量呈现波浪式变化特征，如图 7.3.8 所示，直井常规压裂注水、直井缝网压裂+重复压裂、水平井体积压裂+重复压裂三种开发方式 10 年累计产油量分别为 0.17×10^4t、0.71×10^4t、2.5×10^4t，如图 7.3.9 所示。

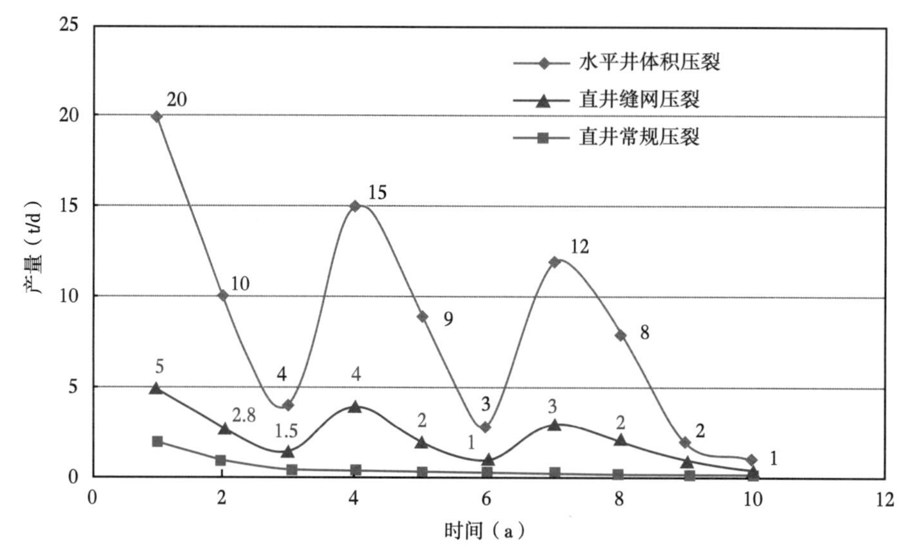

图 7.3.8　不同开发技术单井产量对比图

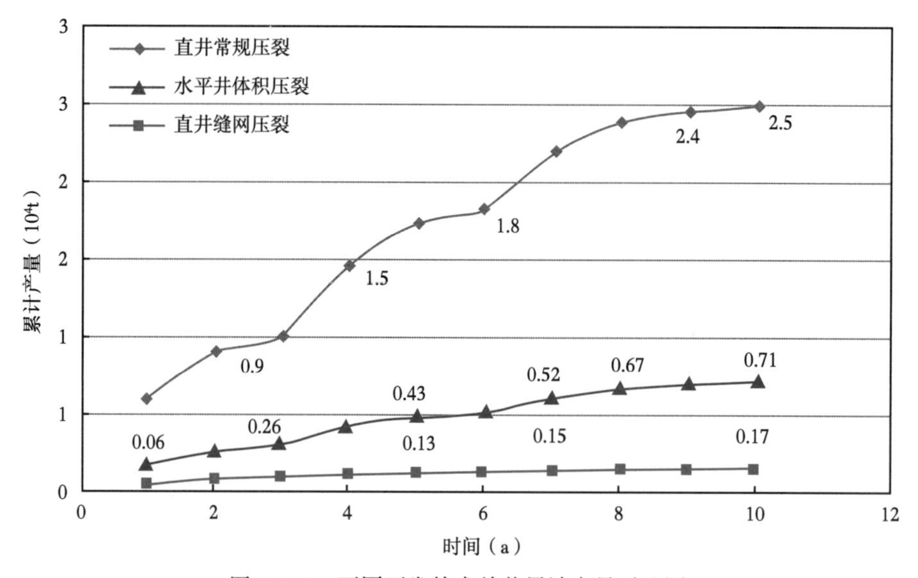

图 7.3.9　不同开发技术单井累计产量对比图

进一步对三种开发技术进行经济评价对比，设直井常规压裂单井总投资为 350 万元，直井缝网压裂单井总投资 700+700=1400 万元（钻井及压裂等一次性总投资 700 万元，重复压裂一次 350 万元，10 年内重复压裂两次 700 万元），水平井体积压裂单井总投资 2500+2500=5000 万元（钻井及压裂等一次性总投资 2500 万元，重复压裂一次 1250 万元，10 年内重复压裂两次 2500 万元），其他投资及成本参数同前，经济评价结果表明，当油价为 90 美元/bbl 时，直井常规压裂注水开发内部收益率仅 6%，直井缝网压裂+重复压裂内部收益率达 12%，水平井体积压裂内部收益率达 15%（累计产油 2. 5×10^4t）或 22%（累计产油3×10^4t），如图 7. 3. 10 所示。

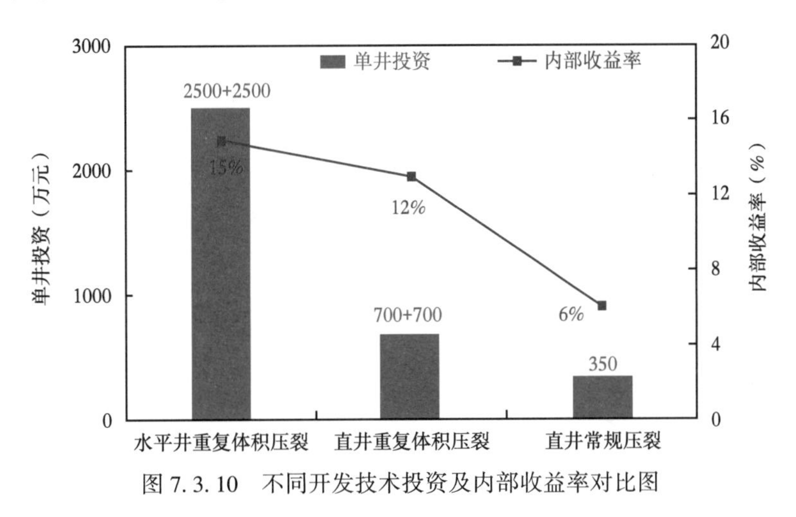

图 7. 3. 10　不同开发技术投资及内部收益率对比图

7. 4　转变注水开发方式新模型

7. 4. 1　注水开发新模型研究思路

根据转变开发方式研究思想，确定如下新模型设计思路。

（1）采用宽带体积压裂技术，提高油藏纵向动用程度，建立平面有效驱替。

体积改造可提高差油层动用程度，从而大幅提高油藏纵向动用程度。另外，由于体积压裂在井筒附近形成一定带宽的裂缝网络，将注采井间的孔隙驱替转化为缝网间的驱替，大幅缩短驱动距离，建立起平面有效驱动体系。

（2）油藏具有渗吸采油基础，充分利用渗吸作用控水增油。

理论研究表明，渗吸采油主控因素包括油藏润湿性、含油饱和度、裂缝发育程度和原油黏度，油藏越亲水、含油饱和度越高、裂缝越发育、原油黏度越低，渗吸采油效果越好，油藏在体积改造产生大量裂缝后渗吸作用将会急剧增强，应充分利用渗吸机理控水增油。

①体积改造后采用注水吞吐方式持续补充地层能量。

油田开发实践及理论研究均表明，体积改造后油藏如采用连续注水方式补充地层能量，油井将快速水淹，采出程度低，而采用注水吞吐方式一方面可快速补充地层能量，另一方面充分利用渗吸采油作用提高油藏采收率。

②结合渗吸采油与有效驱动思路，采用异步注采方式控水稳油。

异步注采方式为“注时不采，采时不注”的注水开发方式，与注水吞吐相比，异步注采可进一步降低油井含水率，驱替井间剩余油，提高采收率。

③进一步采用油水井互换，改变液流方向，提高水驱波及体积。

除注水吞吐和异步注采，可进一步采用油水井互换的渗吸采油开发方式，一方面发挥注水井渗吸采油作用，同时可通过改变油藏液流方向，提高水驱波及体积。

（3）适时重复体积压裂，重塑缝网，进一步提高油藏动用程度。

体积压裂与常规压裂一样，均有一定的有效期，因此在体积压裂达有效期后，需要重新体积改造，重塑缝网，恢复裂缝渗流能力。同时，尽可能压裂出新缝，进一步提高油藏动用程度。

7.4.2 注水有效开发新模式建立

根据以上开发方式设计思路，将体积压裂和注水吞吐、异步注采、油水井互换等多种渗吸采油开发方式及重复压裂创新组合应用，提出全新开发方式“多轮次宽带体积压裂+注水吞吐+异步注采+油水井互换”，创建如图 7.4.1 所示开发模型[17]，最大限度地提高单井产油量，快速提高阶段累计产油量，尽快收回投资，以实现低品位油藏规模效益开发的目的。

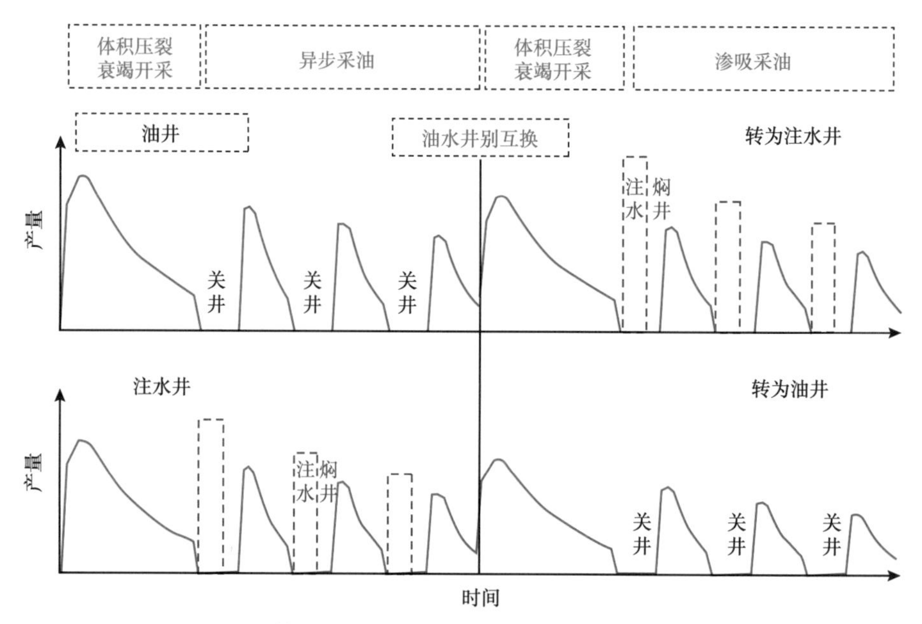

图 7.4.1 “体积改造+有效驱替+渗吸采油”有效开发新模式

7.4.2.1 整体体积压裂

不分油水井，均实施体积压裂，焖井渗吸后进行衰竭开采，直至地层压力下降为合理水平后关井停产。新开发模式与传统开发模式的区别在于，不以建立有效驱替为唯一目的，因此开发井网中的油水井并不固定，随着开采阶段的变化注水井别会发生相应的转变，初期为获得较高的阶段累计产油量，所有井均设为采油井，体积压裂后利用天然能量及压裂液补充能量衰竭开发，当地层压力水平降至原始地层压力的 70%～80%时，为避免压裂缝闭合，此时关井停产。

7.4.2.2 注水补充能量

注水井开始注水（为了增强渗吸作用，可在注入水中加入渗吸剂或注入滑溜水），建立有效驱替体系，此时采油井焖井渗吸，并恢复地层能量。地层压力下降后，选择设计井网中的注水井开始快速注水，尽快补充地层能量，由于体积压裂大幅度降低了井筒附近渗流阻力，因此较易建立注采有效驱替系统，同时由于压裂缝存在，采油井如果开井极易水淹，所以此时采油井宜关井渗吸并恢复地层能量。

7.4.2.3 整体渗吸采油

注水井停注，焖井渗吸后，油水井均开井采油，整体渗吸采油，其中油井异步采油，注水井吞吐渗吸。当注水地层能量恢复到高于原始地层压力后，注水井逐步停注，为了提高阶段产油量，注水井在焖井渗吸后与采油井一起开井采油，对于注水井而言，渗吸采油方式为吞吐渗吸，而对采油井来说，由于采油井开采时不注水，注水时采油井不开采，因此采油井渗吸采油方式为异步注采。

7.4.2.4 周期补能渗吸

当地层压力进一步降低到原始地层压力的70%~80%后，所有油水井均停产，注水井开始注水补充能量，周期性渗吸采油，一般约2~3个周期。由于油藏含油饱和度不断降低，含水率逐步升高，且压裂缝不断闭合，单井高峰产油量会逐步降低，开发效果变差，一般情况下，渗吸采油2~3个周期效果较好。此时完成第1轮次体积压裂，如要进一步改善开发效果，则需要进行重复体积压裂。

7.4.2.5 重复压裂油水井互换

所有油水井重复体积压裂，初期仍衰竭开采，且油水井互换。现场开发实践表明，体积压裂与常规压裂一样均存在一定的有效期，在注水吞吐周期性升压和降压过程中，裂缝网络将逐渐闭合，因此需要重复体积压裂来形成持续有效的裂缝网络，同时重复体积压裂还可产生新的裂缝，不断提高油藏动用程度。因此，再一次对所有油水井进行重复体积压裂，然后焖井渗吸后衰竭开采，地层压力下降后，注水井开始注水补充能量，为了进一步改善开发效果，此时油水井互换，改变液流方向。

7.4.2.6 第二轮次补能渗吸

再进行一个完整的2轮次体积改造（每轮次包括3周期吞吐渗吸和异步注采）、1次油水井互换的开发过程，通常情况下，重复体积压裂开发效果和有效期均低于上一次压裂，因此实际开发中可根据具体经济效益情况决定体积压裂的轮次。

新开发模式阐述了转变开发方式的基本思路和开发步骤，但现场开发实践与理论难免会存在一定差异，具体到单井时会存在压裂及投产先后不一致、各井地层压力水平存在差异等问题，注水井注水补充地层能量也会存在先后次序，因此实际油藏开发时，很难严格按照新开发模式的步骤操作，而应根据开发模式基本原理具体实施。

7.4.3 低渗透油藏开发先导试验

综合储层地质特点和试油试采特征，优选GD6X1作为“体积压裂+有效驱替+渗吸采油”先导试验区，开展综合地质及油藏工程方案研究。

7.4.3.1 油藏综合地质研究

（1）油藏地质分层。

本次地层划分研究重点针对孔一段，通过井震结合复查，发现原分层方案中存在泥岩标志层归位不统一、地层仅划分到砂组级别、个别井断点位置与地震不符等问题，故重新开展精细地层对比。本次在孔一段油组划分过程中建立了7个标志层作为油组间划分的重要依据，对各油组的分界进行了统一划分。在小层划分上，主要对主要目的层段枣Ⅳ、枣Ⅴ油组进行了详细划分。将枣Ⅳ油组（E1K1Ⅳ）划分为 7 个小层，主力含油层枣Ⅴ油组（E1K1Ⅴ）仍按照枣Ⅴ上、枣Ⅴ下两个次级油组划分，完整层段钻揭平均厚度分别约为 120m、90m。枣Ⅴ上油组本次划分了 4 个小层：Z5S-1—Z5S-4，其中 Z5S-2 细分为 2 个亚小层：Z5S-2-1、Z5S-2-2；枣Ⅴ下油组也划分了 4 个小层：Z5X-1—Z5X-4。

（2）构造特征。

段六拨断层与孔东断层共同作用形成了受段六拨、孔东断层夹持，东西方向以一浅鞍相隔，形成了东侧背斜区以及西侧断鼻区。

孔东断层位于孔店背斜隆起的东翼，断层剖面形态以座椅状为主，南北两端呈梨式产状。断层走向北东，倾向南东，倾角 30°~60°，平面延伸约 31km。断层北东端向东转弯，平面上呈近“S”状展布，具有张扭性。孔东断层断距在平面不同位置差别较大，总体上中段断距较大（约 1800m），向北东和南西端断距变小（约 200m）。该断层垂向上随着地层变深，断距不断加大，普遍呈现上陡—中缓—下陡的座椅状特征。孔东断层对本区的构造发育、油气演化成藏和运移聚集起着重要的控制作用，不仅是油气运移通道，同时也对油气成藏有重要影响。

段六拨断层为北倾、近东西走向的正断层，平面延伸约 12km，断层在平面上中段断距较大，约 300m，东西两侧断距较小，在 40m 左右。段六拨断层在孔一下沉积时期，对该区沉积及油气聚集成藏具有明显的控制作用。

该地区在孔东断层、段六拨断层之间发育了一系列近东西向、近北东向的次级断层，断距一般在 50~200m，这些断层将地堑区切割成多个断鼻、断块圈闭。

GD6x1 区块构造上为一南、北受断层所夹持的狭长断块。GD6x1 断块整体上构造相对简单，属于西高东低构造格局，西侧两个断鼻区之间以一浅鞍相隔，东侧则是较为宽缓的向斜区，地层东倾（图 7.4.2）。本次构造解释在断块内部东南部解释一条断距 35m 左右的小断层。GD6x1 断块北部的 D44-64 井、D44-66 井、D43-68 井受断层影响较大，视断距在 300m 左右，普遍缺失枣Ⅴ上地层。

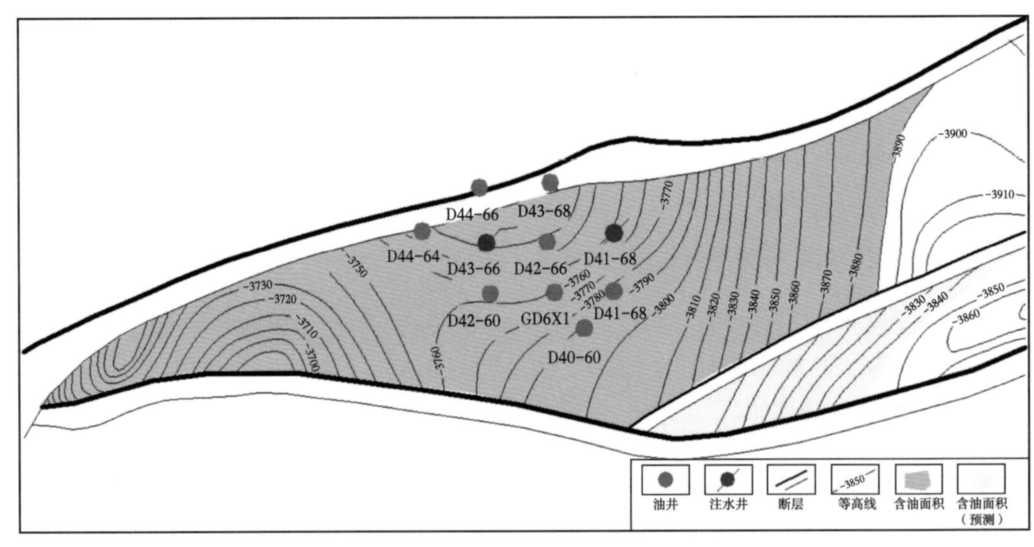

图 7.4.2　GD6x1 断块枣Ⅴ上油组顶面构造图

（3）沉积储层特征。

南皮斜坡孔一下地层由北向西逐层超覆，地层北厚南薄、东厚西薄，反映了孔一段沉积期，南皮斜坡为坳陷型湖盆收缩期的特征，形成缓坡地貌背景。在此缓坡背景之上受古地貌控制，局部地区呈沟、谷相间的地形特征，这些沟谷地形是古水流进入湖盆的必经通道，从而使南皮斜坡孔一下砂层发育。岩心岩性相、测井相、地震相综合分析，南皮斜坡孔一下主要发育来自徐黑凸起的两个冲积扇沉积朵体，斜坡主体区位于扇三角洲前缘亚相。枣Ⅴ油组沉积时，南皮斜坡来自东部物源的扇三角洲砂岩体堆积在斜坡内。受段六拨、孔东断层控制，小集地堑区砂体发育，砂岩厚度较大，储层物性相对较好。

GD6x1 区块处于小集朵体主体的西南边缘，为冲积扇扇缘沉积环境。枣Ⅴ油组发育主河道、漫流沉积、泛滥平原 3 种沉积微相，储层主要受前两种微相控制，井间相变快，砂体连通性偏差。根据邻区取心井观察，枣Ⅴ油组储层岩性多由细砂岩、粉砂岩组成，砂层厚度约 0.5~5m。研究表明，本区枣Ⅴ油组具有砂地比高、细砂岩—粉细砂岩与泥质粉砂岩及泥岩呈不等厚互层的特征。

GD6x1 断块枣周边 4 口邻井枣Ⅴ油组砂岩储层平均孔隙度为 9.4%~13.2%，平均渗透率为 1.27mD，由于 GD6x1 区块枣Ⅴ油组埋深（已钻井枣Ⅴ埋深介于 3800~4100m），比邻区的深 200m 以上，因而推测枣Ⅴ储层的物性较差，尤其渗透率更低，普遍属于超低渗透储层。

枣Ⅴ油组小层非均质性较强：枣Ⅴ上油组渗透率级差为 3.8~90.6（平均 28.5）、突进系数为 1.7~4.5（平均 2.5）；枣Ⅴ下油组渗透率级差为 5.0~74.9（平均 16.4）、突进系数为 1.6~2.7（平均 2.0）（表 7.4.1）。通过层间非均质性特征对比，Z5X-2 小层的非均质参数值最小，其次是 Z5S-2-1 亚小层。不同小层砂体的物性也有一定差异，工区枣Ⅴ油组的 Z5X-1、Z5X-2 小层物性相对最好，其次是 Z5S-2-1 和 Z5S-2-2 亚小层。

表 7.4.1　GD6x1 断块枣Ⅴ油组各小层储层非均质性特征

小层	K_{max}	K_{min}	级差	突进系数
Z5S-1	0.71	0.1	7.1	1.5
Z5S-2-1	9.59	0.47	20.4	2.3
Z5S-2-2	9.97	0.25	39.9	2.4
Z5S-3	8.65	0.11	78.6	3.5
Z5S-4	4.04	0.1	40.4	5.1
Z5X-1	19.47	0.57	34.2	2.3
Z5X-2	16.53	2.66	6.2	1.7
Z5X-3	4.54	0.52	8.7	2.7

（4）油藏特征。

GD6x1 断块孔一段枣Ⅴ油组在钻录井过程中未发现明显水层，即使在工区最低部位的 D40-60 井最底层段，也未发现油藏底水。但是，测井解释在 2 口井（D42-60、D40-60）枣Ⅴ上解释水层 19.1m/2 层，如何认识其性质关系油藏类型判别。

D42-60 井测井解释为水层的 3897~3909m 段评价为Ⅲ类差储层。该层向东与 GD6x1 井以微相剧变过渡为非储层与泥岩间互；向北成岩相变差，对应 D43-66 井的砂体为非储层。可见，该层段是一层周边被非储层包围的水道砂体，储层物性相对稍好，电位明显异常，应为一局限封存水或可疑层段，分布范围较局限（图 7.4.3）。

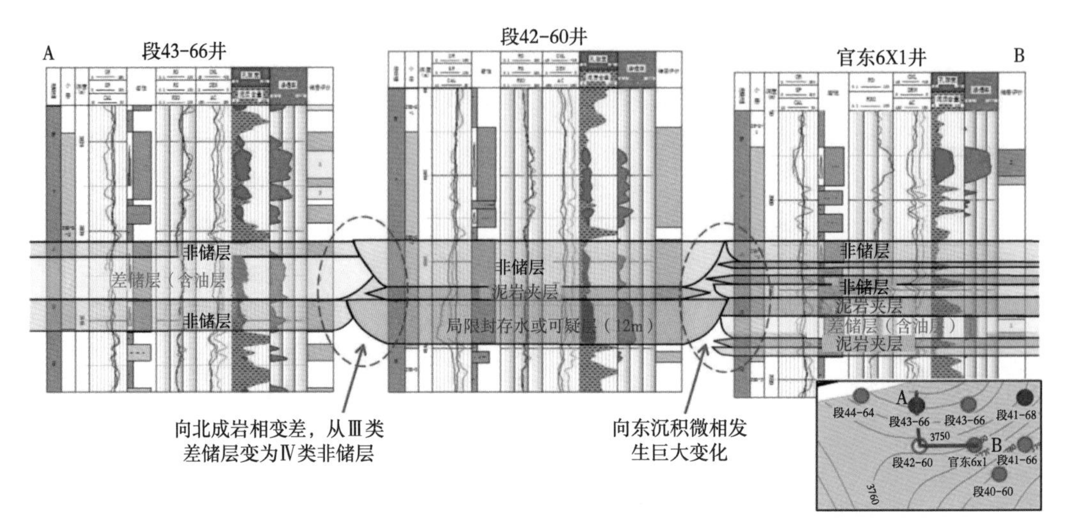

图 7.4.3　D42-60 井枣Ⅴ上 3897～3909m 测井异常段地质解释图

D40-60 井枣Ⅴ上 3854.7～3861.9m 段为Ⅲ类储层，电阻 6.9Ω·m，电位 49.3mV，与北西邻井 GD6x1 为同一水道砂体，但成岩相快速变化为非储层；向北东方向的邻井是 D41-66 井，其对应的砂体突然加厚，综合分析认为与本井不是同一沉积水道。研究认为本井解释的水层为独立水道砂体的局限封存水或可疑层（图 7.4.4）。

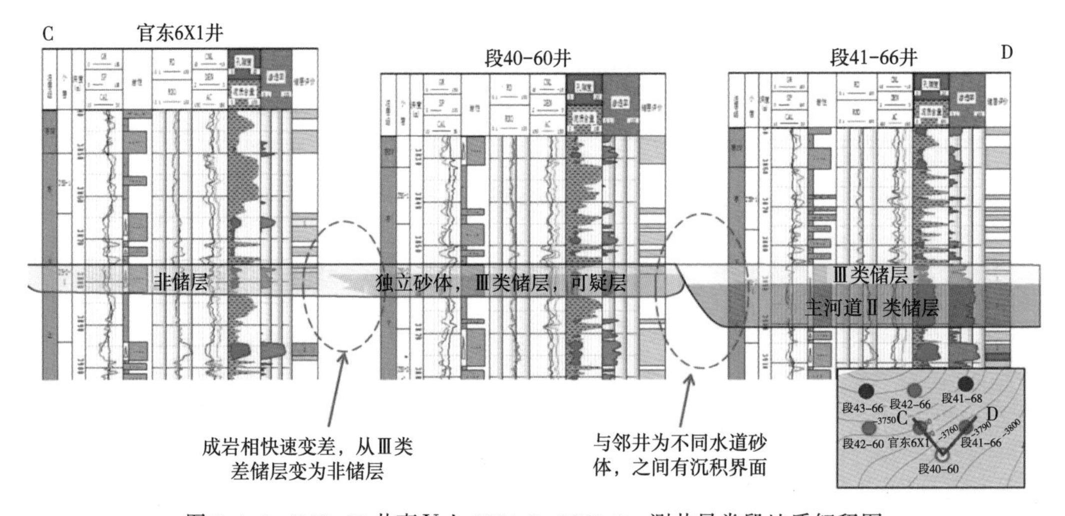

图 7.4.4　D40-60 井枣Ⅴ上 3854.7～3861.9m 测井异常段地质解释图

根据 GD6x1 断块钻揭及试油试采情况来看，在南、北部断层圈定范围内，枣Ⅴ油组均有程度不等的油层发育，未见地层水，在低部位也未见油藏底水。综合分析认为，GD6x1 断块枣Ⅴ油组为受断层控制的构造油藏，高部位及两翼受断层控制，低部位油水边界未及（或断块整体含油），枣Ⅴ油层集中分布在 Z5S-2、Z5X-1、Z5X-2 小层中（图 7.4.5）。

（5）流体性质。

GD6x1 井油分析资料证实，该地区地面原油密度为 0.8621g/cm^3，80℃时原油黏度为

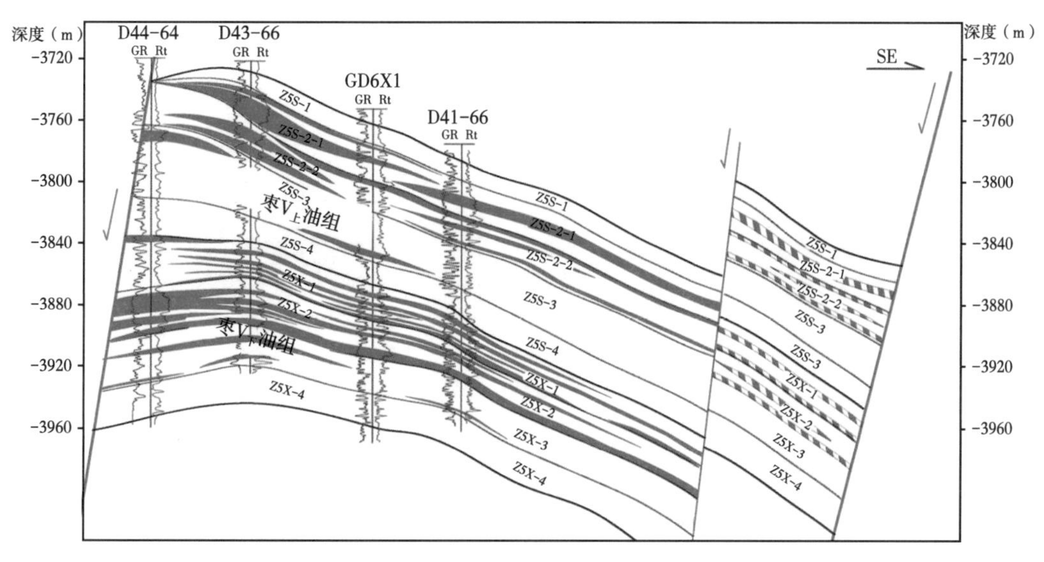

图 7.4.5　过段 44-64 井—段 41-66 井油藏剖面图

8.6mPa·s，地层原油黏度为 2.3mPa·s，原油凝固点为 33℃，含蜡 18.87%，属于中—轻质常规原油，原油体积系数为 1.159。

根据官 57 井水分析资料，该地区枣 V 油组地层水水型为 $CaCl_2$，总矿化度为 39886mg/L，氯离子含量为 23752mg/L。

（6）温压系统。

GD6x1 井测试地层压力为 41.16MPa，压力系数为 1.07，实测地层温度为 122.7℃，地温梯度为 3.33℃/100m，属于正常温度—压力系统（表 7.4.2）。

表 7.4.2　GD6x1 井区枣 V 油组测压数据统计表

井号	测压日期	层位	中深（m）	静压（MPa）	折算梯度（MPa/100m）	压力系数
D41-68	2015/8/11	枣 $V_{下}$	4008.95/3918.3	43.20	1.01	1.12
GD6x1	2014/3/21	枣 $V_{下}$	4002.10/3905.0	41.16	0.81	1.07

7.4.3.2　注采效果评价

（1）开发现状。

GD6X1 区块自 2015 年 7 月投产以来，采用九点井网，共投产 8 口油井，2 口注水井，主要的生产层位是枣 V 层。由于埋藏深、物性差、井距大，未形成有效注水开发，油井递减快、供液能力差，开发水平较低。截至 2016 年底，油井开井 8 口，平均单井日产油量为 3.1t，区块日产油量为 23.9t，年产油量 1.10×10^4t，累计产油量为 2.35×10^4t，综合含水 20.7%，月注采比 1.92，采油速度 0.37%，采出程度 0.8%。

GD6X1 区块目前共 2 个井组，注水井注水稳定，油井的初期产量较高，但目前的油井产量较低，递减过快，稳产的难度很大。在主力砂体展布的方向上，油井的递减较慢，有注水弱受效的特征，其他方向上没有明显的受效。典型井组生产现状图及栅状图如图 7.4.6、图 7.4.7 所示。

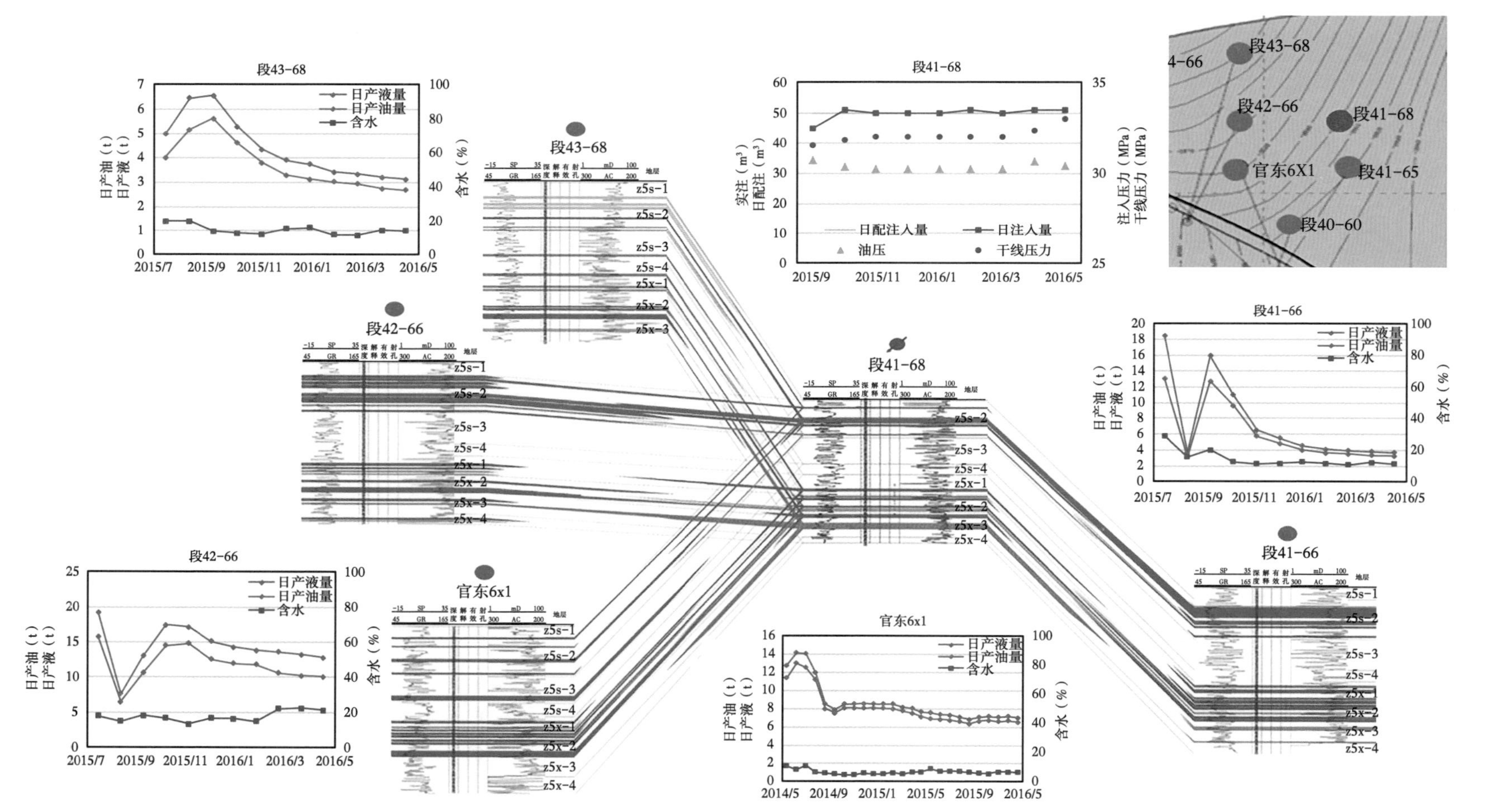

图 7.4.6 D41-68井组生产现状图

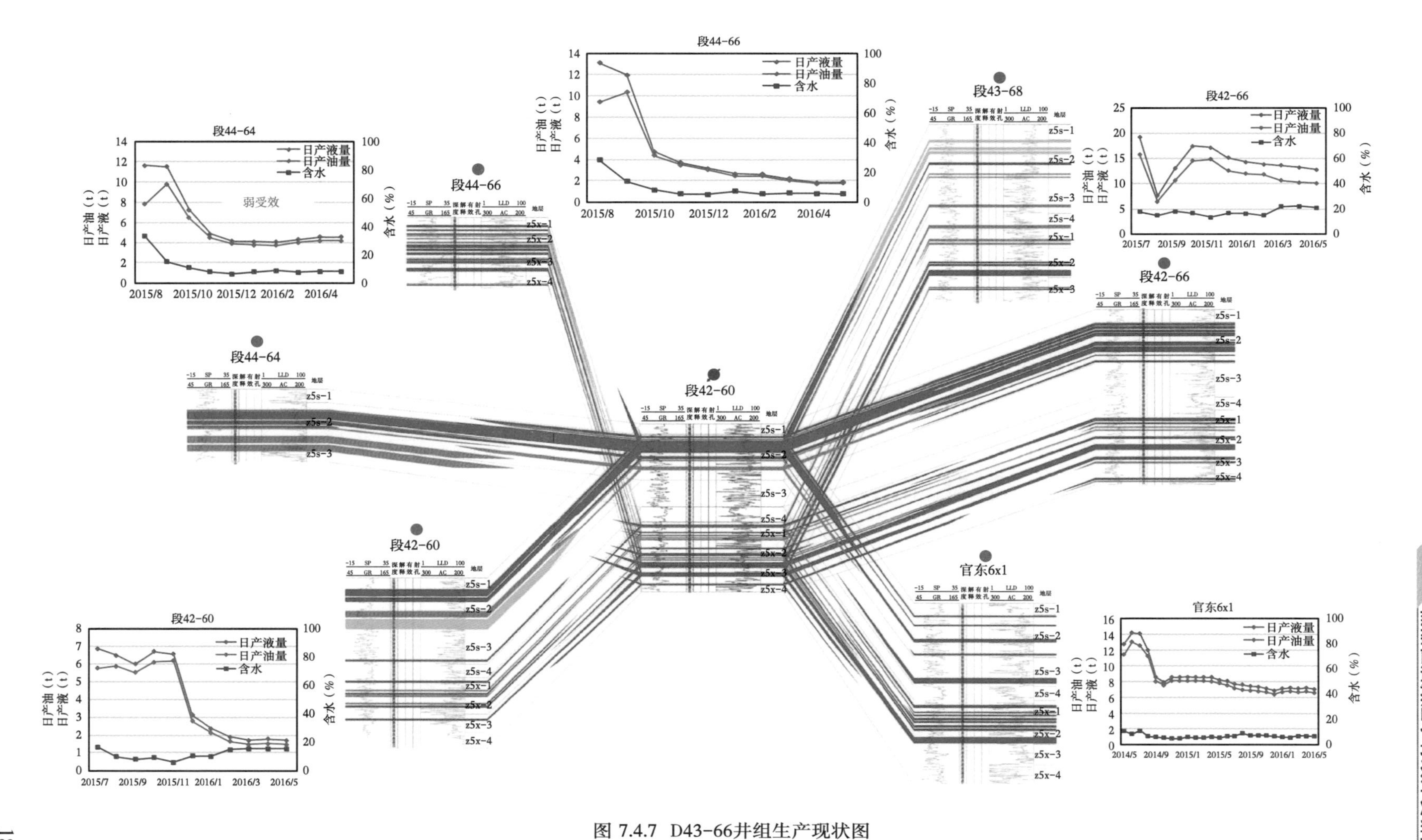

图 7.4.7 D43-66井组生产现状图

（2）注水受效的主控因素。

区块初期产量高，递减快，是因为注水没有受效导致的，注水不受效的原因有两点。

①砂体连续性差，井距偏大，井网控制程度低。

从砂体连通来看，枣Ⅴ$_{上}$的油层砂体连通率为75.6%，枣Ⅴ$_{下}$的油层砂体连通率为58.9%，并且砂体以单向连通为主，双向连通较差，枣Ⅴ$_{上}$和枣Ⅴ$_{下}$分别仅24.1%和26.6%，从而造成油井生产层与注水井并不连通，没有受效反应。各层砂体连通厚度图如图7.4.8所示。

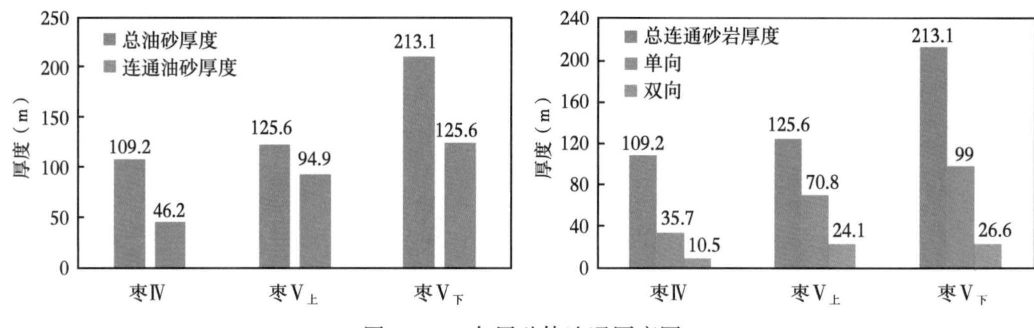

图7.4.8　各层砂体连通厚度图

②注采系统不完善，井网水驱控制程度低。

从枣Ⅴ内部的砂体连通来看，枣Ⅴ$_{上}$水驱控制程度73.2%，枣Ⅴ$_{下}$水驱控制程度64.5%，注水井与油井间以单向连通为主，枣Ⅴ$_{上}$和枣Ⅴ$_{下}$的双向连通率均小于10%，因此部分油井并不能得到注水井的能量补充，从而递减快，难以稳产。各层砂体连通厚度图如图7.4.9所示。

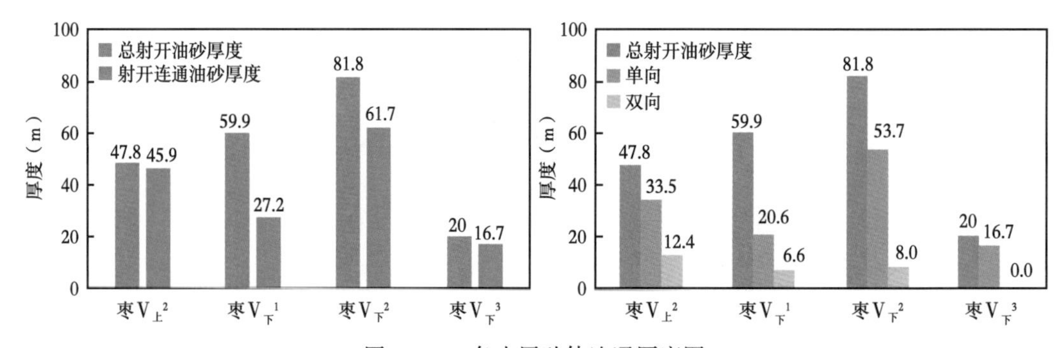

图7.4.9　各小层砂体连通厚度图

7.4.3.3　先导试验方案设计及指标预测

（1）方案一：目前注采井网+滚动扩边。

该方案为定向井常规压裂基础方案，主要用于与新开发方式方案指标对比研究。根据储层发育状况，沿着主应力方向，部署10口井，其中注水井2口，采油井8口，形成4注16采的菱形反九点井网，如图7.4.10所示，油井常规压裂，注水井不压裂。

方案一计算开发指标见表7.4.3，其中新井单井初产8.5t/d，第一年平均单井产量5.2t/d，最高采油速度1.02%，10年评价期末阶段累计产油12.1×10^4t，预测采出程度5.8%。

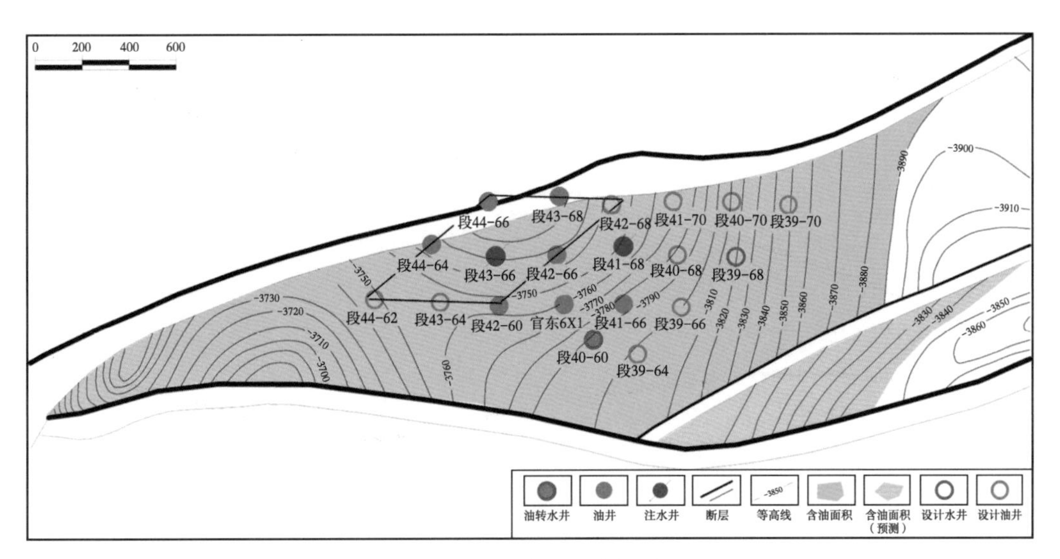

图 7.4.10　方案一井位部署图

表 7.4.3　方案一整体开发指标预测表

时间(a)	新投井数(口)	总井数(口)	油井数(口)	水井数(口)	老井单井日产油(t)	新井单井日产油(t)	老井年产油(10^4t)	新井年产油(10^4t)	年产油(10^4t)	累计产油量(10^4t)	采油速度(%)	采出程度(%)
1	10	20	16	4	2.86	5.2	0.60	1.55	2.15	4.5	1.02	2.2
2	0	20	16	4	2.35	3.3	0.49	0.89	1.38	6.0	0.66	2.9
3	0	20	16	4	1.94	2.3	0.41	0.61	1.02	7.0	0.49	3.3
4	0	20	16	4	1.83	1.8	0.39	0.48	0.86	7.9	0.41	3.7
5	0	20	16	4	1.74	1.6	0.36	0.44	0.81	8.7	0.38	4.1
6	0	20	16	4	1.65	1.5	0.35	0.42	0.76	9.4	0.36	4.5
7	0	20	16	4	1.57	1.5	0.33	0.40	0.73	10.2	0.35	4.8
8	0	20	16	4	1.50	1.4	0.31	0.38	0.69	10.8	0.33	5.2
9	0	20	16	4	1.43	1.3	0.30	0.36	0.66	11.5	0.31	5.5
10	0	20	16	4	1.37	1.3	0.29	0.34	0.63	12.1	0.30	5.8

（2）方案二：原井网基础上加密调整。

在原井网的基础上，部署加密井 20 口将排距减小到 100m 以内，井距不变；原井网油井逐步转注，最终形成 20 注 20 采的线性五点井网，如图 7.4.11 所示；油井常规压裂，水井不压裂。该方案用于研究加密调整的技术和经济可行性。

方案二计算开发指标见表 7.4.4，加密井初产 8.0t/d，年平均 5.1t/d，最高采油速度 1.39%，10 年评价期末阶段累产油 20.1×10^4t，预测采出程度 9.6%，比未加密方案提高 3.8%。

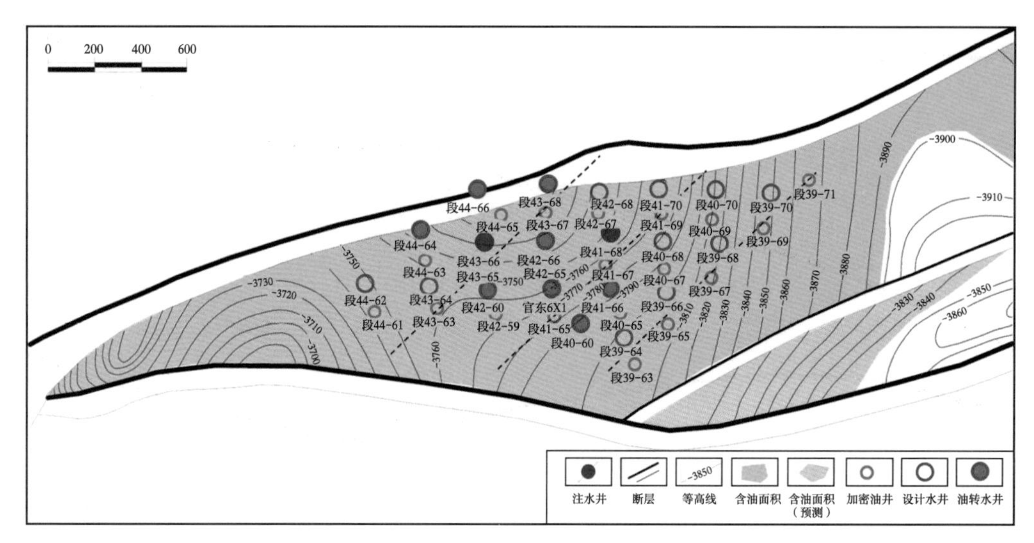

图 7.4.11　方案二井位部署图

表 7.4.4　方案二整体开发指标预测

时间 (a)	新投井数 (口)	总井数 (口)	油井数 (口)	水井数 (口)	单井日产油 (t)	年产油 (10^4t)	累计产油 (10^4t)	采油速度 (%)	采出程度 (%)
1	10	20	16	4	4.33	2.08	4.5	0.99	2.2
2	0	20	16	4	3.04	1.46	6.0	0.70	2.9
3	20	40	33	7	2.94	2.91	8.9	1.39	4.2
4	0	40	30	10	2.72	2.45	11.3	1.17	5.4
5	0	40	27	13	2.33	1.89	13.1	0.90	6.2
6	0	40	24	16	2.56	1.84	14.9	0.88	7.1
7	0	40	20	20	2.97	1.78	16.5	0.85	7.9
8	0	40	20	20	2.48	1.49	18.0	0.71	8.6
9	0	40	20	20	1.88	1.13	19.1	0.54	9.1
10	0	40	20	20	1.60	0.96	20.1	0.46	9.6

（3）方案三：定向井体积压裂+异步注采+吞吐渗吸。

根据储层发育状况，另扩边部署 10 口井（注水井 6 口，采油井 4 口），转注 2 口（D43-68、GD6x1）；采油井、注水井均体积改造，同时采油，形成 10 注 10 采的线状五点井网；初期衰竭开采后，注水井快速注水；采油井异步注采，注水井吞吐渗吸，如图 7.4.12 所示；后期根据产量递减情况，油水井重复压裂，同时油水井互换，反向驱替，重复以上步骤，如图 7.4.13 所示。

开发方式采用图 7.4.1 所示模型，具体过程如图 7.4.14、图 7.4.15 所示，操作步聚如下。

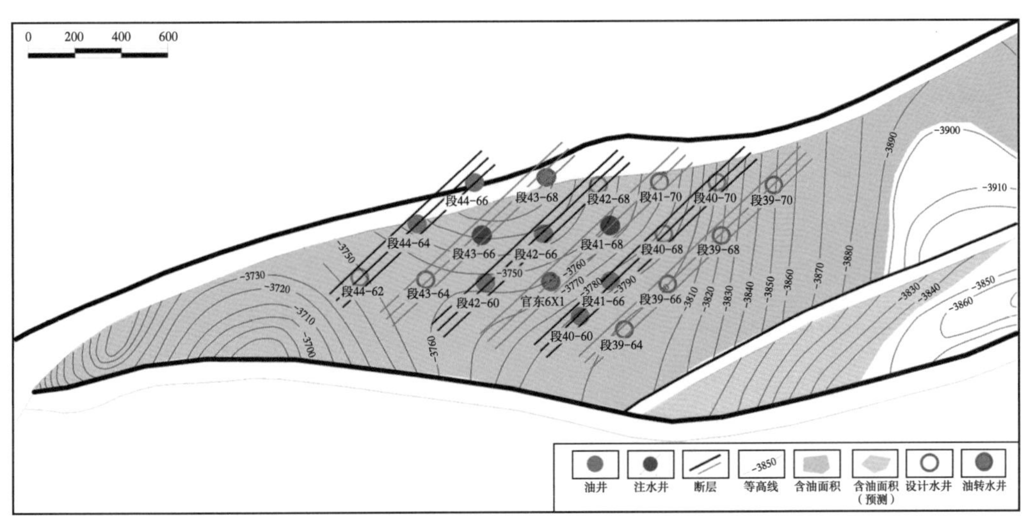

图 7.4.12　方案三初期井位部署图

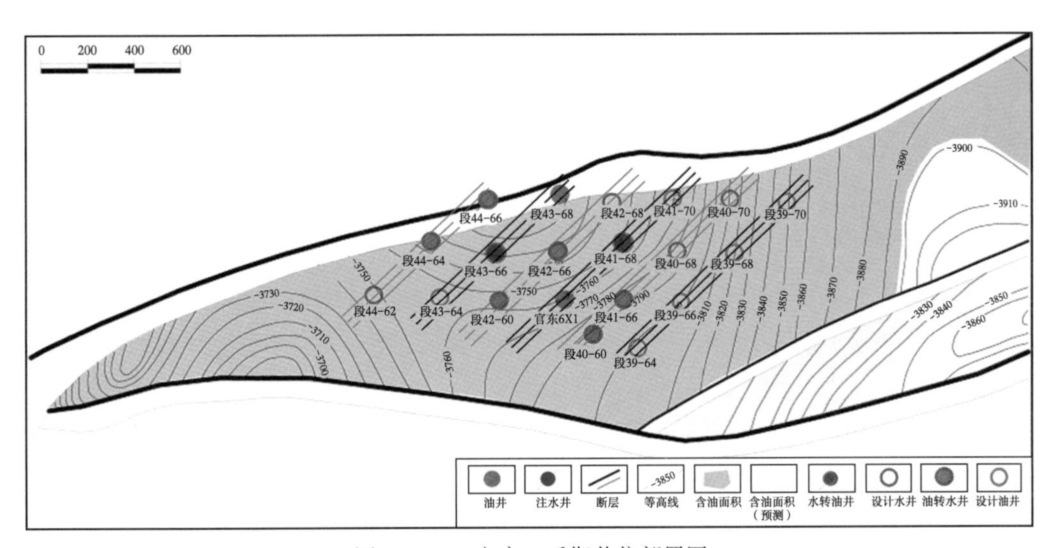

图 7.4.13　方案三后期井位部署图

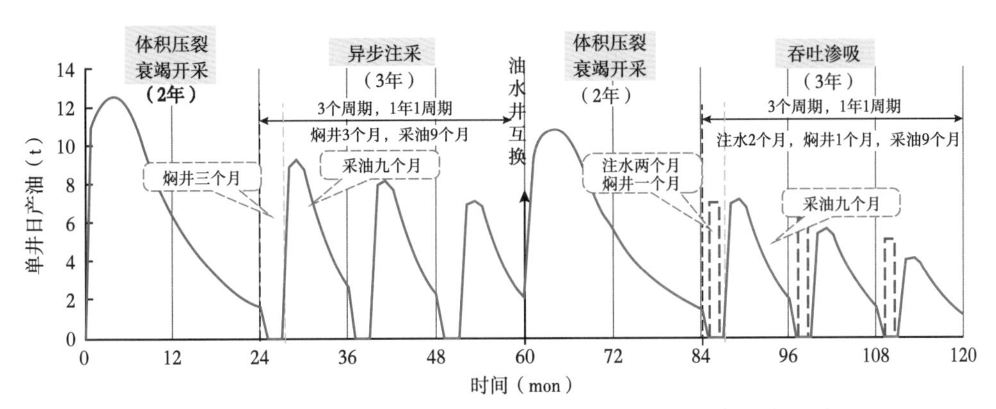

图 7.4.14　采油井 10 年两轮次体积改造+渗吸采油生产曲线预测

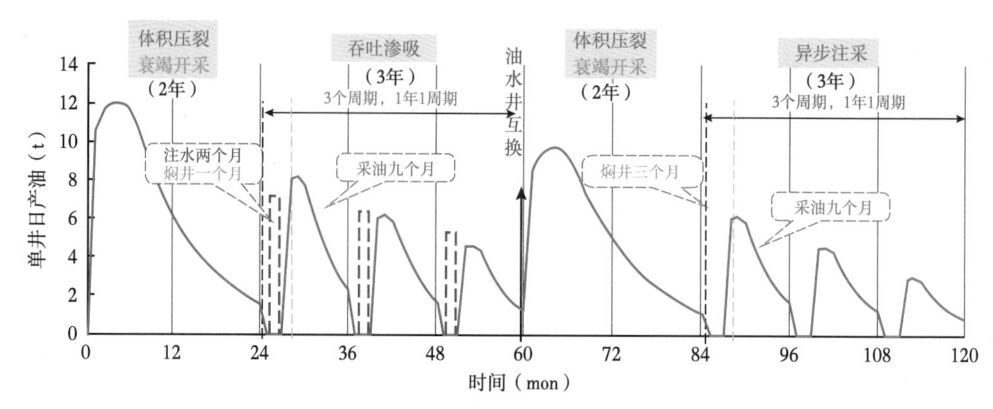

图 7.4.15　注水井 10 年两轮次体积改造+渗吸采油生产曲线预测

①第一轮次体积压裂（定向井 5 年）。

不分油水井，所有井均大液量宽带体积压裂后，衰竭开采 1.5~2 年，稳产 6 个月之后进入递减，至地层压力水平 70%以上关井；

注水井开始注水（注：试验区水敏性较强，注入水要注意防膨，同时为增强渗吸作用，可在水中加入渗吸剂，后同），注水 60~70d，平均日注水 109t，至地层压力恢复至约 100%，焖井 20~30d。注水期间采油井焖井共 3 个月，后油水井共同采油 9 个月。油井异步注采、注水井吞吐渗吸共三周期；

五年后重复压裂，油水井互换，反向驱替，进入第二轮次。

②第二轮次体积压裂（定向井 5 年）。

所有井重复宽带体积压裂，衰竭开采 1.5~2 年，稳产 6 个月之后进入递减，至地层压力水平 70%以上关井，平均单井阶段累计产油 2001t。

注水井开始注水（注：试验区水敏性较强，注入水要注意防膨，同时为增强渗吸作用，可在水中加入渗吸剂，后同），注水 60~70d，平均日注水 105t，后焖井 20~30d，注水期间采油井焖井共 3 个月，后油水井共同采油 9 个月。油井异步注采、注水井吞吐渗吸共三周期，平均单井阶段累计产油 2025t。

直井 10 年平均单井累计产油 0.95×10^4t，其中老井 0.88×10^4t，新井 1.02×10^4t。

方案三指标预测见表 7.4.5，油井第一年新井平均单井产量 10.1t/d，老井 7.8 t/d，采油速度由 1.02%提高到 1.36%，10 年评价期末阶段累计增油 9.3×10^4t，预测采出程度由 5.8%提高到 10.2%，提高 4.4%。

表 7.4.5　方案三整体开发指标预测表

时间(a)	新投井数(口)	总井数(口)	油井数(口)	水井数(口)	老井单井日产油(t)	新井单井日产油(t)	含水(%)	单井日注水(m^3)	老井年产油(10^4t)	新井年产油(10^4t)	年产液(10^4t)	年产油(10^4t)	累计产液(10^4t)	累计产油(10^4t)	年注水(10^4m^3)	累计注水(10^4m^3)	采油速度(%)	采出程度(%)
1	10	20	20	0	7.83	10.1	34	0	1.64	1.22	4.33	2.86	7.2	5.3	0	0	1.36	2.5
2	0	20	20	0	3.33	4.88	18	0	0.83	1.47	2.80	2.30	10.0	7.6	0	0	1.09	3.6
3	0	20	10	10	4.58	6.60	30	108.6	1.01	1.28	3.27	2.29	13.3	9.9	7.6	7.6	1.09	4.7

续表

时间(a)	新投井数(口)	总井数(口)	油井数(口)	水井数(口)	老井单井日产油(t)	新井单井日产油(t)	含水(%)	单井日注水(m^3)	老井年产油(10^4t)	新井年产油(10^4t)	年产液(10^4t)	年产油(10^4t)	累计产液(10^4t)	累计产油(10^4t)	年注水(10^4m^3)	累计注水(10^4m^3)	采油速度(%)	采出程度(%)
4	0	20	10	10	3.93	4.64	44	70.0	0.86	1.02	3.36	1.88	16.7	11.8	4.9	12.5	0.90	5.6
5	0	20	10	10	3.35	3.91	51	76.9	0.74	0.86	3.26	1.60	19.9	13.4	5.4	17.9	0.76	6.4
6	0	20	20	0	5.80	8.42	40	0	1.22	1.02	3.74	2.24	23.7	15.6	0	17.9	1.07	7.4
7	0	20	20	0	2.17	3.68	25	0	0.65	1.11	2.34	1.76	26.0	17.4	0	17.9	0.84	8.3
8	0	20	10	10	3.49	5.30	44	105.7	0.77	0.98	3.12	1.75	29.1	19.1	7.4	25.3	0.83	9.1
9	0	20	10	10	2.76	3.36	52	71.3	0.61	0.74	2.81	1.35	31.9	20.5	5.0	30.3	0.64	9.7
10	0	20	10	10	2.13	2.18	60	72.2	0.47	0.48	2.37	0.95	34.3	21.4	5.1	35.3	0.45	10.2

（4）方案四：定向井/水平井体积改造+异步注采+吞吐渗吸。

根据储层发育状况，扩边部署 10 口井，其中 6 口定向井，4 口水平井（或大斜度井），枣 $\mathrm{V}_{上}$和枣 $\mathrm{V}_{下}$各打 2 口，枣 $\mathrm{V}_{上}$的 2 口大斜度井从枣 Z5S2-1 小层顶钻进至 Z5S2-2 小层底，枣 $\mathrm{V}_{下}$的 2 口大斜度井从 Z5S1 小层底钻进至 Z5S3 小层中部，大斜度井走向尽量与最大主应力方向垂直，目的层段斜井段长 479~625m，井位设计图如图 7.4.16 所示。

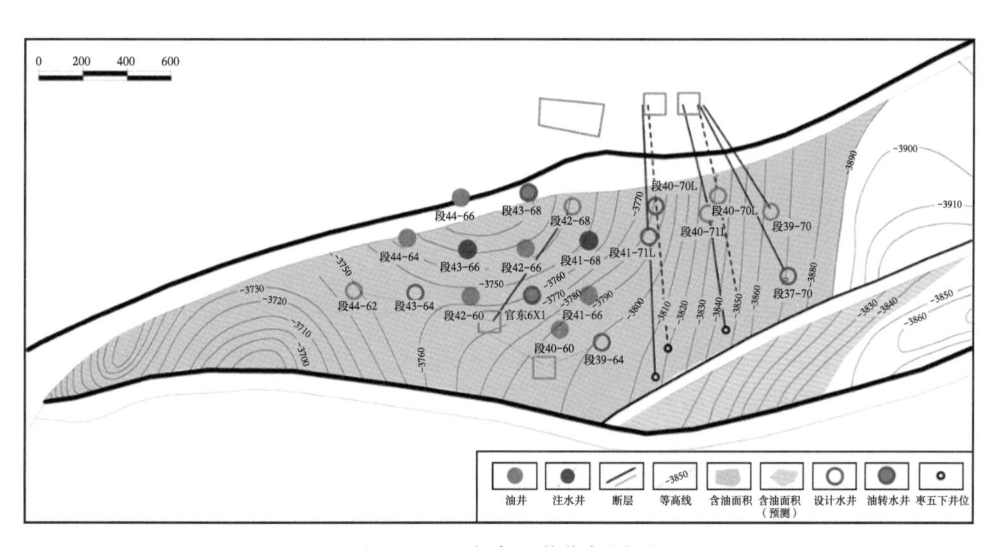

图 7.4.16　方案四井位部署图

新钻井中第一轮渗吸采油设计注水井 6 口，采油井 4 口，其中大斜度注水井和采油井各 2 口，定向井注水井和采油井分别为 3 口和 2 口，与已钻老井组成 9 注 11 采的注采井网，其中定向井区组成 300m×150m 五点注采井网，七注 9 采；大斜度井区组成井距 300~350m 的行列式注采井网，2 注 2 采。后期油水井互换，组成 11 注 9 采的注采井网。

该方案同样采用体积压裂+异步注采+吞吐渗吸的开发方式，其中直井的具体操作步骤与方案三相同，大斜度井的具体过程如图 7.4.17、图 7.4.18 所示，操作步骤和产量指标如下。

①第一轮次体积压裂（水平井 5 年）。

水平井体积改造后，初期衰竭开采 2~2.5 年，日产 15t 以上稳产 6 个月，之后进入递

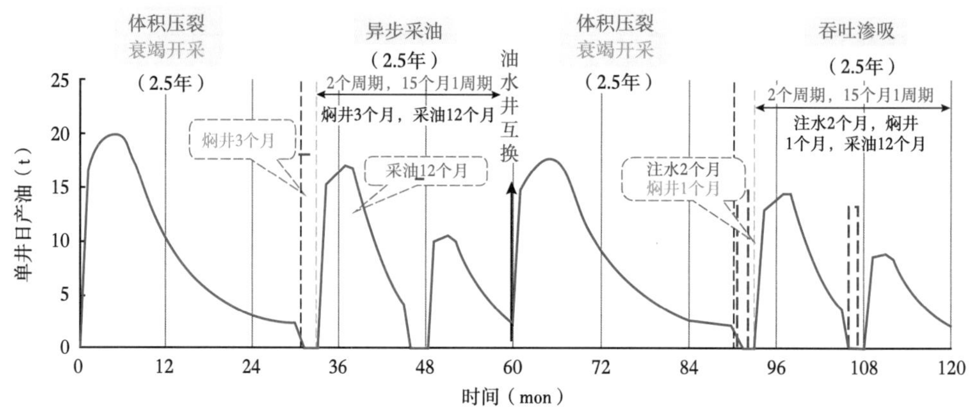

图 7.4.17　采油井（水平井）10 年两轮次体积改造+渗吸采油生产曲线预测

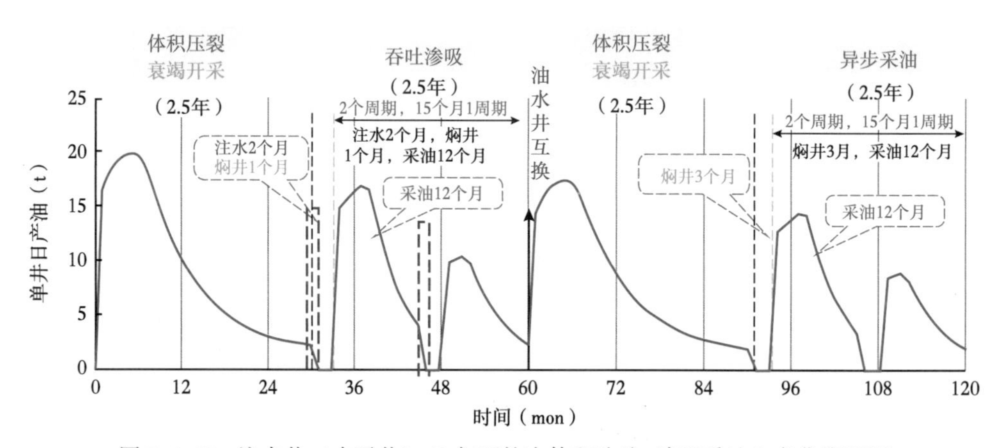

图 7.4.18　注水井（水平井）10 年两轮次体积改造+渗吸采油生产曲线预测

减，直至地层压力水平降到 70%；

注水井开始注水（注：试验区水敏性较强，注入水要注意防膨，同时为增强渗吸作用，可在水中加入渗吸剂，后同），注水 2 个月，平均日注水 174t，至地层压力恢复至约 100%，后焖井一个月。注水期间采油井焖井共 3 个月，后油水井共同采油 12 个月。油井异步注采、注水井吞吐渗吸共三周期。

五年后重复压裂，油水井互换，进入第二轮次。

②第二轮次体积压裂（水平井 5 年）。

水平井重复体积改造后，初期衰竭开采 2~2.5 年，日产 12t 以上稳产 6 个月，之后进入递减，直至地层压力水平降到 70%；

注水井开始注水（注：试验区水敏性较强，注入水要注意防膨，同时为增强渗吸作用，可在水中加入渗吸剂，后同），注水 2 个月，平均日注水 168t，至地层压力恢复至约 100%，后焖井一个月。注水期间采油井焖井共 3 个月，后油水井共同采油 12 个月。油井异步注采、注水井吞吐渗吸共三周期。

水平井 10 年平均单井累计产油 2.07×10^4t。

方案四指标预测见表 7.4.6，水平井第一年单井产量为 16.5t/d，直井新井产量为 10.1t/d，老井 7.8t/d，最高采油速度 1.49%，预测 10 年采出程度 11.8%，比常规注水提

表 7.4.6 方案四整体开发指标预测表

时间 (a)	新投井数 (口)	总井数 (口)	油井数 (口)	水井数 (口)	生产时间 (d)	老井单井日产油 (t)	新投直井单井日产油 (t)	水平井单井日产油 (t)	含水 (%)	单井日注水 (m^3)	老井年产油 (10^4t)	新投直井年产油 (10^4t)	水平井年产油 (10^4t)	年产液 (10^4t)	年产油 (10^4t)	累计产液 (10^4t)	累计产油 (10^4t)	年注水 (10^4m^3)	累计注水 (10^4m^3)	采油速度 (%)	采出程度 (%)
1	6（直井） 4（水平井）	20	20	0	200	7.83	10.05	16.55	32	0	1.59	0.77	0.75	4.58	3.10	7.5	5.6	0	0	1.36	2.4
2	0	20	20	0	300	3.29	11.04	10.33	15	0	0.82	1.33	1.24	4.00	3.39	11.5	8.9	0	0	1.49	3.9
3	0	20	11	9	220	4.80	6.60	7.64	28	134.9	1.06	0.80	0.67	3.51	2.53	15.0	11.5	8.5	8.5	1.11	5.0
4	0	20	11	9	220	3.93	7.50	10.98	39	111.5	0.86	0.66	0.97	4.09	2.49	19.1	14.0	7.0	15.5	1.09	6.1
5	0	20	11	9	220	3.85	6.59	6.36	47	110.3	0.85	0.58	0.84	4.26	2.27	23.3	16.2	7.0	22.5	0.99	7.1
6	0	20	20	0	200	5.80	8.42	14.54	38	0	1.22	0.65	0.66	4.10	2.53	27.4	18.8	0	22.5	1.11	8.2
7	0	20	20	0	300	2.17	9.42	9.08	21	0	0.65	1.13	1.09	3.65	2.87	31.1	21.6	0	22.5	1.26	9.5
8	0	20	9	11	220	3.71	7.05	6.20	40	105.2	0.82	0.62	0.55	3.30	1.98	34.4	23.6	8.1	30.6	0.87	10.4
9	0	20	9	11	220	2.76	5.23	9.55	48	85.7	0.61	0.46	0.84	3.64	1.91	38.0	25.5	6.6	37.2	0.84	11.2
10	0	20	9	11	220	2.13	3.64	5.41	58	82.8	0.47	0.32	0.71	3.56	1.50	41.6	27.0	6.4	43.6	0.66	11.8

高 6.0%，预测最终采收率提高 9.8%。与方案一（定向井常规压裂）采油速度和采出程度对比曲线分别如图 7.4.19 所示。

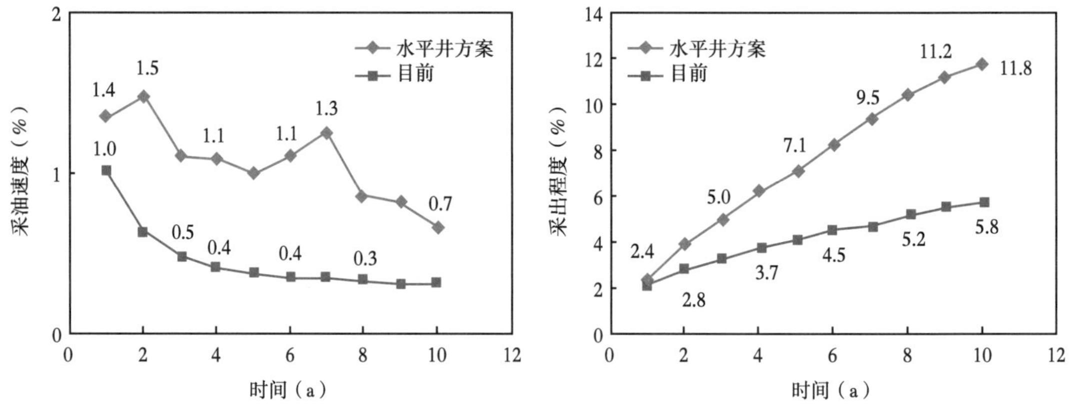

图 7.4.19　方案四与方案一采油速度、采出程度对比曲线

7.4.3.4　方案经济评价及效益分析

（1）投资及税费参数。

①投资参数。

钻井（含固井）：800 万元/口（直井）；1100 万元/口（大斜度井）。

基建：40 万元/口。

测井：46 万元/口，69 万元/口（斜井），92 万元（大斜度井）。

射孔：72 万元/口，80 万元/口（斜井），94 万元（大斜度井）。

录井：48 万元/口，52 万元/口（斜井），70 万元（大斜度井）。

体积压裂：400 万元/口（直井）；500 万元/口（大斜度井）。

作业费：95 万元/口（直井），110 万元（大斜度井）。

补孔：40 万元/口。

②税费参数。

增值税：原油 17%；城建税：增值税的 7%；教育附加税：5%；资源税：5.18%；货款利息：4.9%；流动资金：4.35%；所得税：25%。

③原油操作成本取为 500 元/t。

④原油价格。

采用股份公司阶梯油价，2017，2018，2019，2020，2021 年后分别为：50 美元/bbl，50 美元/bbl，60 美元/bbl，60 美元/bbl，70 美元/bbl。

（2）经济效益指。

以上四个方案投资成本、税费参数和经济效益指标见表 7.4.7，可以看出，定向井/大斜度井渗吸方案四产品销售总收入最高达 67172 万元，其次为井网加密方案二和定向井体积压裂方案三，基础方案一最低为 35666 万元；井网加密方案二由于钻井最多，固定资产投资最高为 52040 万元，计算内部收益率最低为-2.9%，其次为方案一，内部收益率为-0.95%，体积压裂+渗吸采油方案方案三和方案四内部收率益均可达 6%以上，其中方案四内部达 10.8%，为第一推选方案。因此在储层条件允许的情况下，应尽可能部署大斜度井，如储层条件不允许，推荐定向井体积压裂+渗吸采油方案三。

表 7.4.7 各方案经济效益对比表

税费及效益	方案 1（基础方案）	方案 2（加密方案）	方案 3（定向井渗吸方案）	方案 4（定向井/大斜度井方案）
产品销售总收入（万元）	35666	65275	49137	67172
固定资产投资（万元）	26020	52040	27410	29890
经营成本费用（万元）	6198	10531	7821	10621
增值税（万元）	2251	4202	3174	4342
销售税金及附加（万元）	3788	6939	5224	7136
企业所得税（万元）	√	√	√	1031
税前利润（万元）	√	√	√	4126
财务净现值（万元）	-5861	-13226	1687	6239
静态投资回收期（a）	√	√	8.5	7.6
动态投资回收期（a）	√	√	9.9	8.4
内部收益率（%）	-0.95	-2.9	6.8	10.8
推荐方案次序			②	①

7.4.4 先导试验实施效果评价

7.4.4.1 整体增产效果

GD6X1 区块 2017 年 9 月开始第一批体积压裂，压裂 10 口井，其中 GD6X1 和 D43-66 采用套管压裂合压枣Ⅴ上下油层组，其余均为枣Ⅴ下油层组（油管压裂 3 口，套管压裂 2 口）；2018 年 1 月开始第二批体积压裂，压裂 5 口井，均为枣Ⅴ上油层组，套管压裂；压裂后生产井分批投产，初期均自喷生产，后期下泵衰竭开采，压裂前区块整体日产液为 21.7t，日产油 17.36t，压裂后区块日产液最高达 152.7t，日产油 53.4t，如图 7.4.20 所示。压裂前平均单井日产油 2.1t，压裂后平均单井日产油最高达 14.5t，如图 7.4.21所示。截至 2018 年 10 月底区块累计增油量 10938t。

7.4.4.2 单井增产效果分析

根据压后累计产量和单井产量，将采油井划分为两类，其中Ⅰ类井 3 口，Ⅱ类井 5 口，注水井压裂后转采井 2 口（Ⅰ、Ⅱ类各 1 口），Ⅰ类井压后累计产油大于 1000t，初期日产油大于 10t，Ⅰ类井压后累计产油小于 1000t，初期日产油小于 10t，见表 7.4.8。

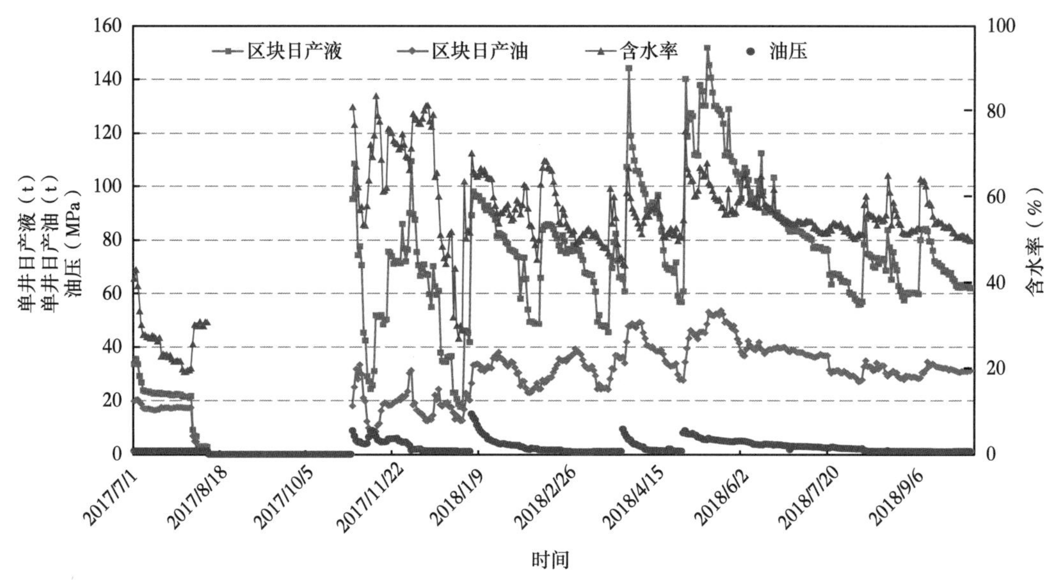

图 7.4.20　GD6X1 区块压裂前后区块生产指标曲线

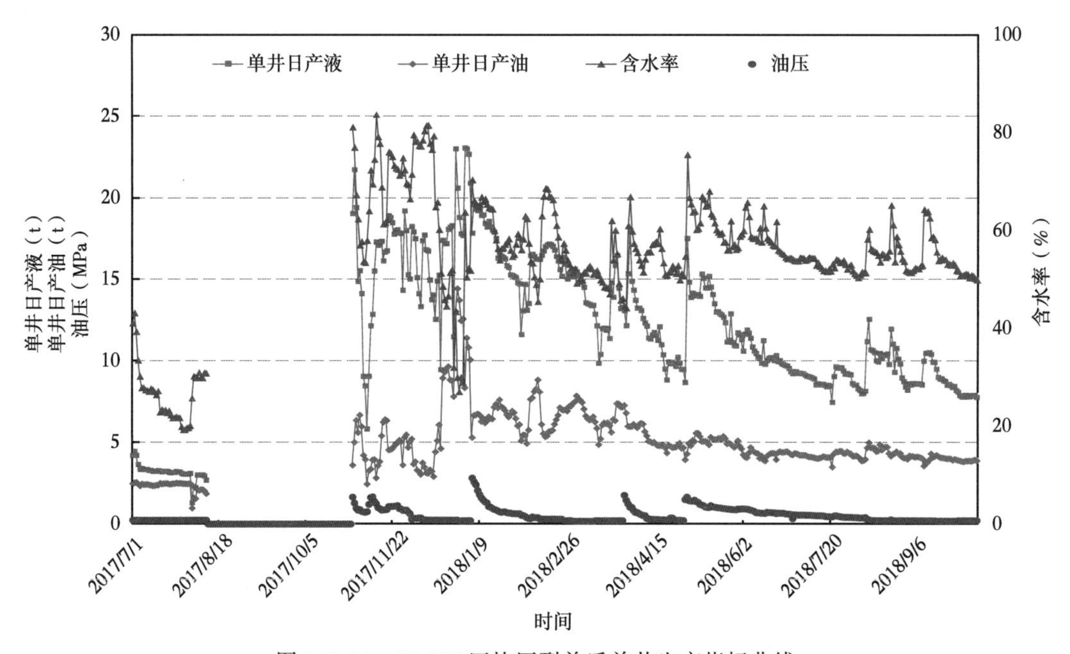

图 7.4.21　GD6X1 区块压裂前后单井生产指标曲线

表 7.4.8　压后单井分类指标统计表

分类	井号	累计产量（t）	自喷初期日产（首月平均）（t）	下泵时日产（t）	压裂前日产（t）	一次压裂后自喷（t）	一次压裂后下泵（t）	二次压裂后自喷（t）	二次压裂后下泵（t）	目前日产（t）
Ⅰ类井（3口）	官东 6X1	2922.43		12.25	6.16	6.11	13.13			5.99
	段 44-66	1243.43	10.35	9.92	1.59	3.3	11.73			2.84
	段 42-66	1366.86	15.82	13.44	2.24	9.1	未下泵	6.83	未下泵	7.25

续表

分类	井号	累计产量（t）	自喷初期日产（首月平均）（t）	下泵时日产（t）	压裂前日产（t）	一次压裂后自喷（t）	一次压裂后下泵（t）	二次压裂后自喷（t）	二次压裂后下泵（t）	目前日产（t）
Ⅱ类井（5口）	段41-66	939.82	13.14	11.58	3.12	2.36		6	7.4	2.61
	段44-64	858.77	7.23	10.28	1.18	2.03	6.73			2.36
	段42-60	771.58	4.54	6.24	1.28	3.7		4.73	6.2	5.8
	段43-68	523.39	3.14	6.77	1.31	4.35	4.24			转注
	段40-60	308.21	7.44	7.19	1.44	4.17		4.48	3.54	0
水井转油井（2口）	段41-68	486.24	2.32			2.32	未下泵	2.69	未下泵	2.17
	段43-66	1517.55	5.11	8.55		5.18	8.55			2.76

8口采油井中，Ⅰ类井3口，分别为GD6X1、D42-66和D44-66井，其典型井生产动态曲线如图7.4.22和图7.4.23所示，压裂后单井产量高，稳产时间长，井位位于储层物性好、油层厚度大的油藏高部位。

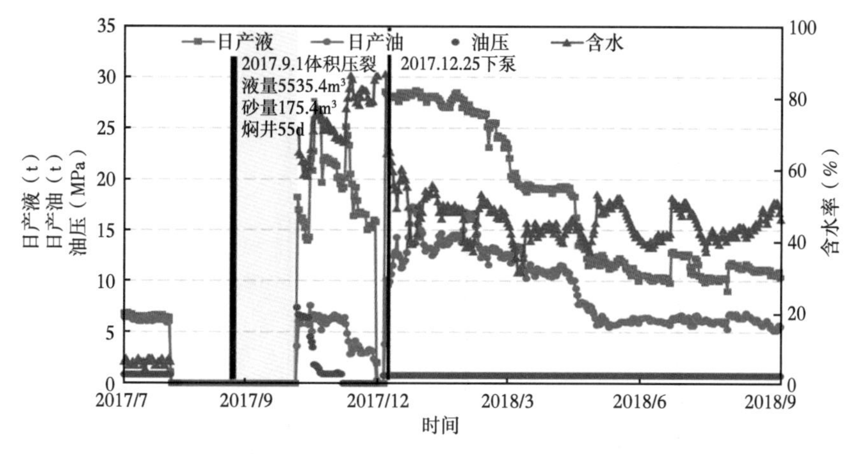

图7.4.22　GD6X1井生产曲线（Ⅰ类）

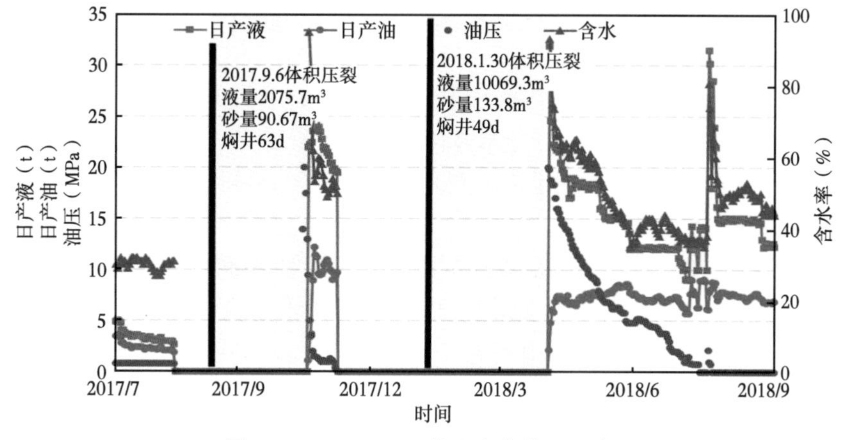

图7.4.23　D42-66井生产曲线（Ⅰ类）

Ⅱ类井 5 口，其典型井生产动态曲线如图 7. 4. 24 和图 7. 4. 25 所示，压裂后单井产量相对较低，稳产时间短，井位位于储层物性差、油层薄的油藏边部。

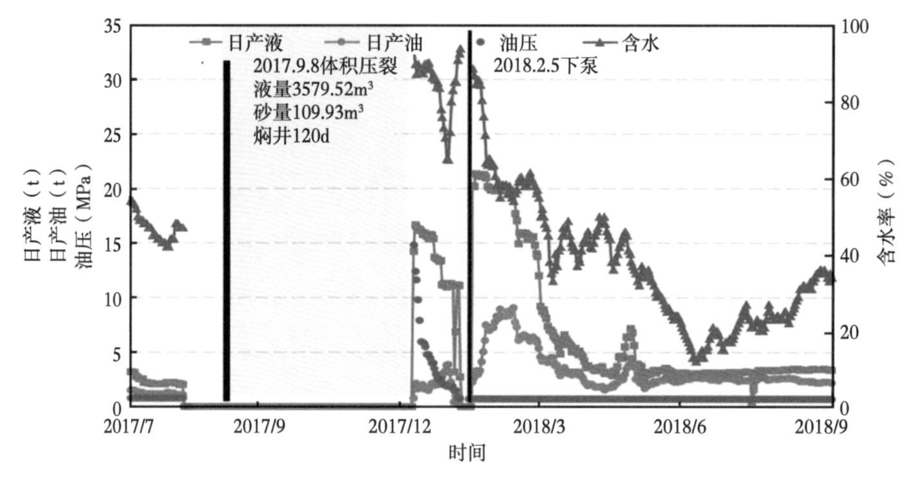

图 7. 4. 24　D44-64 井生产曲线（Ⅱ类）

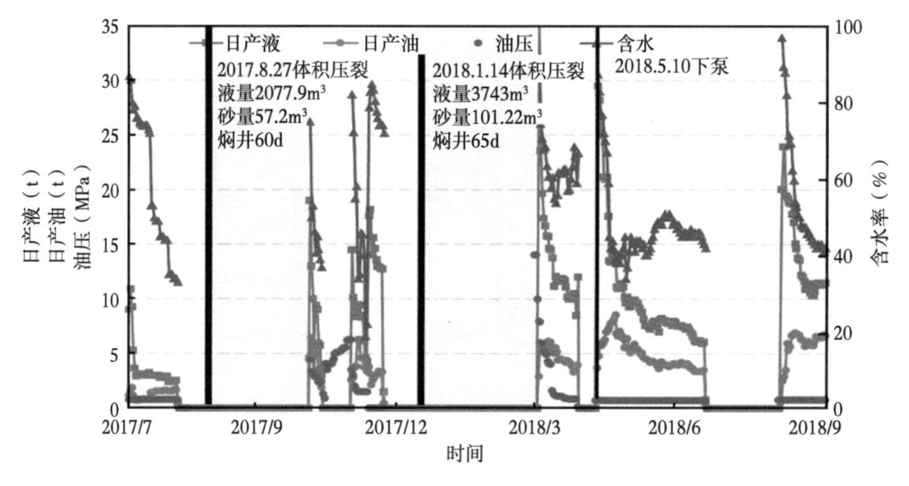

图 7. 4. 25　D42-60 井生产曲线（Ⅱ类）

注水井体积压裂 2 口，其中Ⅰ类井 1 口（D43-66），Ⅱ类井 1 口（D41-68），其生产曲线如图 7. 4. 26 和图 7. 4. 27 所示，注水井体积压裂后转油井，充分体现了渗吸采油作用机理，由于试采阶段注水井注入大量水，转采后其含水率整体高于采油井。

7. 4. 4. 3　先导试验初步认识

（1）储层发育良好是根本，配合大液量、大排量是取得好的压裂效果的保证。

首先，要取得较好的压裂效果，储层厚度大、含油饱和度高是基础，储层发育良好的井区压裂效果好，储层发育较差的井区压裂效果相对较差，以 GD6X1 井、D42-66 井和 D43-68 井为例，由油藏对比图 7. 4. 28 可以看出，GD6X1 和 D42-66 储层均好于 D43-68，且压裂时液量分别达 5535. 4m^3、12145m^3，因此这两口井均表现产量高且稳产时间长的特征，至 2018 年底 D42-66 仍处于自喷单采枣Ⅴ上阶段，而 D43-68 压裂液量仅有 2010. 9m^3，同时油层厚度小，因

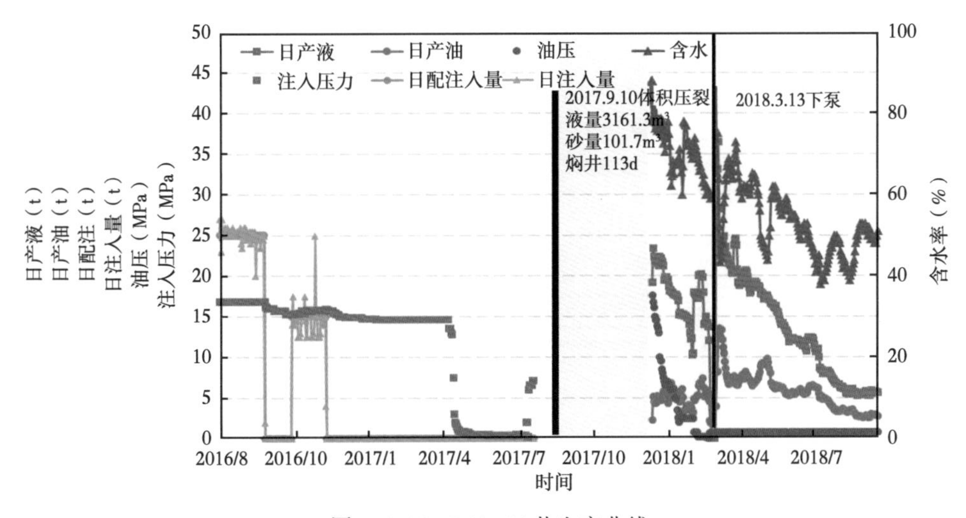

图 7.4.26　D43-66 井生产曲线

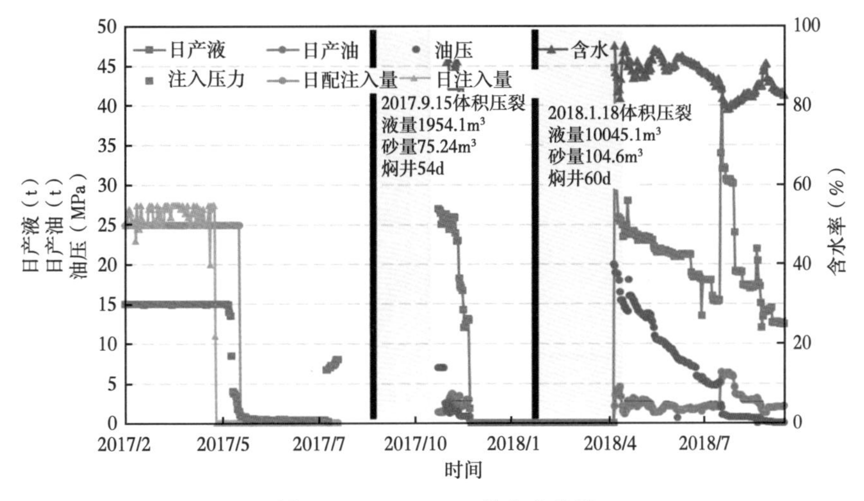

图 7.4.27　D41-68 井生产曲线

此单井初期产能低，产量递减快，2018 年 8 月已经开始转注补充地层能量（图 7.4.29）。

（2）注水井体积压裂后转采油井是渗吸采油作用的充分体现。

GD6X1 区块体积压裂前有两口注水井 D41-68 和 D43-66，分别累计注水 $2.81\times10^4m^3$ 和 $1.93\times10^4m^3$，体积压裂后最高日产油分别达 6.47t 和 13.48t，截至 2018 年 10 月累计产油 486.2t 和 1517.6t，充分体现了注水后的渗吸采油作用。同时，由于 D43-66 储层好于 D41-68（图 7.4.30），因此 D43-66 压裂效果整体好于 D41-68。

（3）相近储层发育条件下，大液量、高砂量压裂好于小液量、低砂量压裂。

本区油井和注水井在两次压裂时的入地液量和加砂量都不同，第二次压裂液量和加砂量均高于第一次压裂，由表 7.4.8 可以看出，由于压裂规模不同，第二次压后单井产量普遍高于第一次。如 D41-66 井枣 $V_下$ 和枣 $V_下$ 压裂时液量分别为 $2153.41m^3$ 和 $3644.2m^3$，加砂量分别为 $80.19m^3$ 和 $101.25m^3$，第二次压裂规模明显高于第一次，压后分层自喷首

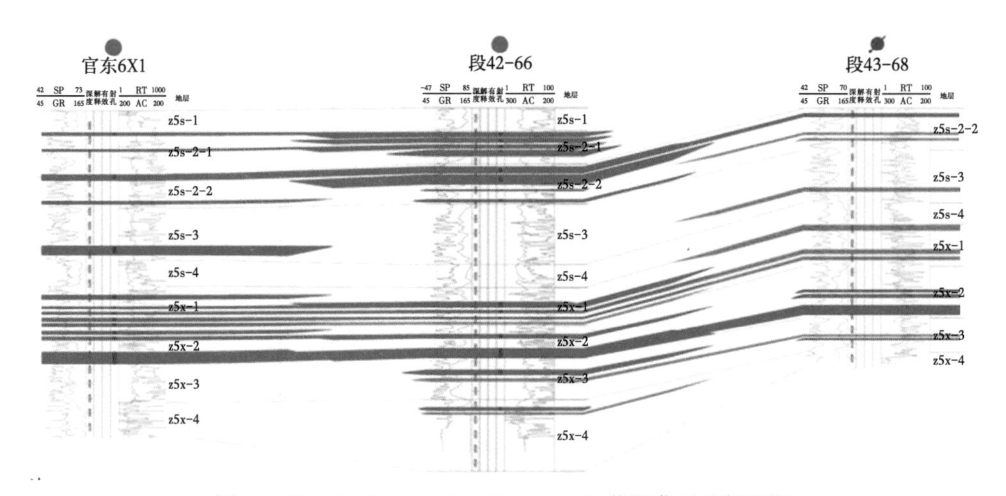

图 7.4.28　GD6X1—D42-66—D43-68 井油藏对比剖面图

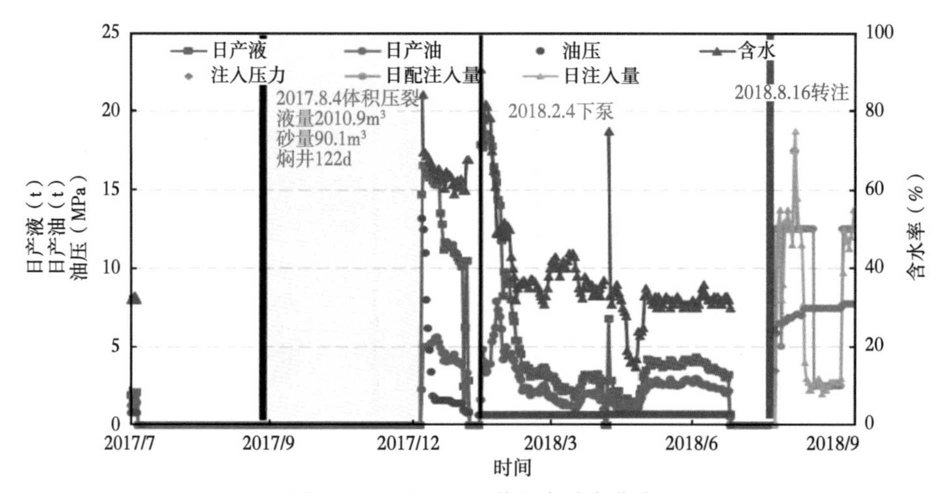

图 7.4.29　D43-68 井生产动态曲线

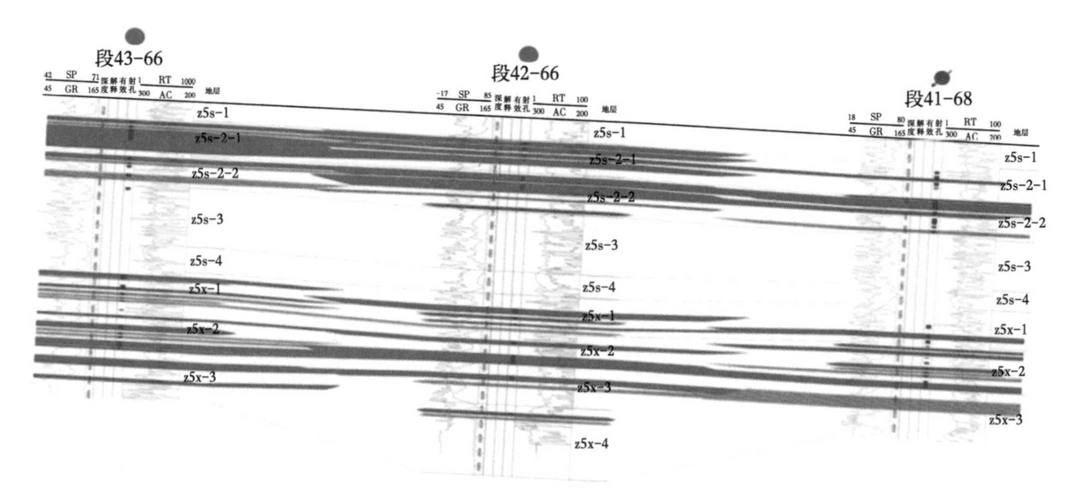

图 7.4.30　D43-66—D42-66—D41-68 井油藏对比剖面图

月平均产量分别为2.36t/d和6t/d，由此可见，在相近储层条件下，大液量、高砂量压裂好于小液量、低砂量压裂。

（4）入地液量相近情况下，大排量套管压裂好于小排量油管压裂。

枣$V_下$压裂时，分为两种压裂方式，即大排量套管压裂和小排量油管压裂，压裂效果表明，大排量套管压裂明显好于小排量油管压裂。如D43-68枣$V_下$压裂时采用套管压裂，排量$12m^3/min$，而D41-66采用油管压裂，排量$5.5m^3/min$，压后D43-68和D41-66自喷期累计产量分别为128.2t和41.3t，如图7.4.31所示。

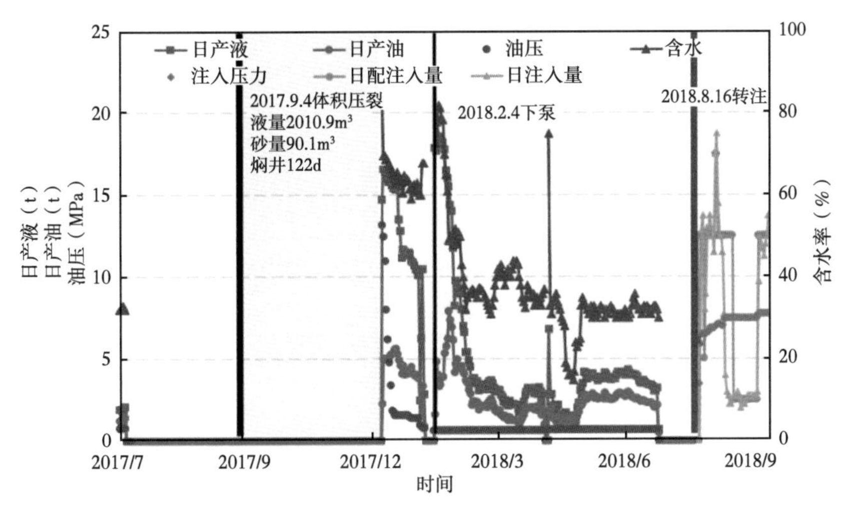

图7.4.31 D43-68井生产动态曲线

（5）体积压裂后焖井2~3月开发技术政策合理。

油藏数值模拟表明，油井开井含水率随焖井时间延长而不断降低，但焖井时间达2~3月后，含水率降低速率明显降低（图7.4.32），因此确定焖井时间为2~3月，现场实施

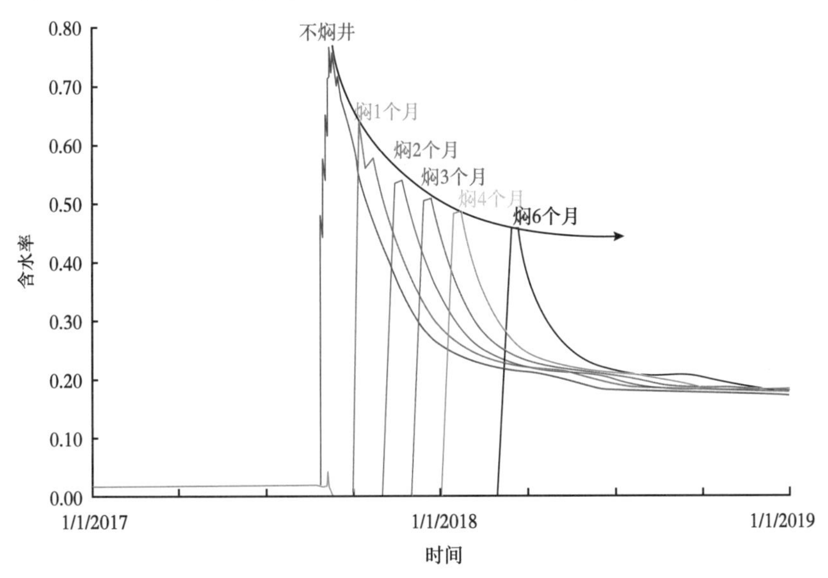

图7.4.32 D43-68井生产动态曲线

后，焖井时间为55~122d，见表7.4.9，可见焖井2~3月后，放喷2~4d后均快速见油，首月平均含水率为53%~87%。可见，制定的体积压裂后焖井2~3月开发技术政策是合理的。

表7.4.9　焖井时间及见油时间表

井号	焖井时间（d）	见油时间（放喷后）	首月平均含水（见油后）	备注
GD6X1	55	放喷第2d	66%	
D40-60	59	放喷第4d	73%	油管压裂，生产25天
D41-66	58	放喷第4d	71%	油管压裂，生产17天
D42-60	60	放喷第3d	59%	
D42-66	63	放喷第4d	52%	油管压裂
D43-68	122	放喷第2d	58%	
D44-64	120	放喷第2d	81%	
D44-66	45	放喷第3d	53%	
D41-68	54	放喷第12d	87%	油管压裂
D43-66	119	放喷第2d	69%	

8 低品位油藏面积注气驱替开发

8.1 国内外低品位油藏注气驱替开发实践

8.1.1 国外低品位油藏气驱开发实践

1955 年美国 Block 31 区块注 N_2 开发，开创了低品位油藏注气开发的先河。随着作业者持续尝试注入不同气体类型，低品位油藏注气开发已形成一定规模，其中美国开发成果最为突出（图 8.1.1）。

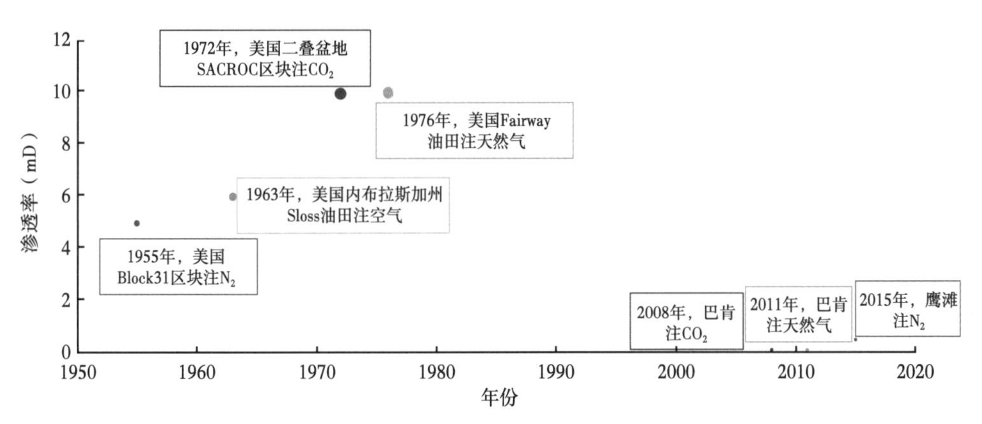

图 8.1.1　国内外低品位油藏较早注气开发案例

从表 8.1.1 国外注气开发效果来看，大部分油田呈现良好的开发效果，采收率均有明显增幅，其中 Kuparuk R. 油田注入天然气后采收率提升最为显著，较未注气前增加 52%。

表 8.1.1　美国低品位油藏注气开发效果

油田名称	开始注气年份	岩性	注入气体	采收率增幅（%）
Kelly Snyder[17]	1972	碳酸盐岩	CO_2	10
Lick Creek[18]	1976	砂岩	CO_2	3.1
Slaughter Estate[19]	1976	白云岩	CO_2	19.6
Garber[20]	1980	砂岩	CO_2	10
Purdy Springer[21]	1980	砂岩	CO_2	7.5

续表

油田名称	开始注气年份	岩性	注入气体	采收率增幅（%）
Maljamar[22]	1981	白云岩	CO_2	14
Little Knife[23]	1981	碳酸盐岩	CO_2	18
Quarantine Bay[24]	1981	砂岩	CO_2	2
San Andres[25]	1983	白云岩	CO_2	7. 1
East Vacuum[26]	1985	白云岩	CO_2	3. 8
Dollarhide[27]	1985	砂岩	CO_2	19
Rangely Weber[28]	1986	砂岩	CO_2	19
Hanford[29]	1986	白云岩	CO_2	14. 2
S. Wasson Clearf[30]	1986	白云岩	CO_2	10
Wertz Tensleep[31]	1986	砂岩	CO_2	3. 8
N. Ward Estes[32]	1989	白云岩	CO_2	8
Lost Soldier Field[33]	1989	砂岩	CO_2	9. 9
Jay Little Escambia[34]	1981	白云岩	N_2	6. 5
Wilmington[35]	1982	砂岩	N_2	12. 5
North Pembina[36]	1957	砂岩	天然气	9. 4
South Ward[37]	1961	砂岩	天然气	37
Fairway[38]	1966	灰岩	天然气	13
South Swan[39]	1973	碳酸盐岩	天然气	20
Fenn Big Valley[40]	1983	白云岩	天然气	15
Prudhoe Bay[41]	1983	砂岩	天然气	5. 2
Kuparuk R. [42]	1985	砂岩	天然气	52
Judy Creek[43]	1985	灰岩	天然气	6. 5
Mitsue[44]	1985	砂岩	天然气	12. 5
Kaybob North[45]	1988	碳酸盐岩	天然气	12. 3
Gullfaks[46]	1989	砂岩	天然气	5
Brage[47]	1994	砂岩	天然气	4

Kelly-Snyder 油田 SACROC 区块实施的 CO_2 驱油项目是美国最典型、最成功的 CO_2 混相驱实例之一。SACROC 区块属低渗透碳酸盐岩油藏，主要产层 Canyon Reef 层为石炭系石灰岩，非均质性强，且发育平面上分布不连续的致密层隔夹层。地层压力为 22. 14MPa，泡点压力为 12. 76MPa，孔隙度为 9. 41%，渗透率为 10mD，油藏深度为 2043. 5m，体积系数为 1. 472，原油相对密度为 0. 82，原油黏度为 0. 35mPa · s。

SACROC 区块开发历程如图 8. 1. 2 所示，该区块发现于 1948 年，经历 6 年一次采油，油藏压力下降幅度较大。1954 年开始注水开发，1970 年进入高含水阶段。CO_2 混相驱分 3

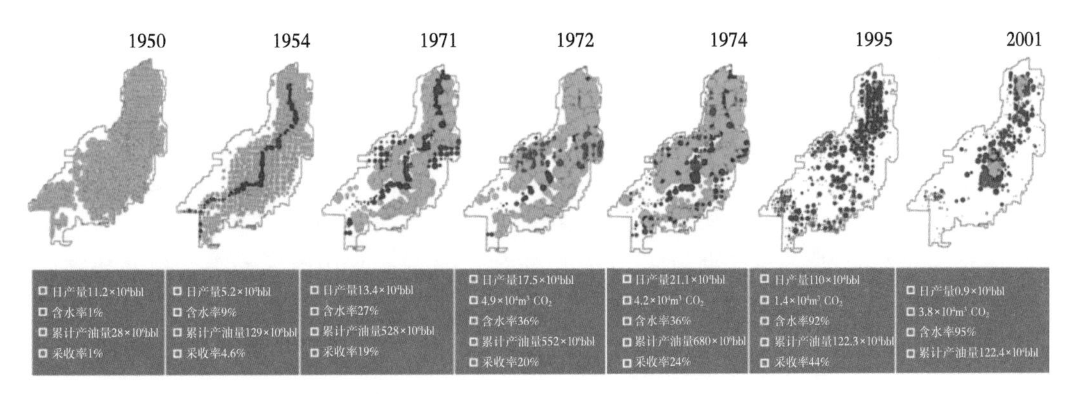

图 8.1.2　SACROC 区块开发历程

个工区进行，开始时间分别为 1972 年 1 月（9 个井组）、1973 年 3 月和 1976 年 11 月，注入井网主要为反九点井网。自实施 CO_2 混相驱以来，油田取得了较好的开发效果。截至 2017 年，该项目已扩展到 503 口注入井和 390 口生产井，覆盖面积达到 201.9km^2，平均单井产能为 9.7t/d。

注气自 1972 年开始至今，先后经历了 Chevron、Devon Resource、Kinder Morgan 等多家作业公司，每次更换都会给项目注入新的理念，带来技术的进步，项目走向成熟的同时也形成了一系列关键配套技术。

（1）WAG（水气交替）注入技术和 CO_2 泡沫调驱技术扩大气驱波和体积技术。

1972 年 SACROC 项目实施初期，Chevron 公司就尝试了 WAG 注入技术，不仅成功地将试验区块地层压力从 11.03MPa 提高到 16.55MPa，使其高出最小混相压力（15.86MPa），达到 CO_2 混相的压力条件；更有效地控制了驱替流体的流度，实现了注 CO_2 提高微观驱油效率和注水提高宏观波及系数的有机结合，进而提高了该区块的石油采收率。

（2）智能 CO_2 监测和注采调整技术。

SACROC 区块利用智能 CO_2 监测技术不断对注采井网进行调整，使其年产量逐年攀升。2000 年 SACROC 区块仅 57 口 CO_2 注入井和 325 口采油井，年 EOR 产量仅为 47×10^4t。通过调整，2008 年注气井和采油井数分别为 444 口和 391 口，年 EOR 产量升至 126×10^4t；2012 年进行了新一轮调整，注气井和采油井数分别为 503 口和 390 口，年 EOR 产量已达 138×10^4 吨。

（3）产出气处理及 CO_2 循环注入技术。

在项目运行初期，SACROC 区块采用 Benfield 方法（热钾碱法）回收 CO_2，随着生产规模的扩大，Benfield 方法不能满足需求。1983 年项目操作方与 NATCOGROUP 合作，建设了冷凝回收富烃装置和膜分离 CO_2 装置。回收的富烃用于销售，分离出的甲烷用于燃烧发电，富集的 CO_2 管输回油田用于回注。目前，膜分离系统日处理气量已达 $509.7\times10^4m^3$，产出气中 CO_2 含量从处理前的 65%到 85%，富集为 95%。采用这种技术既回收了产出气中烃组分，又减少了 CO_2 的排放，降低了 CO_2 成本。

Buffalo 油田是最早高压注空气开发且目前仍在开发的项目之一，油田位于威利斯顿盆地西南翼南达科他州东北部，主产层为红河组，Buffalo 红河组油藏圈闭机理以地层圈闭为主，石灰岩和硬石膏包围着孔隙白云岩。区域构造倾斜为北—东方向，约1.5°。主产层平均埋深2590m，平均净厚度为4.5m，孔隙度为18%，平均渗透率为10mD。原油相对密度为0.865，泡点压力为2.4MPa，为超欠饱和轻质油藏。油田发现于1954年，1963年运营商尝试注水开发，但注入能力差。1978年9月在Buffalo红河组（BRRU）开展注空气开发先导试验，试验在3.5个井组开展，1980年9月试验井组扩展到9个，1981年5月扩展至12个。1983年6月Buffalo南部红河组（SBRRU）30.5个井组也开展高压注空气开发项目并在1985年已经见效。1987年11月Buffalo西部红河组（WBRRU）7个井组开始高压注空气。

BRRU项目于1979年1月开展注气，注气后9个月开始见效。至2006年注气速率高达$15.6\times10^6 ft^3/d$，注气压力为4400psi。注气后产量从1978年11月的162bbl/d上升至1985年4月的峰值1003bbl/d，随后产量尽管递减，但高于注气前产量，至2006年12月产量为487bbl/d，如图8.1.3所示。

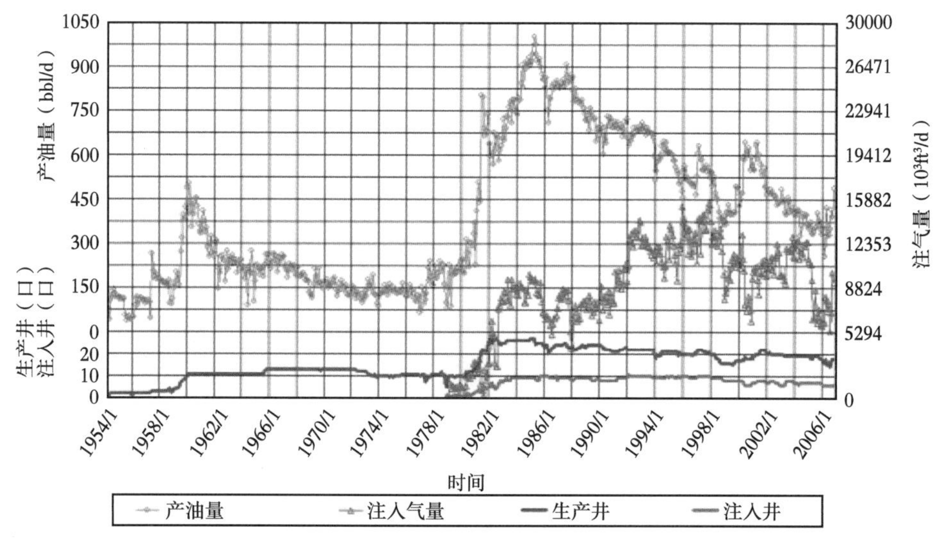

图8.1.3 BRRU项目注采动态（一）

SBRRU项目于1984年1月开展注气。至2006年注气速率高达$23\times10^6 ft^3/d$，注气压力为4400psi。注气后产量从1983年12月的310bbl/d上升至1991年2月的峰值1754bbl/d，随后产量尽管递减，但高于注气前产量，至2006年12月产量为878bbl/d，如图8.1.4所示。

WBRRU项目于1987年11月开展注气。至2006年注气速率高达$5.4\times10^6 ft^3/d$，注气压力为4400psi。注气后产量从1987年10月的183bbl/d上升至1990年2月的峰值498bbl/d，随后产量尽管递减，但高于注气前产量，至2006年12月产量为878bbl/d，如图8.1.5所示。

2011年，光流资源公司（Lightstream Resource）在加拿大萨彻斯温东南维尤菲尔德巴肯组完成注天然气提高采收率矿场试验。试验区包含两套构造剖面，油藏参数见表8.1.2[48]。

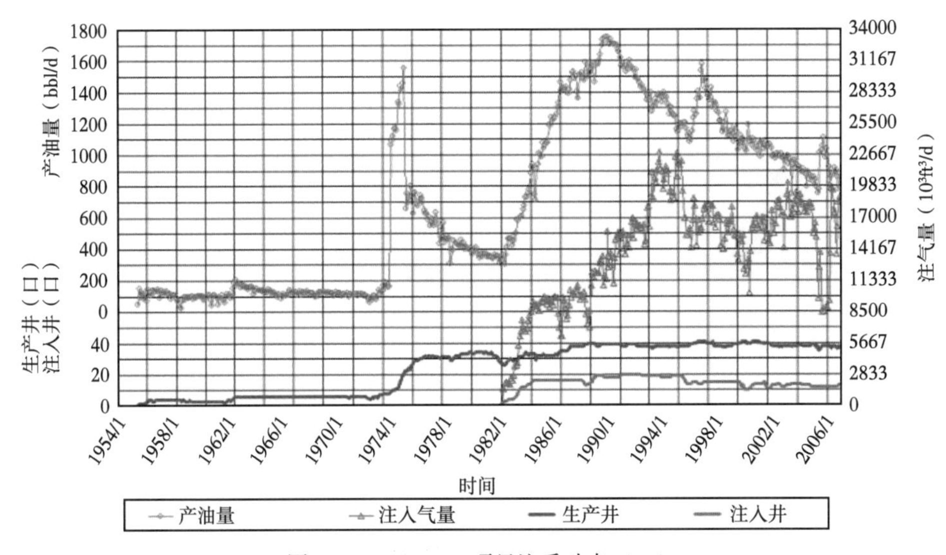

图 8.1.4 SBRRU 项目注采动态（二）

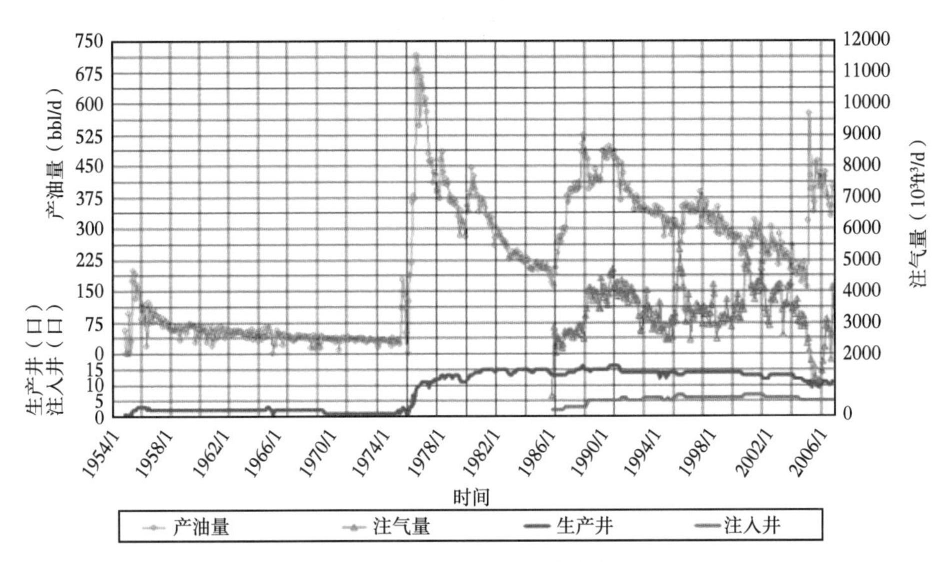

图 8.1.5 WBRRU 项目注采动态（三）

表 8.1.2 试验区油藏参数

参数	值	参数	值
试验面积（km^2）	1.46	原始地层压力（MPa）	16
储层有效厚度（m）	7~8	原始地层体积系数	1.328
孔隙度（%）	9~10	原油黏度（mPa·s）	2~3
渗透率（mD）	0.01~0.1	原油重度（°API）	42
含水饱和度（%）	55~59	地质储量（10^8m^3）	12.72

数据来源：Schmidt 等（2014 年）

设计注气方案时，公司采用向一口多段压裂水平井注入干气，该井位于西东走向的剖面线上，与水平生产井垂直，形成了趾—踝（Toe-Heel）注入井网模式，包括了9口钻在南北走向构造的邻近生产井，如图8.1.6所示。

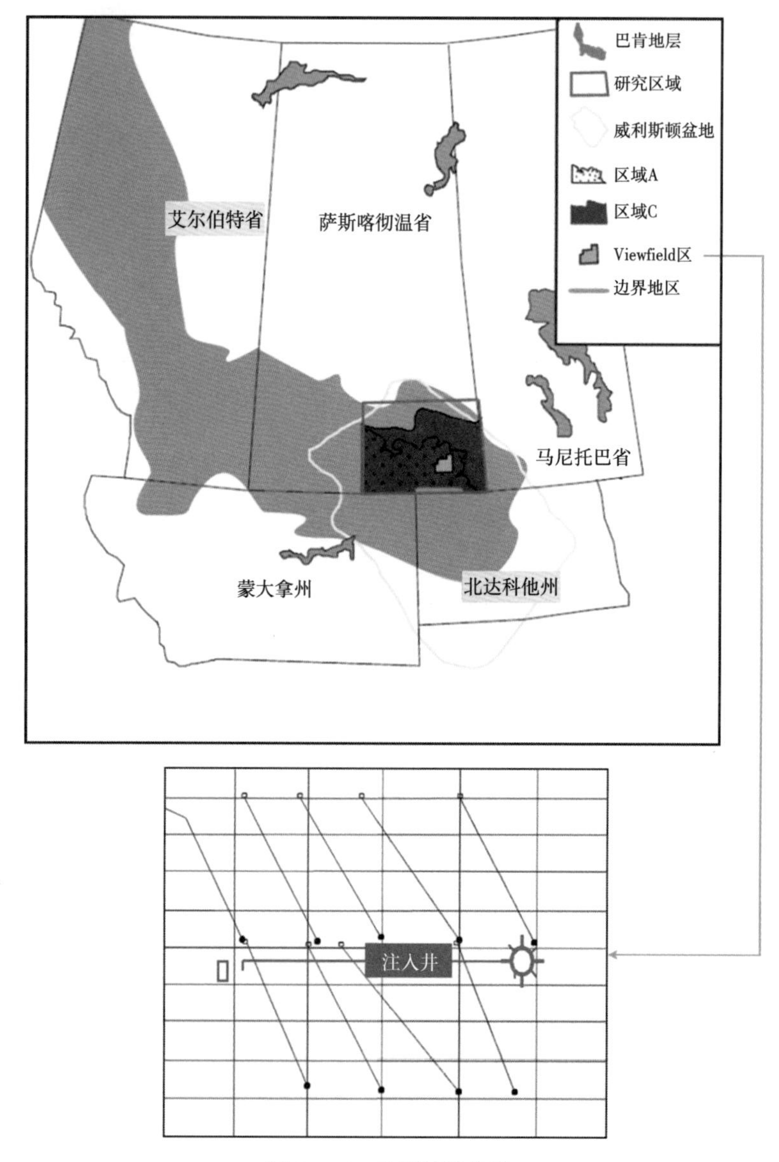

图8.1.6　矿场试验位置

截至2014年初，已取得良好的生产效果。注入气增大了地层能量、提高了产油量、增加了储量。9口生产井均对注入气体产生响应。注气后12个月内，原油日产量从注气前的18.2t提高到41.3t，递减率从注气前20%下降到注气后的15%，如图8.1.7所示。日注气速度在压力105MPa时为$14.15\times10^3m^3$。持续的产量增长趋势预示能够极大提高最终可采储量（EUR），预计提高25%，项目经济效益可观。

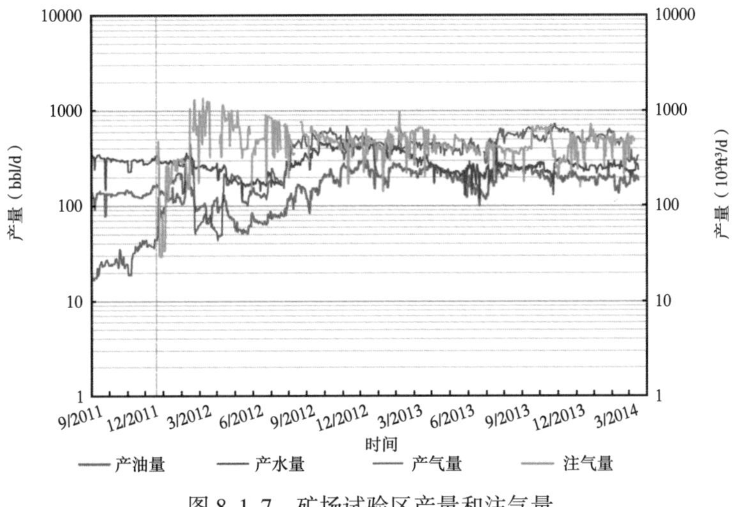

图 8.1.7　矿场试验区产量和注气量

8.1.2　国内低品位油藏注气开发实践

相对而言，国内低品位油藏注气开发起步较晚，由大庆油田开启，1989 年对萨北北二东萨Ⅲ$_{3-7}$层和萨中北一区断东葡Ⅰ$_2$层开展了注天然气非混相驱矿场试验。经过二十多年的发展，吉林油田、延长甘谷驿油田、中原油田、长庆姬塬油田、吐哈油田、胜利油田等相继开展了注气开发矿场试验，从规模来看，大庆油田已形成一定规模[49]，见表 8.1.3。

表 8.1.3　国内低品位油藏注气开发规模[50]

项目	时间（a）	深度（m）	渗透率（mD）	孔隙度（%）	原油黏度（mPa·s）	规模（井组）
江苏富 14 断块	1998	3051	7.5	11.8	1.6	1
吉林油田 228 区块	2000	1500	0.35	12.3	6.7	1
大庆芳 48 先导试验	2003	1742	1.4	14.5	6.6	1
吉林红 87-2 井组	2006	2300	0.36	10	1.76	1
大庆芳 48 区块	2007	1742	1.4	14.5	6.6	15
大庆树 101 区块	2007	2120	1.06	10.6	3.6	8
胜利高 89-1 区块	2007	3000	4.7	13	1.59	5
吉林黑 59 区块	2008	2400	2.65	11.4	1.86	6

从开发效果来看，尽管国内低品位油藏注气开发效果不及美国显著，但总体有良好效果，注气后单井产量呈现不同程度增幅，如黄沙坨油田注 N_2 和中原油田注天然气均取得较好的开发效果，见表 8.1.4。

表 8.1.4　国内低品位油藏注气开发效果

油田名称	开始注气年份	岩性	注入气体	采收率/产量增幅（%）
腰英台油田[51]	2011	砂岩	CO_2	4.1
榆树林油田[52]	2007	砂岩	CO_2	9（预测 12%提高至 21%）
葡萄花油田		砂岩	CO_2	0.49

续表

油田名称	开始注气年份	岩性	注入气体	采收率/产量增幅（%）
胜利高 89-1	2009	砂岩	CO_2	提高至 26.1%
濮城油田卫 42 块[53]	2018	砂岩	CO_2	日增油 10.6t
吉林油田新木采油厂庙 130 区块[54]	2018	砂岩	CO_2	5.3（由 17%提高至 22.3%）
牛圈湖区块[55]	2017	碳酸盐岩	N_2	平均单井增油 455t，累计增油 5050t
马中区块		砂岩	N_2	平均单井增油 4.2t/d，增产不增效
中原油田文 88 块	2006	砂岩	天然气	15.8

黄沙坨油田位于辽河盆地东部中段黄沙坨构造带上，是被界西断层和黄沙坨逆断层所夹持的断鼻构造，构造形态南北狭长，为裂缝性块状边底水油藏，是国内仅见的火山粗面岩油藏，开发层系 S 中（表 8.1.5）。经历了天然能量和注水两个开发阶段。注水开发递减快，进一步提高采收率难度大。2003 年后产量快速递减，2012 年底产量只有 2.13×10^4t，采油速度仅有 0.089%。标定采收率 13.3%，阶段采出程度 5.39%。油藏裂缝发育，底水及注入水沿裂缝快速推进，油井普遍含水高。

表 8.1.5　黄沙坨油田基本参数

参数	项目	黄沙坨油田
原油	相对密度	0.8399
	黏度（50℃）	5.42（mPa·s）
	组成	C_1—C_7
油藏	含油饱和度	46%PV
	类型	裂缝发育，水油体积比 4∶1
	有效厚度	64.3m
	平均渗透率	8.8mD
	相对深度	2865~3330m
	温度	100℃

2013 年在小 12-13 井开始注氮气泡沫。整体对比氮气泡沫注入前后，日产液由 175.5m^3 上升至 185m^3，日产油由 11.3t 上升至 21.8t，含水由 93.5%下降至 88.4%，同比水驱井组日增油 15t，含水下降 4.5%，阶段增油 3000t，如图 8.1.8 所示。分析各井受效情况可知，注采高差越大，增油效果越明显，主要为构造高部位油井受效，说明氮气易于向构造高部位聚集，对基质和微裂缝中的剩余油进行驱替和挤压，提高油井产量。

中原油田文 88 块属于典型的深层、低渗透油藏类型，注水困难，主要依靠天然能量开采，储量动用困难，是开展注天然气驱油、提高油田采收率先导试验的有利区块。2003 年，文 88 块天然气驱先导试验方案顺利通过中国石化集团公司科技部组织的专家论证，并被列为集团公司重大先导实验项目。2006 年，文 88 块进入现场试验阶段。

文 88 块主要含油层位为沙三中 3—10 砂组，其中沙三中 8—10 砂组地质储量达 230×10^4t 以上，占到整个区块储量的 40%。由于文 88 块沙三中 8—10 砂组无法注水开发，早在 2000 年，开采此层位的绝大多数油井就失去了生产能力，整个油藏濒临废弃。从三次采油的角度出发，技术人员优选了 6 口井，组成 2 注 4 采试验井组，主攻沙三中 8—10 砂组，

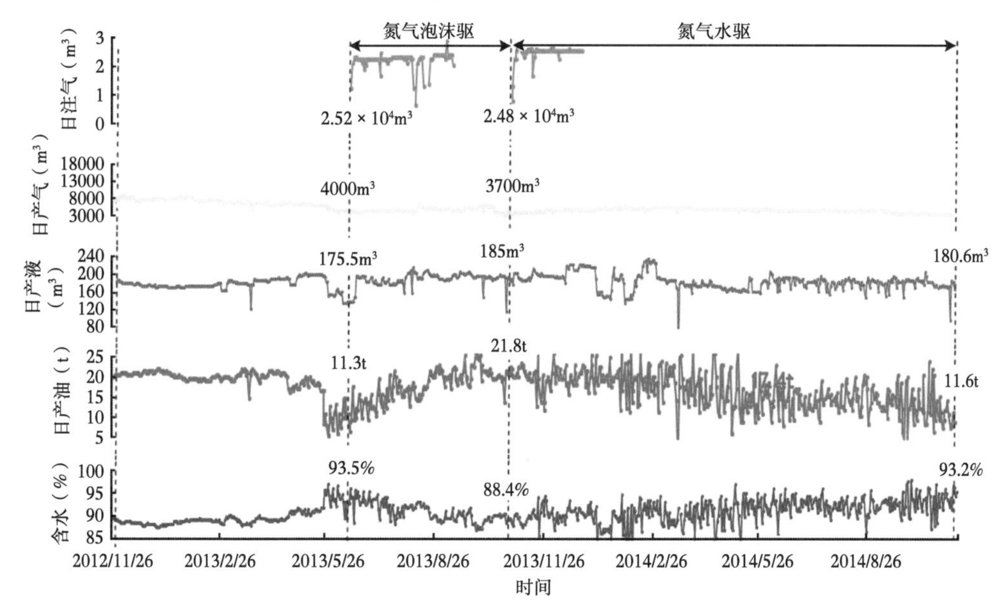

图 8.1.8 小 12-13 井组生产曲线

沙三中 10 砂组成为第一块试验田。

历时 3 年攻关，2006 年 7 月，文 88 块天然气驱油先导试验正式注气。与此同时，中原油田创新提出了增加出口压力自动调节阀，防止压缩机十字头在死区运行；优化机组整体布局，解决振动问题；采用分级排污方式，解决机组冬季排污冰堵问题。天然气压缩机组在亚洲范围内创下 5 个“最”：设计压力最高、压缩级数最多、吊装吨位最重、体积最大、自动化水平最高[56]。

截至 2019 年，其文 88 块累计注入天然气 $3.26\times10^8m^3$，累计增油 4.92×10^4t，增天然气 $1.86\times10^8m^3$，提高采收率 15.8 个百分点，生产曲线如图 8.1.9 所示。

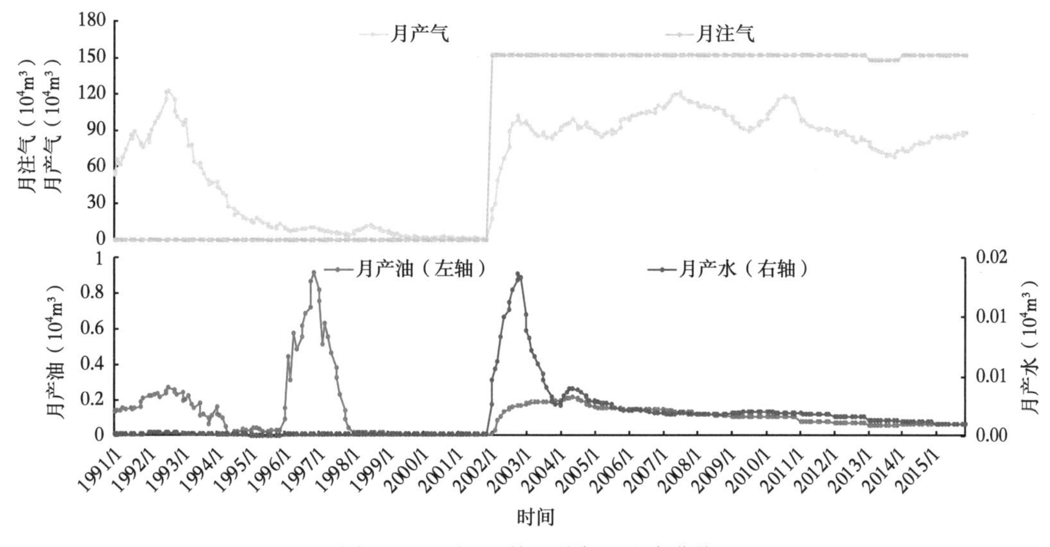

图 8.1.9 文 88 块天然气驱生产曲线

8.2 低品位油藏注气驱替开发机理

低品位油藏注水开发实践表明，超低渗透或致密油藏往往存在“注水难、压力保持难、水窜控制难、控制递减难”的难题，长岩心室内驱替研究表明，注水驱替时驱替压差往往消耗在注水和采油两端，用于油藏流体驱替的有效压差小，而注气开发却可克服这样的缺乏，在整个岩心中的压差分布相对均匀，用于油藏流体驱替的压差较高（图 8.2.1），同时，由于气体分子小、气水间界面张力小等有利因素，注气可以起到快速补充地层能量的作用。气体注入介质有多种，包括 CO_2、N_2、空气和天然气等，除了上面所说的注气共同特征外，均有着各自独特的驱油机理，以下分别简要说明。

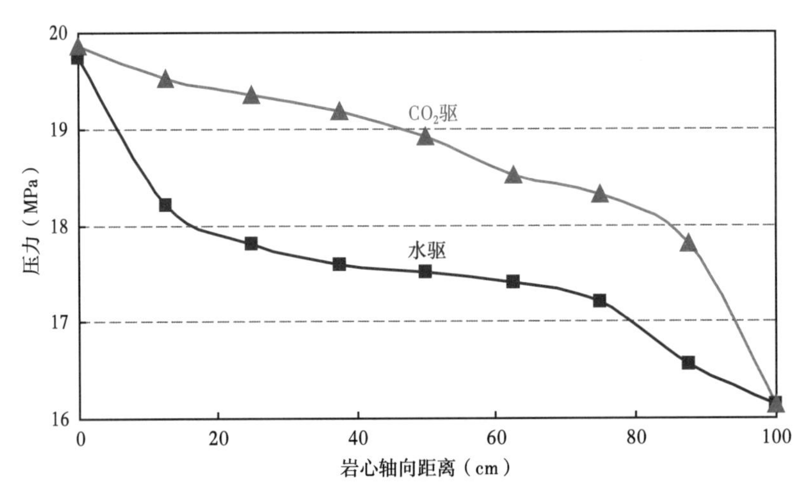

图 8.2.1　1m 长岩心水驱、气驱全程监测压力曲线对比

8.2.1 CO_2 驱开发机理

CO_2 驱油技术可以简单概括为将 CO_2 气体通入到原油内，并利用 CO_2 独特的物理、化学性质之间的变化来提高原油采收率。采油时将 CO_2 溶解在原油中，也会相应的改善油藏性质。CO_2 可以提高原油采收率，主要包括以下几个方面。

（1）改善油水的流度比。

在驱替过程中，一方面 CO_2 溶于原油降低原油的黏度，使得原油流度增加；另一方面 CO_2 溶于水形成碳化水，增加水相的黏度，使水相流度降低，油水流度比得到改善。

（2）降低原油黏度。

CO_2 因其特有的临界性质不仅能够与原油互相溶合，还能使原油黏度显著降低。经大量实验，结果显示，同实验条件下可降低 0.1 倍左右，而且原油前后黏度差值与初始黏度的大小成正比。

（3）膨胀作用。

CO_2 的物理性质易受外界条件变化的影响，将 CO_2 通入到原油后，CO_2 由于自身分子较小的优势可分布在原油分子空穴中，当外部环境改变时，CO_2 体积则会受到影响迅速向四周外溢膨胀，从而推动原油随井筒流出，加速作业进程。

（4）降低界面张力。

进行原油开采时，由于油水之间有界面张力的存在，采收率也会大大降低。三次采油技术规定，作业时原油的界面张力需在 10^{-3}mN/m 以下。进行 CO_2 驱油时，CO_2 之所以能降低界面张力，提高采油率，是因为其能与原油中的轻烃组分任意混溶。

（5）萃取和气化原油中的轻烃。

CO_2 驱油时，能够在考察范围内先将原油中的轻质组分萃取和汽化，该组分残留不多时，重质烃再紧随其后，直到最后趋于稳定，此时原油的密度会大幅度降低，流速加快，原油的整体采收率就能增加数倍。

（6）混相效应。

混相效应就是两种流体能够在没有界面张力存在的情况下可以按照不同比例互相溶解。CO_2 溶于原油中，在隔离开不同组分烃的同时还能与其形成容易流动的油带，从而带动原油随井筒流出，达到提高采收率的目的。

（7）提高油层渗透率。

针对碳酸盐岩地层，CO_2 溶于水可以生成弱酸，弱酸与碳酸盐岩会发生化学反应，酸化储层可以增大储层孔隙度以及地层渗透率，提高地层流体的流动性。

（8）溶解气驱作用。

大量的 CO_2 溶解在原油中，随着地层压力的下降，CO_2 从原油中逸出，从而产生溶解气驱动力，提高了驱油效率。

8.2.2 N_2 驱开发机理

（1）驱替作用。

相对于水驱油，气体驱油效率可提高 10%～20%，有利于降低剩余油饱和度，提高采收率。

（2）有效补充地层能量。

N_2 不溶于水，较少溶于油，能有效地防止储层水敏，注入能力强，能快速建立有效的驱替压力系统，补充地层能量。

（3）膨胀助排作用。

原油溶解 N_2 后，地层油体积膨胀，弹性能量明显增大，使得部分残余油从其滞留的空间"溢出"而形成可采出油，具有气举、助排和解堵作用（图 8.2.2）。

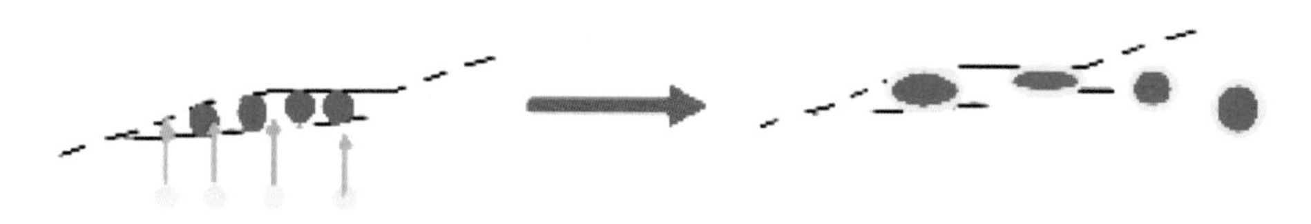

图 8.2.2 注入 N_2 溶解膨胀释放残余油示意图

（4）重力分异驱替作用。

N_2 的密度小于气顶气的密度，黏度则与气顶气接近，适合于厚层油藏或倾斜油藏采用重力分异作用驱油，也有利于缓解重力驱过程中的黏性指进现象。在向油层注入 N_2 后，由于重力分异，注入的 N_2 就会进入微构造高部位形成次生小气顶，从而增加了一个附加的弹性能量，驱替顶部原油向下移动。

（5）抽提作用。

氮气能抽提原油中的轻质组分，达到近混相驱，提高驱油效率。

8.2.3 空气驱开发机理

空气中含有78%的氮气和21%的氧气，氧气与原油在地层温度下低温氧化产生二氧化碳和轻质碳氢化合物等，因此空气驱油机理比较复杂，即包括氮气驱的膨胀助排、重力分异驱替等，也包括 CO_2 驱的溶解降黏、混相驱等机理，还包括低温氧化加热地层的热采机理等（图8.2.3）。另外，空气泡沫驱现场应用也较为广泛。

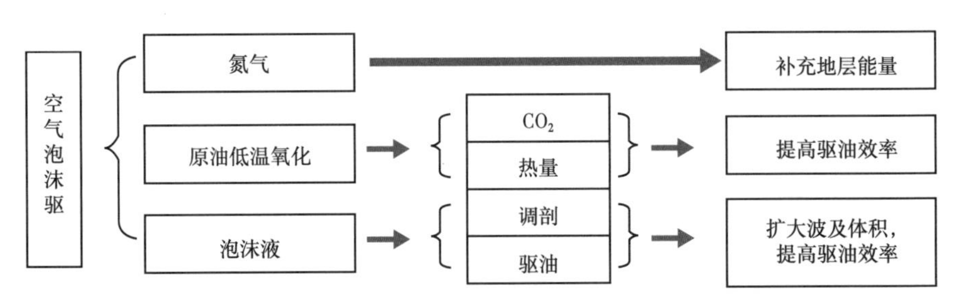

图8.2.3 空气泡沫驱提高采收率机理

空气泡沫驱技术具有调剖和驱油的双重作用，可以同时提高宏观波及效率和微观驱油效率，国内外学者一直致力于该技术研究，研究内容和成果包括空气泡沫渗流过程和提高采收率机制、空气泡沫驱效果影响因素及室内实验、数值模拟及现场应用。国内外学者对空气泡沫驱受效性影响因素的研究主要集中在对泡沫注入时机、注入方式等工程因素的研究，研究对象多集中在中高渗透储层和油藏，而低品位油藏在体积压裂后，产生了大量压裂缝，可充分利用空气泡沫驱调剖和驱油的双重作用，提高体积压裂后低品位油藏波及体积和采收率。

空气泡沫驱作为一种具有良好驱油调剖效果的化学驱替方法，兼具复合驱以及气驱两种优势于一身，相较于水驱能提高采收率15%左右。在油藏开发过程中常用的泡沫驱替方法，通常可分为单一泡沫驱和两相泡沫驱，两相泡沫由起泡剂、稳泡剂、气体组分和清水组成，分散气相可以是空气、N_2 或者 CO_2。

在这三种驱替技术中，空气泡沫驱对于大孔道以及微裂缝发育的高含水层位具有较好的调剖作用，有很好的增油效果，并且该技术气源获取方便、成本低廉；N_2 泡沫驱在目前矿场应用较多，N_2 气体稳定不会与地层流体以及油气输送管道进行反应，其气体的可压缩性和膨胀性能很好地提高波及效率，增加油井产量；CO_2 泡沫驱目前在国内矿场应用较少，主要在于 CO_2 获取成本较高，且 CO_2 易与管道发生腐蚀反应，进一步造成生产成本增加。

8.2.4 天然气驱开发机理

天然气是强水敏、低渗透油藏的高效驱油剂，在驱油形式上可以划分为混相驱和非混相驱。天然气驱的适用性强，不仅适合于砂岩油藏，也适合于碳酸盐岩油藏。天然气驱的机理是将油田生产的天然气经过分离器，得到合格的天然气，再进行加压处理，注入井下油层部位，由于温度和压力的变化，使天然气的形态发生变化。天然气驱可以提高原油采收率，主要包括以下几个方面。

（1）有效补充地层能量。

能有效地防止储层水敏；注入能力强，注入压力低，实现低压稳定注入。

（2）有效地降低储层动用下限，提高油层动用率。

注天然气驱能动用细小孔隙中的储量，提高动用率。

（3）提高驱油效率和采收率。

注天然气具有体积膨胀、降黏和混相驱等作用，能大幅度提高驱油效率。

各注气方式优缺点见表 8.2.1。

表 8.2.1 各注气方式优缺点对比

注入介质	优　点	缺　点
注 CO_2	（1）混相驱油效率高； （2）注入压力低	（1）气源问题（每吨 600 元左右）； （2）腐蚀问题，防腐成本高； （3）抽提原油组分，堵塞地层
注空气	（1）无气源问题； （2）驱油效率高于氮气； （3）运行成本相对较低（0.2 元/m^3）	（1）存在安全隐患； （2）腐蚀问题； （3）注入压力高
注 N_2	（1）无气源问题； （2）不存在腐蚀问题； （3）不存在安全隐患； （4）质量轻，适宜高陡断块顶部注气	（1）投资成本较高：氮气车电驱 500~800 万/辆，柴驱 550~960 万/辆； （2）运行费用较高：电驱 0.4~0.5 元/m^3，柴驱 1.2~1.5 元/m^3； （3）注入压力高
注天然气	（1）无腐蚀问题； （2）混相/近混相驱油效率高、高于空气/N_2 驱	（1）投资成本较高； （2）气源问题

9 低品位油藏注气有效开发新模式

第 8 章介绍了低品位油藏注气驱替开发，以井组为单位的常规面积注气驱替开发方式一般适用于未经压裂或小规模压裂的油藏，对于经过直井缝网压裂或水平井体积压裂的致密油藏或页岩油藏，面积驱替方式往往造成注入气快速指进气窜，达不到气驱预期效果。本章研究低品位油藏两种特殊的气驱方式，即气体辅助重力驱及注气吞吐，进一步将两者组合形成新的注气有效开发新模式。

9.1 气体辅助重力驱

9.1.1 气体辅助重力驱油机理

气体辅助重力驱的提高采收率作用机理主要有以下几点。(1) 天然的重力分异效应。充分利用不可消除的重力分异效应，因注入气和油藏原油之间天然存在巨大的密度差，注入气自发地流向产层顶部形成人工气顶，气顶的膨胀势能和原油的重力势能可以将水驱之后滞留在顶部的“阁楼油”采出。(2) 溶气降黏排油。注入气体部分溶解到原油中，造成原油体积膨胀，黏度降低，有利于残余油流动。(3) 更低的界面张力。与水驱油相比，油气之间的界面张力远远小于油水间的界面张力，意味着注入气更容易进入更小尺度的孔喉，提高驱替效率，从而降低残余油饱和度。(4) 改变驱替方向。水驱开发是平面或自下而上的驱替模式，而气体辅助重力驱是自上而下的驱替模式，这种变化可以提升波及系数。(5) 通过从油藏顶部驱油，在驱替前缘含油饱和度会逐步增加，从而可有效降低采油含水饱和度，增加产能。

利用长岩心流体垂向饱和的方法研究了 S_o 在 20%~40%条件下，顶部注 CO_2 后，剩余油的富集和驱替效果（图 9.1.1），局部含油饱和度由水驱后的 32.1%增加至 50.1%。

9.1.2 气体辅助重力驱影响因素

气体辅助重力驱（GAGD）开发方式是 D. N. Rao 于 2004 年提出，通过直井向构造顶部注入气体（CO_2、N_2 和伴生气等），注气速率小于临界注入速率，利用油气的重力分异作用，气体向上流动，在顶部聚集，逐渐推动原油向下流动，流入油水界面之上的水平生产井，进而大幅度提高采收率的注气开发方式，其示意图如图 9.1.2 所示。

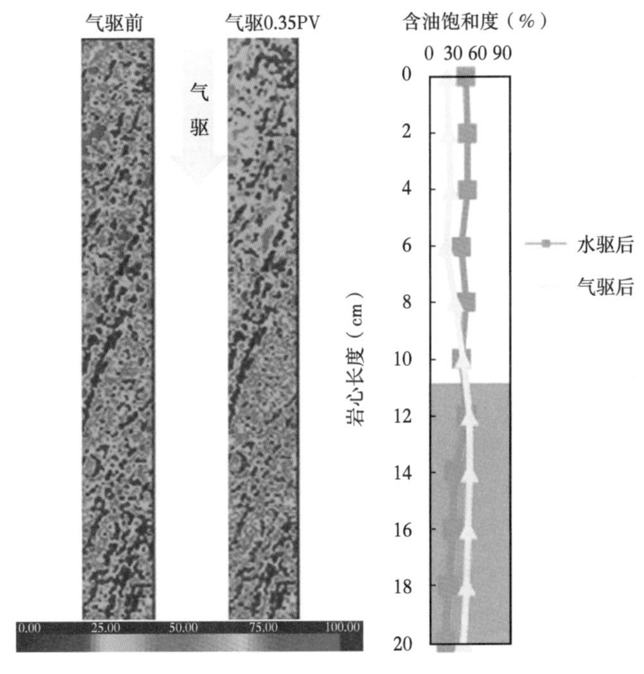

图 9.1.1 长岩心模拟顶部注 CO_2 后饱和度变化

图 9.1.2 气体辅助重力驱油（GAGD）示意图

气体辅助重力驱方式可以简单地分为两个过程，一是随着气油界面不断下移，注入气进入到原来含油的储层，二是油气界面之上的含油储层的原油在重力作用下在气水界面之间形成薄薄的小油层，最终流入水平生产井。以上两个过程中，在不增加油藏含水饱和度的前提下，大量的原油被移动的前缘驱动，增大了波及系数，重力分异作用延迟甚至消除气窜，还能解决注入气和原油竞争渗流通道的问题。在实施气体辅助重力驱过程中，精准控制注气速率和采油速度是至关重要的。文献表明，气体辅助重力驱在实验室内的采收率接近 100%，在油田试验研究中的采收率在 87%～95%范围内，由密度差异造成的重力分异作用导致注入气体聚集在顶部，驱替原油流入储层底部的生产井。

基于气体辅助重力驱的提高采收率作用机理表明，影响气体辅助重力驱开发效果的因素很多，如多孔介质的性质、孔隙内多相流体的性质、液体与气体间的相互作用以及开发过程中的技术参数等。本文通过机理模型研究了地层倾角、渗透率和储层垂直与平面渗透率比值等对气体辅助重力驱开发效果的影响。

参照北大港深层低渗透油藏参数和流体参数，建立数值模拟理论模型，研究重力驱的影响因素，x、y、z 方向网格步长分别为 50m、100m、10m，网格总数为 50×100×5＝25000 个，孔隙度设为 10%，其余模型参数设计见表 9.1.1。机理模型部署 4 注 9 采，顶部一排直井注气，底部部署 3 排水平井生产，水平段长度为 1000m，注气井排与生产井排相距 500m，两个生产井排相距 500m，井位部署如图 9.1.3 所示。

表 9.1.1　机理模型参数表

模型参数	参数值
深度（m）	3900
油藏压力（MPa）	56
地下原油黏度（mPa·s）	0.1124
渗透率（mD）	100、75、50、10、5、1
地层倾角（°）	45、30、15、10、5
垂直渗透率与水平渗透率的比值（K_V/K_H）	1、0.5、0.2、0.1、0.05

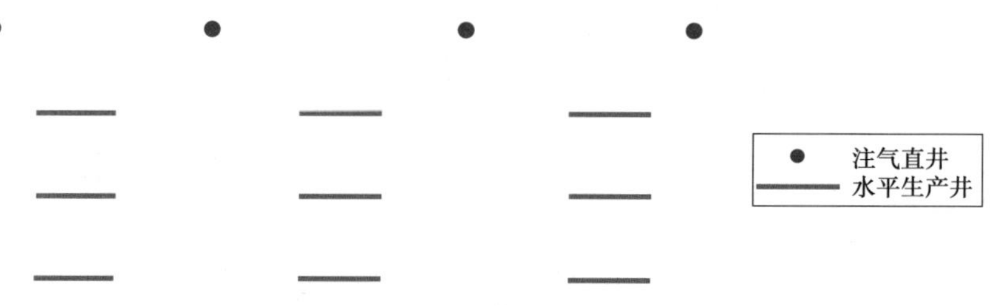

图 9.1.3　机理模型井位部署

9.1.2.1　地层倾角

储层的地层倾角是油气藏的基础地质参数，也是油气开发过程中需要考虑的重要参数。在气体辅助重力驱过程中，重力沿地层倾角方向分力作为原油流动的动力，地层倾角越大，注入气越易沿着倾角方向发生重力分异作用，气体上移形成人工气顶，人工气顶逐步推动油水界面下移。但其关键问题是，多大的地层倾角才利于形成气体辅助重力驱。

为研究不同级别地层倾角对气体辅助重力驱的影响，分别建立了5°、10°、15°、30°和45°的机理模型。设定渗透率为100mD，且$K_V/K_H=0.5$，日注气量均为$3\times10^4m^3$，不同倾角模型在同一时刻的含气饱和度场模拟结果如图9.1.4所示。

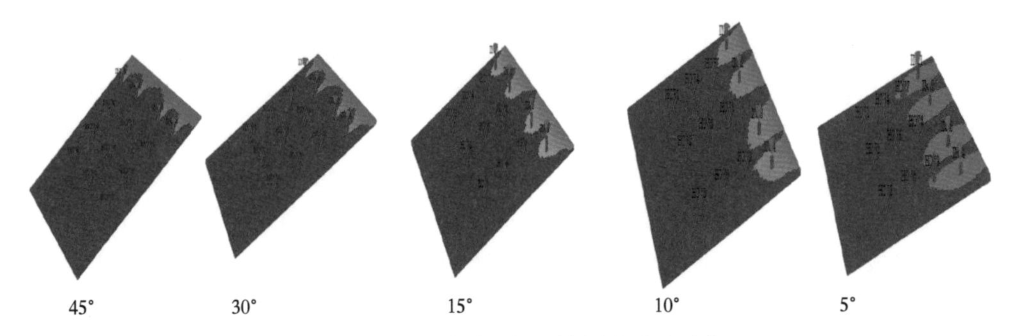

图9.1.4　不同倾角同一时刻含气饱和度场

在气体辅助重力驱模拟过程中发现，气体辅助重力驱的发生存在一个临界的地层倾角值，当地层倾角小于此临界值时，注入气体不易上移形成人工气顶，反而更容易向下移动，因此，无法形成自上而下驱替的气体辅助重力驱；当地层倾角大于此临界值时，则具备了形成气体辅助重力驱的先决条件。通过合理地设置不同地层倾角的模型，对比不同倾角的模型在油井见气之前某一相同时刻的含气饱和度场（图9.1.4），在生产井见气之前的某一相同时刻，当地层倾角为5°时，注入气沿下倾方向的流动距离明显高于沿上倾方向的流动距离，注入气直接沿着地层向下驱替原油，注入气并未聚集于顶部；而地层倾角大于等于10°时，注入气向沿上倾方向流动的距离明显大于下移距离，注入气在生产井见气之前能够聚集在顶部形成气顶，并随着气体持续地注入，可较为稳定地沿下倾方向驱替原油。因此，在高渗透储层有利于形成气体辅助重力驱的临界地层倾角为10°左右，只有大于此临界值，才具备气体辅助重力驱的基础。而对比地层倾角为15°、30°、45°的含气饱和度场可以发现：在高渗透储层中，随着地层倾角的逐渐增大，越容易形成气体辅助重力驱。

通过数值模拟，对比不同倾角的气油比曲线（图9.1.5）可见：当地层倾角为5°时，注入气体直接向下移动，形成平面驱动，生产井快速见气，无气采油期最短。随着地层倾

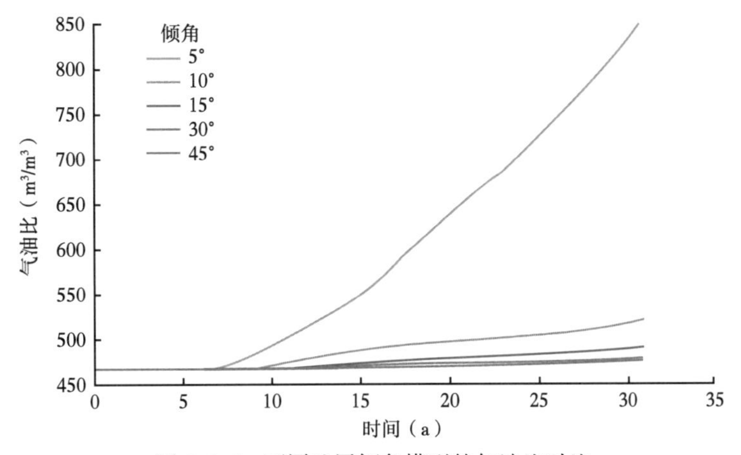

图9.1.5　不同地层倾角模型的气油比对比

角逐渐增大，气油比升高缓慢，注入气在顶部形成了人工气顶，明显延长了生产井见气时间；而当地层倾角达到30°之后，其抑制气油比上升的作用并无明显提升。

9.1.2.2 纵横向渗透率比值

垂直渗透率大小是影响气体辅助重力驱油过程中气体注入能力和驱油模式的关键因素，气体辅助重力驱油过程中的高垂直渗透率有利于气体辅助重力驱提高采收率。Joshi 等在 2003 年通过岩心实验认为气体重力稳定驱替对于高垂直渗透率油藏更加有效，缘于改善的波及系数和注气能力。

通过建立不同纵横向渗透率比值的机理模型来研究非均质性对气体辅助重力驱开发效果的影响，分别建立纵向渗透率与水平渗透率比值为 0.05、0.1、0.2、0.5 和 1 的模型，为避免其余参数产生影响，维持地层倾角为 15°、$K_H = 100$mD 和日注气量 3×10^4m^3 不变，只通过改变垂向渗透率的数值来改变 K_V/K_H 的值。

不同渗透率比值下的模拟结果（图 9.1.6）表明，当纵横向渗透率比值 $K_V/K_H = 1$ 时，表示垂向渗透率和水平渗透率相等，气油比上升最快，但随着纵向渗透逐渐减小，气油比的上升幅度就越小，表明其抑制气窜的作用也更为明显。同时随着纵向渗透率的减小，流体的重力分异作用也越强，能够充分发挥气体辅助重力驱的优势，从而提高原油采收率。

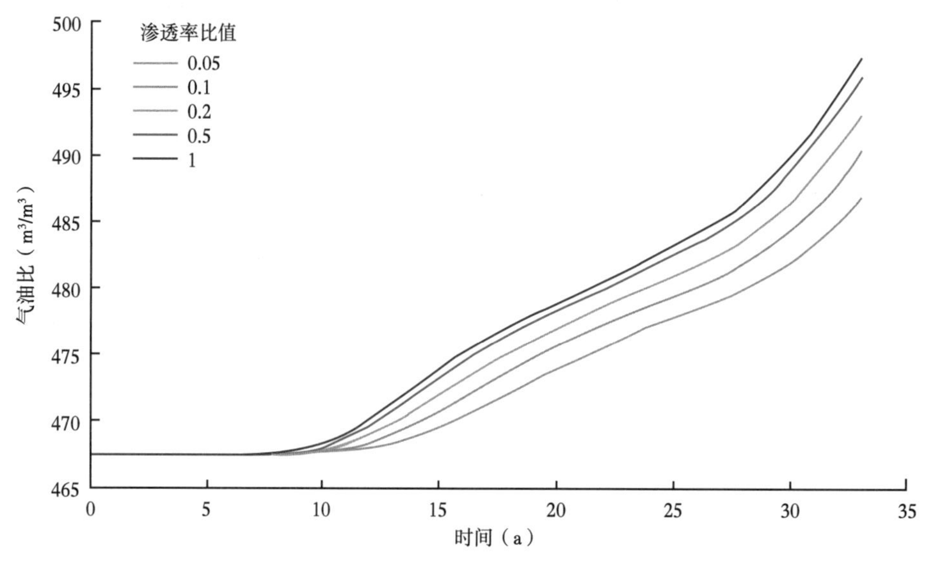

图 9.1.6 纵横向渗透率比值对气体辅助重力驱的影响

9.1.2.3 储层平面渗透率

为研究不同级别渗透率对气体辅助重力驱的影响，分别建立了 500mD、100mD、50mD、10mD、和 5mD 的机理模型。针对给定的某一个渗透率，逐一改变地层倾角，分别为 5°、10°、15°、30°、45°，且 $K_V/K_H=0.5$，日注气量均为 3×10^4m^3。研究表明，即使在高地层倾角，低渗透率条件下仍然不易形成人工气顶，因此渗透率对气体辅助重力驱的形成也有重要影响。

通过大量数值模拟研究表明，渗透率越高，越易实现气体辅助重力驱。通常存在一个临界地层倾角值，只有地层倾角大于该临界值，才有利于形成气顶。对于一般低渗透油藏，当地层倾角超过 10°，可以逐步形成气顶；而特/超低渗透油藏，即使地层倾角较大，也不易实现气体辅助重力驱（图 9. 1. 7）。

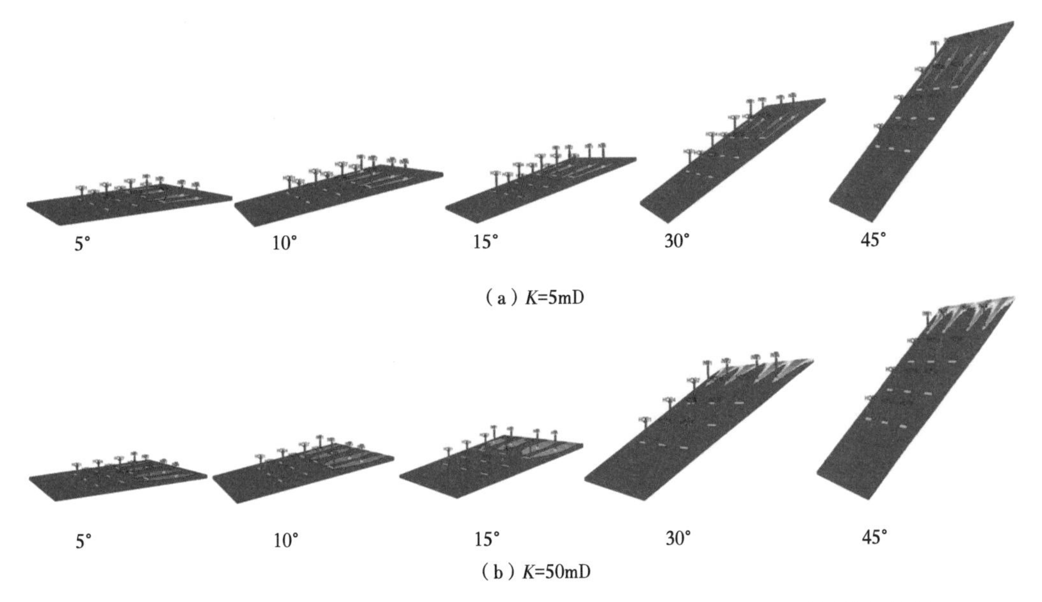

（a）K=5mD

（b）K=50mD

图 9. 1. 7　不同倾角在特低渗透（K = 5mD）和低渗透（K = 50mD）储层模拟结果

综上所述，能否形成气体辅助重力驱是渗透率和地层倾角综合作用的结果，只有一般低渗透储层或中高渗透储层在大于临界地层倾角的情况下，才有利于形成气体辅助重力驱，达到较好的开发效果，特低和超低渗透油藏由于储层物性差，难以形成气顶，仅依靠气体顶部重力驱难以达到较好的驱替效果，因此，低品位油藏顶部重力驱需要配合其他开发方式如注气吞吐，才能达到较好的开发效果。

9. 1. 3　气体辅助重力驱采收率预测方法

9. 1. 3. 1　现有采收率预测方法

从气体辅助重力稳定驱油的采收率预测方法的发展轨迹来看，采收率预测方法逐渐从利用单一的无量纲数进行预测，发展到利用多个无量纲数的组合来进行气体辅助重力稳定驱油的采收率预测，呈现出越来越复杂、考虑因素越来越多的趋势。近期的预测方法考虑了更多的影响因素，将无量纲数组变得更加复杂。本节将列出前人提出的所有用于气体辅助重力稳定驱采收率预测的无量纲数或无量纲数组（表 9. 1. 2），这些无量纲数都是通过量纲分析，并且通过实验数据验证得到的。

（1）毛细管数。

毛细管数于 1984 年由 Chatzis 和 Morrow 提出，是黏滞力和毛细管压力之比。此无量纲数用于衡量黏滞力和毛细管压力的相对大小。聚合物驱油中，通常随着毛细管数的增大，采收率也变得越来越高；但是在气体辅助重力稳定驱油中，毛细管数一般与采收率呈负相关关系。毛细管数的表达式有很多，但在气体辅助重力稳定驱油中最常用的表达式如下：

表 9.1.2　用于预测气体辅助重力稳定驱油采收率的无量纲数

无量纲数	表达式	来源
毛细管数	$N_C=\frac{\nu\mu}{\sigma_{go}}$	Chatzis，1984
邦德数	$N_B=\frac{\Delta\rho g\frac{K}{\phi}}{\sigma_{go}}$	singh，2009
重力数	$N_G=\frac{\Delta\rho g\left(\frac{K}{\phi}\right)}{\mu\cdot\nu}$	Sharma，1992
重力泄油数	$N_{GD}=N_G+\frac{\rho_g}{\rho_o}\cdot(N_C+N_B)$	Kulkarni，2005
Rostami 无量纲数组	$N_{CO}=\frac{N_B(\mu_g/\mu_o)^{0.5}}{N_C^{0.5}}$	Rostami，2009
Jadhawar 无量纲数组	$N_{Jadhawar}=\frac{(x)(N_G+N_B)}{(y)^a N_C^b}$	Jadhawar，2010
Rostami 无量纲数组	$N_{dis}=\frac{N_B\mu_{Ratio}^2}{N_C}$	Rostami，2018

$$N_C=\frac{\nu\mu}{\sigma_{go}}$$

式中　N_C——毛细管数；

ν——达西速度，cm/s；

μ——驱替相黏度，mPa·s；

σ_{go}——气油之间的界面张力，mN/m。

（2）邦德数。

邦德数最初是在气体液化问题研究中提出的，但是 Morrow 和 Songkran 在研究多孔介质中毛细管压力和浮力的相互作用时，提出来修正的邦德数表达式。邦德数定义为重力和毛细管压力之比，众多的室内岩心实验均表明，邦德数与采收率呈正相关关系，因此重力在气体辅助重力稳定驱油中占据主导地位。Edwards 提出的微观邦德数的表达式为：

$$N_B=\frac{\Delta\rho g l^2}{p_c}$$

式中　N_B——邦德数；

$\Delta\rho$——孔隙中原油与注入气体间的密度差；

g——重力常数；

l——圆柱形岩样的长度；

p_c——毛细管压力（当作注入气体的临界注入压力）。

后来为了便于使用和计算，Singh 等人。提出了包含渗透率和孔隙度、现在广泛使用的修正的邦德数表达式：

$$N_B = \frac{\Delta\rho g \dfrac{K}{\phi}}{\sigma_{go}}$$

式中 N_B——邦德数；

$\Delta\rho$——孔隙中原油与注入气体间的密度差，g/cm^3；

g——重力常数，9.8N/kg；

K——岩石渗透率，mD；

ϕ——孔隙度；

σ_{go}——气油之间的界面张力，mN/m。

在横坐标为无量纲数，纵坐标为采收率的半对数坐标上，毛细管数和邦德数具有较好的线性关系，因此 N_C 和 N_B 曾直接用于预测气体辅助重力稳定驱油的采收率。

（3）重力数。

Sharma 等人利用按比例缩小的物理模型和天然岩心进行实验研究，通过气体辅助重力稳定驱油实际数据验证，他们发现在气体辅助重力稳定驱过程中，重力数（N_G）比毛细管数和邦德数更好地与实验数据点拟合，呈现出更好的线性关系。其认为是因为重力数是毛细管数和邦德数的组合，同时还考虑了重力和黏滞力，重力数表达式是：

$$N_G = \frac{\Delta\rho g \dfrac{K}{\phi}}{\nu\mu}$$

式中 N_G——重力数；

$\Delta\rho$——孔隙中原油与注入气体间的密度差，g/cm^3；

g——重力常数，9.8N/kg；

K——岩石渗透率，mD；

ϕ——孔隙度；

ν——达西速度，cm/s；

μ——驱替相黏度，mPa·s。

（4）重力泄油数。

Kulkarni 等人在室内实验过程中发现重力数与采收率的拟合程度不能令人满意，他们根据文献调研和实验过程分析发现注入气和油相的密度比是重要的参数，所以将重力数、毛细管数、邦德数和密度比都纳入新的无量纲数中，只是把重力数置于最重要的位置，但同时也考虑了毛细管数和邦德数的影响，于是提出了重力泄油数的表达式：

$$N_{GD} = N_G + \frac{\rho_g}{\rho_o}(N_C + N_B)$$

式中 N_{GD}——重力泄油数；

N_G——重力数；

ρ_g——天然气密度，g/cm³；

ρ_o——原油密度，g/cm³；

N_C——毛细管数；

N_B——邦德数。

但是，根据后文的验证，由于注入气和油相的密度比是很小的数值，而且毛细管数和邦德数都很小，所以其乘积也很小，经常可以被忽略。重力泄油数对实验数据的拟合程度也不能够令人满意。

（5）Rostami 无量纲数组。

2009 年 Rostami 等人通过人造和天然的多孔介质，进行气体辅助重力稳定驱的室内实验，他们发现在非混相状态下，仍然有部分注入气体溶解到原油中，导致原油膨胀和黏度降低，而以前的采收率预测方法并没有考虑这一重要现象，因此他们定义了新的无量纲数组 N_{CO}，其表达式如下：

$$N_{CD}=\frac{N_B\left(\frac{\mu_g}{\mu_o}\right)^{0.5}}{N_C^{0.5}}$$

式中 N_{CO}——重力泄油数；

N_B，N_C——重力数；

μ_g——驱替相黏度，mPa · s；

μ_o——原油黏度，mPa · s。

这个新的预测方法表明注入气和原油的黏度比对采收率有重大影响，因为随着黏度比的降低，前缘的流动稳定性就会变差，造成了较低的波及系数。

（6）Jadhawar 无量纲数组。

Jadhawar 于 2010 年利用数值模拟和油田实际生产数据提出了既包含三个基本的无量纲数，也包含黏度比和密度比的全新无量纲数组，他认为在气窜发生之前和气体前缘到达井底之前，重力数是非常重要的参数，而气驱前缘到达井底之后，邦德数起的作用更加明显。此无量纲数组的表达式为：

$$N_{Jadhawar}=\frac{x(N_G+N_B)}{y^a N_C^b}$$

式中，$x=\frac{\rho_g}{\rho_o}$，$y=\frac{1}{\mu_r}$，$\mu_r=\frac{\mu_g}{\mu_o}$，$a=b=0.2$。

指数因子 a 和 b 均小于 1，a 和 b 的数值越小，则表明气体辅助重力稳定驱油过程中重力数和邦德数的作用比毛细管数更加显著。

（7）Rostami 无量纲数组。

Rostami 等人在 2018 年进行的岩心实验中，他们认为注入气溶解到原油中所造成的原油黏度降低和体积膨胀是气体辅助重力稳定驱油的主要作用机理。注入气的溶解作用很重要，但经常被忽略，因此新提出的黏度比的定义是初始条件下原油的黏度与注入气和油接触之后的原油黏度之比，此比值大于 1。定义的新无量纲数称作溶解数（N_{dis}），表达式定义如下：

$$N_{dis}=\frac{N_B\mu_{Ratio}^2}{N_C}$$

其中

$$\mu_{Ratio}=\frac{\text{原始油黏度}}{\text{注入气与油接触后的原油黏度}}$$

上述详尽的气体辅助重力稳定驱油的采收率预测方法的文献调研表明，以前的预测方法均不能达到令人满意的结果，因其试图用一个固定不变的公式涵盖所有油藏类型，造成预测方法的适用性不强，另一些方法并没有考虑到所有的影响因素，并且有些方法仅仅利用了一个数据组来验证，不适用于其他油藏情况。因此，下文中提出的新的无量纲数组既考虑了注入气和原油之间的密度差，还考虑了黏度比。新的无量纲数组在下文中将用油田实际数据和实验室的实验数据进行验证，以确保较高的可靠性。

9.1.3.2 无量纲数组采收率预测方法

注入气和原油的密度差异和黏度差异都很大程度地影响气体辅助重力稳定驱油的采收率。本文认为上文提到的 Rostami 于 2018 年提出的溶解数的表达式存在缺陷，其论文中并未提到邦德数的指数问题，而是直接将邦德数的指数确定为 1，没有给出合理的解释，而对于毛细管数和黏度比（μ_{Ratio}），他则利用数学方法求解得到。因此，定义三个不确定的回归指数和三个回归指数，均利用数学方法计算，以增加全新的无量纲数的适用范围和准确性，并利用室内实验数据和实际油田数据的对比验证，定义了全新的无量纲数组：

$$N_d=\frac{(1+\rho_g/\rho_o)N_B^{\alpha 1}\mu_R^{\alpha 2}}{N_C^{\alpha 3}}\sin\theta$$

式中 N_d——全新无量纲数组；
N_C——毛细管数；
N_B——邦德数；
ρ_g——天然气密度，g/cm^3；
ρ_o——原油密度，g/cm^3；
θ——地层倾角；
μ_R——注入气体与原油黏度比。

式中 α_1，α_2，α_3 是需要通过油田实际数据或实验数据回归确定的回归指数，这三个指数可以衡量邦德数、毛细管数和黏度比的重要程度，它们会随着油藏条件的变化而变化，并不是固定不变的，在实际预测时，可根据同一油藏的多组数据拟合，获得合理的平均值用于预测采收率。

本文利用大量油田实际数据验证发现，上文提到的溶解数（N_{dis}）和采收率在半对数坐标系中大多数情况下并不存在较好的线性关系。但本文提出的新无量纲数组（N_d）可以和验证数据很好地拟合，因此，本文认为全新的预测方法提高了预测的准确性和普适性。最终利用数学工具将此新的预测方法编成了一个封装的软件，以便更简单高效地进行气体辅助重力驱采收率预测。

通过大量数据的计算和筛选，选出了一组最典型的数据系列来进行验证。表 9.1.3 中的数据来自 Jadhawar 在 2010 年的论文，借此来对本书提到的采收率预测方法进行验证，比较各采收率预测方法的拟合效果和相关系数相对大小，以验证本文提出的新的预测方法的准确性。

表 9.1.3 无量纲数和采收率数值表

地层倾角（°）	毛细管数 N_C	邦德数 N_B	重力数 N_G	重力泄油数 N_{GD}	N_{co}	$N_{Jadhawar}$	N_{dis}	RF
25	1.6×10^{-8}	2.38×10^{-6}	148.75	148.75	0.098922	484.9177	2423.456	63.67
40	3.36×10^{-8}	1.21×10^{-5}	360.119	360.1191	0.347048	1012.076	5867.11	72.68
30	5.36×10^{-6}	5.45×10^{-5}	10.16791	10.16798	0.123762	10.36182	165.657	67.54
37	4.54×10^{-6}	6.93×10^{-5}	15.26432	15.2644	0.170993	16.08064	248.6884	71.23
55	1.35×10^{-10}	0.000225	1666667	1666667	101.8099	14119426	27153568	83.62
51	3.05×10^{-10}	0.000225	737704.9	737704.9	67.73403	5309550	12018793	83.53
48	5.07×10^{-10}	0.000225	443787	443787	52.5355	2885413	7230240	83.32
45	6.76×10^{-10}	0.000225	332840.2	332840.2	45.49707	2043062	5422680	83.15

如图 9.1.8 和图 9.1.9 所示，随着邦德数增大，采收率也随之提高；毛细管数增大，采收率降低，邦德数与采收率成正相关关系，毛细管数与采收率成负相关关系。邦德数与毛细管数和采收率均存在线性关系，但是相关系数较低，这也许是因为其没有考虑所有的影响因素所导致的。

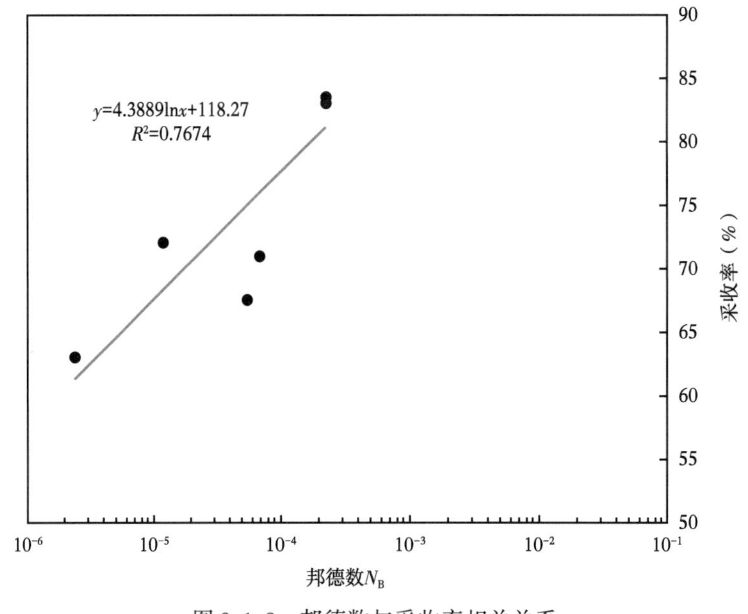

图 9.1.8 邦德数与采收率相关关系

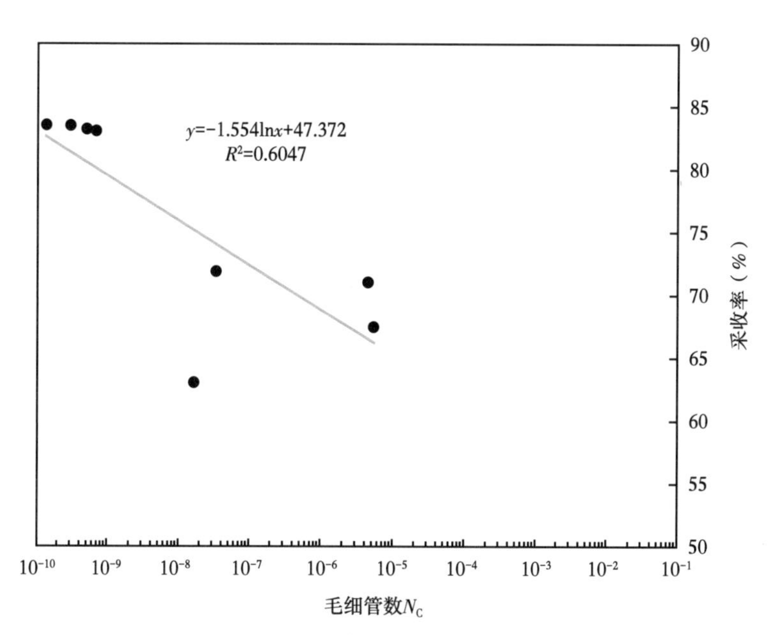

图 9.1.9　毛细管数与采收率相关关系

图 9.1.10 和图 9.1.11 表明重力数呈现了较高的相关系数，因为重力数包含有毛细管数和邦德数的部分；尽管重力数和重力泄油数的表达式不同，但是它们与采收率的关系图一模一样，这是因为重力泄油数的表达式存在一个极小、可以忽略的数值。

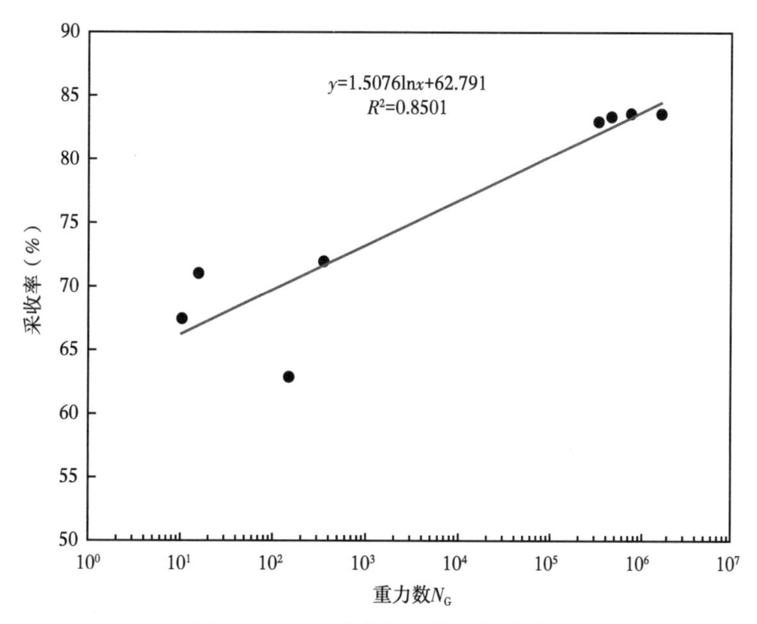

图 9.1.10　重力数与采收率相关关系

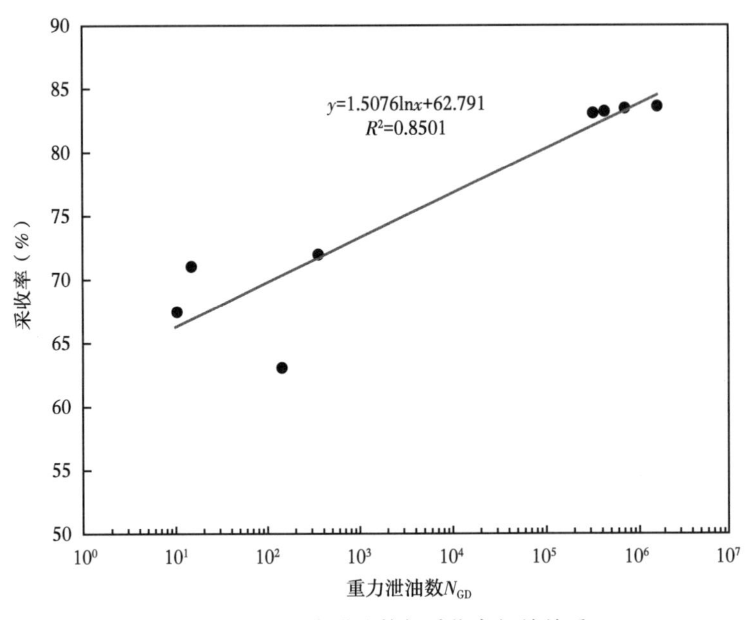

图 9. 1. 11　重力泄油数与采收率相关关系

图 9. 1. 12 和图 9. 1. 14 分别显示了相关系数 0. 822 和 0. 8712，还是不能达到满意效果。而图 9. 1. 13 是以前预测方法中相关系数最高的，达到 0. 945，但是将数据输入到根据本书提出的新预测方法的软件中，得到了更好的拟合结果，如图 9. 1. 15 所示。

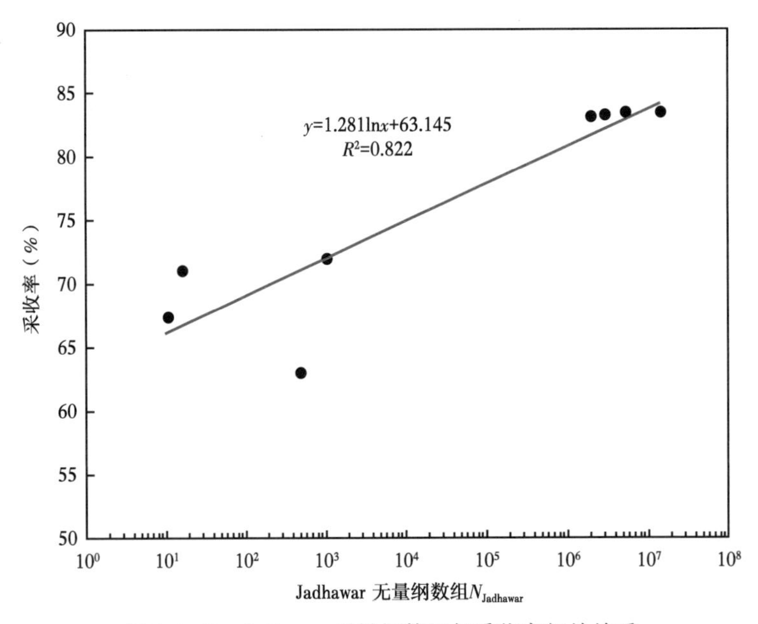

图 9. 1. 12　Jadhawar 无量纲数组与采收率相关关系

将前人各种采收率预测方法应用于同一组数据当中，可以轻易看出各种气体辅助重力驱采收率预测方法的预测效果，通过对比发现单个无量纲数用于采收率预测存在较大的局

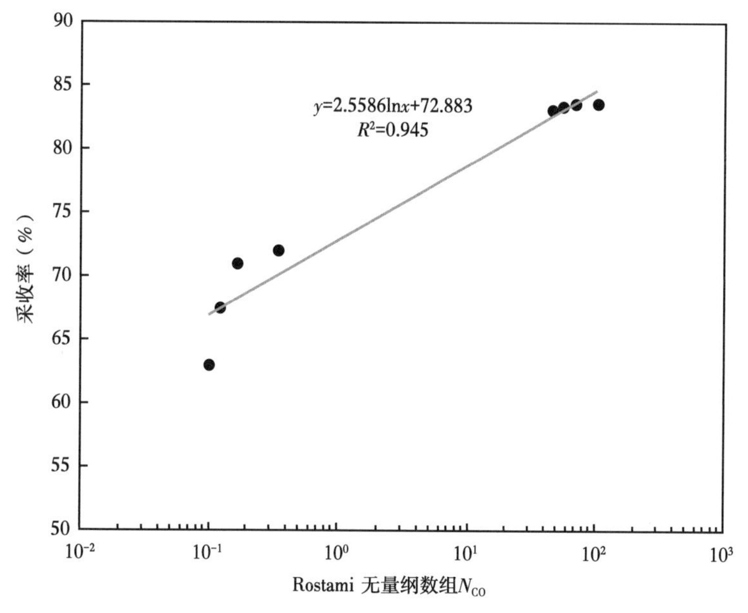

图 9.1.13 Rostami 无量纲数组（2009）与采收率相关关系

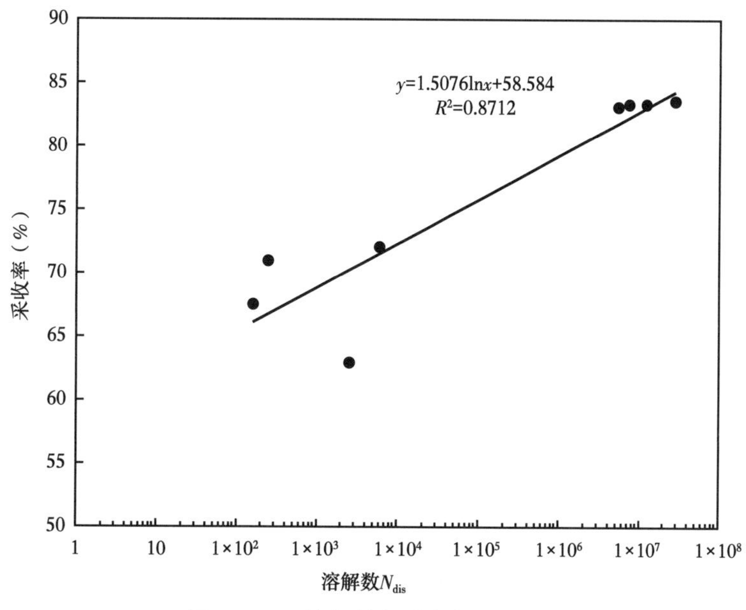

图 9.1.14 溶解数与采收率的关系图

限性，造成的预测误差也较大；而考虑因素更加全面的无量纲数组一般情况下预测效果更好一些，因此本论文继续沿用了无量纲数组的思路。

本书提出的新无量纲数呈现的相关系数是 0.9854，比前文的其他方法的预测都更准确，这对于在气体辅助重力稳定驱油开发方式实施之前提高采收率预测准确性具有重要实际意义。

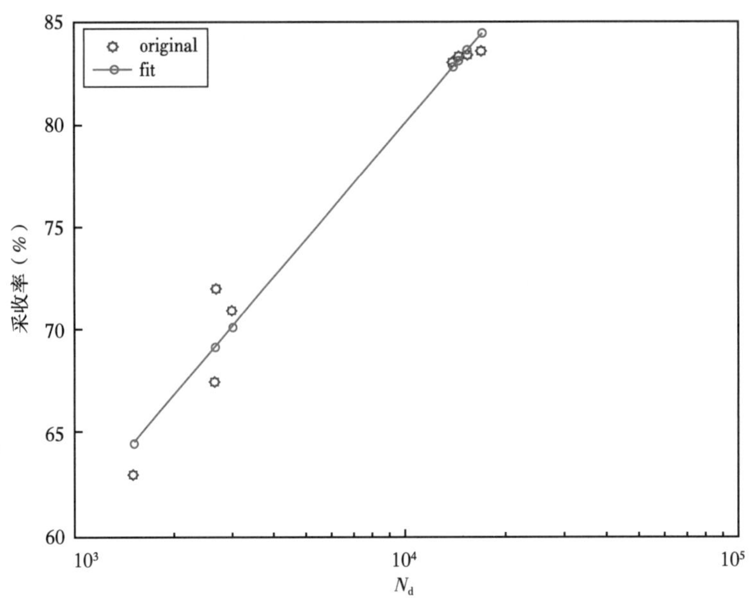

图 9.1.15 新无量纲数与采收率关系图

为了验证新方法具有更好的适用性，引入另一组数据系列，来自 2017 年 Rostami 的室内实验研究，其利用等比例模型设计实验模拟气体辅助重力驱的实验结果如表 9.1.4 所示；在此数据系列中，本文提出的新无量纲数组的相关系数是 0.982，然而 Rostami 提出的溶解数的相关系数是 0.961，如图 9.1.16 所示。

表 9.1.4 Rostami2017 年的实验数据表

N_C	μ_{Ratio}	N_B	RF
1.77×10^{-8}	1.62	6.53×10^{-6}	51.61
2.36×10^{-8}	1.62	6.84×10^{-6}	46.6
3.54×10^{-8}	1.62	7.34×10^{-6}	45.1
4.40×10^{-7}	5.81	5.18×10^{-5}	56.62
3.31×10^{-8}	6.54	1.13×10^{-5}	62.01
3.94×10^{-6}	52.6	1.12×10^{-4}	71.71
4.40×10^{-7}	5.82	5.00×10^{-5}	58.23
1.77×10^{-8}	1.62	6.42×10^{-6}	45.43
1.02×10^{-8}	1.62	1.87×10^{-6}	45.77
1.91×10^{-7}	5.81	1.29×10^{-5}	53.76

根据前文的两个计算结果表明，本文提出的新无量纲数组的准确性和普适性已经被验证，从应用的角度来讲，简洁易用是其优点。

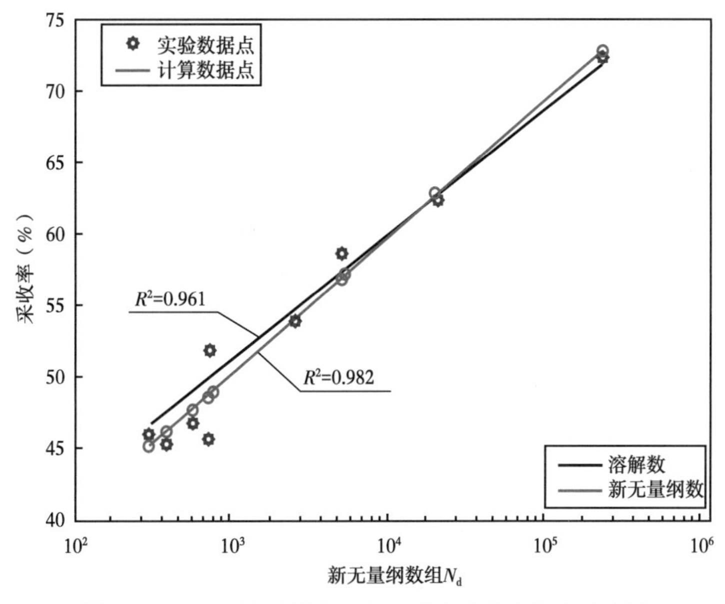

图 9.1.16 新无量纲数组与溶解数和采收率关系对比图

9.2 注气吞吐开发

9.2.1 注气吞吐开采机理

注气吞吐中的注入气体介质有多种，一般有二氧化碳、烃类气、伴生气、减氧空气、氮气等，本书重点研究 CO_2 注气吞吐。CO_2 注气吞吐有诸多开采机理，包括补能、降黏、混相及改变油藏润湿性等，综合国内外目前研究成果，具有共识的开采机理主要包括两个方面：一是 CO_2 气体注入地层中，气体密度小、体积大，可起到较好的补充地层能量作用；二是 CO_2 溶解到原油中，降低原油黏度，大幅增加了原油流动性，达到提高单井产能的作用。另外，CO_2 对原油组分的萃取作用也普遍存在，依据原油组分和地层条件分别起到混相或非混相作用，但因为在注气吞吐整个过程中地层压力不稳定，多数时间 CO_2 与原油处于非混相状态。下面通过室内实验进一步说明 CO_2 注气吞吐补充能量和溶解降黏机理。

9.2.1.1 注气补充地层能量

采用露头制作物理大模型研究注气补充地层能量过程，大模型中切割两条裂缝代替压裂缝，如图 9.2.1 至图 9.2.3 为开展的注 CO_2 吞吐物理大模型实验中观察到压力变化，注入气体过程为“吞”，此时注入气首先进入大裂缝，大裂缝中的压力迅速升高，而基质压力变化缓慢（图 9.2.1）；气体停注，进入焖井阶段，裂缝中的压力缓慢向外扩散，但扩散速度较慢（图 9.2.2）；焖井后，开始转采，此时裂缝中的流体首先被采出，压力迅速降低，裂缝有闭合现象，然后基质中的压力也逐步降低（图 9.2.3）。

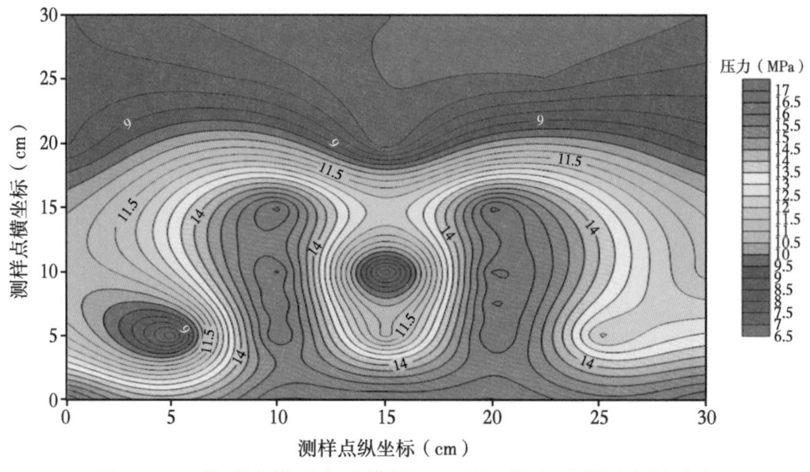

图 9.2.1　物理大模型实验模拟 CO_2 吞吐注入过程压力场分布

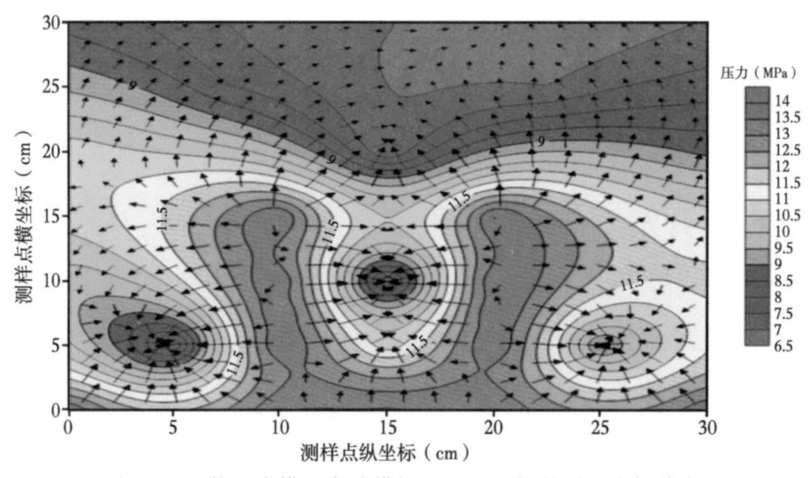

图 9.2.2　物理大模型实验模拟 CO_2 吞吐焖井时压力场分布

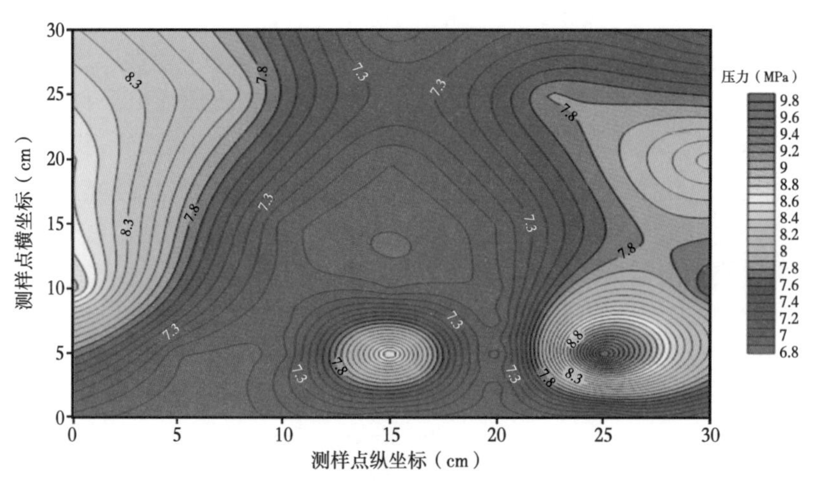

图 9.2.3　物理大模型实验模拟 CO_2 吞吐回采时压力场分布

9.2.1.2 气体溶解降黏

进一步开展细管实验，研究 CO_2 注入过程，分析注入及采出过程的主要机理，高压注入时细管实验中原油图像如图 9.2.4 所示，而降压返排时如图 9.2.5 所示，分析上述图像，可以看出，当注入气体时，地层压力高，气体溶解于原油后，颜色变浅，原油黏度降低，原油膨胀含油饱和度增加，油相有效渗透率增加。而降压返排，压力低于泡点压力后，原油将以泡沫状态产出，快速降压将导致较大体积的泡沫尺寸，在储层微观孔隙作用下，会产生贾敏效应，影响原油的产出，因此 CO_2 吞吐返排过程需要对压降速度进行控制。

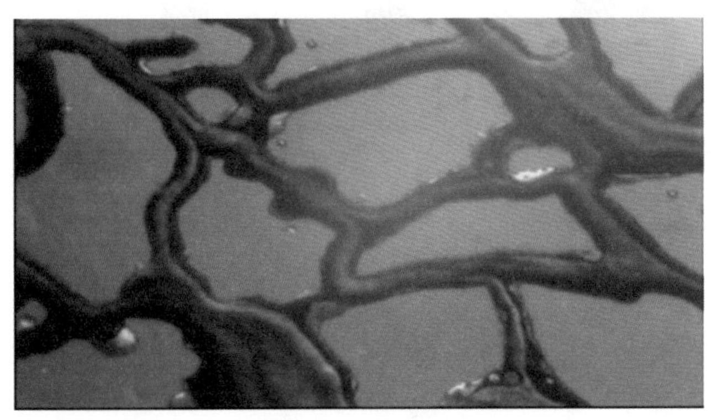

图 9.2.4　CO_2 高压注入时图像（大庆第九采油厂原油，压力 35MPa）

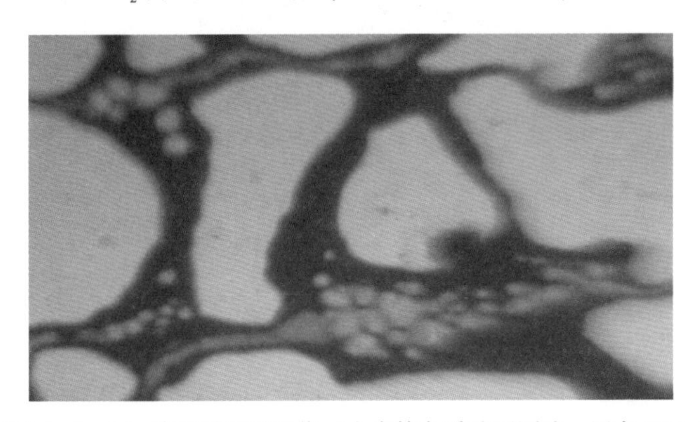

图 9.2.5　CO_2 降压采出时图像（大庆第九采油厂原油，压力 8MPa）

为研究体积改造后油藏 CO_2 吞吐补充能量的开发效果，开展多段压裂水平井 CO_2 吞吐室内试验，物理模拟参数设计为：（1）模型来源：长庆长 6 井；（2）模型参数：40cm×40cm×2.7cm，渗透率 0.47mD；（3）模型初始含油饱和度：40%；（4）初始压力：18~19MPa，模拟模型如图 9.2.6 所示。

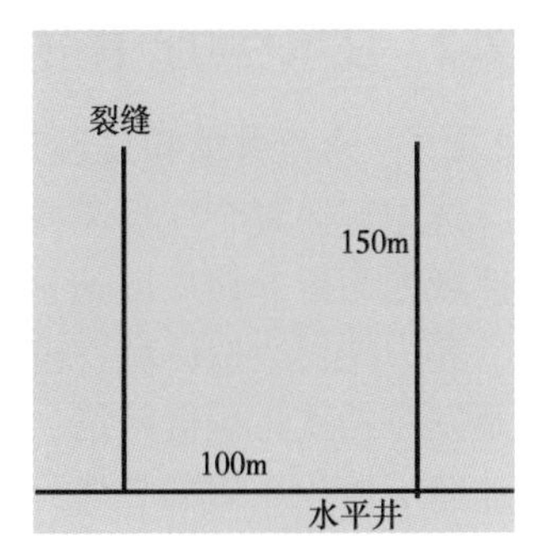

图 9.2.6　模型模拟裂缝及水平井示意图

室内研究表明，水平井体积压裂初期经过衰竭开采，后期经过三个周期注 CO_2 吞吐，采出程度可由衰竭开采的 8%提高到 20.5%（图 9.2.7），三轮次吞吐分别提高采出程度 5%、4.5%和 3%，如图 9.2.8 所示，可见 CO_2 吞吐同样是体积改造后油藏有效的补充地层能量开发方式。

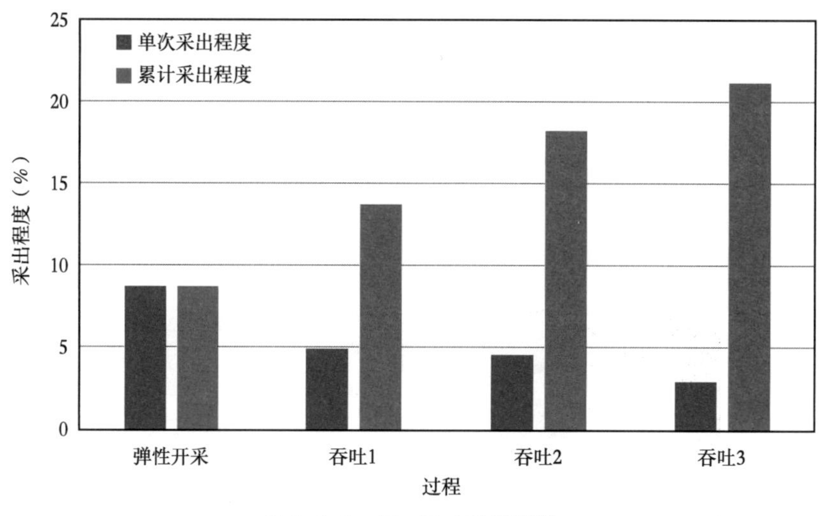

图 9.2.7 CO_2 吞吐采出程度

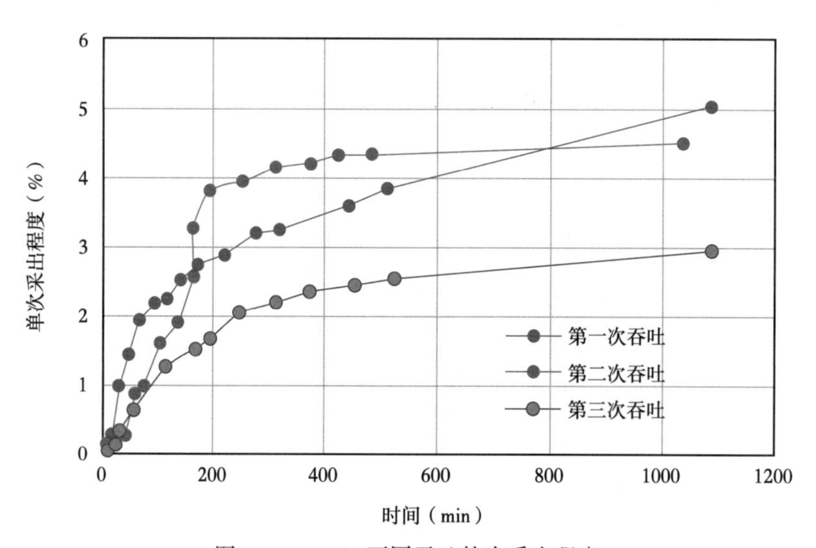

图 9.2.8 CO_2 不同吞吐轮次采出程度

9.2.2 注气吞吐产能预测方程

9.2.2.1 水平井体积压裂五区产能模型

选用五区复合线性流模型来预测产能。依据缝网介质分布规律，Brown 等人提出将流动区域划为近井储层改造区域（Stimulated Reservoir Volume，SRV）与外部未改造区域油藏，其中储层改造区域（SRV）将井筒包络在油藏中心，储层改造区域包含人工裂缝系统以及发育的次生裂缝网络，区域内平均渗透率要远远大于未改造区域油藏。但是对多数致密油储层体积压裂的裂缝分布特征而言，“有效改造体积”仅分布在人工压裂裂缝的两侧，为油井的主要产能贡献流动区域，裂缝之间仍然存在部分储层未激活（改造）区域，应在建立渗流模型中分别考虑。图 9.2.9 描绘了某致密油储层体积改造后裂缝分布示意图，裂缝间存在储层压裂改造边界，其中“有效改造体积”为复杂裂缝介质流动系统（包括人工裂缝、基质、微裂缝)，而储层改造未波及区域(包括储层改造未波及区和外部油藏区域)为基质岩块的流动系统。

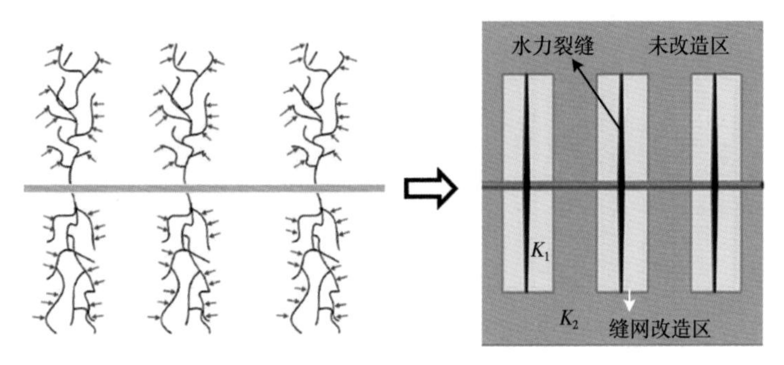

图 9.2.9 体积压裂等价示意图

考虑体积压裂水平井的对称性，取裂缝四分之一为研究对象，如图 9.2.10 所示，可将油藏体积压裂后流动区域划分为五个区域，其中区域 1 为有效改造区，区域 5 为人工水力裂缝区(即主裂缝)，其余区域为未改造区。有效改造区内的基质向裂缝网络的窜流和裂缝网络向主裂缝供液，采用拟稳态/非稳态窜流的双重介质模型来表征。各个区域满足相同控制方程即：

$$\nabla^2 p=\frac{1}{\eta}\frac{\partial p}{\partial t} \tag{9.2.1}$$

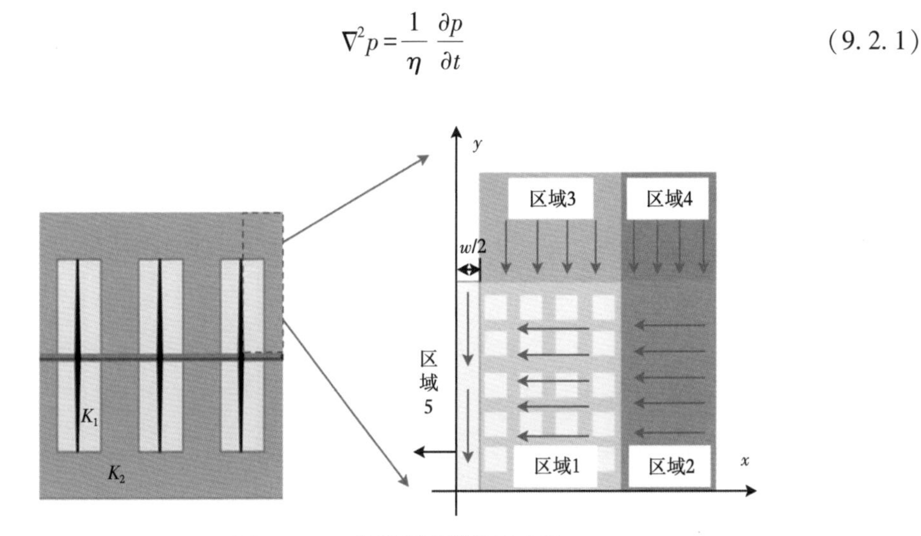

图 9.2.10 体积压裂等价示意图

其中导压系数 $\eta=\frac{K}{\phi\mu c}$，p 为压力，t 为时间，K 为渗透率，ϕ 为孔隙度，c 为综合压缩系数，本报告内所有变量除非特别说明，计算时均采用国际标准单位。不同区域的导压系数不一致，其储层参数可以用下标 i (i=1，2，3，4，5)表示。

根据图 9.2.11，定义无量纲压力：

$$p_{\mathrm{D}}=\frac{2K_1\pi h}{q_{\mathrm{F}}B\mu}(p_i-p) \tag{9.2.2}$$

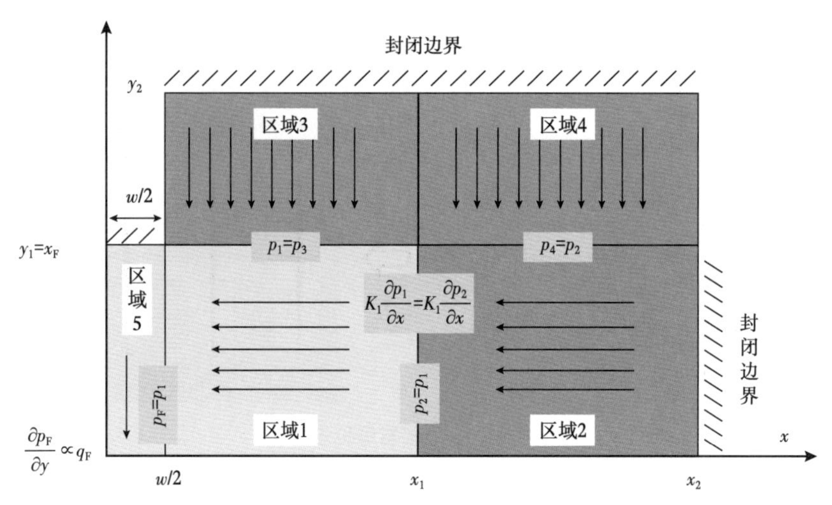

图 9.2.11　五区模型建模示意图

无量纲时间：$t_D=\frac{\eta_1 t}{x_F^2}$；

无量纲距离：$x_D=\frac{x}{x_F}$，$x_{1D}=\frac{x_1}{x_F}$，$x_{2D}=\frac{x_2}{x_F}$，$w_D=\frac{w}{x_F}$，$y_D=\frac{y}{x_F}$，$y_{1D}=\frac{y_1}{x_F}$，$y_{1D}=\frac{y_1}{x_F}$，$y_{1D}=\frac{y_1}{x_F}=1$，$y_{2D}=\frac{y_2}{x_F}$；

无量纲导压系数：$\eta_{1D}=\frac{\eta_1}{\eta_1}=1$，$\eta_{2D}=\frac{\eta_2}{\eta_1}$，$\eta_{3D}=\frac{\eta_3}{\eta_1}$，$\eta_{4D}=\frac{\eta_4}{\eta_1}$，$\eta_{FD}=\frac{\eta_F}{\eta_1}$；

裂缝无量纲导流能力：$F_{CD}=\frac{K_F w}{K_1 x_F}=\frac{K_f w_D}{K_1}$。将式（9.2.2）无量纲化得：

$$\nabla^2 p_{iD}-\frac{1}{\eta}\frac{\partial p_{iD}}{\partial t_D}=0 \tag{9.2.3}$$

（1）数学模型的拉式变换。

①外部未改造储层渗流（区域 4）。

对区域 4 数学模型进行 Laplace 变换：

$$\frac{\partial^2 \bar{p}_{4D}}{\partial y_D^2}-\frac{S}{\eta_{4D}}\bar{p}_{4D}=0 \tag{9.2.4}$$

边界条件为：

$$\bar{p}_{4D}(y_{1D})=\bar{p}_{2D}(y_{1D}) \tag{9.2.5}$$

$$\left.\frac{\partial \bar{p}_{4D}}{\partial y_D}\right|_{y_D=y_{2D}}=0 \tag{9.2.6}$$

②外部未改造储层渗流（区域 3）。

对区域 3 数学模型进行 Laplace 变换：

$$\frac{\partial^2 \bar{p}_{3D}}{\partial y_D^2} - \frac{s}{\eta_{3D}}\bar{p}_{3D} = 0 \tag{9.2.7}$$

边界条件为：

$$\bar{p}_{3D}(y_{1D}) = \bar{p}_{1D}(y_{1D}) \tag{9.2.8}$$

$$\left.\frac{\partial \bar{p}_{3D}}{\partial y_D}\right|_{y_D = y_{2D}} = 0 \tag{9.2.9}$$

③外部未改造储层渗流（区域 2）。

对区域 2 数学模型进行 Laplace 变换：

$$\frac{\partial^2 \bar{p}_{2D}}{\partial x_D^2} + \frac{K_4}{K_2 y_{1D}}\left.\left(\frac{\partial \bar{p}_{4D}}{\partial y_D}\right)\right|_{y_{1D}} - \frac{s}{\eta_{2D}}\bar{p}_{2D} = 0 \tag{9.2.10}$$

边界条件为：

$$\bar{p}_{2D}(x_{1D}) = \bar{p}_{1fD}(x_{1D}) \tag{9.2.11}$$

$$\left.\frac{\partial \bar{p}_{2D}}{\partial y_D}\right|_{y_D = x_{2D}} = 0 \tag{9.2.12}$$

④内部改造区储层渗流（区域 1）。

对区域 1 数学模型进行 Laplace 变换：

$$\frac{\partial^2 \bar{p}_{1fD}}{\partial x_D^2} + \frac{K_3}{K_1 y_{1D}}\left.\left(\frac{\partial \bar{p}_{3D}}{\partial y_D}\right)\right|_{y_{1D}} = \omega s \bar{p}_{1fD} + (1-\omega) s \bar{p}_{1mD} \tag{9.2.13}$$

$$-\lambda(\bar{p}_{1mD} - \bar{p}_{1fD}) = (1-\omega) s \bar{p}_{1mD} \tag{9.2.14}$$

其中下标 f 及 m 分别代表改造内区双重介质的裂缝及基质，λ 为窜流系数，ω 为弹性储容比。窜流系数定义如下：

$$\lambda = \alpha x_F^2 \frac{K_m}{K_f} \tag{9.2.15}$$

其中 α 为形状因子，与缝网双重介质结构有关。

弹性储容比定义为：

$$\omega = \frac{\phi_f c_f}{\phi_f c_f + \phi_f c_f} \tag{9.2.16}$$

其含义为裂缝系统的弹性储存能力与油藏总的弹性储存能力之比。

边界条件为：

$$\bar{p}_{1fD}\left(\frac{w_D}{2}\right) = \bar{p}_{FD}\left(\frac{w_D}{2}\right) \tag{9.2.17}$$

$$\frac{K_1}{\mu}\left.\frac{\partial \bar{p}_{1fD}}{\partial x_D}\right|_{x_{1D}} = \frac{K_2}{\mu}\left.\frac{\partial \bar{p}_{2D}}{\partial x_D}\right|_{x_{1D}} \tag{9.2.18}$$

⑤人工水力裂缝区（区域 5）。

对水力裂缝区域数学模型进行 Laplace 变换：

$$\frac{\partial^2 \bar{p}_{\mathrm{FD}}}{\partial y_{\mathrm{D}}^2}+\frac{2}{F_{\mathrm{CD}}}\frac{\partial \bar{p}_{1\mathrm{fD}}}{\partial x_{\mathrm{D}}}\bigg|_{\frac{w_{\mathrm{D}}}{2}}-\frac{s}{\eta_{\mathrm{F1}}}\bar{p}_{\mathrm{FD}}=0 \tag{9.2.19}$$

$$\frac{\partial \bar{p}_{\mathrm{FD}}}{\partial y_{\mathrm{D}}}\bigg|_{y_{\mathrm{D}}=0}=-\frac{\pi}{sF_{\mathrm{CD}}} \tag{9.2.20}$$

$$\frac{\partial \bar{p}_{\mathrm{FD}}}{\partial y_{\mathrm{D}}}\bigg|_{y_{\mathrm{D}}=1}=0 \tag{9.2.21}$$

（2）数学模型的求解。

求解过程按照区域4、区域3、区域2、区域1及水力裂缝区依次进行。

①区域4模型求解。

首先对外区数学模型进行求解，

$$\frac{\partial^2 \bar{p}_{4\mathrm{D}}}{\partial y_{\mathrm{D}}^2}=\frac{s}{\eta_{4\mathrm{D}}}\bar{p}_{4\mathrm{D}} \tag{9.2.22}$$

设其通解为：

$$\bar{p}_{4\mathrm{D}}=A_4\sinh\left(\sqrt{\frac{s}{\eta_{4\mathrm{D}}}}y_{\mathrm{D}}\right)+B_4\cosh\left(\sqrt{\frac{s}{\eta_{4\mathrm{D}}}}y_{\mathrm{D}}\right) \tag{9.2.23}$$

则根据式（9.2.5）、式（9.2.6）可得：

$$A_4\sinh\left(\sqrt{\frac{s}{\eta_{4\mathrm{D}}}}\right)+B_4\cosh\left(\sqrt{\frac{s}{\eta_{4\mathrm{D}}}}y_{\mathrm{D}}\right)=\bar{p}_{2\mathrm{D}} \tag{9.2.24}$$

$$A_4\sqrt{\frac{s}{\eta_{4\mathrm{D}}}}\cosh\left(\sqrt{\frac{s}{\eta_{4\mathrm{D}}}}y_{2\mathrm{D}}\right)+B_4\sqrt{\frac{s}{\eta_{4\mathrm{D}}}}\sinh\left(\sqrt{\frac{s}{\eta_{4\mathrm{D}}}}y_{2\mathrm{D}}\right)=0 \tag{9.2.25}$$

解得：

$$A_4=\frac{\bar{p}_{2\mathrm{D}}(y_{1\mathrm{D}})\sinh\left(\sqrt{\frac{s}{\eta_{4\mathrm{l}}}}y_{2\mathrm{D}}\right)}{\sinh\left(\sqrt{\frac{s}{\eta_{4\mathrm{D}}}}\right)\sinh\left(\sqrt{\frac{s}{\eta_{4\mathrm{D}}}}y_{2\mathrm{D}}\right)-\cosh\left(\sqrt{\frac{s}{\eta_{4\mathrm{D}}}}\right)\cosh\left(\sqrt{\frac{s}{\eta_{4\mathrm{D}}}}y_{2\mathrm{D}}\right)} \tag{9.2.26}$$

$$B_4=\frac{-\bar{p}_{2\mathrm{D}}(y_{1\mathrm{D}})\cosh\left(\sqrt{\frac{s}{\eta_{4\mathrm{l}}}}y_{2\mathrm{D}}\right)}{\sinh\left(\sqrt{\frac{s}{\eta_{4\mathrm{D}}}}\right)\sinh\left(\sqrt{\frac{s}{\eta_{4\mathrm{D}}}}y_{2\mathrm{D}}\right)-\cosh\left(\sqrt{\frac{s}{\eta_{4\mathrm{D}}}}\right)\cosh\left(\sqrt{\frac{s}{\eta_{4\mathrm{D}}}}y_{2\mathrm{D}}\right)} \tag{9.2.27}$$

故：

$$\bar{p}_{4\mathrm{D}}=\bar{p}_{2\mathrm{D}}(y_{1\mathrm{D}})\frac{\sinh\left(\sqrt{\frac{s}{\eta_{4\mathrm{D}}}}y_{2\mathrm{D}}\right)\sinh\left(\sqrt{\frac{s}{\eta_{4\mathrm{D}}}}y_{\mathrm{D}}\right)-\cosh\left(\sqrt{\frac{s}{\eta_{4\mathrm{D}}}}y_{2\mathrm{D}}\right)\cosh\left(\sqrt{\frac{s}{\eta_{4\mathrm{D}}}}y_{\mathrm{D}}\right)}{\sinh\left(\sqrt{\frac{s}{\eta_{4\mathrm{D}}}}\right)\sinh\left(\sqrt{\frac{s}{\eta_{4\mathrm{D}}}}y_{2\mathrm{D}}\right)-\cosh\left(\sqrt{\frac{s}{\eta_{4\mathrm{D}}}}\right)\cosh\left(\sqrt{\frac{s}{\eta_{4\mathrm{D}}}}y_{2\mathrm{D}}\right)} \tag{9.2.28}$$

由 $\sinh x \sinh y - \cosh x \cosh y = -\frac{(e^{x-y}+e^{x-y})}{2} = -\cosh(x-y)$ 得：

$$\bar{p}_{4D} = \bar{p}_{2D}(y_{1D}) \frac{\cosh\left[\sqrt{\frac{s}{\eta_{4D}}}(y_{2D} - y_D)\right]}{\cosh\left[\sqrt{\frac{s}{\eta_{4D}}}(y_{2D} - 1)\right]} \tag{9.2.29}$$

②区域 3 模型求解。

根据区域 4 解很容易就可以写出区域 3 解为：

$$\bar{p}_{3D} = \bar{p}_{1fD}(y_{1D}) \frac{\cosh\left[\sqrt{\frac{s}{\eta_{31}}}(y_{2D} - y_D)\right]}{\cosh\left[\sqrt{\frac{s}{\eta_{31}}}(y_{2D} - y_{1D})\right]} \tag{9.2.30}$$

另外，可假设通解为如下格式：

$$\bar{p}_{3D} = A_3 \sinh\left[\sqrt{\frac{s}{\eta_{31}}}(y_D - y_{2D})\right] + B_3 \cosh\left[\sqrt{\frac{s}{\eta_{31}}}(y_D - y_{2D})\right] \tag{9.2.31}$$

根据在 $y_D = 1$ 处压力连续条件可得：

$$A_3 \sinh\left[\sqrt{\frac{s}{\eta_{31}}}(1 - y_{2D})\right] + B_3 \cosh\left[\sqrt{\frac{s}{\eta_{31}}}(1 - y_{2D})\right] = \bar{p}_{1fD}(y_{1D}) \tag{9.2.32}$$

根据在 y_{2D} 处封闭条件可得：

$$A_3 \sqrt{\frac{s}{\eta_{31}}} \cosh\left[\sqrt{\frac{s}{\eta_{31}}}(y_D - y_{2D})\right] + B_3 \sqrt{\frac{s}{\eta_{31}}} \sinh\left[\sqrt{\frac{s}{\eta_{31}}}(y_D - y_{2D})\right] = 0 \tag{9.2.33}$$

因此：$A_3 = 0$；$B_3 = \frac{\bar{p}_{1fD}(y_{1D})}{\cosh\left[\sqrt{\frac{s}{\eta_{31}}}(1 - y_{2D})\right]}$ 进而得到式（9.2.30）。

③区域 2 模型求解。

根据区域 4 压力解式(9.2.29)可得：

$$\left.\frac{\partial \bar{p}_{4D}}{\partial y_D}\right|_{y_D = 1} = \bar{p}_{2D}(y_{1D}) \sqrt{\frac{s}{\eta_{4D}}} \tanh\left[\sqrt{\frac{s}{\eta_{4D}}}(y_{1D} - y_{2D})\right] \tag{9.2.34}$$

因此，式（9.2.10）可化为：

$$\frac{\partial^2 \bar{p}_{2D}}{\partial x_D^2} - c_1(s)\bar{p}_{2D} = 0 \tag{9.2.35}$$

其中

$$c_1 = \frac{s}{\eta_{2D}} - \frac{K_4}{K_2 y_{1D}} \sqrt{\frac{s}{\eta_{4D}}} \tanh\left[\sqrt{\frac{s}{\eta_{4D}}}(y_{2D} - y_{1D})\right]$$

由于式（9.2.35）和区域 2 的边界条件的形式与区域 4 和区域 3 相同，因此根据求解区域 4 与区域 3 的思路，很容易写出其压力解为：

$$\bar{p}_{2D}=\bar{p}_{1fD}(x_{1D})\frac{\cosh[\sqrt{c_1(s)}(x_{2D}-x_D)]}{\cosh[\sqrt{c_1(s)}(x_{2D}-x_{1D})]} \tag{9.2.36}$$

④区域 1 模型求解。

令 $f(s)=\omega+\dfrac{\lambda(1-\omega)}{(1-\omega)s+\lambda}=\dfrac{\omega(1-\omega)s+\lambda}{(1-\omega)s+\lambda}$，综合式（9.2.13）、式（9.2.14）可得：

$$\frac{\partial^2\bar{p}_{1fD}}{\partial x_D^2}+\frac{K_3}{K_1 y_{1D}}\left.\frac{\partial\bar{p}_{3D}}{\partial y_D}\right|_{y_D=1}-sf(s)\bar{p}_{1fD}=0 \tag{9.2.37}$$

根据区域 3 压力解式（9.2.30）可得：

$$\left.\frac{\partial\bar{p}_{3D}}{\partial y_D}\right|_{y_D=1}=\bar{p}_{1fD}(y_{1D})\sqrt{\frac{s}{\eta_{31}}}\tanh\left[\sqrt{\frac{s}{\eta_{31}}}(y_{1D}-y_{2D})\right] \tag{9.2.38}$$

因此，式（9.2.38）可化为：

$$\frac{\partial^2\bar{p}_{1fD}}{\partial x_D^2}-c_2(s)\bar{p}_{1fD}=0 \tag{9.2.39}$$

其中

$$c_2=sf(s)-\frac{K_3}{K_1 y_{1D}}\sqrt{\frac{s}{\eta_{3D}}}\tanh\left[\sqrt{\frac{s}{\eta_{3D}}}(y_{1D}-y_{2D})\right]$$

根据区域 2 压力解（9.2.36）可得：

$$\left.\frac{\partial\bar{p}_{2D}}{\partial x_D}\right|_{x_D=x_{1D}}=\bar{p}_{1fD}(x_{1D})\sqrt{c_1(s)}\tanh[\sqrt{c_1(s)}(x_{1D}-x_{2D})] \tag{9.2.40}$$

因此，流量连续条件式（9.2.18）变为：

$$\left.\frac{\partial\bar{p}_{1fD}}{\partial x_D}\right|_{x_D=x_{1D}}=\bar{p}_{1fD}(x_{1D})\frac{K_2}{K_1}\sqrt{c_1}\tanh[\sqrt{c_1}(x_{1D}-x_{2D})] \tag{9.2.41}$$

设式（9.2.29）的通解为：

$$\bar{p}_{1fD}=A_1\sinh[\sqrt{c_2(s)}](x_D-x_{1D})]+B_1\cosh[\sqrt{c_2(s)}(x_D-x_{1D})] \tag{9.2.42}$$

因此：

$$\begin{aligned}\left.\frac{\partial\bar{p}_{1fD}}{\partial x_D}\right|_{x_D=x_{1D}}&=A_1\sqrt{c_2(s)}\cosh[\sqrt{c_2(s)}(x_D-x_{1D})]|_{x_D=x_{1D}}+B_1\sqrt{c_2(s)}\sinh[\sqrt{c_2(s)}(x_D-x_{1D})]|_{x_D=x_{1D}}\\&=A_1\sqrt{c_2(s)}=-\bar{p}_{1fD}(x_{1D})\frac{K_2}{K_1}\sqrt{c_1(s)}\tanh[\sqrt{c_1(s)}(x_{2D}-x_{1D})]\end{aligned} \tag{9.2.43}$$

解得：$A_1=c_3(s)\bar{p}_{1fD}(x_{1D})=c_3(s)B_1$，$c_3(s)=-\dfrac{K_2}{K_1}\sqrt{\dfrac{c_1(s)}{c_2(s)}}\tanh[\sqrt{c_1(s)}(x_{2D}-x_{1D})]$

根据压力连续条件式（9.2.17）可得：

$$A_1\sinh\left[\sqrt{c_2(s)}\left(\frac{w_D}{2}-x_{1D}\right)\right]+B_1\cosh\left[\sqrt{c_2(s)}\left(\frac{w_D}{2}-x_{1D}\right)\right]=\bar{p}_{FD}(y_D) \tag{9.2.44}$$

解得 $B_1=\dfrac{\bar{p}_{FD}(y_D)}{c_3(s)\sinh\left[\sqrt{c_2(s)}\left(\frac{w_D}{2}-x_{1D}\right)\right]+\cosh\left[\sqrt{c_2(s)}\left(\frac{w_D}{2}-x_{1D}\right)\right]}$，进而可得

$$\bar{p}_{1fD}=\frac{c_3\sinh\left[\sqrt{c_2}(x_D-x_{1D})\right]+\cosh\left[\sqrt{c_2}(x_D-x_{1D})\right]}{c_3\sinh\left[\sqrt{c_2}\left(\frac{x_D}{2}-x_{1D}\right)\right]+\cosh\left[\sqrt{c_2}\left(\frac{x_D}{2}-x_{1D}\right)\right]}\bar{p}_{FD}(y_D) \tag{9.2.45}$$

令

$$c_4(s)=c_3(s)\sinh\left[\sqrt{c_2(s)}\left(\frac{w_D}{2}-x_{1D}\right)\right]+\cosh\left[\sqrt{c_2(s)}\left(\frac{w_D}{2}-x_{1D}\right)\right]$$

则：

$$\bar{p}_{1fD}(x_D)=\frac{c_3(s)\sinh\left[\sqrt{c_2(s)}(x_D-x_{1D})\right]+\cosh\left[\sqrt{c_2(s)}(x_D-x_{1D})\right]}{c_4(s)}\bar{p}_{FD}\left(\frac{w_D}{2}\right) \tag{9.2.46}$$

⑤人工水力裂缝区模型求解。

根据区域 1 压力解式（9.2.46）可得：

$$\left.\frac{\partial\bar{p}_{1fD}}{\partial x_D}\right|_{x_D=\frac{x_D}{2}}=\sqrt{c_2(s)}\frac{c_3(s)\cosh\left[\sqrt{c_2(s)}\left(\frac{w_D}{2}-x_{1D}\right)\right]+\sinh\left[\sqrt{c_2(s)}\left(\frac{w_D}{2}-x_{1D}\right)\right]}{c_4(s)}\bar{p}_{FD}(y_D)$$
$$=c_5(s)\bar{p}_{FD}(y_D) \tag{9.2.47}$$

其中

$$c_5(s)=\sqrt{c_2(s)}\frac{c_3(s)\cosh\left[\sqrt{c_2(s)}\left(\frac{w_D}{2}-x_{1D}\right)\right]+\sinh\left[\sqrt{c_2(s)}\left(\frac{w_D}{2}-x_{1D}\right)\right]}{c_4(s)}$$

因此式（9.2.19）可化为：

$$\frac{\partial^2\bar{p}_{FD}}{\partial y_D^2}-c_6(s)\bar{p}_{FD}=0 \tag{9.2.48}$$

其中

$$c_6(s)=\frac{s}{\eta_{F1}}-\frac{2}{F_{CD}}c_5(s)$$

设压力解为：

$$\bar{p}_{FD}=A_F\sinh\left[\sqrt{c_6(s)}(y_D-y_{1D})\right]+B_F\cosh\left[\sqrt{c_6(s)}(y_D-y_{1D})\right] \tag{9.2.49}$$

则由封闭条件：

$$\left.\frac{\partial \bar{p}_{\mathrm{FD}}}{\partial y_{\mathrm{D}}}\right|_{y_{\mathrm{D}}=1}=A_{\mathrm{F}}\sqrt{c_6(s)}\cosh\left[\sqrt{c_6}(y_{\mathrm{D}}-y_{1\mathrm{D}})\right]=0 \tag{9.2.50}$$

得 $A_{\mathrm{F}}=0$，进一步由达西定律，

$$\left.\frac{\partial \bar{p}_{\mathrm{FD}}}{\partial y_{\mathrm{D}}}\right|_{y_{\mathrm{D}}=0}=-B_{\mathrm{F}}\sqrt{c_6(s)}\sinh\left[\sqrt{c_6(s)}\right]=-\frac{\pi}{sF_{\mathrm{CD}}} \tag{9.2.51}$$

解得，$B_{\mathrm{F}}=\dfrac{\pi}{sF_{\mathrm{CD}}\sqrt{c_6(s)}\sinh(\sqrt{c_6(s)})}$，得到压力解为：

$$\bar{p}_{\mathrm{FD}}=\frac{\pi\cosh\left[\sqrt{c_6(s)}(y_{\mathrm{D}}-y_{1\mathrm{D}})\right]}{sF_{\mathrm{CD}}\sqrt{c_6(s)}\sinh\left[\sqrt{c_6(s)}\,y_{1\mathrm{D}}\right]} \tag{9.2.52}$$

在不考虑井筒储存和表皮效应的条件下，当 $y_{\mathrm{D}}=0$ 时，裂缝的压力即为井底压力，所以 Laplace 空间中无量纲井底压力的表达式为：

$$\bar{p}_{\mathrm{wD}}=\bar{p}_{\mathrm{FD}}(0)=\frac{\pi}{sF_{\mathrm{CD}}\sqrt{c_6(s)}\tanh\left[\sqrt{c_6(s)}\right]} \tag{9.2.53}$$

考虑井筒表皮效应时，

$$\bar{p}_{\mathrm{wD}}=\frac{\pi}{sF_{\mathrm{CD}}\sqrt{c_6(s)}\tanh\left[\sqrt{c_6(s)}\right]}+\frac{s_{\mathrm{c}}}{s} \tag{9.2.54}$$

其中 $s_{\mathrm{c}}=\dfrac{K_1h_1}{K_{\mathrm{F}}w_{\mathrm{F}}}\left[\ln\left(\dfrac{h}{2r_{\mathrm{w}}}\right)-\dfrac{\pi}{2}\right]$，$h$ 为改造区储层厚度，r_{w} 为井筒半径。

根据求解过程可知，一般 $c_i(s)$ 是计算 $c_{i+1}(s)$ 的前提，已知储层参数情况下，可依次计算 $c_1(s)$ 至 $c_6(s)$，定产量生产时其井底压力拉式空间解可由式(9.2.53)及式(9.2.54)确定；定井底流压生产时，其产量可由 $\bar{q}_{\mathrm{t}}=1/(s^2\bar{p}_{\mathrm{wD}})$ 或或已知压力的实时域空间解析解后由 $q_t=\dfrac{2K_1\pi h}{p_{\mathrm{wD}}B\mu}(p_i-p_{\mathrm{wf}})$ 确定。通过 Stehfest 数值反演算法可求实时域空间解，从而计算任意时刻体积压裂水平井井底流压或产量，总产量注意应用单缝产量乘以裂缝条数 n。设假设函数 $f(t)$ 的 Laplace 变换为 $\bar{f}(s)$：

$$\bar{f}(s)=L[f(t)]=\int_0^{\infty}f(t)\mathrm{e}^{-st}\mathrm{d}t \tag{9.2.55}$$

那么函数 $f(t)$ 在 $t=T$ 的值可由下式算得：

$$f(T)=\frac{\ln 2}{T}\sum_{i=1}^{N}V_i\bar{f}\left(\frac{\ln 2}{T}i\right) \tag{9.2.56}$$

其中

$$V_i=(-1)^{N/2+i}\sum_{k=\frac{i+1}{2}}^{\min(i,\,N/2)}\frac{k^{N/2}(2k)!}{(N/2-k)!\,k!\,(k-1)!\,(i-k)!\,(2k-i)!} \tag{9.2.57}$$

（3）变生产制度求解。

现场生产过程中由于种种因素变化，井的工作制度时常发生改变，如衰竭开采初始阶段地层压力高、产能大，但现场生产过程中受工作条件限制，会先定液生产，之后逐渐改变生产制度。为计算变生产制度下的产能，现推导变产量及变井底压力生产制度下的产能预测解析解。

①变产量生产制度。

如图 9.2.12 所示，假设 0 至 t 时间内水平井按不同产量生产，可根据叠加原理求解变产量生产任意时刻 t 井底流压。根据无量纲压力定义：

$$\Delta p = \frac{q_F B\mu}{2K\pi h} p_D \tag{9.2.58}$$

则 $0\sim t_1$ 任意时间内，以 q_1 产量生产，任意时刻 $t=\Delta t$ 压差为：

$$\Delta p = \Delta p|_{(q_1,\Delta t)} = \frac{\mu B}{2K\pi h} q_1 p_D|_{\Delta t} \tag{9.2.59}$$

$t_1\sim t_2$ 时间内，以 q_2-q_1 产量生产，任意时刻 $t=t_1+\Delta t$ 压差为：

$$\Delta p=\Delta p|_{(q_1,t_1+\Delta t)}+\Delta p|_{(-q_1,\Delta t)}+\Delta p|_{(q_2,\Delta t)} = \frac{\mu B}{2K\pi h}[q_1 p_D|_{t_1+\Delta t}+(q_2-q_1)p_D|_{\Delta t}] \tag{9.2.60}$$

以此类推，$t_{i-1}\sim t_i$ 时间内，任意时刻 $t=t_{i-1}+\Delta t$ 压差为：

$$\Delta p=\frac{\mu B}{2K\pi h}\sum_{j=1}^{i}(q_j-q_{j-1})p_D|_{t_{i-1}+\Delta t-t_{j-1}} \tag{9.2.61}$$

其中：$q_0=0$，$t_0=0$。

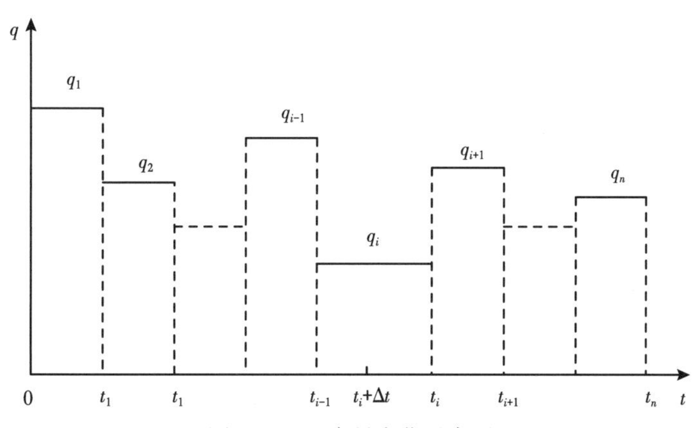

图 9.2.12　产量变化示意图

②变井底压力生产制度。

如图 9.2.13 所示，t_2 时刻由定产量生产变为定压生产，此时井底压力已知，产量未知。易知 t_2 时刻井底压力，与 p_{wf3} 对比后发现更换生产制度后井底压力小，其产量应更高，以此为依据初步推算 $t_2+\mathrm{d}t$ 时刻产量所在区间范围：

a. 某一时刻产量区间左右端点分别记为 q_L、q_R，并分别给初始值如 100、0。

b. 计算此时刻以 q_L、q_R 生产时对应的井底流压 p_{wfL}、p_{wfR}。

c. 如果 $p_{wfL}>p_{wf}$，说明 q_L 太小，$q_L=q_L+\Delta q$（可取 1）；如果 $p_{wfR}<p_{wf}$，说明 q_R 太大，$q_R=q_R-\Delta q$；否则如果 $p_{wfL}=p_{wf}$或者 $p_{wfR}=p_{wf}$，说明 q_L 或 q_R 为真实值，结束循环。

d. 如果 $p_{wfL}<p_{wf}$且 $p_{wfR}>p_{wf}$，说明实际的产量介于 q_L 与 q_R 之间，结束循环。

进一步通过二分法循环逼近真实产量，使得某一个产量计算的井底流压与真实井底流压误差在要求的精度范围内：

a. 首先计算一个中间值，$q_M=(q_L+q_R)/2$。

b. 计算此时刻以 q_M 生产时对应的井底流压 p_{wfM}。

c. 判断如果 $p_{wfM}>p_{wf}$，说明 q_M 太小，那么真实的产量一定介于 q_L 与 q_M 之间，将 q_R 更新为 q_M；如果 $p_{wfM}<p_{wf}$，说明 q_M 太大，那么真实的产量一定介于 q_R 与 q_M 之间，将 q_L 更新为 q_M。

d. 如果 $p_{wfM}-p_{wf}$小于精度要求，说明 q_M 逼近真实产量，结束循环。

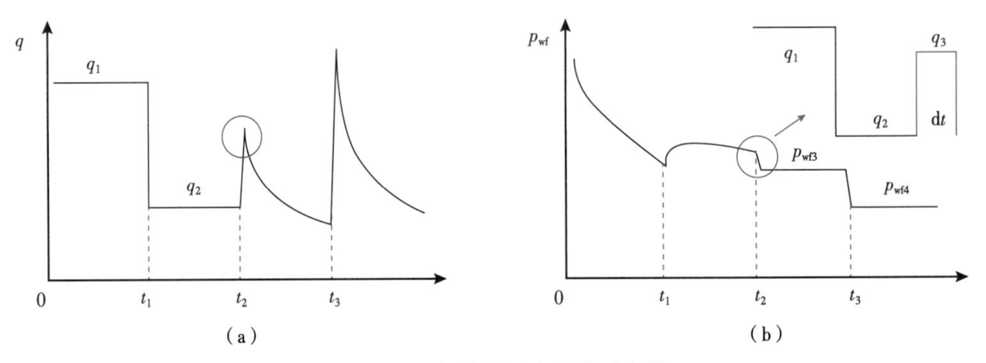

图 9.2.13　变井底压力变化示意图

通过以上计算，将变井底流压生产的问题转化为多段定产量求解问题，可灵活处理任意不同生产制度的转变。需要指出的是虽然利用变产量问题求解变井底压力生产制度时生产时间段划分较多，但二分法收敛极快，并不影响计算解析解速度。同时鉴于式（9.2.60）是可以累加、迭代计算的，无须每次重新计算，所以反复更换生产制度也不会影响全程井底压力或产量的计算复杂度。

9.2.2.2　水平井体积压裂注气吞吐产能方程

假设注入流体过程是在瞬间完成的，开井生产时井底压力高于泡点压力以减少溶解气对计算结果的影响。注水补充能量后流体主要分布在改造区域中的高渗透裂缝区域，高渗透及低渗透区域的划分利用双重介质模型等效，注水后高渗透区域与低渗透区域在焖井过程中实现渗吸过程，开井生产后由于压力降低，低渗透基质区通过窜流向高渗透裂缝区补充流体。对于注气而言，由于其扩散速度快，可认为均匀分布在控制体积中，模型考虑二氧化碳混相及溶解导致的降黏作用。

(1)补充能量后地层物理场计算。

① 平均压力计算。

同理，注入气体后，注入气的地下体积 V_{inj} 等于地下油的体积压缩 ΔV_o、地下水的体

积压缩 ΔV_w、地下气体的压缩 ΔV_g、孔隙体积的增加 ΔV_p 四者之和，即

$$V_{inj}=\Delta V_o+\Delta V_w+\Delta V_p+\Delta V_g \tag{9.2.62}$$

其中

$$V_{inj}=V_{injg\_sc}B_g \tag{9.2.63}$$

式中，V_{injw_sc}是注入气的地面体积，B_g 是气体的体积系数。

$$\Delta V_g=c_g V_t \phi_i S_g(p_a-p_i) \tag{9.2.64}$$

式中，S_g 为注入气体前油层中未溶解的二氧化碳饱和度。

假设注入完成后气体尚未开始溶解，可得注入气体后地层平均压力为，

$$p_a=p_i+\frac{V_{injg\_sc}B_g}{V_t\phi_i(S_o c_o+S_w c_w+c_g S_g)+c_F V_F+c_r\ (V_t-V_F)} \tag{9.2.65}$$

②平均饱和度计算。

由于气体扩展较快，假设气体均匀分布在地层中，注气后平均含水饱和度更新为：

$$S_w=\frac{W_i B_w}{W_i B_w+N_i B_o+V_{injg\_sc}B_g} \tag{9.2.66}$$

平均含油饱和度更新为：

$$S_o=\frac{N_i B_o}{W_i B_w+N_i B_o+V_{injg\_sc}B_g} \tag{9.2.67}$$

平均含气饱和度为：

$$S_g=1-S_o-S_w \tag{9.2.68}$$

（2）焖井过程多相饱和度场变化模型。

注入气体以二氧化碳为例，考虑其溶解特性，焖井过程中部分气体逐渐溶解于原油中并降低原油黏度。最终一部分气体溶解于原油中，另一部分则以游离气体储存在多孔介质孔隙中。二氧化碳在原油中的溶解度定义为一定温度条件下，溶解在单位体积原油中的气体体积，用 G_c 表示，单位为 m^3/m^3。溶解度大小主要与原油性质、压力及温度有关，具体需利用室内实验确定，此处给出下式作为参考：

$$\begin{aligned}G_c=&-56.63+3.227T+14.83p-0.05476T^2-0.3718Tp+\\&1.207p^2+0.0003T^3+0.002803T^2p-0.006063Tp^2-0.03827p^3\end{aligned} \tag{9.2.69}$$

其中 T 为温度，该式中单位为℃，p 为压力，该式中单位为 MPa。

依据二氧化碳溶解量，可以得到原油中二氧化碳的摩尔分数：

$$x_i=\frac{G_c\phi_i V_t S_o/V_m}{\phi_i V_t S_o(G_c/V_m+\rho_o/M_o)} \tag{9.2.70}$$

其中 V_m 是气体摩尔体积，mol/L；M_o 为原油平均分子量，g/mol，其他单位均采用国际标准单位。

原油溶解后黏度发生变化，可由下式确定：

$$\ln\mu_o=(1-x_i)\ln\mu_T+x_i(\ln\mu_c+a+b\ln T) \tag{9.2.71}$$

式中 μ_o——最终原油黏度，mPa · s；

T——温度,℃；

μ_T——温度为 T 时的原油黏度，mPa · s；

μ_c——二氧化碳黏度，mPa · s；

a，b——待定系数，可根据实验数据求得，此处可取 $a=14.5$，$b=-1.8$。

公式右侧第一项含义为加热降黏对最终原油黏度的影响，第二项为二氧化碳黏度对最终原油黏度的影响，$b\ln T$ 项表示二氧化碳的降黏作用受温度影响。

二氧化碳黏度根据气体手册可由下式计算：

$$\mu_c=10^{-4}\cdot[11.336+4.9918\times10^{-0.1}(T+273.15)-1.0876\times10^{-0.4}(T+273.15)^2] \tag{9.2.72}$$

式中 μ_c——二氧化碳黏度，mPa · s；

T——温度,℃。

注入气体溶解后，含水饱和度更新为：

$$S_w=\frac{W_iB_w}{W_iB_w+N_iB_o+(V_{injg\_sc}B_g-G_c\phi_iV_tS_o)} \tag{9.2.73}$$

含油饱和度更新为：

$$S_o=\frac{N_iB_o}{W_iB_w+N_iB_o+(V_{injg\_sc}B_g-G_c\phi_iV_tS_o)} \tag{9.2.74}$$

含气饱和度为：

$$S_g=1-S_o-S_w \tag{9.2.75}$$

（3）开井生产后多相产能预测模型。

① 多相产能预测。

开井后油气水产量由相渗曲线进行劈分：

$$q_w=\frac{K_{rw}/(\mu_wB_w)}{K_{ro}/(\mu_oB_o)+k_{rw}/(\mu_wB_w)+K_{rg}/(\mu_gB_g)}q_t \tag{9.2.76}$$

$$q_o=\frac{K_{ro}/(\mu_oB_o)}{K_{ro}/(\mu_oB_o)+K_{rw}/(\mu_wB_w)+K_{rg}/(\mu_gB_g)}q_t \tag{9.2.77}$$

$$q_g=\frac{K_{rg}/(\mu_gB_g)}{K_{ro}/(\mu_oB_o)+K_{rw}/(\mu_wB_w)+K_{rg}/(\mu_gB_g)}q_t+q_oG_c \tag{9.2.78}$$

② 生产过程中物理场更新。

与注水类似，地层压力仍可由体积平衡原理计算，即采出流体的地下体积等于地下原油的膨胀、地下水的膨胀、地下气体的膨胀以及孔隙体积的减小，可得：

$$\bar{p}=p_a-\frac{N_pB_o+W_pB_w+G_pB_g}{[c_oV_t\phi_t\bar{S}_o+c_wV_t\phi_t\bar{S}_w+c_gV_t\phi_t\bar{S}_g+c_FV_F+c_r(V_t-V_F)]} \tag{9.2.79}$$

含水饱和度更新为：

$$S_{\mathrm{w}}=\frac{(W_{\mathrm{i}}-W_{\mathrm{p}})B_{\mathrm{w}}}{(W_{\mathrm{i}}-W_{\mathrm{p}})B_{\mathrm{w}}+(N_{\mathrm{i}}-N_{\mathrm{p}})B_{\mathrm{o}}+(V_{\mathrm{injg\_sc}}B_{\mathrm{g}}-G_{\mathrm{c}}\phi_{\mathrm{t}}V_{\mathrm{t}}S_{\mathrm{o}}-G_{\mathrm{p}}B_{\mathrm{g}})} \tag{9.2.80}$$

含油饱和度更新为：

$$S_{\mathrm{o}}=\frac{(N_{\mathrm{i}}-N_{\mathrm{p}})B_{\mathrm{o}}}{(W_{\mathrm{i}}-W_{\mathrm{p}})B_{\mathrm{w}}+(N_{i}-N_{\mathrm{p}})B_{\mathrm{o}}+(V_{\mathrm{injg\_sc}}B_{\mathrm{g}}-G_{\mathrm{c}}\phi_{\mathrm{t}}V_{\mathrm{t}}S_{\mathrm{o}}-G_{\mathrm{p}}B_{\mathrm{g}})} \tag{9.2.81}$$

含气饱和度为：

$$S_{\mathrm{g}}=1-S_{\mathrm{o}}-S_{\mathrm{w}} \tag{9.2.82}$$

9.2.3 注气吞吐开发影响因素

开展室内物理大模型实验，研究注气吞吐开发效果主要影响因素研究，包括压裂缝长度、采油速度及注入量。

9.2.3.1 压裂缝长度的影响

采用野外露头岩心制作不同压裂缝长度的物理大模型，如图 9.2.14 至图 9.2.17 所示，岩心平均渗透率为 1mD，平均孔隙度为 12.5%，模型尺寸为 40cm×40cm×40cm。通过调整模型裂缝长度，研究裂缝长度对弹性开采和 CO_2 吞吐效果的影响。

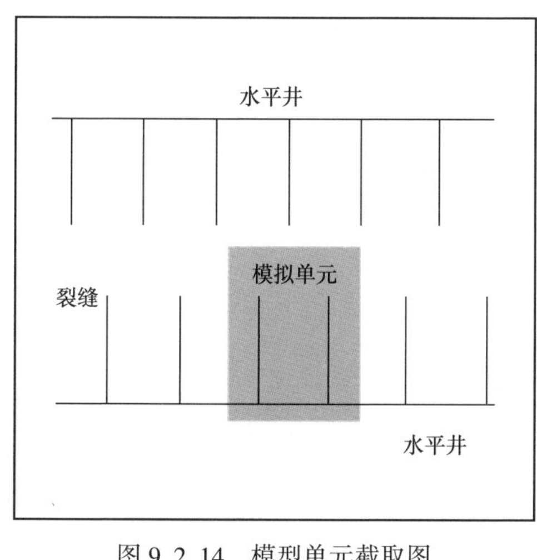

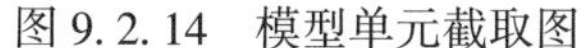
图 9.2.14 模型单元截取图

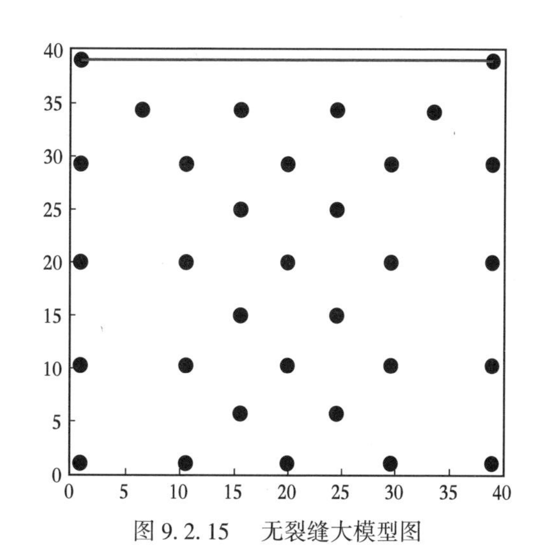

图 9.2.15 无裂缝大模型图

不同裂缝长度下不同轮次的阶段采出程度对比如图 9.2.18 所示，累积采出程度对比如图 9.2.19 所示，可以看出，在衰竭式开采和 CO_2 吞吐开发方式下，裂缝的长度是影响最终采出程度的重要因素。裂缝越长，越有利于压力传导，有利于弹性能的发挥，从而提高采出程度。

9.2.3.2 采油速度的影响

采用长裂缝模型，进行一次性降压开采和两个阶段降压开采实验，从而分析不同采油

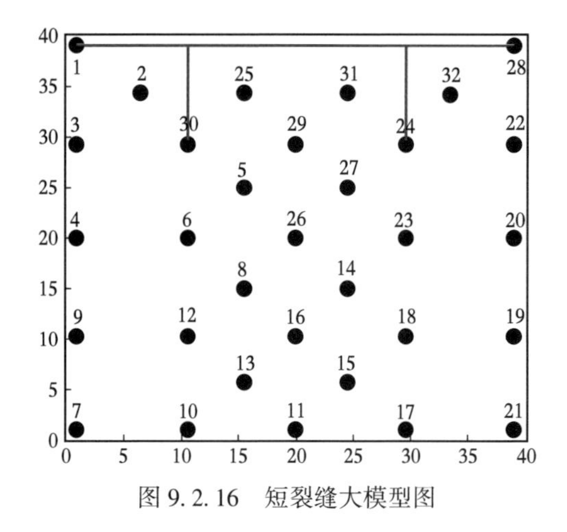

图 9.2.16　短裂缝大模型图

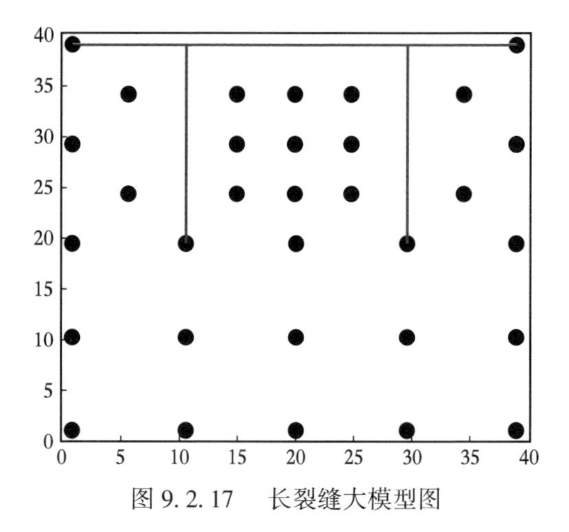

图 9.2.17　长裂缝大模型图

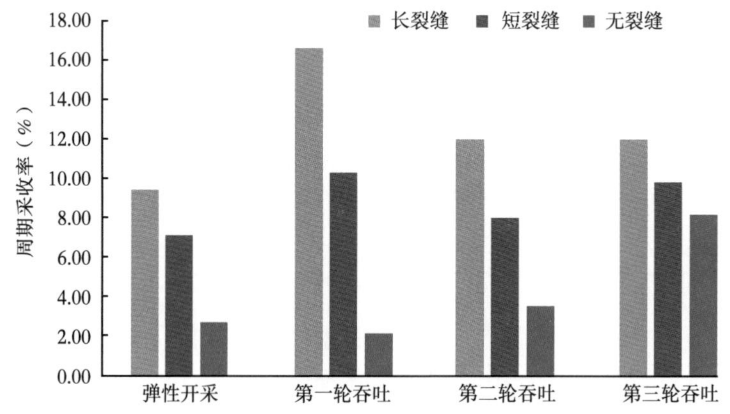

图 9.2.18　不同裂缝长度下不同轮次的阶段采出程度柱状图

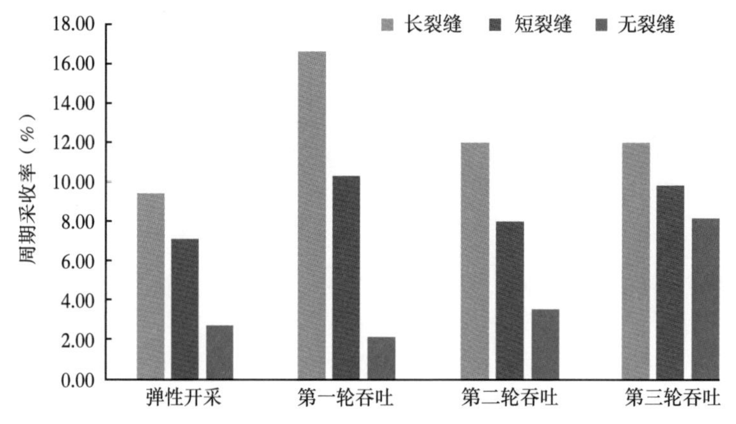

图 9.2.19　不同裂缝长度下不同轮次的累积采出程度柱状图

速度对注气吞吐的影响。一次性降压开采条件下不同轮次的阶段采出程度如图 9.2.20 所示，分两段降压开采条件下不同轮次的累积采出程度如图 9.2.21 所示。可以看出，分段采油效果明显好于一次性快速降压的采油效果。分段降压实验前两个周期在降低到 8MPa

时的采出程度就已经超过一次性降压实验的开发效果，说明分段降压对提高 CO_2 吞吐的开发效果具有重要意义，因此注气吞吐时应当尽量控制采油速度。分析认为，采油速度过快，快速降压将导致较大体积的泡沫尺寸，产生贾敏效应，影响原油的产出。

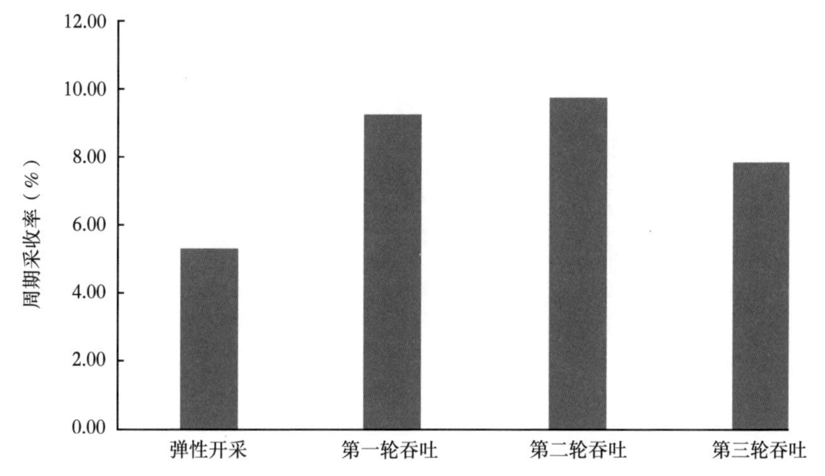

图 9.2.20　一次性降压开采条件下不同轮次的阶段采出程度柱状图

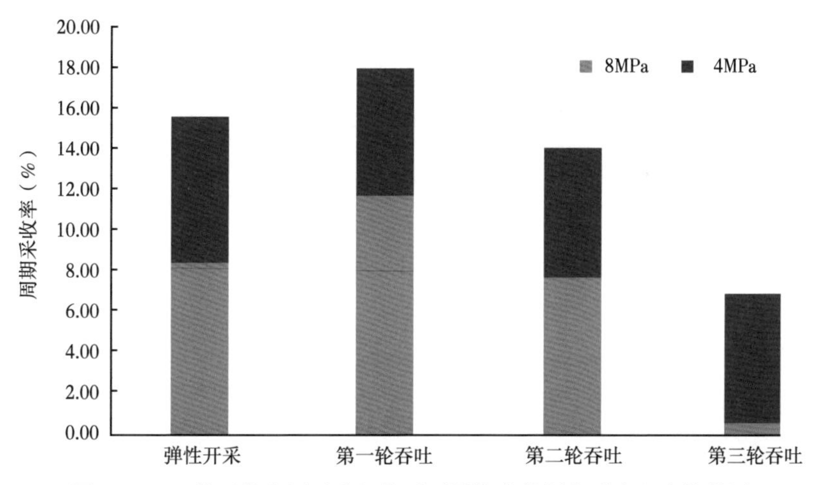

图 9.2.21　分两段降压开采条件下不同轮次的累积采出程度柱状图

9.2.3.3　注入量的影响

采用长裂缝模型，采用不同的注入量开展大模型实验，研究不同气体注入量对注气吞吐的影响，实验过程中，采用定压力注入 CO_2，注入量的控制是通过控制衰竭式采油过程中的采油量实现的，因此衰竭式采油量越大，注入量也越大。不同注入量条件下不同轮次的阶段采出程度如图 9.2.22 所示。可以得出，较大的注入量条件下，第一周期和第二周期可获得较高的采出程度，说明实验条件下，较大的注入量有利于提高 CO_2 吞吐效果。

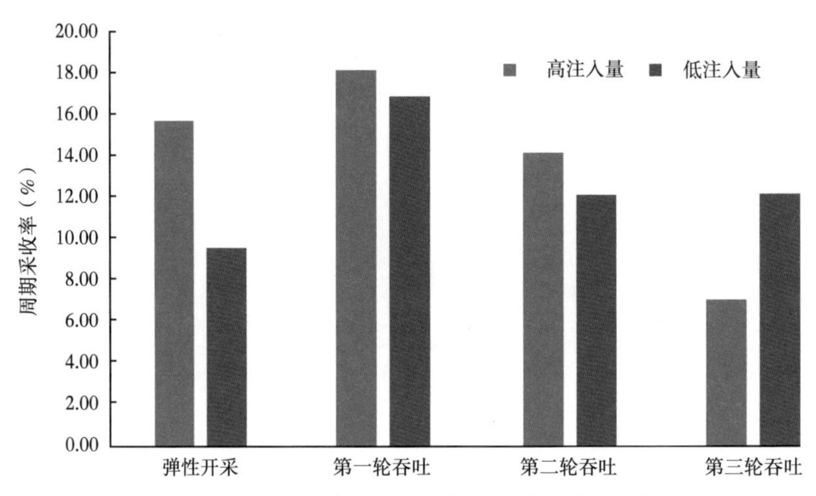

图 9.2.22　不同注入量条件下不同轮次的阶段采出程度柱状图

9.2.4　国内外注气吞吐开发实践

近十多年来，低品位油藏注气吞吐开发研究的重点领域为超低渗透及致密油藏（小于 1mD）。国内外分别从实验和数值模拟的角度对超低渗透及致密油藏注气吞吐提高采收率进行了评价和分析。同时，多家作业公司开展了矿场试验或小规模开发。统计资料显示，现阶段超低渗透及致密油藏注气吞吐开发仍以实验和数值模拟研究为主，矿场试验研究仅占 3%，且 70%以上的矿场试验在美国的巴肯组和鹰滩组开展[57]。因美国开发区域或邻近区块生产大量伴生气，作业者出于成本原因，大多采用伴生气为注入气源，其次为 CO_2（图 9.2.23）。

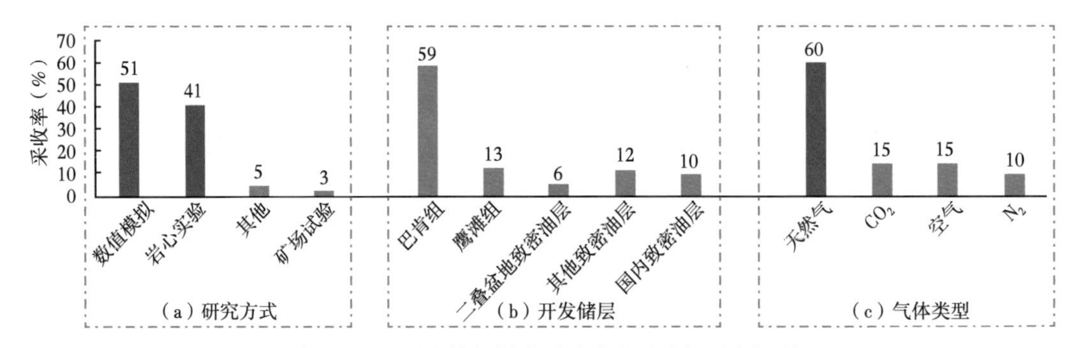

图 9.2.23　国内外超低渗透及致密油注气开发概况

国外较早开展注气吞吐开发的油田是巴肯组，2008 年以来，EOG 能源公司等多家作业公司选用 CO_2 为注入气体开展吞吐试验（图 9.2.24）。就开发效果而言，EOG 能源公司主导的试验#1 产量没有明显增加，注入 11d 后在补偿井突破；由三家公司联合开展的试验#2 产量略有提升，如图 9.2.25 所示，然而，国外多名学者认为产量提升归功于压裂作业；试验#3 高流量的注入产生了直井压裂效果，注入不到 24h 气体突破，也未观察到产量增加。巴肯组的矿场试验表明，渗透率亚毫达西级储层中 CO_2 具有可注性，高注入速率下注入压力没有超过地层破裂压力；矿场实际注入能力有可能比实验结果高，高压注气导致矿场试验的气体突破时间早（表 9.2.1）。

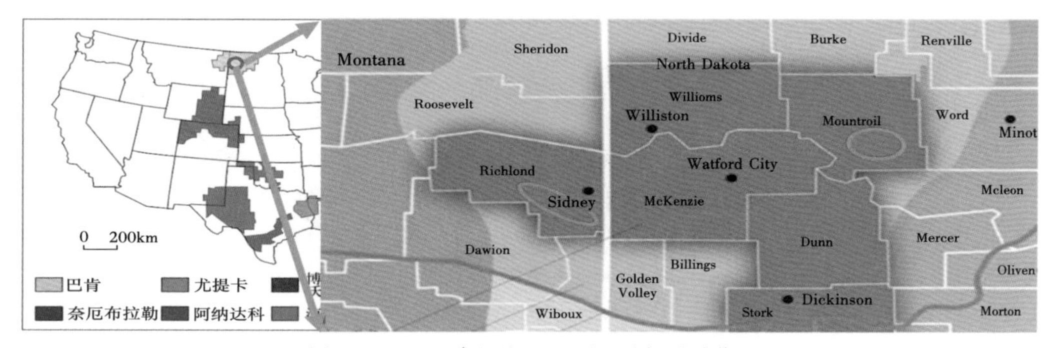

图 9.2.24 巴肯组注 CO_2 吞吐矿场试验位置

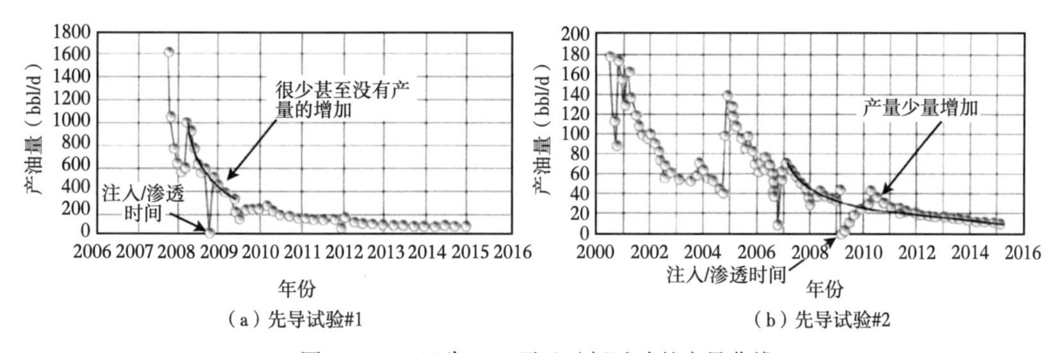

图 9.2.25 巴肯 CO_2 吞吐矿场试验的产量曲线

表 9.2.1 巴肯组矿场试验基本信息及效果分析

试验号	地区	年份	注入流体	注入方式	水平段长度（m）	注入速度（10^4m^3）	效果分析
试验#1	北达科他州	2008	CO_2	吞吐	1509.1	2.8	产量没有明显增加，注入 11d 后在补偿井突破
试验#2	蒙大纳州	2009	CO_2	吞吐	485.2	4.2~5.7	CO_2 注入大约一年后出现产量少量增加，受效滞后，较常规储层 CO_2 扩散率非常低
试验#3	北达科他州	2014	CO_2	直井注入		0.8~1.4	产量没有明显增加，高流量的注入产生了直井压裂效果，注入不到 24h 气体突破

注天然气吞吐开发主要在鹰滩组开展，最早可以追述到 2012 年，刚开始对单井开展吞吐试验，鉴于产量提升明显，开发效果良好，作业者逐渐扩大试验规模。在 Gonzales 郡，试验井数从 1 口逐渐增加至 32 口。同时，作业者也在周边其他区块开展注天然气吞吐矿场试验，试验区分布如图 9.2.26 所示。其中 EOG 能源公司开发规模最大，截至 2019 年，吞吐井数达 150 口，分别在 Henkhaus、Mitchell、Martindale 和 Whyburn 四个区块开展，见表 9.2.2。

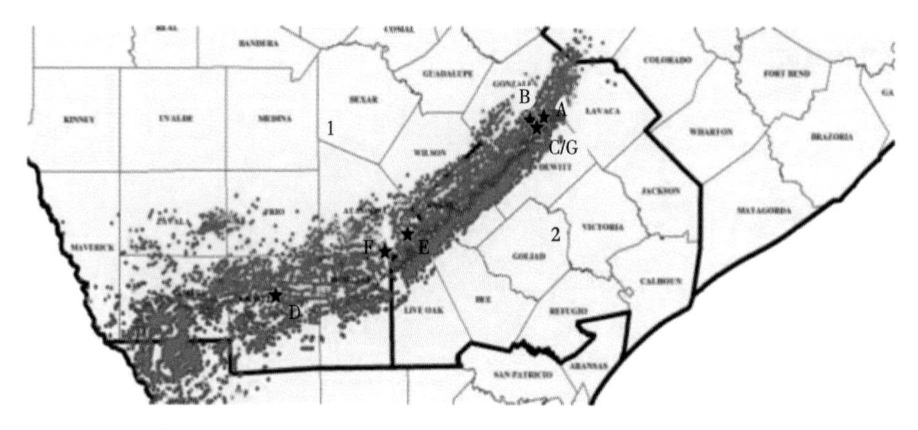

图 9. 2. 26　鹰滩注气试验区位置图

表 9. 2. 2　鹰滩组注气试验效果分析

项目	年份	郡县	试验井数	区块内井数	效果分析
鹰滩试验 A	2012	Gonzales	1	1+	每一次循环产量都提高到初始产量的一半左右，注气后气油比由 1000ft³/bbl 下降至 200ft³/bbl 以下
鹰滩试验 B	2015	Gonzales	4	8	气油比基本保持不变，单井产量由 23t/d 提高至 51t/d，减缓产量递减，累计产量增加 17%
鹰滩试验 C	2015	Gonzales	6	14	气油比基本保持不变，单井产量由 58t/d 提高至 146t/d，累计产量增加 20%
鹰滩试验 D	2015	LaSalle	4	4	开采 3 年，4 口井累计产量由 1.8×10^4t 增加至 4.2×10^4t，产量预测显示注气将多采 50%产量
鹰滩试验 E	2015	Atascosa	1	4	试验井数少，效果不明确
鹰滩试验 F	2015	Atascosa	1	61	试验井数少，效果不明确
鹰滩试验 G	2016	Gonzales	32	41	产量明显提升
EOG 公司[58]	2019	Henkhaus、Mitchell、Martindale 和 Whyburn 区块	150		浸泡时间对开发效果影响甚微，注入速率及注入量对产量提升有明显作用，单井产量可提高 1. 8~2 倍

就开发效果而言，产量平均提升 1. 8~2 倍，部分井产量甚至增加 10 倍以上[59]。其中试验 A、试验 G 及 EOG 能源公司的开发效果较为突出，试验 A 始于 2012 年底，一年中实施三次吞吐。每次吞吐产量提高到一次采油产量峰值的一半左右，如图 9. 2. 27 所示。

试验 G 包括 32 口吞吐井，该区域共有 41 口在产井，随着注入项目的开始，试验区整体产量开始增加，如图 9. 2. 28 所示。

自 2012 年至 2016 年期间，EOG 资源公司先后在鹰滩页岩油五个区块开展天然气吞吐矿场试验，2014 年先对 Henkhaus 区块正式注气开发，后扩展到邻近的 Mitchell、Martindale 和

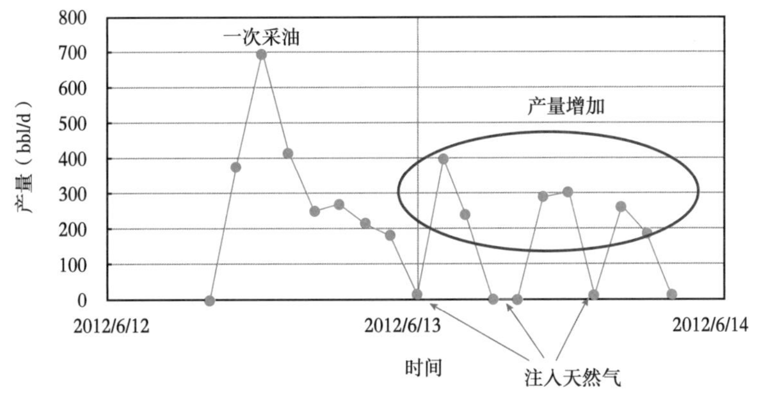

图 9.2.27 鹰滩组试验 A 产量曲线

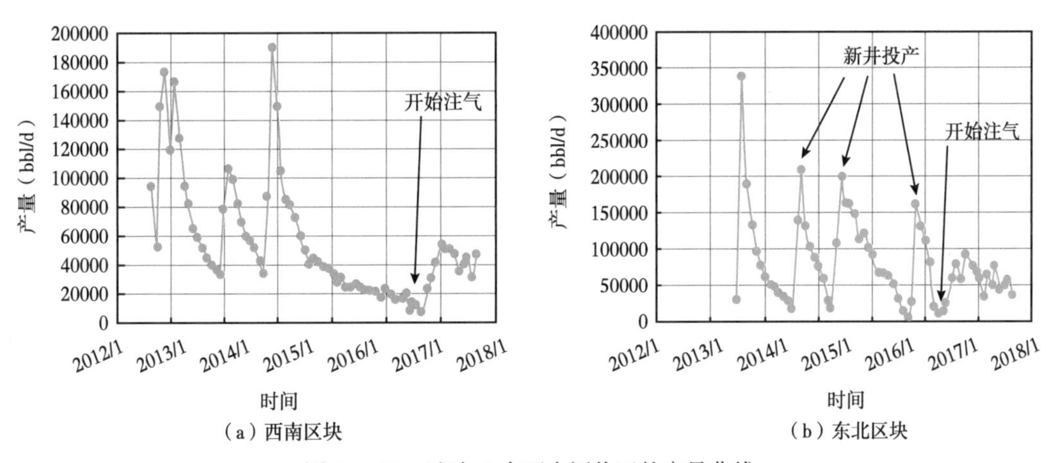

（a）西南区块

（b）东北区块

图 9.2.28 试验 G 中两个评价区的产量曲线

Whyburn 区块。注气前预计单井最终可采储量可达（28.6~39.3）$\times 10^4$bbl，转注后单井日产量可提高 167~200bbl（表 9.2.3）。选用调和递减法（$b=1.0$）预测井组最终可采储量，设定经济极限日产量为 10bbl，注气开发 10~15 年后产量提高 1.8~2 倍，如图 9.2.29 所示。

表 9.2.3 EOG 能源公司天然气吞吐开发效果

转注项目	区块	SteenScruggs	Martindale	Whyburn	Mitchell	Henkhaus
	转注时间	2012 年 11 月	2014 年 12 月	2015 年 1 月	2016 年 9 月	2014 年 10 月
井台情况	井数	1	4	8	14	14
	井距（m）	460+	152	244	76	152
	压缩机台数	2>0	2>1>0	3>1>0	2	2
单井可采储量（10^4bbl）	注气前	16.0	19.5	17.0	30.0	28.6
	注气后增加量	14.6	15.6	7.1	22.5	21.5
一轮注气后效果评价	转注井数	1	4	4	7	6
	井组产量增量（bbl/d）	250	850	600	1400	1200
	单井产量增量（bbl/d）	250	212	150	200	200
注入层顶深（m）		3338	3007	3017	3550	3557

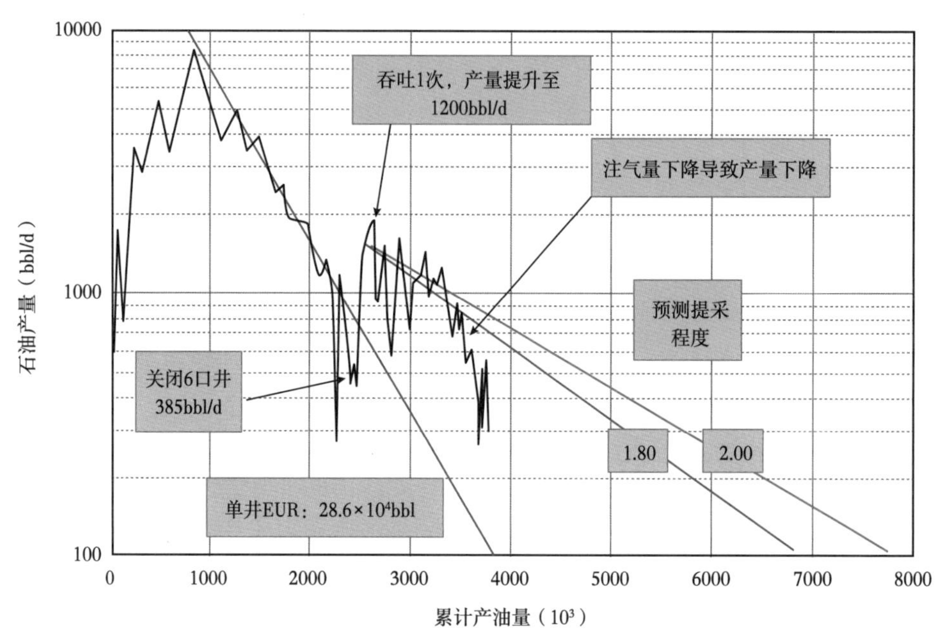

图 9.2.29　EOG 资源公司鹰滩组天然气吞吐开发效果预测图

国内油田如大庆、新疆油田也在近几年开展了致密油和页岩油的注气吞吐开发试验，并取得较好的初步开发效果，但相对规模较小，多以单井或个别井组为研究对象。如大庆葡 333 区块于 2015—2017 年间开展了 5 口缝网压裂井的 CO_2 吞吐试验，平均单井注入 200t CO_2，焖井 32d，初期平均单井日增油 2.9t，单井累计增油 470.3t，其中葡扶 164-352 井油层厚度达 13.8m，注入 CO_2 共计 200t，初期日增油 5.3t，生产 658d 后产量降至措施前水平，有效期内累计增油 996t，投入产出比达 1.3.6，注气吞吐前后生产动态如图 9.2.30 所示。

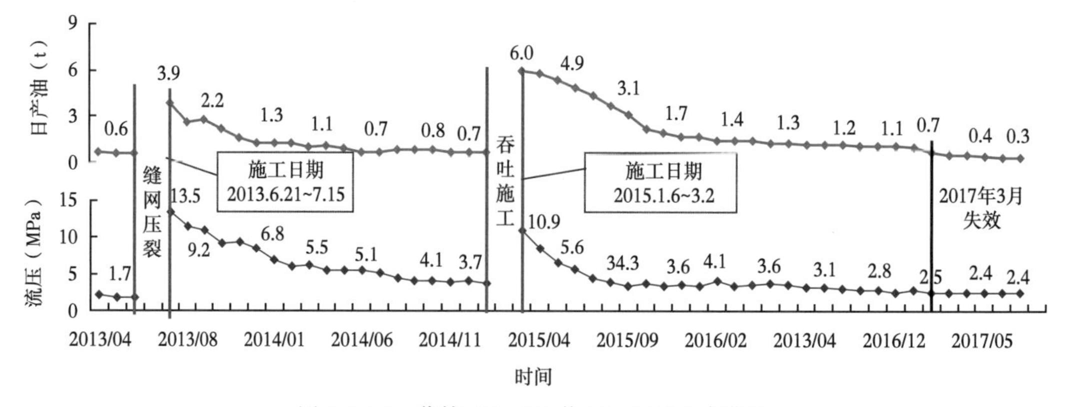

图 9.2.30　葡扶 164-352 井 CO_2 吞吐生产曲线

9.3 注气开发新模式

9.3.1 注气开发新模式建立

根据顶部注气和注气吞吐开发机理，综合两种注气方式的特征，建立“顶部注气+注气吞吐”注气开发新模式，开发步骤如图 9.3.1 至图 9.3.3 所示。

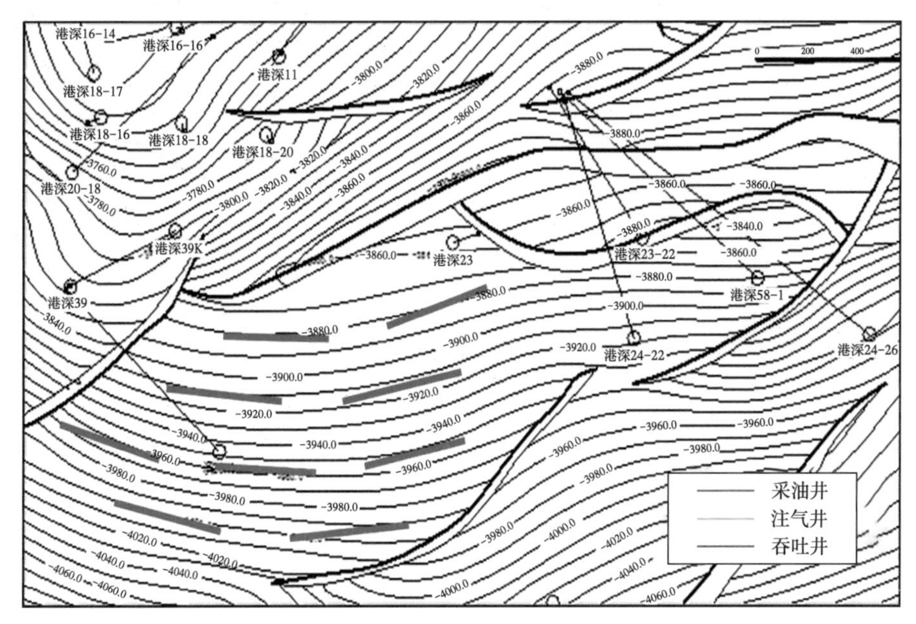

图 9.3.1　注气开发新模式示意图（步骤 1）

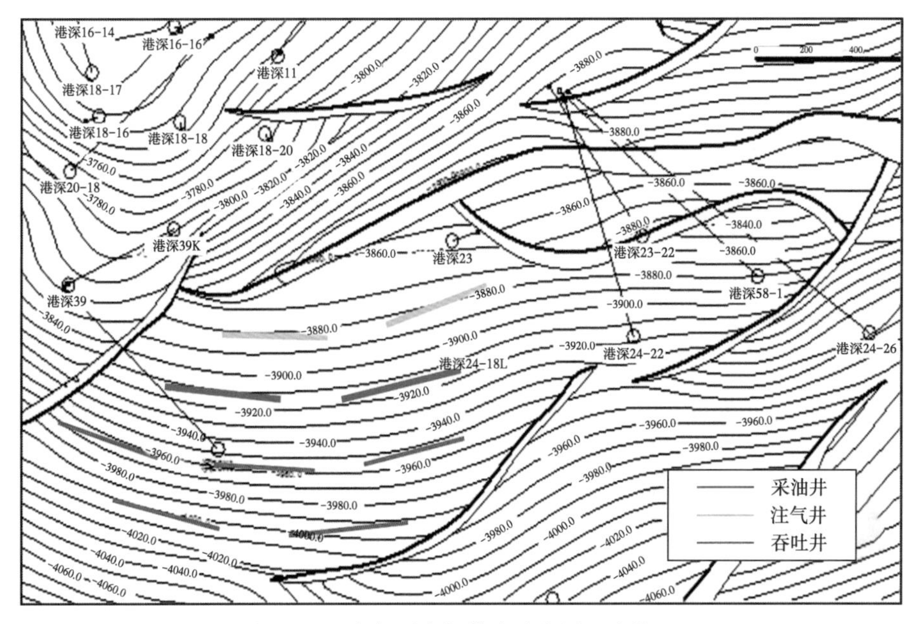

图 9.3.2　注气开发新模式示意图（步骤 2）

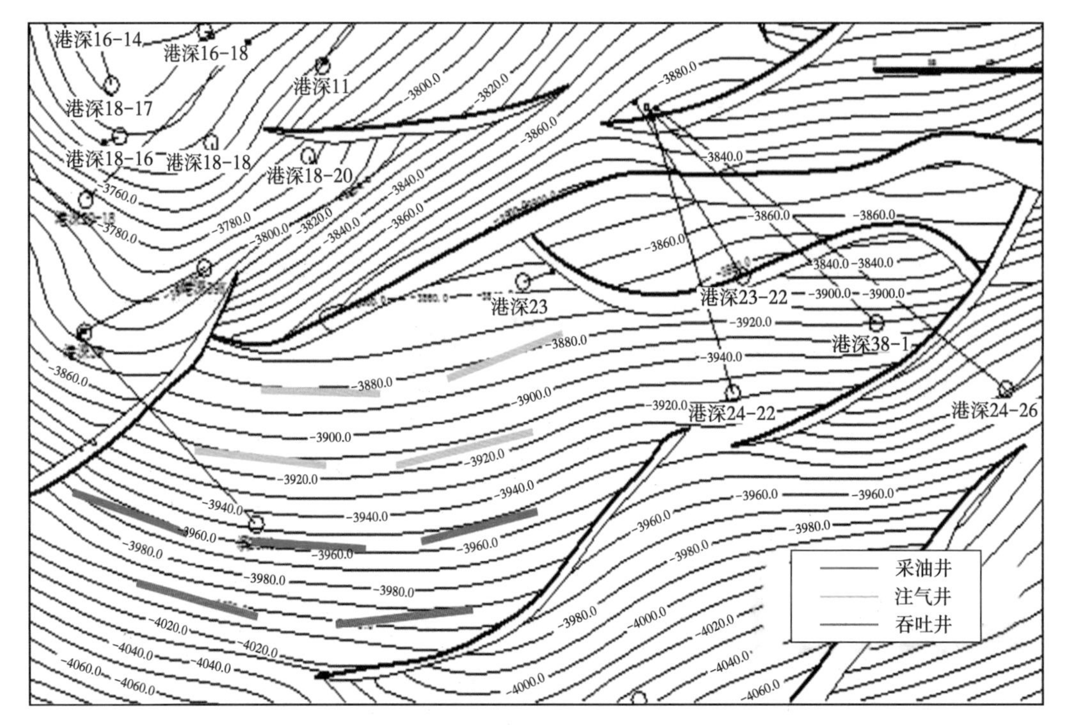

图 9.3.3 注气开发新模式示意图（步骤 3）

第一步：不分注采井别，所有井初期均衰竭开采，顶部注气井不压裂或可小规模压裂；

第二步：地层压力下降后，顶部注气井开始注气，一线油井驱替开采，二线及以下油井通过注气吞吐补充能量开采；

第三步：顶部气井注入气到达一线油井，一线油井转注，二线油井停止注气吞吐，驱替开采，三线及以下油井仍然注气吞吐，以此类推。

9.3.2 注气开发新模式先导试验

9.3.2.1 先导试验区优选

为破解常规注水开发的技术瓶颈，转变开发思路，探索低品位油藏注气开发方式和开发模式，选择北大港深层低渗透 GS58-1 区块作为注气开发新模式的先导试验区，选择试验区的依据如下。

首先，油藏有代表性：主力开发层系为沙一下板Ⅱ段油藏，储层平均渗透率为 1.6mD，为马东地区特低渗透主力层系，埋深 3860～3900m，为构造—岩性低饱和度低渗透油藏，在未动用区块中具代表性，先导试验具后续推广潜力；

其次，试验区储量未动用：在试验井区仅有 GS23 和滨 26X1 试采，未注水开发，油藏压力相对较高，有望取得较好的开发效果；

最后，试验区相对独立：油藏构造相对独立，便于后期开发评价。

进一步分析该先导试验区天然气驱的可行性。根据国内外成功的天然气驱经验，影响注天然气采收率油藏因素可分为五类：储层构造复杂程度；储层渗流物性参数；原始地质储量的品质；储层非均质性程度；储层能量状态（溶解气油比、原油体积系数等）。结合以上影响因素对 GS58-1 区块天然气驱可行性进行分析。

（1）油藏构造分析。

国内外注天然气实例表明，油藏构造是天然气驱的主要影响因素，构造简单、断层封闭型好、天然裂缝不发育的储层适合天然气驱。

北大港油田马东开发区为一逆牵引背斜构造，轴向北东，长轴 4km，短轴 3km，闭合度 200m，倾角 10°，内部仅发育一条断层，走向近似东西向，断距 500m。油层埋藏深达 3540~3920m。港新 57 井为构造高点，向周围迅速降低，至 GS18-20 井、马 G1-3 井下降幅度达 150m 左右，形成典型的滚动背斜形态。GS58-1 断块主体储层发育稳定，外部受断层切割，内部断层少，相对简单，同时地层有一定的倾角，利于重力驱油，因此适合开展天然气驱。

（2）储层物性及原油性质分析。

文献调研表明，孔隙度的变化对采收率影响不太敏感，孔隙度增高 20%，采收率仅下降 0.06%，而渗透率对天然气驱替效果有一定的影响，并且渗透率越低，其变化对采收率的影响越大。从变化规律分析看，低渗透油藏注气更有利；溶解气油比越大，地层能量越充足，气驱采收率越高。在高气油比油藏注气能够取得比低气油比油藏更显著的效果；地下原油黏度越小，流度比越小，驱替效果越好。

GS58-1 断块沙一下板Ⅱ油组，地层原油黏度为 0.1124mPa·s，原始气油比为 275.8m^3/t 左右，原油体积系数为 2.3638。油藏有效孔隙度 12%，空气渗透率 1.6mD，为低黏度、低渗透油藏，符合天然气驱基本条件。

（3）剩余储量及提高采收率潜力分析。

文献调研发现，天然气驱的区块要有一定的剩余可采储量。GS24-22 断块面积 1.49km^2，断块目的层地质储量 85.5×10^4t，主力层位板Ⅱ-3、板Ⅱ-4 合计储量 59.5×10^4t，占总储量 69.6%，方案设计新井动用储量 55.3×10^4t。新井动用区块历史上共钻遇 2 口井，未进行注水开发，目的层注采井网不完善，采出程度仅为 4%。通过调研发现，该类油藏实施天然气驱均能大幅度提高原油采收率，连续注气提高采收率 14%~16%。因此该油藏转天然气驱提高采收率的潜力很大。

通过对国内外注天然气驱应用实例调研，大港油田马东 GS58-1 断块适合注天然气驱技术的应用。

9.3.2.2 先导试验区油藏特征

（1）油藏类型。

马东开发区受港东断层活动不均衡性的影响，断裂体系复杂，断块多且分割性强；沉积时该区受燕山物源影响，岩性变化大，储层非均质性强；上述因素使马东开发区主要发育两种类型的油气藏。

①圈闭核心区的构造油气藏：构造圈闭为油气藏的主控因素，油藏具明确的油水界面。如马东开发区 GS11 井区的板Ⅲ油组（图 9.3.4）。

②无构造背景的低渗透油气藏：油层含油性主要受储层物性影响且含油饱和度较低，无明显的油水界面。如马东开发区的板Ⅱ油组（图 9.3.5）。

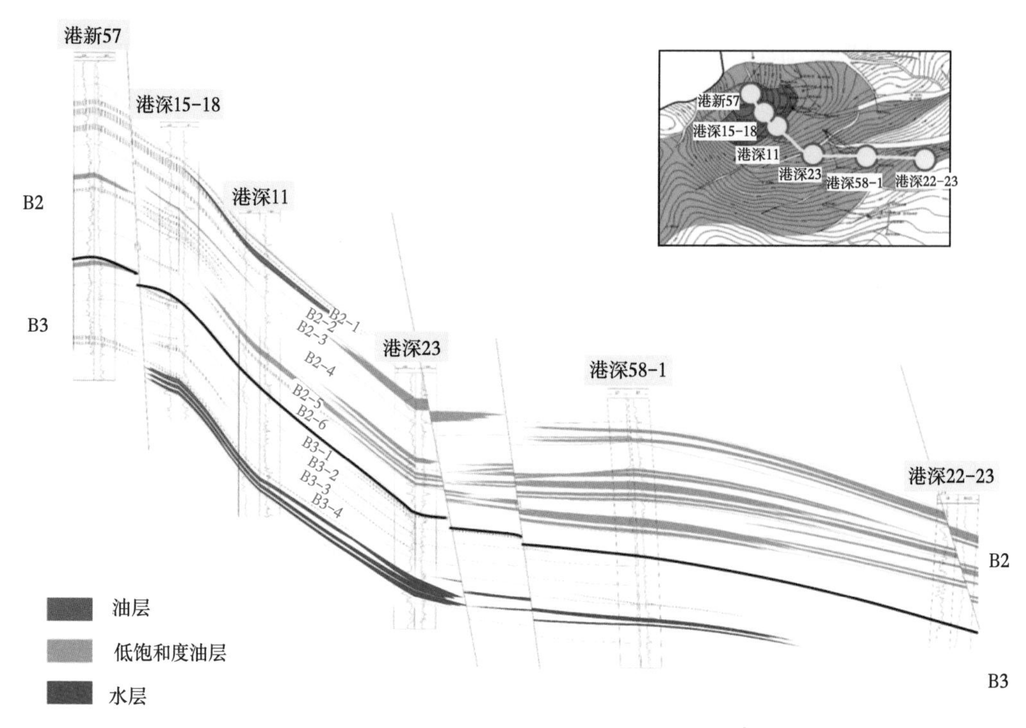

图 9.3.4　马东开发区纵向油藏剖面图

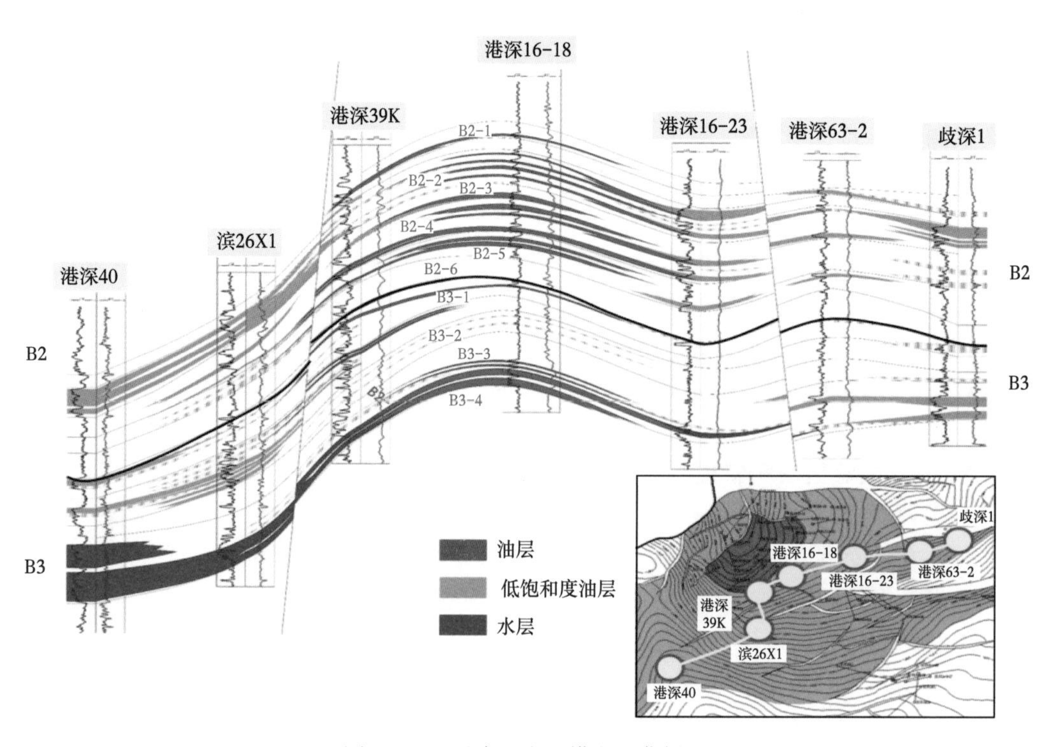

图 9.3.5　马东开发区横向油藏剖面

（2）油藏流体特征。

北大港油田马东开发区油藏原油密度平均为 0.8138g/cm^3，地面原油黏度为 10.2896mPa·s，地下原油黏度为 0.1124mPa·s，原油体积系数为 2.3638，原油凝固点为 27℃，原油含腊量为 18.7%，地层水性质 $NaHCO_3$ 型，总矿化度为 24968mg/L，属低密度、低黏度原油。

（3）油藏温度压力系统特征。

北大港油田马东开发区板Ⅱ油组油藏中深 4084m，原始地层压力为 57.5MPa，地层压力系数为 1.408，饱和压力为 40.1 MPa，气油比为 456m^3/t，地层温度为 150.5℃，地温梯度为 3.3℃/100m，属超高压深层低渗透油藏。

9.3.2.3 气驱油藏工程设计

（1）最小混相压力确定。

驱油机理不同达到的驱油效果不一样。理论和实践都已证明，混相驱的驱油效率比非混相驱的高。这两种机理应用的界限就是最小混相压力（MMP），也就是能形成混相的最低压力。为了确定最小混相压力，通过实验法、模拟法、计算和经验公式确定该油藏最小混相压力约为 45MPa。

（2）开发层系划分。

沙一下板Ⅱ油组是本区主力含油层系，根据层系划分原则，先导试验针对该层系考虑为一套井网、一套开发层系（图 9.3.6）。

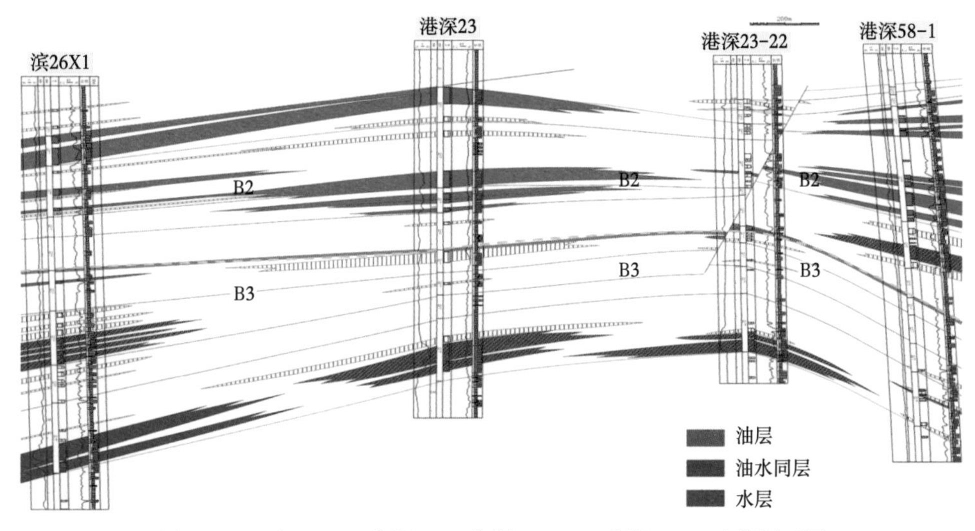

图 9.3.6 滨 26X1—港深 23—港深 23-22—港深 58-1 油藏剖面图

（3）井网井型优选。

优化采用大斜度井顶部注气和底部采油方案，优选注采井距 300m，该井距下注气可明显受效，又可以较好地控制气窜速度。

9.3.2.4 先导试验区方案设计

先导试验方案的原则是创新开发技术，采用全新的开发方式，同时充分考虑现场开发风险，整体设计，分步实施。

根据前期研究成果和现场实际情况，确定马东开发区 GS58-1 区块天然气驱提高采收率试验最终优选方案，井位部署如图 9.3.7 所示。

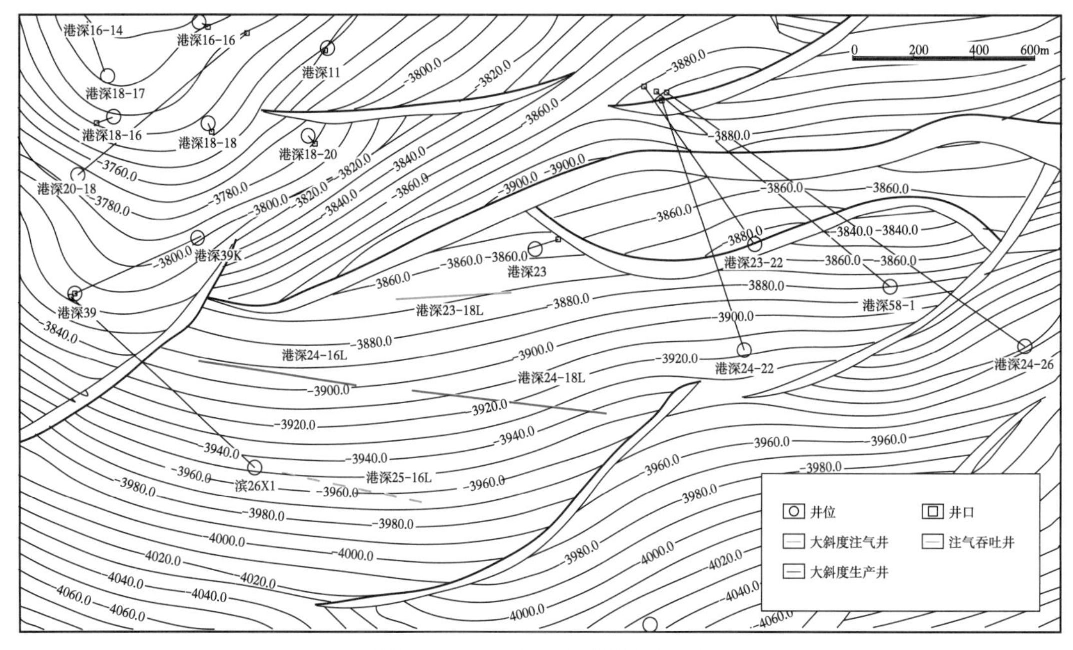

图 9.3.7　注气方案井位部署图

方案要点包括：

（1）方案总体采用顶部注天然气驱方式采油，新钻 4 口大斜度井（1 口注气井，2 口采油井，1 口注气吞吐井），GS23-22 和 GS58-1 井作为监测井，滨 26X1 井和 GS23 井封井；

（2）部署大斜度井优选井距 300~350m，生产井斜井段长度 500~600m，注气井斜井段长度 300~350m；

（3）大斜度井采用同步注气方式，单井日注入量优化为 $4\times10^4m^3$；

（4）吞吐日注入量 $1.5\times10^4m^3$，吞吐周期优化为注气 1~2 个月，压力恢复至原始地层压力的 90%左右，焖井 1 个月，生产约 1.5 年。

9.3.2.5　方案指标预测

计算方案开发指标见表 9.3.1，其中大斜度井最高年平均单井日产油 19.2t，新建产能 3.0×10^4t，最高采油速度 2.8%，十五年评价期末累计产油 12.43 万吨，预测采出程度 26.9%。

十五年评价期内方案注气吞吐井最高年平均日产油 14.5t，大斜度井最高年平均单井日产油 19.1t，十五年内最高采油速度 2.8%；十五年末区块累计产油 12.4×10^4t，采出程度 26.9%；十五年末区块累计注气 $16992\times10^4m^3$，约 0.13PV；十五年末区块累计产气 $18071\times10^4m^3$。

注水井网十五年末累计产油 5.56×10^4t，注气方案多采油 6.87×10^4t，注气比注水采出程度提高 12.5%。

表 9.3.1　方案开发指标预测表

时间	新投井数（口）	总井数（口）	油井数（口）		注气井（口）		日产油（t）		日产液（m^3）		日产气（10^4m^3）		日注气（10^4m^3）		气油比（m^3/m^3）	累计产油量（10^4t）	累计产气量（10^4m^3）	累计注气量（10^4m^3）	含水率（%）	采油速度（%）	采出程度（%）
			吞吐井	大斜度井	吞吐井	大斜度井	吞吐井	大斜度井	吞吐井	大斜度井	吞吐井	大斜度井	吞吐井	大斜度井							
2018	2	2	1	1	0	0	14. 53	19. 12	25. 94	28. 75	0. 81	1. 07	0	0	468	0. 50	282	0	26. 90	0. 92	5. 23
2019	2	4	1	2	0	1	7. 81	17. 73	13. 76	28. 28	0. 44	0. 99	0	4. 0	467	1. 80	1006	1200	28. 72	2. 36	7. 59
2020	0	4	1	2	1	1	13. 86	19. 10	22. 69	28. 35	0. 85	1. 30	1. 5	4. 0	556	3. 36	2043	2448	23. 36	2. 84	10. 43
2021	0	4	1	2	1	1	13. 86	19. 24	23. 65	28. 28	0. 81	2. 42	0	4. 0	903	4. 94	3735	3648	24. 44	2. 85	13. 28
2022	0	4	1	2	1	1	10. 75	16. 19	19. 98	23. 86	0. 68	3. 44	1. 5	4. 0	1470	6. 23	6005	4890	27. 41	2. 35	15. 63
2023	0	4	1	2	1	1	6. 12	9. 37	10. 40	13. 97	0. 35	2. 46	1. 5	4. 0	1775	6. 97	7584	6137	24. 89	1. 36	16. 99
2024	0	4	1	2	1	1	9. 37	6. 78	19. 06	10. 11	0. 74	2. 09	0	4. 0	1797	7. 66	9060	7340	30. 65	1. 25	18. 24
2025	0	4	1	2	1	1	8. 69	5. 66	17. 10	8. 54	0. 62	1. 84	1. 5	4. 0	1799	8. 26	10348	8585	30. 14	1. 09	19. 33
2026	0	4	1	2	0	1	8. 67	5. 18	16. 58	7. 64	0. 51	1. 64	0	4. 0	1666	8. 83	11484	9785	28. 34	1. 04	20. 37
2027	0	4	1	2	0	1	9. 83	4. 69	18. 21	7. 01	0. 58	1. 49	0	4. 0	1554	9. 41	12553	10985	27. 91	1. 05	21. 42
2028	0	4	1	2	0	1	11. 25	4. 08	20. 28	6. 17	0. 71	1. 34	0	4. 0	1467	9. 99	13572	12188	27. 45	1. 06	22. 48
2029	0	4	1	2	0	1	12. 48	3. 77	21. 99	5. 67	0. 97	1. 17	0	4. 0	1382	10. 59	14562	13388	26. 51	1. 09	23. 57
2030	0	4	1	2	0	1	15. 08	3. 99	25. 60	5. 94	1. 79	0. 72	0	4. 0	1178	11. 28	15534	14588	24. 81	1. 26	24. 83
2031	0	4	1	2	0	1	14. 01	3. 35	23. 34	4. 97	2. 65	0. 72	0	4. 0	1659	11. 91	16764	15788	23. 97	1. 13	25. 96
2032	0	4	1	2	0	1	12. 47	2. 52	20. 52	3. 70	3. 14	0. 61	0	4. 0	2087	12. 43	18071	16992	25. 25	0. 95	26. 91

9.3.2.6 注气方案经济评价

对推荐方案注气方案进行经济评价，选取的基础参数见表 9.3.2。

表 9.3.2 经济评价基础参数表

参数	数值	参数	数值
石油目标收益率（%）	8	吨桶比	7.013
石油基准投资回收期（a）	8	汇率（美元/人民币）	6.7
基准折现率（%）	10	盈余公积金公益金比例（%）	10
固定资产中自有资金比例（%）	55	所得税比例（%）	25
流动资金中自有资金比例（%）	30	固定资产残值率（%）	0
进项税税率（%）	16	折旧方法	产量法
原油销项税税率（%）	16	弃置费比例（%）	5
天然气销项税税率（%）	10	原油价格（不含税）（元/t）	阶梯油价
城建税及教育费附加比例（%）	10	原油商品率（%）	97.71
地方教育附加（%）	2	天然气价格（不含税）（元/10^3m^3）	1446.85
流动资金贷款利率（%）	4.35	天然气商品率（%）	83.5
原油资源税（%）	5.18	建设资金贷款利率（%）	4.9

注：阶梯油价 2018—2020 年分别为 55 美元/bbl、60 美元/bbl、60 美元/bbl，2021 年以后均按 70 美元/bbl 考虑。

经济评价结果表明，按照油价 55 美金/bbl 测算结果可以看出，税后财务内部收益率为 9.69%、财务净现值 622 万元、投资回收期 6.54a。从项目敏感性分析结果来看，财务内部收益率高于 8%，净现值为正，项目可行。

按照阶梯油价测算后，项目税后财务内部收益率为 16.04%，财务净现值为 3216 万元，投资回收期为 4.99a，各项评价指标均达到了中石油标准，项目盈利能力较强；从项目的敏感性分析结果来看，项目具有一定抗风险能力，项目从财务角度而言是可行的。

参考文献

[1] 吴颜雄，杨晓菁，薛建勤，等．柴西地区扎哈泉致密油成藏主控因素分析［J］. 特种油气藏，2017，24（3）：21-25.

[2] 杨智，侯连华，林森虎，等．吉木萨尔凹陷芦草沟组致密油—页岩油地质特征与勘探潜力［J］. 中国石油勘探，2018，23（4）：76-85.

[3] 李登华，刘卓亚，张国生，等．中美致密油成藏条件、分布特征和开发现状对比与启示［J］. 天然气地球科学，2017，28（7）：1126-1138.

[4] 方向，杨智，郭旭光，等．中国重点盆地致密油资源分级评价标准及勘探潜力［J］. 天然气地球科学，2019，30（8）：1094-1105.

[5] US Energy Information Bureau. 2021. https：//www. eia. gov/petroleum/drilling/.

[6] Canadian Association of Petroleum Producers. 2018 Crude Oil Forecast，Markets and Transportation［R/OL］. https：//www. capp. ca/publications-and-statistics/crude-oil-forecast. html.

[7] BREYER J A. The Eagle Ford Shale-A renaissance in U. S. oil production［M］//AAPG Memoir110. Tulsa：American Association of Petroleum Geologists，2016.

[8] Zagorski W A，Wrightstone G R，Bowman D C. The Appalachian Basin Marcellus gas play：Its history of development，geologic controls on production，and future potential as a world-class reservoir［M］//BREYER J A. Shale reservoirs-Giant resources for the 21st Century：AAPG Memoir97. Tulsa：American Association of Petroleum Geologists，2012：172-200.

[9] Pollastro R M，Roberts L N R，Cook T A. Geologic Model for the Assessment of Technically Recoverable Oil in the Devonian- Mississippian Bakken Formation，Williston Basin［M］//BREYER J A. Shale reservoirs-Giant resources for the 21st Century：AAPG Memoir97. Tulsa：American Association of Petroleum Geologists，2012：205-257.

[10] 黎茂稳，马晓潇，蒋启贵，等．北美海相页岩油形成条件、富集特征与启示［J］. 油气地质与采收率，2019，26（01）：13-28.

[11] Donovan A D，Staerker T S，Gardner R M，et al. Findings from the Eagle Ford Outcrops of West Texas&implication to the Subsurface of South Texas［M］//BRYER J A. The Eagle Ford Shale-A renaissance in U. S. Oil Production：AAPG Memoir110. Tulsa：American Association of Petroleum Geologists，2016：301- 336.

[12] Dickerson P W. Evolution of the Delaware Basin［M］//MUEHL-BERGER W R，DICKERSON P W，DYER J R，et al. Structure and Stratigraphy of Trans-Pecos Texas：El Paso to Guadalupe Mountains and Big Bend July20-29，1989. American Geophysical Union，2013：113-122.

[13] Kamruzzaman，Asm，Prasad，Manika，and Stephen Sonnenberg. Petrophysical Rock Typing in Unconventional Shale Plays：The Niobrara Formation Case Study. Paper presented at the SPE/AAPG/SEG Unconventional Resources Technology Conference，Denver，Colorado，USA，July 2019.

[14] Lisha Zhao，Xin Li，Shuhong Wu，et al. Method for Calculating Productivity of Water Imbibition Based on Volume Fracturing Stimulations of Low Permeability Reservoirs［J］. Geofluids，Volume 2021，Article ID 6693359.

[15] 吴忠宝，曾倩，李锦，等. 体积改造油藏注水吞吐有效补充地层能量开发的新方式［J］. 油气地质与采收率，2017，24（5）：80-83.

[16] 吴忠宝，李莉，张家良，等. 低渗透油藏转变注水开发方式研究——以大港油田孔南 GD6X1 区块为例［J］. 油气地质与采收率，2020，27（5）：105-106.

[17] Merchant，D. Enhanced Oil Recovery – the History of CO_2 Conventional Wag Injection Techniques Developed from Lab in the 1950&rsquo to 2017. Carbon Management Technology Conference. doi：

10. 7122/502866-MS.

[18] Moffitt, P. D, Zornes, D. R. Postmortem Analysis: Lick CreekMeakin Sand Unit Immiscible CO_2 Waterflood Project. SPE 24933 presented at the 1992 SPE Annual Technical Conference and Exhibition, Washington, DC, 4-7 October.

[19] Merchant, D. H, Thakur, S. C. Reservoir Management in Tertiary CO_2 Floods. SPE 26624 presented at the 1993 SPE Annual Technical Conference and Exhibition, Houston, 3-6 October.

[20] Kumar, R, Eibeck, J. N. CO_2 Flooding a Waterflooded Shallow Pennsylvanian Sand in Oklahoma: A Case History. SPE 12668 presented at the 1984 SPE/DOE Enhanced Oil Recovery Symposium, Tulsa, Oklahoma, 15-18 April.

[21] Fox, M. J. et al. Review of CO_2 Flood Springer 'A' Sand, NE Purdy Unit, Garvin County, Oklahoma. SPE 14938 presented at the 1986 SPE/DOE Enhanced Oil Recovery Symposium, Tulsa, Oklahoma, 20-23 April.

[22] Pittaway, K. R. et al. The Maljamar Carbon Dioxide Pilot: Review and Results. JPT (October 1987) 1256.

[23] Desch, J. B. et al. Enhanced Oil Recovery by CO_2 Miscible Displacement in the Little Knife Field, Billings County, North Dakota. JPT (September 1984) 1592.

[24] Hsie, J. C, Moore, J. S. The Quarantine Bay 4RC CO_2-WAG Pilot Project: A Post-Flood Evaluation. SPE 15498 presented at the 1986 SPE Annual Technical Conference and Exhibition, New Orleans, 5-8 October.

[25] Christensen J. R, Stenby E. H, Skauge, A. Review of WAG (Water Alternating Gas) field experience. SPEREE, V4, No 2, pp 97-106. April 2001.

[26] Brownlee, M. H, Sugg, L. A. East Vacuum Grayburg-San Andres Unit CO_2 Injection Project: Development and Results to Date. SPE 16721 presented at the 1987 SPE Annual Technical Conference and Exhibition, Dallas, 27-30 September.

[27] Bellavance, J. F. R. Dollarhide Devonian CO_2 Flood: Project Performance Review 10 Years Later. SPE 35190 presented at the 1996 Permian Basin Oil and Gas Recovery Conference, Midland, Texas, 27-29 March.

[28] Masoner, L. O, Abidi, H. R, Hild, G. P. Diagnosing CO_2 Flood Performance Using Actual Performance Data. SPE 35363 presented at the 1996 SPE/DOE Symposium on Improved Oil Recovery, Tulsa, Oklahoma, 21-24 April.

[29] Merritt, M. B, Groce, J. F. A Case History of the Hanford San Andres Miscible CO_2 Project," JPT (August 1992) 924.

[30] Burbank, D. E. Early CO_2 Flood Experience at the South Wasson Clearfork Unit. SPE 24160 presented at the 1992 SPE/DOE Symposium on Enhanced Oil Recovery, Tulsa, Oklahoma, 22-24 April.

[31] Kleinsteiber, S. W. The Wertz Tensleep CO_2 Flood: Design and Initial Performance," JPT (May 1990) 630; Trans., AIME, 289.

[32] Ring, J. M, Smith, D. J. An Overview of the North Ward Estes CO_2 Flood. SPE 30729 presented at the 1995 SPE Annual Technical Conference and Exhibition, Dallas, 22-25 October.

[33] Brokmeyer, R. J, Borling, D. C, Pierson, W. T. Lost Soldier Tensleep CO_2 Tertiary Project, Performance Case History; Bairoil, Wyoming. SPE 35191 presented at the 1996 SPE Permian Basin Oil and Gas Conference, Midland, Texas, 27-29 March.

[34] Langston, E. P, Shirer, J. A. Performance of Jay/LEC Fields Unit Under Mature Waterflood and Early Tertiary Operations. JPT (February 1985) 261.

[35] Spivak A, Garrison W. H, Nguyen J. P. Review of an Immiscible CO_2 Project. Tar Zone, Fault Block V, Wilmington Field, California," SPERE (May 1990) 155.

[36] van Poollen H. K. Fundamentals of Enhanced Oil Recovery. PennWell Books, Tulsa, Oklahoma (1980).

[37] Blanton J. R, McCaskill N, Herbeck E. F. Performance of a Propane Slug Pilot in a Watered-Out Sand—South Ward Field. JPT (October 1970) 1209.

[38] Stalkup F. I. Miscible Displacement, Monograph Series. SPE, Richardson, Texas (1980) 8.

[39] Griffith J. D, Cyca, L. G. Performance of South Swan Hills Miscible Flood. JPT (July 1981) 1319; Trans., AIME, 271.

[40] Asgarpour S. S, Todd. M. R. Evaluation of Volumetric Conformance for Fenn-Big Valley Horizontal Hydrocarbon Miscible Flood. SPE 18079 presented at the 1988 SPE Annual Technical Conference and Exhibition, Houston, 2-5 October.

[41] McGuire. P. L, Stalkup F. I. Performance Analysis and Optimization of the Prudhoe Bay Miscible-Gas Project. SPERE (May 1995) 88; Trans., AIME, 299.

[42] Hoolahan S. P. et al. Kuparuk Large-Scale Enhanced Oil Recovery Project. SPERE (May 1997) 82.

[43] Lloyd, C. J. Managing Hydrocarbon Injection at Judy Creek. J. Cdn. Pet. Tech. (February 1995).

[44] Omoregie Z. S, Jackson G. R. Early Performance of a Large Hydrocarbon Miscible Flood at the Mitsue Field, Alberta. SPE 16718 presented at the 1987 SPE Annual Technical Conference and Exhibition, Dallas, 27-30 September.

[45] MacLean, D. A. Design of a Field-Wide Hydrocarbon Miscible Flood for the Kaybob Beaverhill Lake ‘A’ Pool. J. Cdn. Pet. Tech. (May-June 1989).

[46] Dalen V, Instefjord R, Kristensen R. A WAG formation Pilot in the Lower Brent Formation at the Gullfaks Field. presented at the 1993 European IOR Symposium, Moscow

[47] Skauge, A, Berg, E. Immiscible WAG Injection in the Fensfjord Formation of the Brage Oil Field. number 014 presented at the 1997 European Symposium on Improved Oil Recovery, The Hague, 20-22 October

[48] Michael S, Sekar, B K. Innovative unconventional EOR—A light EOR an unconventional tertiary recovery approach to an unconventional Bakkenreservoir in southeast Saskatchewan [R]. 21st World Petroleum Congress, Moscow, 2014.

[49] 张思富，贾忠盛，杜兴家，等．大庆油田注天然气非混相驱矿场试验研究［J］．油气采收率技术，1998（04）：3-5.

[50] 徐勇．低渗透油藏注 CO_2 和 N_2 驱油效果研究［D］．东北石油大学，2018.

[51] 董传瑞，高志华，李鑫．腰英台油田 CO_2 驱油先导试验研究［J］．辽宁化工，2018，47（06）：578-579，582.

[52] 汪艳勇，庞志庆，雷友忠，等．大庆榆树林油田扶杨油层二氧化碳驱油技术研究与实践［A］．西安石油大学、陕西省石油学会．2019 油气田勘探与开发国际会．

[53] 丁妍．濮城油田低渗高压注水油藏转 CO_2 驱技术及应用［J］．石油地质与工程，2019，33（06）：73-76.

[54] 金雪超．新木采油厂庙 130 区块油水井应用 CO_2 吞吐技术研究［J］．石油知识，2019（03）：42-43.

[55] 王小龙，马尚娟，曹少余，等．氮气吞吐采油技术在三低砂岩油藏的应用研究［J］．能源与环保，2019，41（3）：86-91.

[56] 聂法健．挥发性油藏天然气驱提高采收率技术与应用研究——以中原油田文 88 区块为例［J］．石油地质与工程，2017，31（01）：111-114.